U0315357

现代有色金属侧吹冶金技术

李东波　陈学刚　王忠实　著

北　京

冶　金　工　业　出　版　社

2022

内 容 简 介

本书详细地介绍了国内外侧吹熔炼技术的发展现状及分类、侧吹浸没燃烧技术的机理及应用、侧吹强化搅拌模拟仿真、侧吹冶炼领域的智能优化控制系统等内容；并且重点介绍了侧吹浸没熔池熔炼技术已在液态铅渣还原、铜精矿、废铅酸蓄电池铅膏、有色金属冶炼废物、锌浸渣等固体废物和有价金属回收等领域实现的工业化应用。本书内容丰富，数据翔实，技术先进，具有较强的专业理论价值和工程应用价值。

本书可供从事侧吹熔炼技术、有色金属冶金尤其是火法冶金、城市矿山回收等领域的科研工作者和工程技术人员阅读，也可供大专院校有关师生参考。

图书在版编目（CIP）数据

现代有色金属侧吹冶金技术/李东波，陈学刚，王忠实著 . —北京：冶金工业出版社，2019.6（2022.7 重印）

ISBN 978-7-5024-7916-9

Ⅰ . ①现… Ⅱ . ①李… ②陈… ③王… Ⅲ . ①氧气侧吹转炉—有色金属冶金 Ⅳ . ①TF8

中国版本图书馆 CIP 数据核字（2018）第 216559 号

现代有色金属侧吹冶金技术

出版发行 冶金工业出版社	**电 话**	（010）64027926
地 址 北京市东城区嵩祝院北巷 39 号	**邮 编**	100009
网 址 www.mip1953.com	**电子信箱**	service@ mip1953.com

责任编辑 王 双 张熙莹 美术编辑 彭子赫 版式设计 孙跃红
责任校对 李 娜 责任印制 禹 蕊
北京捷迅佳彩印刷有限公司印刷
2019 年 6 月第 1 版，2022 年 7 月第 2 次印刷
787mm×1092mm 1/16；22.5 印张；539 千字；345 页
定价 238.00 元

投稿电话 （010）64027932 投稿信箱 tougao@cnmip.com.cn
营销中心电话 （010）64044283
冶金工业出版社天猫旗舰店 yjgycbs.tmall.com
（本书如有印装质量问题，本社营销中心负责退换）

序

中国有色金属冶金技术近十年来取得了巨大的进步。从 20 世纪 70 年代开始引进国外先进技术，到自主创新工艺和装备，有色金属工业发生了翻天覆地的变化。中国有色金属产量早已位居世界第一，有色冶金的主流工艺和装备已经处于世界先进水平，其中不乏中国独创的新技术，这为中国有色金属的可持续发展奠定了坚实的基础。

《现代有色金属侧吹冶金技术》一书的作者是李东波（教授级高工）、陈学刚（高级工程师）、王忠实（教授级高工）。三位作者长期从事有色冶金的科学研究和工程设计工作，不仅具有扎实的理论基础，也具有十分丰富的大规模工程化的实践经验，他们及其团队为侧吹熔炼技术的创新发展作出了重要的贡献。

侧吹浸没燃烧熔池熔炼技术是以多通道侧吹喷枪，向熔池内高速喷入富氧空气和燃料，以剧烈搅动熔体和直接燃烧向熔体补热。当炉料加入熔炼区后，碳酸盐或硫酸盐物料随熔体的搅动快速散布于熔体之中，与周围熔体发生快速传热、传质，促进炉料的加热、分解、熔化等过程。目前该技术已在液态铅渣还原、铜精矿、废铅酸蓄电池铅膏、有色金属冶炼废物、锌浸渣等固体废物和有价金属回收等领域实现工业化应用。侧吹浸没燃烧熔池熔炼技术物料适应性强，特别适用于不发热物料的处理，对有色金属二次资源的循环利用具有重要意义。

该书系统地总结了国内外侧吹冶金技术的发展历程、各种侧吹冶金的炉型和特点，重点介绍了中国恩菲工程技术有限公司开发的具有自主知识产权的侧吹浸没燃烧技术。书中对技术原理、工艺过程和设备以及工业实践都有详细的描述。此外，对侧吹过程的数值模拟仿真、水力模型以及智能优化控制研究，更是该书的鲜明特色。相信该书的出版对有色金属行业的科研人员、设计工作者及大专院校师生具有很好的指导作用，也可以供有关部门和企业的管理者参考。

2019 年 5 月

前　　言

　　侧吹熔炼技术目前已在液态铅渣还原、废铅酸蓄电池铅膏、有色金属冶炼废物、锌浸渣、铜精矿等固体废物和有价金属回收等领域实现了工业化应用，对于有色金属冶金、节能环保等领域的技术进步起到了重要的推动作用。从目前应用情况和未来推广前景看，这项技术必将成为对行业技术进步乃至国民经济发展具有重要战略意义的核心技术。但是目前国内外介绍侧吹冶炼技术方面的著作较少，为此，作者精心撰写了本书，目的是为从事有色金属冶金、城市矿山回收领域的人员提供重要的系统资料。

　　本书详细地介绍了目前国内外侧吹技术的发展现状及分类，还根据目前城市矿产资源利用、危险废弃物综合利用和处置的发展与市场的需要，重点介绍了侧吹浸没燃烧技术的机理及应用、侧吹强化搅拌模拟仿真、侧吹处理铜镍精矿技术等最新成果。为了适应智能冶炼和绿色冶炼的要求，对智能优化控制系统在侧吹冶炼领域的应用本书也有所涉及。希望本书的出版能对我国的有色金属冶金事业，特别是熔池熔炼技术的进步和升级改造起到一定的参考和推进作用。

　　本书是作者及其技术研究团队多年来在有色金属冶炼领域集体研究成果的总结，黎敏、曹珂菲、许良、冯双杰、李建辉、吴玲、吴金财、张云良等专家及工程师在相关研究方面提供了大力支持；研发团队王书晓、余跃、苟海鹏、代文彬、李鹏等博士协助开展了大量的研究工作，为相关实验开展和研究成果报告成稿作出了重要贡献。

　　本书在写作过程中得到了中国恩菲工程技术有限公司董事长陆志方、总经理伍绍辉、副总经理兼总工程师刘诚等领导的亲切关怀，以及合作企业豫光金铅股份有限公司、云南驰宏锌锗股份有限公司、湖北金洋冶金股份有限公司等单位的大力支持与鼓励，在此一并表示衷心的感谢。

　　由于作者水平所限，书中不足之处，敬请广大读者批评指正。

李东波

2019 年 5 月

目　　录

1 现代侧吹熔池熔炼技术的发展

侧吹熔池熔炼技术是从设于熔炼炉侧墙浸没熔池的风嘴或喷枪直接将富氧空气或燃料鼓入金属熔体或炉渣中，加入熔池的物料由于受到鼓风的强烈搅动作用，快速浸没于熔体之中，完成物理化学反应的一种强化熔池熔炼技术。

目前，此类方法在有色金属领域中的技术应用有：侧吹浸没燃烧熔池熔炼技术、瓦纽科夫熔炼技术、诺兰达熔炼技术、特尼恩特熔炼技术等；在非高炉炼铁领域的技术应用有：HIsarna 工艺、Romelt 工艺。

1.1 国外侧吹熔池熔炼技术的发展

1.1.1 瓦纽科夫熔炼技术

1.1.1.1 瓦纽科夫法的起源

瓦纽科夫法是苏联重有色冶金专家瓦纽科夫（A. V. Vanyukov）教授研发并推广应用的熔池熔炼技术。瓦纽科夫教授在广泛研究铜精矿熔炼过程中物理化学性质、硫化物氧化机理、动力学和相分离的基础上，提出了在熔体中鼓入富氧空气直接熔炼硫化物原料的新工艺，随后在 1949 年作为一项发明提出，并从 1956 年起进行了多次小型试验、半工业试验，取得了满意的结果[1]。

1968 年，在莫斯科国立钢铁合金学院重冶教研室瓦纽科夫教授的领导下，在诺里尔斯克建了一台 3m² 试验炉来处理铜镍精矿，由莫斯科国立有色金属科学研究院、哈萨克斯坦科学院冶金选矿研究所、诺里尔斯克矿冶联合体和巴尔喀什矿冶联合公司等单位参加。但该炉结构极不完善，炉墙是钢质箱式水套，鼓风氧浓度也未超过 28%，基本类似于鼓风炉或烟化炉。由于钢水套无法承受熔渣长期冲刷，导致炉子不能长时间运行。1974 年，在巴尔喀什铜厂建造了另一台 4.8m² 试验炉，炉墙采用了铜水套，熔炼铜精矿的床能力达到 50～70t/（m²·d）。

瓦纽科夫工艺成功的关键一步是在俄罗斯北极圈以北的诺里尔斯克铜厂建设了世界第一台 20m² 工业炉。该炉于 1977 年 12 月试车投产，第一个连续 10 昼夜操作达到了全部设计指标，并一直工作到 1983 年。截止到 1987 年，大约有 10 种不同类型的瓦纽科夫炉投入工业运行，其中在诺里尔斯克建有 2 台 48m²、1 台 36m²、1 台 20m² 的瓦纽科夫炉，用于处理铜镍精矿；在巴尔喀什建有 2 台 30m² 的瓦纽科夫炉，用于处理铜精矿。

1.1.1.2 瓦纽科夫炉简介

瓦纽科夫炉具有垂直的炉膛，该炉置于平整的钢筋混凝土基础之上，炉的底部是由铬镁砖砌成的炉缸，其示意图如图 1-1 所示。侧墙由铜水套组成，直接落于炉缸上。炉顶用钢水套封起来，留有加料口和排烟口。两边侧墙都设有风口，富氧空气由此送入炉内。原料、熔剂、燃料按需要的比例配好后从炉顶加料口加入炉内，在混合液-气相的强烈搅拌下进行熔化、反应过程。与鼓风炉不同，瓦纽科夫炉的炉膛充满着熔体，鼓风直接吹向渣层，搅动剧烈，加速了质和热的交换，强化了熔炼过程，形成的铜锍和炉渣在风口带以外平静区域内沉降分离。熔炼过程生产的冰铜沉于底部，经冰铜虹吸口放出供转炉吹炼。炉渣由相反的方向经渣虹吸口放出。从炉顶排出的高浓度二氧化硫烟气经余热锅炉及收尘净化后送制酸。截至 2010 年，各国使用瓦纽科夫炉的企业情况见表 1-1[2]。

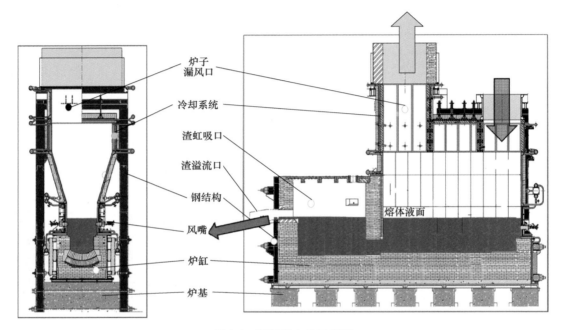

图 1-1　瓦纽科夫炉示意图

表 1-1　截至 2010 年各国瓦纽科夫炉情况汇总

地址或公司		原料	炉膛面积 /m²	年份	日处理量 /t·d⁻¹	备注
诺里尔斯克，俄罗斯	1 号	Cu-Ni 矿	20	1977	2000	工业
	2 号	Cu-Ni 矿	48	1985	2000（3200）	工业
	3 号	Cu-Ni 矿	48	1986	2000	工业
	4 号	Cu-Ni 矿	36（3 号改）	1991	3200	工业
	5 号	高品位铜矿	6.2	1995	500	工业
巴尔喀什，哈萨克斯坦		Cu 矿	4.8	1974	300	试验
		Cu 矿	35	1985	1800	工业
		Cu 矿	35	1987	1800	工业
梁赞，俄罗斯		各种原料	1.5~2.1	1977~1991	25~75	试验
乌斯奇卡米诺戈尔斯克，哈萨克斯坦		各种原料	0.96	1984~1991	10~40	试验

地址或公司	原料	炉膛面积 /m²	年份	日处理量 /t·d⁻¹	备注
皮里茨克，俄罗斯	Fe矿	20	1986	700	试验
中乌拉尔，俄罗斯	Cu矿	48	1994		工业
勒夫达，俄罗斯	Cu-Ni矿	48	1994	2500	工业
三星公司，韩国	垃圾	1.5	2000		试验

1.1.1.3 瓦纽科夫法的特点

瓦纽科夫法是熔池熔炼技术的一种，因此具有熔池熔炼技术普遍具有的共同点，如炉料不需细磨；不需干燥，相反需要加水润湿（含水6%~8%或更高）；粒度可大至50mm；用皮带机传送加炉料和燃料。此外，瓦纽科夫法还有以下特点：

（1）鼓入熔融渣层的富氧空气或工业氧气保证了熔体的强烈鼓泡搅拌，搅拌功率达40~100kW/m³。在此种情况下，液-固-气三相之间的反应速度极快，而且在饱和度不大的条件下，新相生成并加速生长，靠团聚（碰撞）作用使炉渣中的金属或铜锍长大至0.5~5mm的液滴，能迅速地下沉，并与炉渣分层，因此无须设置大面积的沉淀区域。

（2）瓦纽科夫炉在产出铜锍含Cu 40%~60%的情况下，炉渣含铜量（未经贫化处理）小于0.6%。

（3）由于特点（1），炉墙采用铜水套围成。靠铜水套工作面上形成的冷凝炉渣层来抵御炉渣的冲刷和腐蚀。

（4）由于铜水套能迅速带走热量，有可能采用高氧浓度的鼓风（如炼铅时氧气浓度曾达93%），加上没有另设沉淀区，这样就有可能达到高的床能力（40~120t/（m²·d）），可能使冶炼过程获得更大的强化。

（5）铜水套比用耐火砖衬里的热损失量大。

（6）固定在侧墙上的水冷风口结构简单、造价低廉，开风、停风快捷方便，风口寿命长达数年。鼓风氧气浓度较高时可以不捅或少捅风口。

（7）富氧鼓风的压力较低，0.8~1.0MPa，风口无需氮气保护。

（8）炉内上部空间高，加料口不会被喷渣堵塞，也使铜冶炼烟尘率保持在较低水平（0.5%~1.5%）。

（9）为了确保水套安全工作，必须有一个冷却水循环系统。它带来的缺点是使得炉子外部连接显得很复杂，且在车间内逸出水蒸气影响环境。

（10）当压缩（富氧）空气放空和蒸汽放空的位置不当或者未采用有效的消声处理时，以及捅风口时，会产生噪声污染。

20世纪90年代前，苏联建设有7台瓦纽科夫炉用于生产，90年代建有4台工业生产炉。进入21世纪后，俄罗斯基本上没有新建瓦纽科夫炉，主要是建了若干试验炉，进行了处理红土镍矿侧吹冶炼镍铁的工业试验。而其他强化熔池熔炼方法，如氧气底吹熔炼技术、顶吹浸没喷枪技术也实现了产业化、工业化的快速发展。

瓦纽科夫熔池熔炼技术本身是非常先进的冶炼工艺，但由于其提出和发展年代较为久远，并且苏联使用瓦纽科夫炉的企业多建在地广人稀的北极或西伯利亚等地区，不重视余热的回收和烟气的无害化排放，导致其炉子配套的余热锅炉、控制系统等长期一直未能拓展研究和进步，整体配套有缺陷，难以跟上其他先进熔池熔炼技术的步伐。中国于 2001 年引入了该技术，进行本土化改造后，于 2011 年后在中国得到了迅速工业推广。

目前该技术主要由俄罗斯莫斯科国立钢铁合金学院以技术包的形式推广。

1.1.2　HIsarna 工艺

HIsarna 工艺由煤基熔炼过程和熔融旋涡预还原过程组成，该工艺结合了改进的 HIsmelt 的侧吹还原熔炼过程和塔塔钢厂旋涡熔炼技术。HIsarna 反应器如图 1-2 所示[3]。

HIsmelt 工艺是一种直接使用粉矿、粉煤的侧吹还原炼铁工艺。力拓集团于 1982 年开始研发该工艺，在澳大利亚 Kwinana 地区建设的 HIsmelt 示范工厂于 2005 年 4 月开炉，2008 年 12 月停产。2017 年 8 月 24 日，山东墨龙石油机械股份有限公司与力拓集团正式签约，力拓集团向山东墨龙转让 HIsmelt 技术的所有知识产权、专利及商标等，至此，山东墨龙实现了 HIsmelt 技术的完全消化吸收。在澳大利亚 Kwinana 厂的基础上，对矿粉预还原、SRV 炉炉衬、煤气处理等进行了技术创新和设计优化，实现了完全国产化。

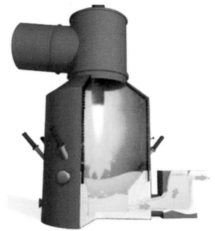

图 1-2　HIsarna 反应器

2009 年，力拓集团与印度塔塔钢厂的 CCF 工艺结合，开发 HIsarna 工艺，2011 年 6 月开始工业试验，试验进行了 2 个月，最长连续试验时间为 12h。由于石灰喷枪出故障，而后又遇到欧洲钢厂经济危机，试验停止。

HIsarna 突破性炼铁工艺技术是欧洲超低二氧化碳炼钢（ULCOS）项目的一部分。HIsarna 技术的主要优势是取消了现在高炉炼铁过程中所需的烧结/球团和炼焦这两大高耗能工序。如果该技术可行且能够成功实现工业化生产，将有利于降低钢铁制造成本、减少能源消耗和二氧化碳排放，使资源利用效率提高到一个新水平。

HIsarna 中试厂于 2010 年建在塔塔钢铁公司荷兰艾默伊登钢厂，并从 2011~2014 年进行了四次试验。

（1）第一次试验：2011 年 4~6 月，目标是进行理论实践，在对原料未做处理情况下生产铁水。2011 年 5 月 20 日，第一次成功出铁。

（2）第二次试验：2012 年 10 月 17 日至 12 月 4 日，目标是较长和持续生产铁水。实现持续 8~12h 生产，生产能力是设计能力的 80%。最后一轮达到 8t/h 的设计能力。

（3）第三次试验：2013 年 5 月 28 日至 6 月 28 日，目标是持续生产铁水，对各种原料进行试验。

（4）第四次试验：2014 年 5 月 13 日至 6 月 29 日，目标是持续稳定生产 7 天，对各种原料进行试验。试验结果达到目标。

2017 年下半年，塔塔钢铁公司开始进行第五次试验，也是中试试验的最后一次，为期半年，目的是进一步验证用于确保排放最少的新技术。在这次试验准备的过程中，对试验装置进行了彻底检修，将设备高度增加了 10m 以上（最高点为 37m）。在此次试验后，预计 2018~2019 年工业化试验也将开始，包括设计、建造和试验一个工业化规模的 HIsarna 装置，能力扩大 20 倍。

HIsarna 工艺属于非高炉炼铁的前沿技术，使用铁浴熔融炉作为终还原设备，采用高氧化性炉渣操作，因此在高磷矿、钢厂含锌粉尘等特殊矿处理方面有优势，该工艺后续进展值得关注。

1.1.3 Romelt 工艺

Romelt 工艺是典型的一步法侧吹还原炼铁工艺，之所以称为 Romelt，是为了纪念莫斯科国立钢铁合金学院的冶金学家罗米尼兹[4]。

Romelt 工艺的开发起源于瓦纽科夫工艺的工业生产实践。但瓦纽科夫工艺和 Romelt 工艺在物理化学反应有原则性的区别，前者是氧化过程，而后者是还原过程。Romelt 工艺是莫斯科国立钢铁合金学院在 20 世纪 80 年代中期开发的，利用非焦煤、氧气和矿石（块矿或粉矿）以及钢厂产生的含氧化铁废弃物来生产铁水的侧吹熔池还原熔炼工艺。示范厂建在了俄罗斯新利佩茨克钢铁厂内。Romelt 工艺是唯一一处在工业化边缘的一步法熔融还原工艺。

印度钢铁管理局与俄罗斯的 3 家机构合资组建了 Romelt-SAIL 印度有限公司（RSIL），俄方 3 家机构参与了 Romelt 工艺的开发。印度国家矿业开发公司正在印度中部的 Nagarnar 建设一套年产 30 万吨的 Romelt 工艺设备，以矿石加工时产生的矿泥为主要原料。另外，印度国家铝业公司在奥里萨邦堆积了大量的氧化铝厂产出的赤泥。印度国家铝业公司已开始深入调研，建造年产 24.3 万吨的 Romelt 炉。它用于含铁废物同铁矿石一起作为入炉原料。

Romelt 工艺采用侧吹技术，是瓦纽科夫炉在非高炉炼铁领域的延伸和创新。

Romelt 工艺流程是将含铁氧化物、矿粉所需要的熔剂以及煤粉等不经特殊处理装入原料仓，各种原料按一定的比例，连续地卸在一个普通的胶带输送机上，混合物料直接从 Romelt 炉顶部的加料口加入炉内，然后混合料以"半致密流（semicompact stream）"的形式进入熔池。其工艺流程图如图 1-3 所示。

冶炼过程中，熔池温度高达 1500~1600℃，被剧烈搅拌的熔渣迅速将其熔化。混合料中的粒煤既是还原剂也是燃料。该工艺流程中，一次风是富氧空气，从较低的一排风口喷入熔融的渣层，对渣层进行必要的搅拌，熔渣中的粒煤一部分直接将其中液态铁氧化物还原成铁滴，其他部分在渣中循环并与一次风中的氧进行部分燃烧，形成气体还原剂一氧化碳，这样渣层内部保持很强的还原性，大大降低了最终排出的炉渣终点铁含量；二次风是工业纯氧，经较高的一排风口从熔池表面喷入，对熔池表面产生的一氧化碳进行二次燃烧。熔池剧烈的鼓泡和液态渣的飞溅，产生了巨大的反应界面，同时飞溅起来的渣滴返回熔池内。低风口位于相对平静的渣层，金属化的铁液从该处进入金属熔体，同时渣铁从该处开始分离。渣和铁分别从炉两端的虹吸口排出。

Romelt 法由莫斯科国立钢铁合金学院开发并取得发明专利，新日本制铁公司和 Missho Iwai 公司取得了该工艺的商业化设计和设备供货的许可证。1985 年以来已试验性地生产了

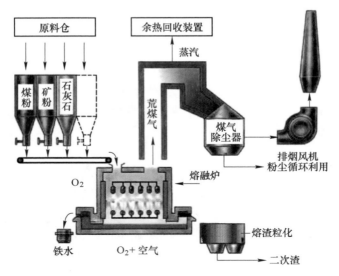

图 1-3　Romelt 工艺流程图

近 300 次，渣含铁 2% 以下。该工艺采用水冷炉壁挂渣技术，这种技术用极少的热损失（3%）节约了大量耐火材料，当然同时也存在着漏水和爆炸的潜在风险。

1.2　我国侧吹熔池熔炼技术发展概况

1.2.1　侧吹熔池熔炼技术分类

我国侧吹冶炼技术主要分为两种类型：（1）采用瓦纽科夫炉，即鼓泡法；（2）采用自主发明的侧吹浸没燃烧熔池熔炼炉，即侧吹浸没燃烧熔池熔炼法（side-submerged combustion smelting process，SSC）。

1.2.1.1　鼓泡法

鼓泡法（瓦纽科夫法），即富氧空气通过设置于侧墙铜水套上的风嘴，喷吹到高温熔体中上浮，并剧烈搅拌熔池上部，形成喷流层。从炉顶加入的粒煤在熔池上部的喷流层与氧、炉渣、炉料发生一系列冶金物理化学反应，所有的放热、还原等反应均发生在熔池上部的喷流层。生成的渣、金属或铜锍回到下部熔池进行澄清分离。其反应原理示意图如图 1-4 所示。

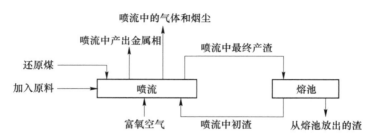

图 1-4　鼓泡法瓦纽科夫炉反应原理

优点：（1）炉体结构简单，采用铜水套拼接而成；（2）鼓泡法在炉窑的高温区采用最合适，风口为铜水套冷却，炉况正常条件下使用寿命较长；（3）配套设施少，只需要使用煤和富氧；（4）适用于自热的硫化精矿。

缺点：（1）熔池热平衡不易维持，由于风嘴只喷吹富氧进入熔池，风嘴区域的熔池冻结后易产生炉结；（2）需要频繁捅风口，存在严重的噪声污染、自动化程度低；（3）从风口吹入的氧气与熔体反应容易发生局部过氧化，导致泡沫渣威胁安全生产；（4）难以处理不发热的氧化物料等冷料。

结合目前工业生产现状，鼓泡法仅仅在铜精矿自热熔炼、液态铅渣直接还原热料领域实现了成熟的工业化生产。而在其余不发热物料领域，国内部分企业进行了鼓泡法工艺处理不发热的物料的尝试，比如铅膏、锌渣等，但均未能实现理想的指标和工业化，实践证明鼓泡法工艺不适用于处理不发热物料。主要原因为：采用鼓泡法处理不发热的物料，行业内采用的主要措施是过高的熔池搅拌功率，目的是最大程度地使从炉顶上部加入的粒煤等物料搅入熔池，与上升的氧气流股发生燃烧放热反应，以维持热平衡。剧烈搅拌才能将部分煤带入熔池与氧反应，给熔池补热，但煤的密度远远小于熔池渣密度，煤在熔体上下分布不均匀，且落入熔池时高温下容易崩裂分解成细粉，造成了煤的利用率不高。因为鼓泡法瓦纽科夫炉的热平衡是一个动态过程，不仅与风口高度、炉体宽度、煤量以及搅拌强度有关，而且在实际生产中，熔体内上下温差也取决于各种炉料组分、炉况及黏度。由于煤燃烧的滞后性和炉内鼓风量的波动，造成下部熔池热平衡发生剧烈波动，当熔池上下温差大时，炉子顺行困难。

1.2.1.2　侧吹浸没燃烧熔炼法

浸没燃烧熔炼法最早起源于玻璃窑熔化冷料，苏联从1963年就开始研究浸没燃烧装置。该装置是一种能直接在熔池中组织燃料完全燃烧的高生产能力的设备，同时还具有很长的使用寿命，炉体是用水冷式壁板制成。该炉的特点是可以对炉壁进行水蒸发冷却，可以利用废气余热加热燃烧空气和粒化配合料，浸没燃烧炉总热量有效利用率高，炉内温度1200~1400℃，主要用于熔制硅酸盐块及玻璃棉等。

侧吹浸没燃烧熔池熔炼技术（简称SSC技术）是中国恩菲工程技术有限公司结合烟化炉向熔池内部喷吹粉煤及空气和玻璃窑浸没燃烧法熔化冷料的思路，自主发明的一种用于处理不发热物料的先进冶炼工艺。其反应原理示意图如图1-5所示。

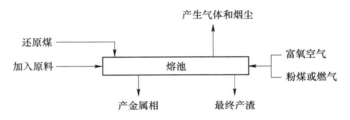

图1-5　侧吹浸没燃烧熔炼法反应原理

浸没于熔池的侧吹喷枪将燃料和助燃富氧空气喷入熔池中燃烧，直接加热熔池内部，浸没燃烧的产物在熔液之间形成一个十分宽广的热传导表面，大大强化了热交换过程，同时伴随着气体从熔体中穿过时所形成的搅拌作用，加速了液相中的化学反应，促进了熔池的均一性，并使冷料熔化速度加快，及时保证了各种冶炼过程反应所需温度，使作业过程能稳定有效地运行，也提高了生产能力。

侧吹浸没燃烧熔炼法通过改进喷枪系统结构、炉体结构，富氧浓度从低到高可控，并实现了在高富氧（氧气浓度大于 50%）条件下，直接喷吹燃料和富氧空气进入熔池内部进行补热，处理不发热物料的工业化生产，目前已成功实现了熔融高铅渣、再生铅膏、锌浸渣以及低品位共生氧化矿等的工业化生产，是目前最为经济、先进的处理不发热物料的冶炼技术。

侧吹浸没燃烧熔炼法的优点主要有：

（1）可以快速有效地调节熔池温度。正常生产时，喷枪不需要维护，自动化程度高。

（2）可以通过燃料和氧气相对量的调节，有效控制参与冶炼反应的氧气的氧势，熔池内部氧化和还原氛围可控，严格控制四氧化三铁的生成，防止泡沫渣、喷炉等不利炉况的发生。

（3）熔池不需要搅拌非常剧烈的鼓泡层，烟尘率低，作业率高。

（4）适于处理不发热物料以及热渣的还原。

（5）喷枪可采用多种不同燃料，还原剂采用粒煤，总能耗低。

（6）操作稳定而简单。

侧吹浸没燃烧熔炼法的缺点主要有：

（1）喷枪及枪砖需要定期更换，一般为 6 个月。

（2）需要配套燃料喷吹系统，喷枪阀站系统复杂。

结合目前工业生产现状，侧吹浸没燃烧熔炼技术已经在液态铅渣直接还原、再生铅铅膏连续熔化还原、锌浸渣及低品位铅锌共生氧化矿领域实现了成熟的工业化生产。特别是在处理冷料领域，已在冷料的熔化还原冶炼生产实践中显示出该技术的优越性。

综上可知，鼓泡法和侧吹浸没燃烧熔炼法的核心区别在于补热方式和喷枪（风嘴）的位置。两种方法的炉型示意图分别如图 1-6 和图 1-7 所示。鼓泡法采用铜水套风嘴，位于侧墙的铜水套上，仅喷吹富氧空气；而浸没燃烧法的喷枪位于侧墙的耐火砖中，通过枪口砖保护。由于同时喷吹高富氧和燃料，会在风口区形成高温区，通常采用耐火砖（即枪口砖）保护喷枪。如采用铜水套冷却喷枪，由于高温铜水套无法挂渣造成烧损而漏水，发生危险。因此鼓泡法的铜水套风嘴直接喷吹燃料在高富氧状态下是不安全的。

1.2.2　侧吹浸没燃烧熔池熔炼技术的发展概况

侧吹浸没燃烧熔池熔炼技术是中国恩菲工程技术有限公司（以下简称中国恩菲）研发出的一种全新的技术先进、加工成本低、环境友好的资源化绿色冶炼工艺。该技术适用范围广，目前已用于熔融高铅渣的还原熔炼、废旧铅酸电池铅膏的回收、各类渣处理，适用于各类物料的熔化、还原、氧化、挥发等工艺。SSC 属于侧吹熔池熔炼技术类。

1.2.2.1　技术的由来

侧吹浸没燃烧熔炼属于熔池熔炼技术范畴，满足氧化、还原、吹炼、挥发等各类冶炼工艺的要求，并可采用不同的氧气浓度和喷吹燃料实现最佳的"冶金过程热平衡精确控制"。侧吹浸没燃烧熔池熔炼技术的运用是在其他"熔池熔炼"工业化生产的基础上逐步

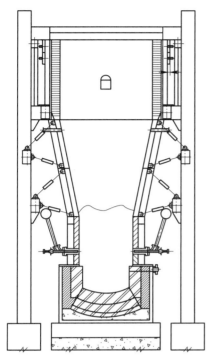

图 1-6　瓦纽科夫炉示意图

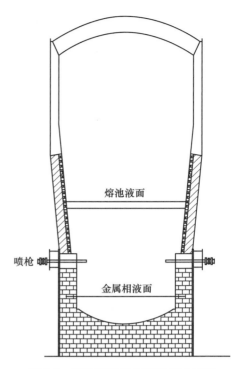

图 1-7　侧吹浸没燃烧熔炼炉示意图

发展起来的一种熔炼工艺。中国恩菲开发设计的第一座将侧吹浸没燃烧熔炼技术应用于生产的工业炉是熔融富铅渣的还原熔炼炉，它是在我国实现了氧气底吹炼铅和富氧顶吹等熔池熔炼商业化生产的基础上和需求中应运而生的，示范厂工业化生产和技术指标的优越性能使得该项技术得到了较快的推广，改进的装置已推广到其他行业。

20 世纪末，我国冶炼技术比较落后，随着产能的逐年增加和环保压力的日趋严重，尤其是铅冶炼一直采用传统的烧结—鼓风炉工艺，不仅能耗高，且烧结烟气中二氧化硫浓度低，直接排放严重污染环境。传统工艺的装备虽历经技术改造，但最终未能实现技术的突破。豫光金铅股份有限公司烧结烟气采用非稳态制酸，株洲冶炼集团有限责任公司烧结机引进托普索公司的 WSA 工艺制酸，但硫回收率都较低，且成本过高。除上述两家企业外，其余铅冶炼厂的烟气仍采用空气排放，低空二氧化硫、铅尘弥散，严重制约了我国铅冶炼行业的生存和发展。为此，21 世纪初期，原中国有色金属工业总公司铅锌局多次召开了技术讨论会，提出了我国铅冶炼技术发展"治本"思路，即用氧气底吹或富氧顶吹技术改造我国传统的炼铅工艺。氧气底吹熔炼—鼓风炉还原炼铅，即"SKS"冶炼工艺，通过一院（即中国恩菲）三企业合作协议，在以往多次工业性试验的基础上完成了验证试验工作，为大规模工业化设计提供了技术支撑。经河南豫光金铅集团有限责任公司和池州铅厂两铅厂的建设、工程化装备的研发，2002 年顺利地实现了连续稳定的生产，从而迅速地在国内铅冶炼企业中得到了推广运用。紧接着，云南驰宏锌锗股份有限公司（以下简称驰宏锌锗公司）曲靖铅锌厂采用富氧顶吹浸没熔炼—鼓风炉还原炼铅工艺于 2005 年也实现了工业化生产，有效地解决了烟气中硫的回收并明显地改善了操作环境，克服了常见的烧结工艺危害，至此我国铅冶炼行业实现了熔池氧化熔炼取代传统的烧结工艺，步入了铅冶炼技术改造质的变迁。

上述两种铅冶炼工艺均采用高铅渣铸块、冷却、备料、鼓风炉还原熔炼，仍存在以下缺点：熔融高铅渣的热量并未利用，鼓风炉需要消耗昂贵的焦炭，能耗高、成本高、过程弥散点也较多，不利于环境的治理。中国恩菲为完善"SKS"工艺，提出了开发液态高铅渣直接还原技术取代铸块鼓风炉还原工艺，新技术得到了国家支持并确定为国家"十二五"期间重大产业技术开发项目，并拨付了专项资金予以支持。该课题的研发进一步节能降耗、改善环境，实现低碳、低能耗、短流程的炼铅工艺，提高我国炼铅的整体水平。侧吹技术在应用于熔炼高铅渣直接还原工艺的前期，中国恩菲也曾对浸出渣还原熔炼进行相关技术工作研究，这些工作经历和成果对侧吹浸没熔炼的技术发展起到了奠定基础的作用。

1.2.2.2　侧吹浸没燃烧熔炼技术开发的历程

A　侧吹浸没燃烧熔炼技术的初步探索

驰宏锌锗公司曲靖铅锌厂的建设始于 21 世纪初，其中渣处理采用锌浸出渣与铅热熔渣搭配进入烟化炉的处理方案。烟化炉实质也属于侧吹浸没燃烧熔炼技术，其中锌渣量为9 万吨/年，铅熔渣为 6 万吨/年。烟化炉与余热锅炉组合成一体化结构，烟化炉为连续留渣法作业，分熔化和贫化分段作业，2005 年投产，2006 年达产，各项技术经济指标达到设计值。

2007 年，在驰宏锌锗公司会泽县者海老厂建设一台 2.5m^2 的侧吹炉实验装置系统，包括热回收及烟气治理系统。作为工业性试验装置，炉型为方形钢壳，内衬镁铬砖，侧枪送粉，下部喷淋水冷，用于锌浸出渣或铅锌低品位氧化中矿的熔炼，实现了有价金属的无害化综合回收。为适应湿的全冷料大规模工厂的需求，采用连续熔化、贫化两台串联炉操作，考核有关工艺及装置的适应性，稳定的烟气将有利于较低浓度二氧化硫的治理和回收，也有利于节能降耗。2009 年建成试验车间，2010 年开始试验并对装置进行修改，前后经过 8 次试验，分别对锌浸出渣、会泽矿山铅锌氧化中矿进行试验。2011 年完成试验，2012 年该课题通过中国有色金属工业协会验收，该项目试验的成果为曲靖会泽烟化炉全冷料作业提供了经验。目前，曲靖市会泽者海冶炼厂的烟化炉均已实现了全冷料生产。

B　熔融高铅渣侧吹还原熔炼工艺工业性试验及示范性生产

中国恩菲经过多年对炼铅技术的开发和改扩建铅冶炼的建设，针对新技术的适用和开发积累了相关的经验。

为完善"SKS"法，2008 年中国恩菲与河南金利金铅集团有限公司（以下简称金利金铅公司）合作，开展熔融高铅渣工业性试验工作，经过双方商定确定在原有 8 万吨/年的"SKS"法炼铅厂铸块机一侧建一台富氧侧吹还原熔炼炉，并配套熔剂和煤仓上料、余热锅炉和收尘系统。底吹炉产出的高铅渣直接进入侧吹还原炉，还原炉渣经水碎送入原烟化炉回收锌。试验炉为钢壳内衬镁铬砖，炉外采用淋水冷却，喷枪采用 50% 富氧，补热为焦炉煤气，还原为粒煤。该系统于 2008 年底建成，2009 年初进行工业性试验。工业性试验一共分为三个阶段，前期主要是对装置的适应性、渣型、工况、供气的调节，为稳定生产积累经验，试验期间进行了必要的维护和修改。中期通过调整粒煤加入、还原周期、放渣制度以及各项技术条件和指标，工业性试验工作于 2009 年 9 月底完成，达到了与底吹熔炼炉放渣相适应的稳定运行，转入示范性生产，各项技术经济指标均优于鼓风炉还原熔炼。2009 年 10 月转入示范性工业生产，第一炉冶炼还原炉衬砖寿命为 5 个月，为改善淋水炉体产生水雾造成操作环境的污染，确定中下部区域采用齿形铜水冷套嵌砖结构。在一期工程正常生产的基础上，金利金铅公司二期工程 20 万吨/年铅厂的建设工艺为底吹熔炼—侧吹还原熔炼，富氧侧吹还原炉面积为 26m²，其铅厂规模达到 30 万吨/年。

　　C　侧吹浸没燃烧熔炼技术的推广运用

　　金利金铅公司第一台侧吹炉示范性生产后，采用富氧侧吹还原熔融高铅渣炼铅的方法很快在国内得到了推广运用。中国恩菲在华信铅厂、会泽搬迁工程中采用该项技术取代高铅渣铸块鼓风炉还原炼铅工艺。会泽工程于 2013 年 12 月投产，仅用 6 个月的时间就超过了设计能力，各项指标均优于设计指标，采用富氧浓度 50%，产铅由设计值 130t/d 达到 180t/d，综合能耗（粗铅耗煤）由设计值 230kg/t 降至 183kg/t（未扣除蒸汽热能）。由于热效率高，余热锅炉蒸汽产量也由设计值的 11t/h 降至 7t/h，渣含铅由设计值 3.5% 降至 2% 以下，烟尘率由设计值 8% 降至 6%，以上生产数据均为项目总包考核验收值。目前，该工程已进行了 4 年多的生产实践，喷枪、侧墙喷枪周围砖寿命不低于 7 个月，通常为 7~10 个月。

　　D　侧吹浸没燃烧熔炼技术的延伸

　　2010 年湖北金洋冶金股份有限公司（以下简称金洋冶金公司）原采用反射炉间断处理废铅酸蓄电池铅膏及铅屑工艺，由于环境保护的要求，提出了希望用短流程连续熔炼处理拆解铅膏。中国恩菲推荐的富氧侧吹技术可达到连续熔炼铅膏的目的，双方签订了合作开发技术协议，进行了工业生产装置的试验工作，待试验工作完成后即转入示范性生产。该项目经过 2011 年设计，2012 年建成，2013 年开始试验。试验过程中对工况、渣型、连续化操作制度以及炉子局部结构均进行了调整，通过摸索积累了较多的经验。2014 年下半年转入示范性生产，2015 年通过中国有色金属工业协会组织的专家评审，完成了课题的研究验收，对各项示范生产指标进行了评估，专家建议尽快推广运用于解决铅膏处理的落后状况。与此同时，该项目获得中国有色金属工业协会科技进步一等奖。同年，豫光金铅集团决定采用该项目技术单独处理 12 万吨/年铅膏和部分栅板，采用一台 15.6m² 侧吹浸没燃烧炉，喷枪与金洋冶金公司一样，采用天然气和 50% 富氧，炉型根据金洋冶金公司的经验做了一些修改，增加了制粒系统，同时也考虑将天然气改为粉煤进行相关试验研究。2016 年 9 月除制粒和粉煤装置还在施工外，其他装置基本建成，进行试炉试验过程中，操作熔炼段采用了较高的氧势，各项技术经济指标优于金洋，产出的粗铅质量较好，渣含硫量为 0.3%，渣含铅量小于 2%；投料（干基）18.6t/h，粒煤 1.9t/h，天然气 550m²/h，铅膏处理量（干基）372t/d，产铅量 260t/d，第一炉期喷枪、砖寿命为 5 个月，喷枪寿命大于 5 个月。

　　2017 年，中国恩菲又与骆驼集团新疆再生资源有限公司签订了 16 万吨/年废旧铅酸蓄电池项目总承包合同。目前，该项目已进入施工图设计阶段，其他项目已开始前期可研阶段。侧吹浸没燃烧熔池熔炼技术用于铅酸蓄电池回收在国内外均属首创，相比反射炉短窑间断处理工艺，从环境保护和能耗等因素考虑都具有优势。

综上可知，中国恩菲侧吹浸没燃烧冶炼技术发展共经历了三个阶段：

（1）第一阶段。2009 年中国恩菲在河南金利金铅公司液态铅渣侧吹还原炉工业试验成功。同年在驰宏会泽公司和四川什邡锌冶炼厂分别开展侧吹处理锌浸渣和侧吹挥发炼磷的工业试验。

（2）第二阶段。2013 年液态铅渣侧吹还原炉分别在湖南华信有色金属有限公司和驰宏会泽公司项目投产成功。中国国内第一条用于处理未脱硫铅膏的 SSC 炉试验示范生产线于 2012 年在中国湖北省金洋冶金公司投产。

（3）第三阶段。中国国内第二条 SSC 炉工业生产线已于 2016 年 9 月在河南豫光金铅公司投产。第三条 SSC 炉工业生产线（即第一台试验炉的改造）于 2017 年 8 月在湖北金洋冶金公司投产。

1.2.3　瓦纽科夫技术在我国的发展概况

1.2.3.1　瓦纽科夫冶炼技术的引进

从 1988 年到 1991 年 6 月，我国先后派出 6 个代表团专程赶赴苏联考察瓦纽科夫冶炼技术生产情况[1]。

（1）第一批：白银有色金属公司张铭杰（团长）、中条山有色金属公司黄贤盛、北京有色金属研究总院王正勋等于 1988 年 11~12 月考察了莫斯科国立有色金属科学研究院和巴尔喀什矿冶联合公司。

（2）第二批：新疆有色集团公司组团于 1989 年 7 月考察了巴尔喀什矿冶联合公司。

（3）第三批：沈阳冶炼厂陈仕武、江志清、陈明星等于 1989 年 11~12 月赶赴苏联的诺里尔斯克矿冶联合体考察。

（4）第四批：北京有色冶金设计研究总院（现为中国恩菲工程技术有限公司）副院长蒋继穆等 1990 年 6 月考察了巴尔喀什矿冶联合公司。

（5）第五批：沈阳冶炼厂申殿邦等于 1990 年 12 月到苏联哈萨克斯坦科学院冶金选矿研究所和巴尔喀什矿冶联合公司考察。

（6）第六批：由中国有色金属工业总公司何家范带队，北京有色冶金设计研究总院何海、张宏锦及沈阳冶炼厂申殿邦等参加，于 1991 年 6 月考察了诺里尔斯克矿冶联合体的炼铜厂。

一直到 2000 年 10 月，我国某公司与俄罗斯有关方面签订了建造一台工业试验规模的铅精矿自热熔炼的瓦纽科夫炉的合作协议，由俄罗斯专家设计一台 1.5m² 瓦纽科夫炉（试验炉）。2001 年 11 月建成并开始进行硫化铅精矿直接炼铅的工业试验，才开始了瓦纽科夫技术的国产化进程。

1.2.3.2　瓦纽科夫冶炼技术的应用

我国冶金工作者对瓦纽科夫炉进行了多方面的改进，逐渐形成了具有中国特色的瓦纽科夫熔炼技术。从 2005 年开始逐渐在铜精矿氧化熔炼领域，2011 年后逐渐在矿铅冶炼领域进行了工业示范性推广。

A　矿铅冶炼领域

继中国恩菲与金利金铅公司合作的熔融高铅渣富氧侧吹（浸没燃烧）还原炉于 2009

年 10 月转入正式工业化生产后，2011 年 3 月用于处理熔融高铅渣的改进型瓦纽科夫炉在河南济源万洋冶炼有限公司成功投产，取得了理想的经济技术指标。

据不完全统计，截止到 2017 年我国采用瓦纽科夫技术炼铅精矿的双侧吹企业汇总见表 1-2。

表 1-2　瓦纽科夫技术炼铅情况

地址	原料	炉膛面积/m^2	投产日期	规模/万吨·年$^{-1}$
湖南省资兴市	铅精矿	9+8	2014 年	10
湖南省郴州市	铅精矿、铋精矿	3.6+4.2	2012 年	3
广西壮族自治区河池市	铅锑矿	21.5+13.5	2017 年	10

B　矿铜冶炼领域

侧吹炼铜技术作为我国近年发展的炼铜工艺，依靠其独特技术优点，在多家企业实现了工业化应用（见表 1-3），并发展出侧吹熔炼—转炉吹炼、侧吹熔炼—侧吹吹炼以及侧吹熔炼—多枪顶吹吹炼等侧吹炼铜新工艺。

表 1-3　中国采用富氧侧吹工艺处理硫化矿企业概况

序号	企业简称	工艺	年产规模/万吨	状态
1	烟台国润铜业有限公司	侧吹熔炼+多枪顶吹吹炼	10	已投产
2	烟台国兴铜业有限公司	侧吹熔炼+多枪顶吹吹炼	18	在建
3	赤峰云铜有色金属有限公司	侧吹熔炼+侧吹吹炼+多枪顶吹吹炼	15	已投产
4	赤峰云铜有色金属有限公司（搬迁）	侧吹熔炼+多枪顶吹吹炼	40	在建
5	黑龙江紫金铜业有限公司	侧吹熔炼+底吹吹炼	10	在建
6	浙江富冶和鼎铜业有限公司	侧吹熔炼+PS 转炉吹炼	25	已投产
7	广西南国铜业有限公司	侧吹熔炼+多枪顶吹吹炼	30	在建
8	赤峰金剑铜业搬迁	侧吹熔炼+PS 转炉吹炼	26（一期）+14（二期）	在建
9	赤峰富邦铜业有限责任公司	侧吹熔炼+PS 转炉吹炼	约 6	已投产
10	池州冠华黄金冶炼有限公司	侧吹熔炼+PS 转炉吹炼	10	已投产
11	新疆吐鲁番	侧吹熔炼	10	已投产
12	新疆喀拉通克铜镍矿（镍）	侧吹熔炼+PS 转炉吹炼	8	已投产
13	山东恒邦冶炼股份有限公司	侧吹熔炼+PS 转炉吹炼	10	在建

1.3　展望

经过多年的实践，SSC 技术已发展为一种近似理想的技术。该技术是处理高铅渣废旧铅酸蓄电池、废旧印刷电子线路板、二次铅杂料、二次锌杂料、锑尘、锡精矿及锡中矿等不发热物料最先进的冶炼工艺，随着有色金属行业有价金属综合回收需求的增加，以及侧吹浸没燃烧熔池熔炼工艺所具有的浸没燃烧直接给熔体内部补热、对不发热物料熔化、还原以及炉渣贫化的独特冶炼优点，有色金属冶炼企业对侧吹熔池熔炼技术的需求会日益增强。同时，随着近年来中国"一带一路"倡议和国际产能合作的推进，侧吹浸没燃烧技术逐步推向海外市场，为世界贡献中国绿色冶炼方案。

　　近年来我国侧吹浸没燃烧熔炼技术迅速广泛的工业应用情况表明，侧吹浸没燃烧熔炼技术具有独特优势和旺盛的生命力，侧吹炉将继续向多功能化、炉体大型化、高床能率化、长寿命化进行优化和提升。侧吹冶炼技术已显示出巨大的技术先进性和发展潜力，特别是未来在城市矿山、固体废弃物领域的资源化和无害化处理的巨大需求，说明我国侧吹熔池熔炼技术大发展的时代已经来临。

参 考 文 献

[1] 刘英刚. 关于苏联的熔池熔炼法 [J]. 铜陵有色金属，1992（1）：61~67.
[2] 宾万达. 瓦纽科夫过程及其在我国的应用前景 [C]//中国首届熔池熔炼技术及装备专题研讨会，2007.
[3] 张建良，等. 非高炉炼铁 [M]. 北京：冶金工业出版社，2015.
[4] Kanamorik. Development of large scale mistsubishi furnace at Naoshima [C]//Proceeding of the Savrad Lee International Symposium on Bath Smelting，1992.

2 侧吹浸没燃烧熔池熔炼技术

2.1 技术的缘起

侧吹浸没燃烧法属于强化熔池熔炼范畴，侧吹浸没燃烧熔池熔炼技术（side-submerged combustion smelting process，SSC）是由中国恩菲工程技术有限公司开发的具有自主知识产权的一种强化熔池熔炼技术集群。

侧吹浸没燃烧技术的核心特点是：处理不发热物料，侧吹喷枪直接向熔池内部补热和侧墙衬砖。该技术思路最早是由中国有色工程设计研究总院（现中国恩菲）、我国知名的重有色冶炼专家王忠实提出，其后在中国恩菲李东波、陈学刚等人开展大量工艺研究和工程实践探究工作下，在 2015 年第三届全国熔池熔炼会议上以"侧吹浸没燃烧熔池熔炼技术"首次正式对外提出。

2.2 侧吹浸没燃烧熔池熔炼工艺

2.2.1 侧吹浸没燃烧熔池熔炼法的原理及炉体结构

侧吹浸没燃烧熔池熔炼法是以多通道侧吹喷枪以亚声速向熔池内喷入富氧空气和燃料（天然气、煤气、粉煤）以剧烈搅动熔体和直接燃烧向熔体补热为主要特征[1]。

图 2-1 所示为 SSC 技术的冶炼原理图，是以硫酸铅膏为例进行分析。与其他类型的侧吹工艺不同，SSC 工艺物料适应性广，特别适用于不发热物料的处理。当炉料加入熔炼区后，碳酸盐或硫酸盐物料随熔体的搅动快速散布于熔体之中，与周围熔体发生快速传热、传质，促进炉料的加热、分解、熔化等过程。同时，侧吹喷枪喷入燃料又为物料提供热源。因此，SSC 炉的系统为一个近似理想的热技术系统。

侧吹浸没燃烧熔池熔炼炉采用椭圆形炉型结构，放置在混凝土条形基础上，由炉缸、炉身、炉顶构成；炉缸外围钢板，内衬耐火材料，在炉缸的一端开有上渣口和下渣口，在炉缸最底部设有底排放口；炉身侧墙由铜水套内衬耐火砖构成，铜水套采用循环水水冷保护。炉体两侧熔池区设置有多通道富氧空气与燃料侧吹喷枪，炉顶出烟口直接与锅炉膜式壁连接，锅炉上升烟道开设有三次风口，用于将后燃烧风鼓入并烧掉出炉烟气中的一氧化碳；炉顶设有若干加料口，在炉子另一侧设有虹吸口。侧吹浸没燃烧熔池熔炼炉的三维效果图和实物图分别如图 2-2 和图 2-3 所示。

2.2.2 侧吹浸没燃烧熔池熔炼技术的特点

2.2.2.1 工艺操作特点

侧吹浸没燃烧熔池熔炼技术的工艺操作特点如下：

（1）通过侧吹喷枪直接向熔体内部补热。燃料直接在熔体内燃烧，放出热量全部被熔

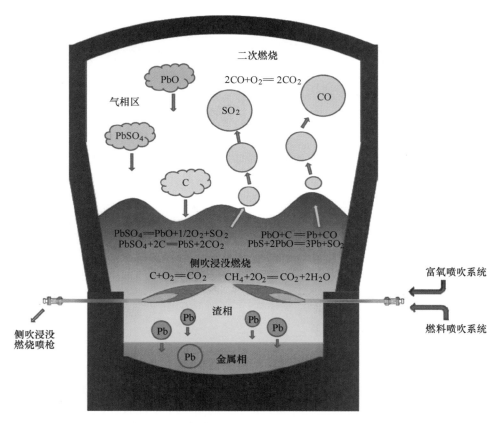

图 2-1　SSC 技术的冶炼原理（以硫酸铅膏为例）

图 2-2　侧吹浸没燃烧熔池
熔炼炉三维效果图

图 2-3　侧吹浸没燃烧熔池熔炼炉实物图

体吸收，加热速度快，热量利用率高，可以快速有效调节熔池温度。

（2）可以通过燃料和氧气的相对量的调节，有效控制参与冶炼反应的氧气的氧势，熔池内部氧化和还原氛围可控，严格控制四氧化三铁的生成，防止泡沫渣、喷炉等不利炉况的发生。

由此可知，侧吹浸没燃烧熔池熔炼炉工艺操作优点是：

（1）SSC工艺熔池温度易于控制，保持连续稳定的恒温作业，操作简单安全。

（2）喷枪直接将燃料和富氧空气送入熔池内部，防止熔体发生局部过氧化导致泡沫渣。

2.2.2.2　结构特点

A　喷枪

侧吹浸没燃烧熔池熔炼炉的喷枪采用了一种多功能多通道喷枪或多层套管喷枪，如图2-4所示。该喷枪为浸没式喷枪，采用多通道或多层套管的结构形式使一些通道喷入压缩空气或富氧的同时，另一些通道可以喷入燃料，燃料为粉煤或天然气。

侧吹喷枪为高速喷枪，根据火焰传播原理，当天然气或煤气传播速度大于火焰传播速度会形成脱火现象，当天然气或煤气传播速度小于火焰传播速度会形成回火现象，无论是脱火、回火都会对喷枪、炉衬寿命带来不利影响，因此喷枪流速至关重要。控制喷枪流速关键是稳定天然气或煤气、氧气供应压力。

图2-4　喷枪结构图

B　喷枪布置方式

侧吹浸没燃烧喷枪布置采用对吹方式（见图2-5），可有效减缓喷枪对对面侧墙的冲刷，选择合理喷枪流速和工作压力，喷枪寿命可达半年以上。喷枪工作连续稳定供气，无需每隔3~8h进行风口堵口更换操作，侧吹浸没燃烧熔池熔炼炉免去了频繁的更换风口的操作，从而提高了自动化操作水平，减轻了工人劳动强度。

图2-5　喷枪布置方式

C　炉缸

炉缸采用反拱镁铬砖工作层，可大大增加炉底寿命，有效保障了冶炼炉整体作业周期。生产实践已表明，该种炉底结构寿命已超3年，仍在运行之中。

D　炉墙

侧吹浸没燃烧熔池熔炼炉是一种强化熔炼设备，冶炼过程中，温度可达1100~

1350℃。单一使用耐火砖抵抗不了高温熔体的冲刷与腐蚀。对侧墙耐火材料必须采取冷却措施，这对高冶炼强度的现代冶炼炉尤为重要。耐火材料及冷却措施成为能否采用高富氧浓度、高投料量、高温度操作的关键。

熔池内与熔渣接触的耐火材料受到熔渣的持续侵蚀，直到耐火材料由于冷却而使其表面结成一层固体渣壳为止。此后，这一层渣壳就起到了保护耐火砖和铜水套的作用。实际生产中，最重要的是被冷却耐火砖受熔体侵蚀后的残余厚度，在炉子运行后期，该砖层的厚度还有 100mm，形成稳定挂渣，并一直稳定在此，不再被腐蚀。气相区炉墙为单一的镁铬砖砌筑。

E　炉体框架结构

炉子的钢结构采用先进成熟的"约束构架"，避免了刚性约束结构无法自由膨胀的缺点。采用约束构架对炉体整体稳定性至关重要，同时对炉体冷却效果也有着重要影响。侧吹浸没燃烧熔池熔炼炉采用整体"约束构架"结构，保持炉体钢板整体膨胀均匀，可有效防止熔池熔炼时的炉体位移与晃动。

2.2.3　配套系统

为保证侧吹浸没燃烧熔池熔炼工艺的整体顺行，SSC 炉配套有余热锅炉、高温布袋等收尘设施，烟气制酸或尾气脱硫系统，以及 DCS 控制系统。侧吹炉设备流程图如图 2-6 所示。

2.2.4　炉体安全运行监控系统

在炉底、铜水套表面以及炉墙砖内部平均分布设置有若干温度检测点。铜水套进出水管均设有流量计和温度计，上述温度、流量信号均进入 DCS 控制系统进行监控。图 2-7 和图 2-8 所示分别为炉体温度监控和炉墙铜水套温度监控。

2.3　工业化开发与应用

2.3.1　工业化设计

工业化设计的重点在于如何解决侧吹浸没燃烧熔池熔炼工艺工业化生产装置的连续稳定运行，以保证生产指标的实现。针对该工艺的复杂性和特殊性，对如下装置进行了工业化的研究和设计：

（1）侧吹浸没燃烧熔池熔炼炉选择合适的喷枪间距、富氧和燃气喷吹压力和流量以及喷枪套砖结构形式和材质。

（2）工业化生产的侧吹喷枪在结构上充分考虑了冷却措施、保护气体氮气的运用和枪芯可更换性。

2.3.2　工业应用

侧吹浸没燃烧熔池熔炼工艺已成功实现工业化生产的领域有液态铅渣直接还原、铅膏等二次铅杂料的连续熔化还原、锌浸渣等二次锌杂料的处理。

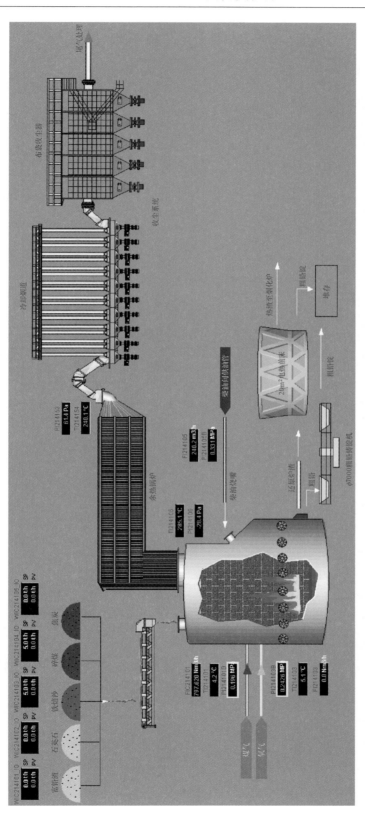

图 2-6 某厂侧吹炉设备流程图

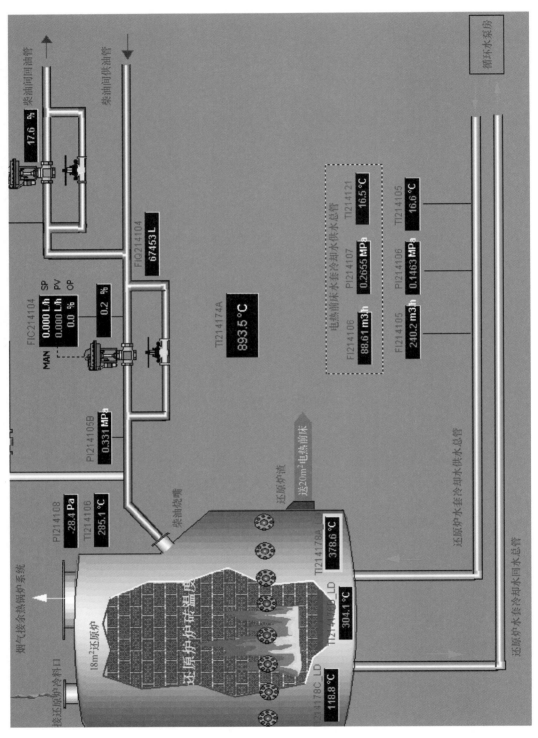

图 2-7　炉体温度监控

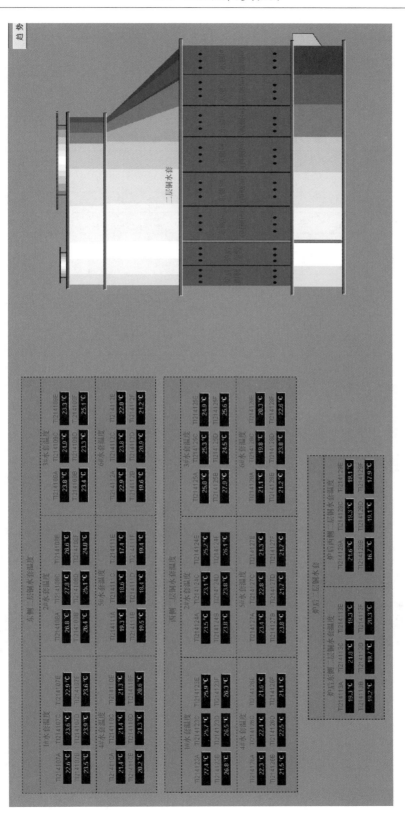

图 2-8 炉墙铜水套温度监控

2.3.2.1　液态铅渣直接还原

液态铅渣还原技术是中国恩菲联合河南金利金铅公司合作开发，并已成功应用于国内多家铅冶炼企业。

液态渣侧吹还原炉生产技术参数见表 2-1。液态铅渣直接还原工艺流程如图 2-9 所示。

表 2-1　液态渣侧吹还原炉生产技术参数

序号	指标名称	数值
1	炉床面积/m²	18
2	热渣处理量/t·d⁻¹	约 500
3	富氧浓度/%	约 65
4	冷却水量/t·d⁻¹	320
5	渣含铅/%	<2.0
6	烟尘率/%	6
7	氧耗/m³·t⁻¹	约 80
8	煤耗/kg·t⁻¹	约 140
9	冶炼能耗（还原炉段）/kg·t⁻¹	约 180

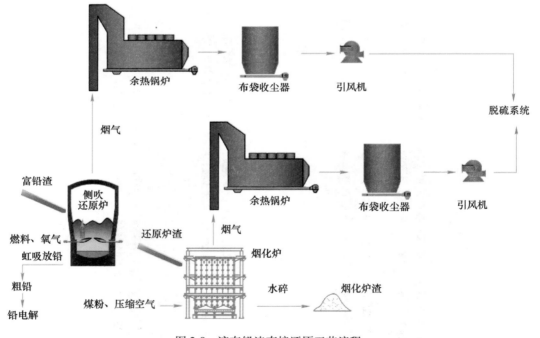

图 2-9　液态铅渣直接还原工艺流程

2.3.2.2　再生铅膏处理

采用连续熔化还原技术处理铅膏是中国恩菲针对开发城市矿山、促进再生资源的循环利用开展的技术开发与拓展。国内第一条用于处理未脱硫铅膏的连续熔化还原炉生产线于 2012 年在湖北金洋冶金公司投产。含铅废料无害化、资源化处理工艺流程（见图 2-10），主要包括配料系统、连续熔化还原熔炼系统、再生粗铅精炼系统、烟气环保回收系统。

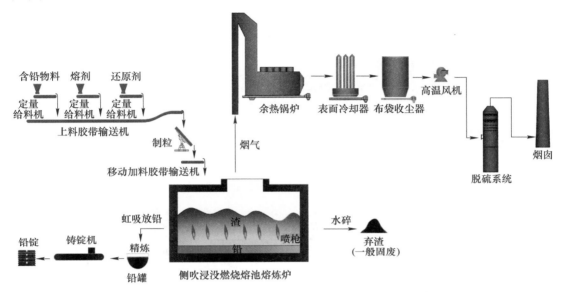

图 2-10　SSC 技术含铅废料无害化、资源化流程

经过投产以来的不断摸索与改进，中国恩菲已形成废铅酸蓄电池铅膏连续熔池熔炼技术，该技术是针对铅膏等二次铅资源开发的一项低温、连续、高效、清洁的熔炼工艺、技术和装备。该技术成果整体技术达国际领先水平，并荣获 2015 年度中国有色金属工业部级科技进步一等奖。

废铅酸蓄电池铅膏连续熔池熔炼技术正引领我国再生铅产业技术升级，目前已有多家知名大型再生铅企业升级改造项目采用中国恩菲 SSC 技术。其主要指标如下：

（1）铅回收率大于 98.5%；

（2）锑、锡回收率大于 95%；

（3）硫利用率大于 98.5%；

（4）弃渣含铅小于 2%，属一般固废；

（5）废水循环利用率大于 98.5%；

（6）冶炼废气排放量小于 $1000m^3/t$，含硫小于 $50mg/m^3$，含铅小于 $0.2mg/m^3$；

（7）粒煤单耗 169kg/t；

（8）天然气单耗 $50m^3/t$。

2.3.2.3　铅锌共生氧化矿和锌浸出渣的处理

在国家环保政策日益严格的形势下，多数炼锌厂采用回转窑处理铅锌共生氧化矿和锌浸渣进一步回收渣中的锌、铅，但工艺技术落后，劳动环境条件差，设备维护工作量大，需要耗费大量的焦炭，有价金属回收率不高，同时还会产生环境污染。

　　为解决回转窑和烟化炉处理铅锌共生氧化矿和锌浸出渣工艺中存在的生产能力小、能耗高等问题。中国恩菲与驰宏锌锗公司共同合作研发了"铅锌共生氧化矿和锌浸渣强化熔炼技术"。铅锌共生氧化矿和锌浸渣侧吹熔炼新工艺中熔化和烟化可在一台立式侧吹炉中分阶段作业，也可在两台串联的立式侧吹炉中连续作业。

　　2013 年 11 月，驰宏锌锗公司会泽冶炼分公司用于处理锌浸渣的 13.4m² 大型侧吹炉建成，开始了试生产，成功实现了铅锌共生氧化矿和锌浸渣侧吹熔炼的产业化生产。图 2-11 所示为 SSC 工艺处理锌浸出渣工艺流程图。

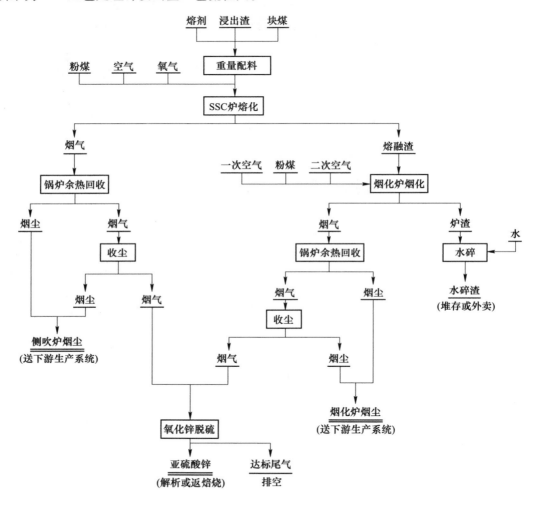

图 2-11　SSC 工艺处理锌浸出渣工艺流程图

　　经过两年的生产实践，13.4m² 侧吹炉产业化生产技术日趋成熟，炉床能力比烟化炉提高 20% 以上，能耗（锌耗煤）比烟化炉降低 50kg/t 以上，比回转窑降低 250kg/t 以上，床能力平均达到 25.54t/(m²·d)，耗煤率平均达到 40.87%，氧化锌烟尘锌品位达到 52.18%，外排 SO₂ 浓度不大于 100mg/m³，废渣含锌小于 2%。

　　侧吹浸没燃烧炉不但能处理铅锌共生氧化矿和锌浸渣，还能处理炼镉碱渣、钴渣、锗残渣、石膏渣等十几种含锌物料，适应性非常广；同时铅锌共生氧化矿和锌浸渣强化熔炼技术拥有自主知识产权——发明专利"锌浸出渣处理装置和处理工艺"已获专利授权。该技术 2015 年已通过国家成果鉴定，被评为国际先进技术。

2.3.3 SSC 技术主要拓展应用方向

2.3.3.1 锑精矿的处理

目前，锑精矿主要冶炼方法为传统鼓风炉挥发熔炼，存在低浓度二氧化硫低空污染以及烟气余热无法回收等问题。

为解决鼓风炉存在的种种问题，中国恩菲提出一种处理锑精矿的新思路、新工艺，采用侧吹浸没燃烧熔池熔炼工艺进行锑精矿的氧化挥发熔池熔炼。侧吹浸没燃烧熔池熔炼工艺处理锑精矿工艺流程图如图 2-12 所示。

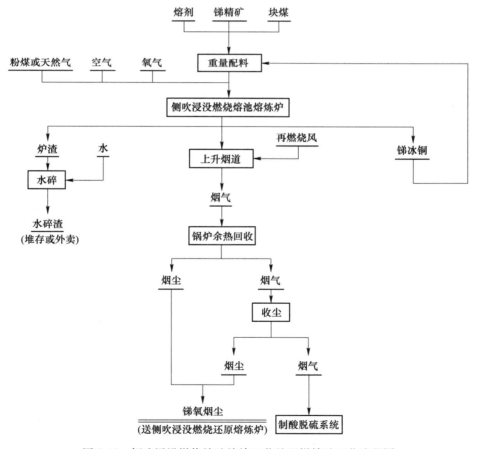

图 2-12 侧吹浸没燃烧熔池熔炼工艺处理锑精矿工艺流程图

锑精矿性质特殊，进行熔炼时锑精矿中部分硫化锑氧化进入烟气，部分直接挥发进入烟气，经过火柜中氧化燃烧形成锑氧烟尘进行回收；落入熔池中的物料一部分造渣，一部分锑、铁与硫形成锑冰铜相。实际熔池中形成两层：上层为渣层，下层为锑冰铜层。由于锑冰铜熔点较高，若熔池内部补热不足则容易在炉缸底部形成炉结，影响正常操作。同时由于锑精矿中硫化锑大部分挥发进入气相，熔池氧料比控制也至关重要。侧吹浸没燃烧炉可快速有效调节炉内熔池中锑冰铜的温度，避免风口区和炉缸区炉结的形成。侧吹浸没燃烧熔池炉墙镶嵌长寿命耐火砖层，避免了锑冰铜对铜水套侵蚀的风险；设计中考虑了严格控制四氧化三铁的生成，防止泡沫渣、喷炉等不利炉况的发生。

因此，基于以上锑精矿挥发熔池熔炼的特殊性质，采用侧吹浸没燃烧熔池熔炼工艺处理锑精矿可实现锑、硫的高回收率，同时工程投资也较低，工业化成熟度较高，该技术具有非常广阔的发展前景。

2.3.3.2　锡精矿、锡中矿的处理

目前，国内的大中型锡冶炼厂都采用的是电炉和顶吹炉进行粗锡的冶炼。电炉的高电耗、对锡原料含铁要求严格以及单台电炉生产能力有限，限制了其推广应用。国内有云南锡业集团有限责任公司（以下简称云锡公司）、广西华锡集团股份有限公司（以下简称华锡公司）等企业采用顶吹炼锡炉进行粗锡冶炼。从工艺角度讲，顶吹炉熔炼具有熔炼效率高、对物料适应性强、自动化水平高等优点。但顶吹炉富氧浓度为 28%~30%，还原熔炼的煤耗在 40%~50% 以上。而且由于顶吹喷枪的寿命小于 3 天，易造成频繁换枪，作业率较低。另外引进该技术费用过高，建设投资大。

结合在侧吹浸没燃烧熔池熔炼方面的技术优势，以及相关工业生产实践，中国恩菲提出了"高硫锡精矿流态化焙烧+侧吹炉还原熔炼+烟化炉烟化"的粗锡冶炼工艺流程。该技术是一项具有自主知识产权的粗锡冶炼工艺，简称侧吹炉炼锡工艺。侧吹浸没燃烧熔池熔炼工艺处理锡精矿、锡中矿工艺流程如图 2-13 所示。该工艺具有锡、铅、铜、铋等有价金属回收率高，能耗低，系统密闭、低噪声，无粉尘、烟气等泄漏，生产环境好，自动化程度高等特点。

以生产规模为 1 万~2 万吨/年锡的顶吹工艺和侧吹工艺对比，顶吹炉设备总投资（含专利费、设计费等）约 4000 万元，而采用侧吹炉的设备投资约为顶吹炉一半，具有较大技术和成本优势。

2.3.3.3　电子废弃物资源化处理——废旧印刷电子线路板的无害化、资源化

目前，我国每年产生的电子废弃物（waste electrical and electronic equipment，WEEE）接近 150 万吨，国内已建成一批现代化的正规电子废弃物处理厂，即 WEEE 拆解处理企业。主要处理废旧家电，比如电视机、电冰箱、报废笔记本电脑、台式电脑、报废手机等。在处理上述电子废弃物过程中，每年产生的废旧线路板规模达到 30 万吨以上，而其中的塑料及有价金属合理经济的回收是目前急需解决的问题。

中国恩菲结合国内电子废弃物处理现状以及国内外技术实际发展水平，从变废为宝的原则出发，提出一种经济、安全环保、金属回收率高的废旧线路板回收工艺——废旧线路板破碎分选—侧吹浸没火法熔炼（冶炼温度 1200℃）—冶炼烟气余热回收、骤冷除 PCDD&PCDF—冶炼金属精炼分离，即"SSC-Waste PCB"工艺。

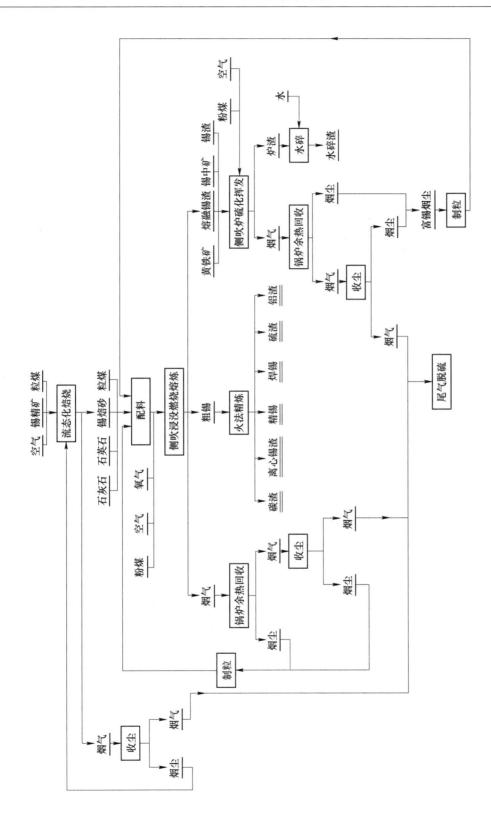

图 2-13 侧吹浸没燃烧熔池熔炼工艺处理锡精矿、锡中矿工艺流程图

通过该工艺的实施，将使我国废旧线路板的综合回收水平达到世界领先水平，真正实现变废为宝；使电子废弃物真正实现资源化、无害化；使企业在实现处理废旧电子废弃物的同时标本兼治，没有副作用。企业通过资源化回收获取收益，实现电子废弃物回收产业的可持续发展。

2.3.3.4　其他应用方向

目前，中国恩菲正将 SSC 技术应用范围逐步扩展，将其应用于阳极泥、铜浮渣、低品位共生铅锌氧化矿以及尾气脱硫石膏渣无害化处理等方面。

2.4　侧吹浸没燃烧熔池熔炼技术优势

经过多年的实践和改进，侧吹浸没燃烧熔池熔炼技术已发展为一种广泛应用的技术。该技术的优势有以下几点：

（1）喷枪可直接向熔体内部直接喷射燃料、富氧浓度高、热利用率高。侧吹浸没燃烧熔池熔炼工艺采用富氧熔炼，燃料及助燃气体喷入熔池内，在熔池内燃烧，搅拌强度大，传质传热快，热利用率高，单位容积热强度大。熔炼炉产生的高温烟气通过余热锅炉回收余热，产生的蒸汽可进行发电或送到其他蒸汽用点，余热得到充分利用。

（2）作业率高。年作业时间可达 300~330 天。侧吹浸没燃烧熔池熔炼炉炉墙为两层结构形式。从内到外为耐火砖、铜水套。耐火材料起隔热作用，减少炉子热损失。而外层铜水套在炉墙上形成了一个冷却强度很大的冷却层，使得炉墙耐火材料始终在低温下工作。铜水套和内衬砖的结构有利于冷却和挂渣，大大延长了炉子寿命。炉底为耐火砖，抗渣和铅冰铜侵蚀能力强，炉子整体中修周期两年以上，大修周期五年以上。

（3）安全性好。炉墙采用两层结构形式，内层为耐火砖砌体，外层为铜水套镶嵌耐火砖，镶嵌的耐火砖有效能保护铜水套，从而确保了炉体安全。该炉炉体设有钢板外壳，炉体不易发生燃气泄漏着火。

（4）喷枪寿命长。喷枪结构和布置的优化，提高了熔池搅动效率和反应速率，提高了气体的燃烧效率。喷枪使用寿命达 6 个月以上。免去了传统侧吹炉繁重的频繁风口人工封堵操作、真正实现了生产自动化和改善职工生产劳动环境。

（5）烟尘率低。侧吹浸没燃烧熔池熔炼炉烟尘率低。用于液态铅渣直接还原时，烟尘率一般为 7%，而其他富氧侧吹炉，烟尘率较高，达 15%~20%。究其原因为熔池鼓入大量的富氧空气，烟气量大，熔池搅动过于剧烈，造成被烟气带走的烟尘过多，烟尘率较高。

（6）环保好。侧吹浸没燃烧熔池熔炼工艺采用微负压操作，无烟气外逸；系统产生的铅烟尘均密封输送返回到熔炼配料，无铅尘弥散；熔炼炉放出口和热物料输送流槽均采用强化通风，有效防止有害气体扩散，满足岗位环境卫生标准要求。

（7）有价金属综合回收率高、冶炼弃渣无害化。该工艺独特的炉体结构，使得炉内各熔池相分离效率高。金属相位于喷枪下层，基本处于静止，对金属熔体和液态渣两相澄清效果非常好，可通过金属层的高度来调节分离效果。生产厂指标表明，侧吹浸没燃烧熔池熔炼炉排出弃渣含铅低于2%，属于一般固体废物，可直接作为建筑辅材外卖，变废为宝。

参 考 文 献

[1] 陈学刚. 侧吹浸没燃烧熔池熔炼技术的现状与持续发展 [J]. 中国有色冶金，2017，46（1）：5~10.

3 侧吹熔池熔炼炉的发展和特点

侧吹熔池熔炼炉，顾名思义，是从炉子侧面吹入富氧空气或燃料进行熔池冶炼的一类冶金炉的简称，具有热效率高、床能率较大、金属回收率较高、成本低、占地面积小等特点。侧吹炉已经在炼铅、炼铜等原生金属冶炼工业中占据了重要的位置，而且在再生金属、炉渣、工业废弃物等新兴领域中也有很好的应用，是火法冶金重要的冶炼设备类别之一。

3.1 侧吹炉的分类

侧吹炉作为一种重要的冶金炉，根据其用途、发明来源等不同，又区分为若干炉型类别，包括烟化炉、白银炉、瓦纽科夫炉、还原炉、渣贫化炉等，每种炉型都有自己的结构特点。

3.1.1 烟化炉

烟化炉适用于从有色冶金炉渣中回收铅、锌而产生的一种侧吹炉，有色冶金企业中的各种炉渣（包括多金属综合渣、铅锌渣、锡渣等）均可采用烟化炉处理，同时烟化炉还可以用来富集回收其他易于挥发的金属。烟化过程是以空气和煤粉（或其他还原剂）的混合物融入熔融的炉渣中进行还原吹炼。

烟化炉的优点是可以直接处理熔融渣，燃料消耗较少、金属回收率高、操作简单、机械化程度较高等。缺点是煤粉制备和输送过程比较复杂，风口、管道易磨损，煤粉分配均匀性差。

烟化炉是一种竖式熔池熔炼冶炼设备，主要处理热渣，炉身基本由水套拼接而成。炉料中固体从顶部加入，液态热渣从炉身中部加入，下部有风口鼓风，液态渣从下部渣口排出，在高温下，炉渣中的铅、锌、锡等跟随烟气、烟尘从烟口排出。其主要部件除水套外，还有风口装置、熔渣注入口、冷料加入口、放渣口、排烟口、支撑框架等。烟化炉结构图如图 3-1 所示。

目前大多数烟化炉都设计为烟化炉-余热锅炉一体化炉型。炉身的上段为膜式壁，是余热锅炉的一部分，炉身中下段为普通水冷水套，也有个别设计在中间增加一段常压汽化水套的做法。各家烟化炉的主要区别在于炉身中下部水套的具体结构，从之前的平钢板焊接箱型水套，到波纹板焊接箱型水套，再到纯铜铸造水套，乃至爆炸焊铜钢复合水套，烟化炉水套的使用寿命也在不断延长，已经从早期的三四个月到目前的两年以上。

风口装置是烟化炉的重要部件，安装在炉身下部的侧水套上。粉煤风嘴通常由三部分组成：前部为风嘴头部，插入炉内 60~200mm；中部为连接管，由陶瓷、铸石、铸铁等耐磨材料制成；后部为风煤混合器，风煤混合器有两根支管，一根通入煤粉和一次风，另一根送入二次风，一次风和二次风混合后进入熔池内。

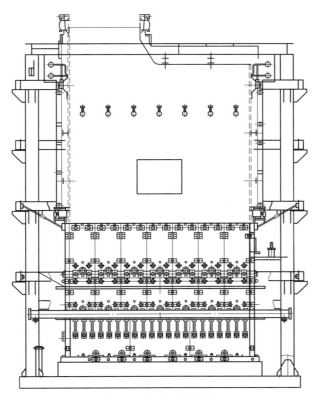

图 3-1　烟化炉结构图

3.1.2　白银炉

白银炉是一种直接将硫化铜精矿等炉料投入熔池进行造锍熔炼的侧吹式固定炉（见图 3-2），其被发明以后经历了空气熔炼、富氧熔炼、富氧自热熔炼三个阶段的发展。

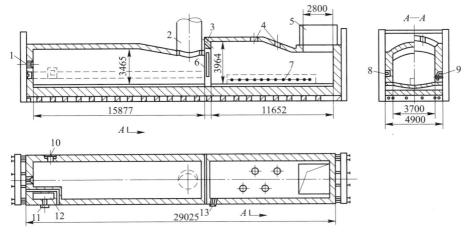

图 3-2　双室型白银炉结构图

1—炉头燃烧器孔；2—沉淀区烟道；3—炉中部燃烧器孔；4—加料口；5—熔炼区烟道；6—隔墙；
7—风口；8—渣线水套；9—风口水套；10—放渣口；11—放铜口；12—内虹吸池；13—返渣口

白银炉主体结构由炉基、炉底、炉墙、炉顶、隔墙、内虹吸池及炉体钢结构等组成。炉中设置的隔墙将熔池分为上部隔开、下部连通的两个区域，即熔炼区和沉淀区。按隔墙结构区分，白银炉可分为单室炉和双室炉两种炉型，隔墙仅略高于熔池面，熔炼区和沉淀区上部空间完全连通的炉型称为单室炉；通过隔墙将两区域完全隔开的炉型称为双室炉。

白银炉的渣线及隔墙采用铜水套强制冷却，其余区域基本不设水套。

3.1.3 瓦纽科夫炉

瓦纽科夫炉也是侧吹式熔池熔炼炉的一种，与白银炉的主要区别是熔池较深，富氧空气吹入熔池渣层或渣和铜锍的交界区域，而白银炉则是吹入铜锍层中。相对来说，高富氧空气吹入铜锍层，熔体温度较高，水套不易形成挂渣保护，易被腐蚀，存在漏水风险；高富氧空气吹入渣层，有利于水套挂渣，在减小热损失同时，水套也相对安全。

瓦纽科夫炉结构原理图如图 3-3 所示。瓦纽科夫炉分为熔炼区、铜锍池和渣池三部分。炉体主要由炉缸、炉墙、隔墙、炉顶、风口、加料口、炉顶、上升烟道、放出口等部件组成。熔炼区有三种形式，一种是无隔墙的；一种是用一道隔墙将渣层上部隔开，把熔炼区分为熔炼区和贫化区；还有一种是在贫化区增设一道辅助隔墙，形成第三种形式的熔炼区。

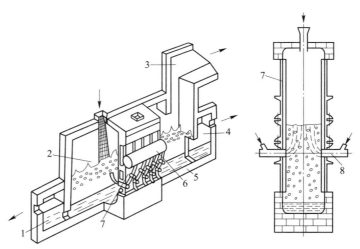

图 3-3　瓦纽科夫炉结构原理图
1—铜锍虹吸池；2—熔炼室；3—上升烟道；4—渣虹吸池；5—砌体；
6—供风管；7—水套；8—风口装置

3.1.4 其他侧吹炉

随着侧吹熔池熔炼技术应用越来越广泛，配合原料以及工艺操作的不同，近些年中国恩菲结合多年积累的侧吹技术经验，创造出了更多的不同功能的侧吹炉，包括：富氧侧吹熔炼炉（鼓泡法）、侧吹浸没燃烧熔炼炉（SSC 炉）、侧吹电热贫化炉等，下面将对其中比较典型的前两种炉型进行详细描述。

3.2 富氧侧吹熔炼炉

3.2.1 富氧侧吹熔炼炉技术原理

富氧侧吹熔炼炉主体是反应区，反应区的一端是铜锍虹吸池，另一端是渣虹吸池，侧墙上设有一次风口，炉缸采用镁铬砖和水套砌筑，反应区均为水套。冶炼用的富氧空气通过风口鼓入熔池，使熔池处于强烈搅拌状态。通过炉顶加料管加入的炉料直接落入强烈搅拌的熔池，被卷入熔体，与吹入的氧快速反应，被迅速熔化生成铜锍小颗粒，并逐渐长大，向下沉淀进入铜锍层，鼓入的富氧空气中氧的利用率可达98%~99%。铜锍和炉渣分别从两端的虹吸池放出。铜锍送去吹炼成粗铜，炉渣目前多送去选矿，产生的烟气经余热锅炉降温、电收尘器收尘后送到硫酸系统。

富氧侧吹熔炼炉的高富氧空气吹入熔池渣层中，有利于水套挂渣，可以减少热损失，安全可靠。富氧侧吹熔炼炉与瓦纽科夫炉都用于矿铜冶炼，但结构不完全相同。

侧吹熔炼过程：渣层中鼓入的高富氧空气产生剧烈搅拌的泡沫层，使炉料迅速熔化并产生强烈的氧化和造渣反应生成铜锍和炉渣，反应热基本能满足自热熔炼的需要，过程中产生的过氧化反应可控，其相关反应式如下：

$$6FeO + O_2 \stackrel{}{=\!=\!=} 2Fe_3O_4 \tag{3-1}$$

生成的 Fe_3O_4 氧化熔体中的 FeS，并与 SiO_2 造渣：

$$FeS + 3Fe_3O_4 \stackrel{}{=\!=\!=} 10FeO + SO_2 \uparrow$$

$$2FeO + SiO_2 \stackrel{}{=\!=\!=} 2FeO \cdot SiO_2 \tag{3-2}$$

高强度的搅拌和连续的加料保证了熔体内始终保证含有一定量的 FeS 和 SiO_2，有利于反应的进行，这样就阻止了炉渣被鼓风中的氧按照反应（3-1）过氧化。

3.2.2 富氧侧吹熔炼炉的结构

富氧侧吹熔炼炉为固定式长方形炉型，内衬耐火材料，关键部位镶嵌铜水套。其主体结构由炉底基础、炉缸区、炉身区、炉顶区、铜锍和炉渣放出口等部件组成，富氧侧吹熔炼炉的结构如图3-4所示。

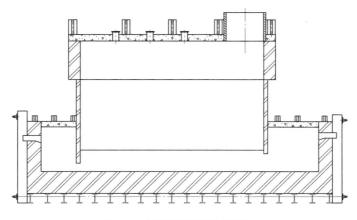

图3-4 富氧侧吹熔炼炉结构

3.2.2.1　炉底基础

炉底基础承载着整个炉子以及熔体的重量，因此需要有足够的强度，炉底基础采用耐火浇注料整浇的与土建基础一体的条状基础。炉底板直接放于该基础之上。这对基础提出了较高的要求，基础必须平整，另外，土建基础的设计要避免与炉内喷吹扰动共振，防止整炉的震动。

3.2.2.2　炉缸区

炉缸区的外壳由钢板焊接而成，在炉缸内底部、端墙和侧墙砌有耐高温的优质镁铬砖。炉缸两端分别设有铜锍池和炉渣静置池，炉缸两端设有铜锍口和放渣口，必要时可直接将铜锍和炉渣排出。在炉缸下部，还设有安全放出口，用于停炉时将铜锍放出。

炉缸区侧墙及端墙均安装有铜水套，富氧侧吹熔炼炉内熔池温度高，熔池在喷嘴的喷吹下搅动剧烈，单靠耐火材料很难保证炉体寿命，而水冷技术的应用则是提高炉子寿命的有效措施。

3.2.2.3　炉身区

炉身全部采用水套组合而成，风口位于炉身下层水套，富氧空气由风口送入，加入的物料在炉内剧烈搅拌，完成造渣、造锍反应。炉身搅动以及喷溅物的化学侵蚀和反复冲刷，需要较强的冷却效果，因此在该区域内全部设计成铜水套，水套内表面有捣打料层，通过合理的水冷强度能够在水套表面形成稳定的挂渣层。同时从炉顶鼓入二次风，氧化单体硫，同时燃烧烟气中的 CO，并将燃烧产生的热部分返回熔池。

3.2.2.4　炉顶区

炉顶区仅烟气通过，没有熔体的冲刷和侵蚀，耐火材料的寿命相对较长，但为保证更长的耐火材料寿命，侧墙及端墙也设计有立水套，对耐火材料进行冷却。

炉顶盖采用 H 型水冷钢梁支承的钢纤维增强耐火浇注料浇铸的整体炉顶，寿命长，密封性好。垂直烟道为铜水套结构，炉顶设置有加料口、出烟口、二次风口以及测温测压孔。

3.2.2.5　铜锍和炉渣放出口

富氧侧吹熔炼生成的铜锍和炉渣分别聚积在铜锍虹吸池和炉渣虹吸池。铜锍虹吸池一侧有铜锍放出口，池顶部设有燃油或燃气烧嘴，对铜锍池保温，炉渣从炉渣虹吸池侧墙或者端墙上放出口流到渣包中。

3.2.3　富氧侧吹熔炼炉的特点

富氧侧吹熔炼是一种高效、节能的工艺。炉内渣层较深，在侧面鼓风的作用下，在上部渣层形成了气-液-固三相共存的湍流区，大大增加了熔渣、铜锍和气相的接触面，为熔体中进行各种物理、化学过程提供了充分和适宜的条件，提高传质传热的速度，可使渣中的炉料迅速熔化。在强烈搅动的熔渣和铜锍的乳化体中铜锍微粒相互碰撞机会大大增加，有利于铜锍的聚合长大形成稳定的铜锍颗粒,在熔炼区下部很容易与炉渣分离。由于氧化造渣反应均在熔体内部发生,反应热得到了充分的利用,热效率高。

富氧侧吹熔炼炉的优点如下:

(1) 对原料无严格要求,粉料块料均可,不需要深度干燥。

(2) 化学反应热可直接用于熔池内物料熔化,热量的利用系数高。

(3) 烟气中 SO_2 浓度高,有利于硫的回收。

(4) 产能高,床能率高,而且炉子寿命长。

(5) 控制合理的液面高度和铜锍面高度,可生产高品位铜锍。

(6) 二次风口位置设在炉顶加料口与烟道口之间,且烟道口下压安装。实践效果很好,不黏结,不需清理,送风稳定。

(7) 炉型结构简单、安全、可靠、操作方便、维修量小、生产稳定,为冶炼工艺实现创造了很好的条件。

结合多年来对各种侧吹熔炼炉的研究,中国恩菲设计的新型富氧侧吹熔炼炉,其特点如下:

(1) 炉型综合了国内外侧吹炉的特点,参考了新的技术发展,适当扩大了上部炉膛的宽度和高度,降低了排烟速度,有利于烟尘的沉降和单体硫的燃烧。

(2) 熔炼区水套高度充分考虑了吹炼泡沫的冲刷高度。

(3) 锍和渣虹吸池有足够的容积,热容量大,不易冻结。

(4) 熔炼室和虹吸池之间的隔墙采用新的结构和冷却系统,可以提高隔墙寿命,增加安全性。

(5) 采用弹性、刚性相结合的炉体支撑结构,保证炉体的整体性、稳定性和防震动性能。

(6) 炉衬采用优质镁铬砖砌筑,特殊部位采用特殊耐火材料砌筑,确保炉子寿命;炉顶采用水套梁支撑的整体浇铸炉顶。

侧吹熔炼炉的主要尺寸参数见表 3-1。

表 3-1　侧吹熔炼炉的主要尺寸参数

参数	数值	参数	数值
反应区面积/m^2	24	风口距炉底高度/mm	1500
炉膛宽度/mm	2500	风口间距/mm	600
反应区长度/mm	9600	炉膛总高度/mm	7000

3.2.4　富氧侧吹熔炼炉的主要技术指标

国内几家采用富氧侧吹熔炼炉生产铜锍的主要技术指标见表 3-2。

表 3-2　富氧侧吹熔炼炉的主要技术指标及对比

项目	国内某厂 1	国内某厂 2	国内某厂 3
一次风氧浓度/%	85	75	75
一次风压/kPa	110	75	110

项目	国内某厂 1	国内某厂 2	国内某厂 3
铜锍品位/%	70~72	58~63	52
渣含铜/%	0.80~1.20	0.75	0.45（贫化后）
铁硅比	1.40	1.45	1.1~1.2
煤率/%	2.5~3.0	3.0	4.0
原料 S/Cu	1.0~1.15	1.30	1.25~1.30
烟尘率/%	0.8~1.0	1.1	2.0
渣温/℃	1200~1230	1180~1200	1220
出渣及放冰铜方式	连续	间断	间断
液面高度/mm	1850~1900	1800	1900~2000

3.3　侧吹浸没燃烧熔池熔炼炉

3.3.1　侧吹浸没燃烧熔池熔炼炉技术原理

侧吹浸没燃烧熔池熔炼炉示意图如图 3-5 所示[1]。

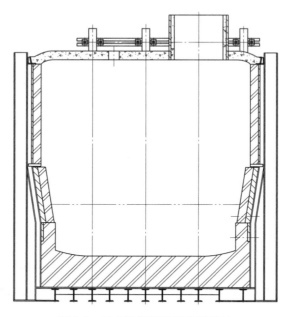

图 3-5　侧吹浸没燃烧熔池熔炼炉

气体从炉体侧部送入熔池，采用侧吹模式。在送风口的下部，熔体相对静止，有利于金属相的汇集和沉降；在送风口的上部，熔体搅拌剧烈，强化了各种介质之间的传热和传质，加快了物料的加热、熔化和反应，处理能力较大。

在侧吹模式下，气体从喷枪喷出的速度高时，气体以射流方式喷入熔池，喷射一段距离后变成小气泡，气泡上升过程中带动熔体运动，在整个炉内搅动比较均匀，对炉墙的冲刷小;气体喷枪喷出的速度低时,气体从送风装置喷出后即分裂成小气泡,气泡在熔体静压差的作用下沿炉墙处熔池的搅动比较剧烈,对炉墙的冲刷比较严重。但对于输送燃料和富氧空气的侧吹炉来说,由于燃料和富氧空气喷出后进行燃烧,速度太低时燃料在靠近炉墙处进行燃烧,侧墙既要承受熔体的冲刷,还要承受燃料富氧燃烧时产生的高温,对侧墙的寿命影响很大;当采用特殊设计的侧吹喷枪时,燃料和富氧空气能够以接近声速喷入熔池,使燃料的燃烧区远离侧墙,燃料产生的热量直接送入熔池内,热利用率高,热量在炉内分布比较均匀,更利于炉内物料的加热、熔化和反应。

侧吹气体穿透深度计算公式如下:

$$H/d = 2.6Fr'^{0.41}(\rho_1 d^{1.5}/\eta)^{0.19} \tag{3-3}$$

$$Fr' = \rho_g v^2/(\rho_1 g d) \tag{3-4}$$

式中,H 为气体穿透深度,m;d 为喷枪直径,m;ρ_g 为气体密度,kg/m³;ρ_1 为熔体密度,kg/m³;v 为气体喷出速度,m/s;η 为熔体的黏度,Pa·s;g 为重力加速度,m/s²。

从式(3-3)和式(3-4)可以看出,气体的穿透深度随着气体喷出速度的增大而增大,随熔体黏度的增大而减小。

3.3.2 设备特点

3.3.2.1 炉型选择

为适应侧吹熔炼工艺,选用了长圆形炉床,喷枪以上炉膛逐渐扩大,并具有较高的炉膛高度,这样的炉型有利于侧墙喷吹,熔体搅拌均匀,气流上升通畅,可减少喷溅黏结,炉膛内烟气中可燃成分得以充分燃烧。

3.3.2.2 架空炉底

目前侧吹炉的基础有两种设计思路:一种是没有底梁,炉底钢板直接落在土建基础上;另一种是炉底钢板落在底梁上,底梁再落在土建基础上。采用炉底钢板直接落在土建基础上的方式,为了保证炉子基础的平整度就需要对土建基础进行特殊处理,施工难度较大。侧吹浸没燃烧炉采用有底梁的方式,底梁采用型钢焊接成"井"字的架空结构,如图3-6所示。安装时可通过控制底梁上沿的水平度,炉底基础以二次灌浆的方式来保证炉子基础的平整度,更便于施工;此外,底梁是架空结构,根据工艺需要可考虑炉底自然通风

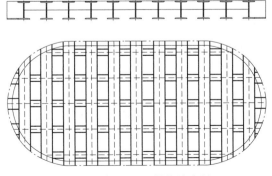

图 3-6 侧吹浸没燃烧炉底梁

冷却或者强制通风冷却，生产上更灵活。

3.3.2.3　整体密闭型炉壳

熔炼炉需要有稳定的热强度，需要炉子有比较稳固的钢结构。侧吹浸没燃烧在气体流速太低时会发生反冲现象，如果是非密闭炉型，燃料和富氧空气会泄漏，达到一定的温度就会着火，从而造成生产现场到处冒火，存在安全隐患，而且燃料在炉外燃烧没有把热量送到炉内造成能源浪费。为了避免此种事情发生，在熔池区及鼓泡区设计了整体密闭型炉壳，如图 3-7 所示。将炉内充满熔体以及熔体喷溅区形成一个密闭的空间，同时控制好喷枪的操作压力，将燃料的燃烧控制在炉内熔体区，最大限度地利用能源，从而达到节能的目的。

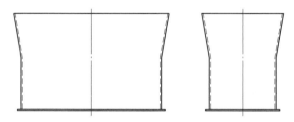

图 3-7　侧吹浸没燃烧炉整体密闭型炉壳

3.3.2.4　全方位立体冷却系统

针对侧吹浸没燃烧炉内不同区域的工作环境，设计了不同的冷却系统。喷枪及以下区域熔体搅动稍弱，熔体温度高，有金属相，采用复合水套冷却，防止金属相渗透和铜水套直接接触；喷枪以上扩大段熔体搅动的冲刷、气流冲刷、液面的波动，都会对砖体造成严重的损坏，因此采用了对砖体起到近似立体冷却的齿形铜水套；炉体上部烟气中含有较多的 CO，需在上部炉膛燃烧，炉内温度很高，为防止炉墙的变形、损坏，同时避免炉墙外表面温度很高，污染环境，妨碍工人操作，因此采用了较薄的钢板焊接水套。

水套冷却水量计算公式如下：

$$Q = qA = c\rho V \Delta t \tag{3-5}$$

式中，Q 为水套需要带走的热量，W；q 为水套所在处的热流密度，W/m^2；A 为水套的面积，m^2；c 为水的比热容，J/(kg·℃)；ρ 为水的密度，kg/m^3；V 为水的流量，m^3/s；Δt 为水的温升，℃。

3.3.2.5　合理的砖体设计

耐火材料的选型和砖体设计对于炉子的寿命至关重要，需要根据不同的处理原料和炉内状况进行全面的分析和设计。下面以再生铅侧吹炉为例介绍一下耐火材料的选型：炉子底部储存着粗铅，铅的熔点较低，流动性和渗透性比较好，需要设计厚一点的炉底，并同时考虑选用合理的工作层砖、防渗透捣打料和适宜的炉底冷却方式；炉底以上到熔体喷溅高度，该区域不仅要承受高温炉渣的冲刷和侵蚀，还要承受从侧面喷入的燃料富氧燃烧产生的高温，是炉内最恶劣的工作区域，因此要采用特质镁铬砖；气相区主要是烟气通过，伴随有 CO 的二次燃烧，主要是高温、还原气氛，因此需要分别选用不同耐火砖；炉顶要承受炉内的高温，还要保持炉子整体的密闭性。采用钢纤维浇注料整体浇铸成型。在砖体设计上，炉底、熔池及熔体喷溅区、气相区、炉顶都是相互独立的，针对炉内不同部位的工作条件预留不同的膨胀缝，砖体膨胀时互相不影响，对于日后炉内砖体的局部检修也比较方便。

3.3.2.6 高强度约束性骨架

侧吹炉在高度上比较高，属于竖式炉，炉体本身有各种类型的水冷元件、耐材等需要支撑，单靠炉壳本身不足以支撑这些重量；另外生产中炉内还有高温熔体的剧烈翻腾，会对设备本体产生强烈的冲击，对炉子外围骨架要求更高。在设计中外围骨架采用立柱、圈梁、横梁和拉杆的组合形式，立柱下端用地脚螺栓固定在土建基础上，上部采用横梁约束后用拉杆拉紧，在立柱和炉壳之间设计了多层圈梁，有效地分散了来自炉体的受力，同时将来自炉体的受力均匀地传递到立柱上进而传递到土建基础上，如图 3-8 所示。通过已经投产的炉子来看，炉子比较稳固，无晃动现象发生，说明该骨架设计还是很合理的。

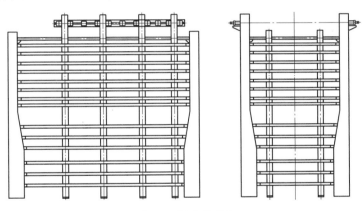

图 3-8 侧吹炉骨架

3.3.2.7 高速侧吹喷枪

喷枪是侧吹浸没燃烧技术的核心装备，燃料和助燃空气要通过喷枪向炉内输送，并在炉内进行富氧燃烧，其设计是否合理直接关系到侧墙的使用寿命。燃料和富氧空气从喷枪喷出后，在炉内高温熔体中进行燃烧，由于采用富氧助燃，燃料的燃烧温度很高，如果喷枪的喷出速度过低，燃料燃烧离侧墙很近会直接烧炉墙，再加上高温熔体的冲刷，侧墙寿命受很大影响，因此要求喷枪具有较高的喷出速度，使燃料燃烧尽量远离侧墙，就要求气体有一定压力，根据计算要求气源压力不小于 0.4MPa。喷枪能够根据不同的工况要求进行设计，燃料可以是粉煤、天然气、发生炉煤气、柴油等。

3.3.2.8 完善的水套检测系统

实践已经证明"水是最好的耐火材料"的观点是有道理的。使用水套就存在水套被烧坏，漏水造成事故的隐患，所以安全使用水套必不可少。对制造好的水套进行相应的通球、气密性和水压试验以及超声波检测，确保水套的制造质量，达到设计要求；在进水总管设置水压和水温检测仪表，在各个铜水套的出水支管设置水温检测仪表，自动检测并配合经常性的人工巡检，严防事故发生，保证生产安全。

参 考 文 献

[1] 冯双杰. 侧吹熔融还原炉的设计及应用 [J]. 中国有色冶金，2015，44（3）：19~21.

4 侧吹熔池熔炼过程的数值模拟仿真

计算流体力学（computational fluid dynamics，CFD）是近代的流体力学与数值计算和计算机科学等学科综合发展后，出现的一门新学科[1~4]，也是一种研究以传输过程为基础的各种自然现象和工程现象的手段。从 20 世纪 60 年代作为一种研究方法开始发展以来，随着计算机的速度、功能和容量飞速更新换代，其仅用了几十年的时间就形成了一门独立的学科。伴随着计算机技术和相关软件的发展，计算流体力学为深入研究各个领域复杂的、无法直接测量的流体流动现象提供了可能。

数值模拟技术已经在现代的自然科学领域和各种工程领域中全面使用，化工、航天、电力、冶金、环境工程等几乎所有的行业和生产部门，甚至医学都在利用计算流体力学技术完成各个环节的工作。计算流体力学虽然是基于计算机数值模拟的研究方法，但各种反应过程和多维多相体系均在其考虑的范围内，因为它依然是依靠传统、经典的物理学定律进行运算的。通过应用计算流体力学，可以替代很多实验室研究及实物研究，而且可以完成实验室和实物研究中无法观测到的现象、机理和时空过程[5]。世界上所有的具有一定科研能力的国家、跨国企业等都在对 CFD 软件进行不断地开发和应用，利用计算流体力学的能力几乎已经成为一个衡量科技实力的标准之一。

4.1 CFD 软件简介及应用

4.1.1 概述

计算流体力学研究方法的基本特征是数值模拟和计算机实验，它遵从传统的物理定理，可以考虑各种多维多相体系的存在，应用计算流体力学的方法可以替代许多实验和物理研究，完成复杂情况下无法观测到的现象和过程。经过几十年的迅速发展，这门学科已经相当成熟，其主要标志就是各种计算流体力学软件的出现。

CFD 方法是对流场控制方程用计算数学方法将其离散到一系列网格节点上求其离散数值解的一种方法。控制所有流体流动的基本定律包括质量守恒定律、动量守恒定律以及能量守恒定律。在应用 CFD 方法进行模拟计算时，首先需要选择或建立过程的基本方程和理论模型，依据的基本原理是流体力学、热力学、传质平衡或守恒定律，由基本原理出发建立的质量、动量、能量和湍流特性等守恒方程构成了非线性偏微分方程组，不能采用解析法对其进行求解，只能通过数值方法来得到近似解。求解的数值方法主要包括有限差分法、有限元法以及有限分析法，应用这些方法可以将计算域离散为一系列的网格并建立离散方程组，离散方程的求解是从给定猜测值出发迭代推进，直至满足收敛标准。

CFD 软件对于工程应用来说显得十分方便，使研究者免去了计算机语言、数学和专业等多方面知识的长时间积累，节省了计算机软件编制和程序调试过程中付出的巨大时间和精力成本，把更多精力投入到流动现象的本质、边界条件和计算结果的合理性等更重要的方面。同时 CFD 软件在灵活性和通用性方面可以统筹兼顾，从解决工程问题的实际角度来看，采用 CFD 软件是一个最好的选择，随着 CFD 软件性能的日益完善，在化工、冶金、建筑、环境等相关领域已经得到了广泛的应用。

4.1.2　通用商业 CFD 软件简介

为了实现工程中流体的流动、传热、燃烧等模拟计算，必须进行计算机编程处理。一般来说，计算机模拟软件的编制，可以分为使用通用的商业软件及自编计算程序两大类。而自编程序开展模拟计算需要对计算机语言、数理知识都具备一定的基础，而且所编写的程序还需长时间的调试，并逐步完善计算精度及功能，因此也会占据很大的时间成本。目前，市场上主流的商业软件多种多样，针对不同的工程问题也会有专业的模拟软件供模拟计算人员选择，因此直接利用商业软件或者借助商业软件进行二次开发是开展工程模拟计算的主要方法。

目前占领商用市场比较大的通用计算流体力学的软件有：Fluent、CFX、Phoenics、STAR-CD，除 Fluent 是美国公司的软件外，其他三个都最先由英国公司开发。这些软件的开发一般都是由欧美教授或者流体力学专家带领团队开发完成，他们本身就对计算流体力学领域具备较深的造诣，在国际计算流体力学领域享有非常高声望的专家。在软件的开发的过程中，又不断有数以百计的在计算流体力学、数学和计算机领域优秀的人才加入团队为其添砖加瓦。因为计算流体力学软件巨大的商业价值，各大公司为了在市场中占据更多的份额，对计算流体力学的理论研究也给予了巨大支持，将软件功能不断完善的同时，软件计算精度也在不断地提升。因此，近年来不断有借助计算模拟软件而得出的计算结果在国际顶级的学术期刊中发表。

Fluent——基于非结构化网格的通用 CFD 求解器，针对非结构化网格模型设计，是用有限体积法求解不可压缩流及中度可压缩流流场问题的 CFD 求解器。可应用的范围有湍流（turbulence）、传热（heat transfer）、化学反应（chemical reactions）、混合（mixing）、旋转流（rotating flow）及震波（shocks）等。在涡轮机及推进系统分析都有相当优秀的结果，并且对模型的快速建立及震波处的网格动态调试都有相当好的效果。FLUENT 采用三角形、四边形、四面体、六面体及其混合网格来计算二维和三维流动问题。适用于解决稳态/瞬态、不可压缩/可压缩、浮力流、多相流、化学组分混合与反应、多孔介质等问题。相比于 CFX 来说，处理流固耦合问题的能力要差一些。

CFX——由英国 AEA 公司开发，是一种实用流体工程分析工具，用于模拟流体流动、传热、多相流、化学反应、燃烧等问题。在处理流动物理现象简单而几何形状复杂的问题上有明显的优势。适用于稳态/非稳态流动、不可压缩/可压缩流体、浮力流、多相流、非牛顿流体、化学反应、燃烧、辐射、多孔介质及混合传热等过程。CFX 采用基于有限元的有限体积法，对六面体网格采用 24 点插值、对四面体网格采用 60 点插值方式，在保证了有限体积法守恒特性的基础上完备了计算的数值精确性，能有效、精确地表达复杂几何形状，任意连接模块即可构造所需的几何图形。在每一个模块内，网格的生成可以确保迅速、可靠地进行，这种多块式网格允许扩展和变形，例如计算气缸中活塞的运动和自由表面的运动。滑动网格功能允许网格的各部分可以相对滑动或旋转，这种功能可以用于计算牙轮钻头与井壁间流体的相互作用。CFX 拥有处理多相流问题的强大优势，对离散相问题和动网格问题也有独特的处理方式，在湍流模式方面除了常用的零方程、一方程、二方程、大涡模拟、脱离涡模拟以外，CFX 针对特殊的情况对这些湍流模式进行了修订：

（1）扩展了欧拉-欧拉离散相模型中的非曳力模型，包括提升力、虚拟质量力、湍流耗散力和壁面润滑力。增加了代数滑移模型（ASM）：对离散相的速度采用代数近似式来表示，适用于离散相的松弛时间很小的情况。对非均相流问题，可以对能量方程和附加变量方程采用均相流控制；对非均相能量问题，可以对动量方程采用均相流控制。

（2）增加了壁面磨蚀模型，增加了虚拟质量力和压力梯度力。增加了均匀二维颗粒喷入模型；三维喷入模型中增加了锥角控制、球型控制以及用户自定义喷入位置。使用计算颗粒挥发的模型，可以计算油燃烧、煤燃烧现象。引入了颗粒相的辐射模型，包括颗粒相和辐射之间的单向以及双向相互影响。

（3）增加了湍流转捩模型，湍流模型中的常数和源项可以通过界面控制。增加了 DES 分离涡模型，对局部涡用大涡模拟来捕捉。对雷诺应力模型，增加了高级的浮力模型，可以考虑标量和能量的各向异性扩散。

（4）增加了 Redlich-Kwong 真实气体状态方程。可以模拟蒸汽、冷凝剂的热力学过程。增加了变化的输运性质，如黏性、导热系数等参数随温度的变化关系式。

Phoenics——是英国 CHAM 公司开发的模拟传热、流动、反应、燃烧过程的通用 CFD 软件，有 30 多年的历史。网格系统包括：直角、圆柱、曲面、多重网格、精密网格。可以对三维稳态或非稳态的可压缩流或不可压缩流进行模拟，包括非牛顿流、多孔介质中的流动，并且可以考虑黏度、密度、温度变化的影响。在流体模型上面，PHOENICS 内置了 22 种适合于各种 Re 数场合的湍流模型，包括雷诺应力模型、多流体湍流模型和通量模型及 k-ε 模型的各种变异，共计 21 个湍流模型，8 个多相流模型，10 多个差分格式。

STAR-CD——是基于有限体积法的通用流体力学计算软件，在网格生成方面，采用非结构化网格，单元体可为六面体、四面体、三角形界面的棱柱、金字塔形的锥体以及六种形状的多面体，还可与 CAD、CAE 软件接口，如 ANSYS、IDEAS、NASTRAN、PATRAN、ICEM CFD、GRIDGEN 等，这是 STAR-CD 在适应复杂区域方面的优势。STAR-CD 还能处理移动网格，用于多级透平的计算，在差分格式方面，纳入了一阶 UPWIND、二阶 UP-WIND、CDS、QUICK 以及一阶 UPWIND 与 CDS 或 QUICK 的混合格式，在压力耦合方面采用 SIMPLE、PISO 以及 SIMPLO 的算法。在湍流模型方面，有 k-ε、RNK k-ε 等模型，可计算稳态/非稳态、牛顿/非牛顿流体、多孔介质、亚声速/超声速、多相流等问题。

CFD 软件一般都配有网格生成（前处理）与流动显示（后处理）模块。计算中采用的网格的质量对计算收敛速度、计算的稳定性、计算需要的时间、计算结果的精度等各方面有非常大的影响。然而随着 CFD 软件在工程中越来越多的应用，工程计算中涉及的物体的几何形状越来越复杂，在几何形状复杂的区域上要生成好的网格也是相当困难的，所以网格生成能力的强弱也是衡量 CFD 通用软件性能的一个重要判据。网格分为结构型和非结构型两大类，目前使用较多的是非结构型网格，但也有一些商业软件主要使用的是结构型网格（多块结构网格）。对于较复杂的求解域，构造结构型网格时要根据其拓扑性质分成若干子域，各子域间采用分区对接或分区重叠技术来连接。现在 CFD 通用软件都已能够借助 CAD 软件对流场几何形状建模输入，但生成结构型网格仍是件相当费时费力的工作。而使用非结构网格生成方式就方便得多，便于生成自适应网格，可以根据流场特征自动调整网格密度，对提高局部区域计算精度十分有利。然而，非结构网格所需内存量和计算工作量却比结构型网格大很多，有些流场解法和模型不适用于非结构网格，如目前常用的一些代数湍流模型和壁面函数等就有这样的问题。除了 CFD 软件自带的如 CFX-Build 和 Gambit 网格生成模块以外，还有专门的网格生成软件，如 ICEM CFD、EAGLE、GRID-GEN 等。在这些专门的网格生成软件中，ICEM CFD 是功能最强大的。ICEM CFD 可以导入多种格式的几何文件，并且将生成的网格导出给目前流行的 100 多种 CFD 求解器，包括 Fluent、STAR-CD、CFX、Fine 等。它可以生成六面体网格、四面体网格、棱柱网格、金字塔形网格或者前几者的混合。

CFD 软件的流动显示模块都具有三维显示功能来展现各种流动特性，有的还能以动画功能演示非定常过程。流动显示与流场计算没有内在联系，但其输出端应该能与图形处理软件方便连接，这样使得用户能够更方便地看到计算效果，直观地分析流动性能。

4.1.3　CFD 软件操作流程

通常 CFD 软件的流程主要包括以下三个步骤：（1）建立数学物理模型，（2）数值算法求解，（3）计算结果可视化。

4.1.3.1　CFD 软件的数学物理模型

流体运动的基本方程组是建立在一定的与流体流动密切相关的物理定律基础上的，这些定律主要包括质量守恒、动量守恒、动量矩守恒、能量守恒、热力学第二定律以及状态方程和本构方程。流体流动存在如层流或湍流之类的流态，在进行求解时也应被考虑。计算流体力学软件的核心是湍流模型，大致可以分为三类：

（1）湍流输运系数模型。将速度脉动的二阶关联量表示成平均速度梯度与湍流黏性系数的乘积，用笛卡尔张量表示为：

$$-\rho\,\overline{u_i' u_j'} = \mu_i\left(\frac{\partial u_i}{\partial x_j} + \frac{\partial u_j}{\partial x_i}\right) - \frac{2}{3}\rho k\delta_{ij} \tag{4-1}$$

模型的任务是给出计算湍流黏性系数 μ_i 的方法。根据建立模型所需要的微分方程的数目，可以分为零方程模型（代数方程模型）、单方程模型和双方程模型。

（2）抛弃了湍流输运系数的概念，直接建立湍流应力和其他二阶关联量的输运方程。

（3）大涡模拟。大涡模拟把湍流分成大尺度湍流和小尺度湍流，通过滤波宽度进行低通滤波，经过求解修正过的 N-S 方程，只对大尺度湍流进行计算，得到大涡旋的运动特性。

4.1.3.2　多相流数值求解方法

多相流数值求解方法可以分为两大类：一类是欧拉-拉格朗日法，另一类是欧拉-欧拉法（多流体模型方法），Fluent 软件中的体积流体模型（Volume of fluid）、混合模型（Mixture）和欧拉模型（Eularian）均属于欧拉-欧拉法。这两类方法中的连续相均采用 N-S 方程组（Navier-Stokes Equations）对流场进行模拟，而对于离散相，欧拉-拉格朗日法是基于对流场中的粒子运动进行跟踪计算得到的，离散相的体积比例一般不超过 10%，粒子的运动受到流体影响，而流体几乎不受粒子影响。欧拉-欧拉法将计算区域内的不同相流体看做相互贯通的连续介质，对各相均采用三大守恒方程进行求解。根据对 N-S 方程求解方法的不同，还可以分为直接数值模拟法、雷诺平均法、大涡模拟法。

4.1.3.3 计算结果可视化

通过代数方程计算求解后的结果主要是离散后的各网格节点上的数值，这样的结果不直观，难以为一般工程人员或其他相关人员理解。因此将求解结果的速度场、温度场或浓度场等表示出来就成了 CFD 技术应用的必要组成部分。通过计算机图形学等技术，就可以将所求解的速度场和温度场等计算数据通过图形更加形象、直观的形式表示出来。图 4-1 所示为侧吹氧枪喷吹时熔池内气-液交界面及计算数据统计曲线。其中颜色的变化表示炉内熔池内部气体含量高低，通过在炉内设置测量位置可以得出在炉内不同位置上体积力、速度、压力及气含率变化，形成变化曲线，实验结果的提取更为方便、直观且准确。可见，通过可视化的后处理，可以将单调繁杂的数值求解结果形象直观地表示出来，甚至便于非专业人士理解。如今，CFD 的后处理不仅能显示静态的速度、温度场图片，而且能显示流场的流线或迹线动画，非常形象生动。

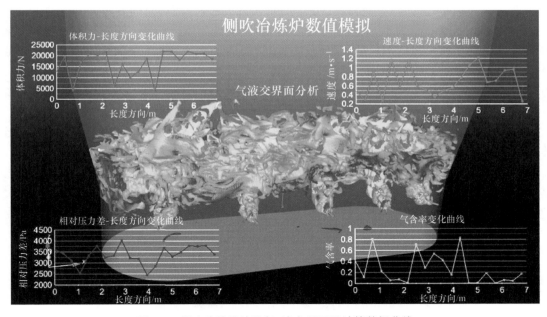

图 4-1　侧吹冶炼炉熔池气-液交界面及计算数据曲线

4.1.4 CFD 在冶金行业中的应用

目前，强氧化熔池熔炼技术越来越多地在有色金属冶金行业中得到应用，也大大减少了熔炼过程中的燃料消耗[1]。在熔池冶炼的过程中也存在着许多流体流动的现象，然而因为冶金过程的高温导致直接测量比较困难，而使用室温条件的物理模拟方法则会有较大偏差，得到的数据并不十分可靠和准确，因此研究冶金过程中流体流动现象并不是一件很容易的工作。

由于冶金过程存在着高温、多相、不稳定、反应器结构庞大和复杂以及计量困难等因素，在计算流体力学飞快发展以前，冶金学并不能更多地了解冶金过程，冶金行业急需一种可将高温熔体可视化的方法对冶金过程进行研究和探索，因此冶金领域是近几十年来应用计算流体力学进行科学研究和工程开发的主要行业之一。

我国冶金行业应用计算流体力学技术开始于 20 世纪 80 年代初期，一开始的工作主要依靠自编程序做反应器内二维的流场计算，并结合数值仿真进行相关冶金过程单元现象的研究。当外国 CFD 商用软件进入中国市场后，数值仿真开始利用通用软件结合特定现象自编子程序进行较复杂过程的模拟分析。

利用 CFD 程序或软件在计算机上对工程领域的许多过程进行数值模拟的实践时间并不长，因此计算机程序或软件内的物理方程不够完善以及修正条件较少，导致许多模拟结果不够逼真，甚至会得到一些不能让人信服的虚假图像。冶金过程具有很强的复杂性和不稳定性，目前的数值模拟技术并不能完善或者十分接近地描述整个冶金过程或反应器的反应过程。因此冶金中的数值模拟技术在今后相当长的一段时间内还将处于探索研究阶段。

4.2　侧吹熔池熔炼过程的数值模拟

计算流体力学是研究熔炼炉内流动过程和现象的一种行之有效的方法，研究的主要目的是基于 ANSYS Fluent 软件建立一个可以预测侧吹炉内流体运动的多维多相模型，对侧吹炉双侧吹熔池熔炼中流体的运动过程和产生的现象进行研究，探究操作参数的变化对熔池内熔体流动过程的影响规律。

4.2.1　物理模型及物性参数设置

本书模拟的对象是侧吹浸没燃烧熔池熔炼炉（SSC 炉）内熔体在喷吹作用下的流动过程，SSC 炉的结构如图 4-2 所示，炉体两侧共设置有 14 个风口，风口位于渣面以下 1m 处，在泡状流区的喷吹速度为 120m/s，在射流区的喷吹速度为 250m/s。SSC 炉内的初始温度

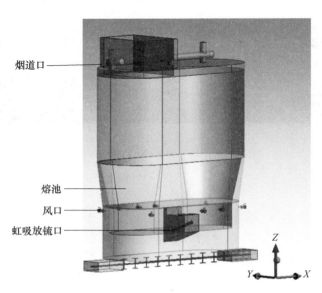

图 4-2　SSC 炉物理模型

设置为1423K，炉体的壁面边界条件被设置为绝热。在熔炼过程中，风口开启的个数一般为12~14个，富氧空气通过风口鼓入到渣层内，为熔体提供强大的搅拌动能，有效地促进了多相流体之间的传热传质以及反应过程，流体的物性参数设置见表4-1。

表 4-1　炉内的主要物性参数

名称	密度 /kg·m^{-3}	黏度 /kg·(m·s)$^{-1}$	比热容 /kJ·(kg·K)$^{-1}$	导热系数 /W·(m·K)$^{-1}$
炉渣	2244	0.012	1.05	0.4
粗铅	9447	0.1	1.29	0.081
富氧空气	1.228	$1.982×10^{-5}$	1.46	0.0242

为了方便建模以及减少不必要的干扰因素，对物理模型进行了合理的简化，在模拟过程中，只考虑炉腔区域作为流体的计算区域，忽略进料口以及二次风口，除此之外，模型还进行了以下简化：

（1）假设炉内流体为牛顿流体且不可压缩，流体的物性恒定不变；

（2）忽略熔炼过程中投料以及炉渣和粗铅的排放对熔池高度的影响；

（3）忽略渣层内的化学反应，只对炉内的物理流动过程进行研究。

SSC炉三维模型借助三维建模软件Solidworks建立，再通过ANSYS Meshing进行网格划分，同时它也可以用于标记网格边界条件和计算区域。SSC炉模型的网格构架如图4-3所示，由于计算区域的形状不规则，整个计算区域的网格均采用六面体/楔形网格结构，对于流体速度梯度较大的风口区域进行了网格加密。本模型需要一定的网格密度来保证自由液面和相界面边界的清晰度，借助高性能服务器计算平台，在保证运算速度和精度的条件下，模型的网格数达到4781228。

图 4-3　SSC 炉模型的网格结构

4.2.2　数学模型

Fluent软件配有各种层次的湍流模型，包括代数模型、一方程模型、二方程模型、湍流应力模型、大涡模拟等。应用最广泛的二方程模型是k-ε模型。

计算流体力学的进展为深入了解多相流动提供了基础。目前有两种数值计算的方法处理多相流：欧拉-拉格朗日方法和欧拉-欧拉方法。欧拉-欧拉多相流模型主要包括流体体积模型（VOF）、混合模型（Mixture）和欧拉模型（Eularian）。

4.2.2.1　VOF 模型

VOF模型适用于模拟多种不能混合的流体，包括分层流动和自由表面流。VOF模型假设多相流体之间不存在相互贯穿，模型内每增加一相，就需要多引进一个相的体积分数，在每个控制容积内，所有相的体积分数之和为 1，在控制容积内，如果第 q 相流体的体积分数为 α，那么会出现以下三种可能：

（1）$\alpha=0$：第 q 相流体在控制容积内是空的。

（2）$\alpha=1$：第 q 相流体在控制容积内是充满的。

（3）$0<\alpha<1$：单元中包含了第 q 相流体和其他流体的相界面。

对于多相之间的相界面是通过求解多相体积分数的连续性方程来进行跟踪的，对于第 q 相，这个方程有如下形式：

$$\frac{\partial \alpha_q}{\partial t} + \boldsymbol{u} \cdot \nabla \alpha_q = \frac{S_{\alpha_q}}{\rho_q} \tag{4-2}$$

式中，α_q 为第 q 相的体积分数；ρ_q 为第 q 相的密度；$\boldsymbol{u}$ 为流体的速度；S_{α_q} 为源项。

在 VOF 模型中，通过求解整个区域内单一的动量方程来获得速度场，同时速度场作为计算结果是由各相共享的，动量方程取决于通过控制容积内所有相的体积分数所得到的 ρ 和 μ。

$$\frac{\partial}{\partial t}(\rho \boldsymbol{u}) + \nabla \cdot (\rho \boldsymbol{u}\boldsymbol{u}) = -\nabla p + \nabla \cdot \left[\mu (\nabla \boldsymbol{u} + (\nabla \boldsymbol{u})^T) \right] + \rho \boldsymbol{g} + \boldsymbol{F} \tag{4-3}$$

式中，ρ 为流体的密度；$\boldsymbol{u}$ 为流体的速度；μ 为流体的黏度；$\boldsymbol{F}$ 为体积力。

在 VOF 模型中，能量方程的表达式如下：

$$\frac{\partial}{\partial t}(\rho E) + \nabla \cdot \left[\boldsymbol{u}(\rho E) + \rho \right] = \nabla \cdot (k_{eff} \nabla T) + S_h \tag{4-4}$$

$$E = \frac{\sum \alpha_q \rho_q E_q}{\sum \alpha_q \rho_q} \tag{4-5}$$

式中，E_q 为通过第 q 相的比热容和共享的温度 T 计算所得到的；k_{eff} 为有效热传导；源项 S_h 包含辐射和其他容积热源。

对于多相系统，所有的属性都是基于体积分数的平均值计算所得到的，密度和黏度的表达式为：

$$\rho = \sum \alpha_q \rho_q \tag{4-6}$$

$$\mu = \sum \alpha_q \mu_q \tag{4-7}$$

4.2.2.2　混合模型

混合模型是一种简化的多相流模型，适用于流动中有混合或分离的过程，它有两方面与 VOF 模型不同，混合模型允许不同相之间相互贯穿，同时允许不同相之间以不同的速度来运动，混合模型的连续性方程为：

$$\frac{\partial}{\partial t}(\rho m) + \nabla \cdot (\rho_m \boldsymbol{u}) = \dot{m} \tag{4-8}$$

$$\boldsymbol{u} = \frac{\sum \alpha_q \rho_q \boldsymbol{u}_q}{\rho_m} \tag{4-9}$$

$$\rho_m = \sum \alpha_q \rho_q \tag{4-10}$$

式中，m 为质量平均速度；ρ_m 为混合密度；α_q 为第 q 相的体积分数；$\dot{m}$ 为质量源的质量传递。

在混合模型中，动量方程是通过计算所有相的动量之和来获得的，它的表达式为：

$$\frac{\partial}{\partial t}(\rho_m \boldsymbol{u}) + \nabla \cdot (\rho_m \boldsymbol{uu}) = -\nabla p + \nabla \cdot [\mu_m(\nabla \boldsymbol{u} + (\nabla \boldsymbol{u})^T)] + \rho_m \boldsymbol{g} + \boldsymbol{F} + \nabla \cdot (\sum \alpha_q \rho_q \boldsymbol{u}_{q,m} \boldsymbol{u}_{q,m})$$

(4-11)

$$\mu = \sum \alpha_q \mu_q \tag{4-12}$$

$$\boldsymbol{u}_{q,m} = \boldsymbol{u}_q - \boldsymbol{u} \tag{4-13}$$

式中，μ_m 为混合黏性；$\boldsymbol{u}_{q,m}$ 为第 q 相的滑移速度。

在混合模型中，能量方程可以表示为：

$$\frac{\partial}{\partial t}\sum(\alpha_q \rho_q E_q) + \nabla \cdot \sum[\alpha_q \boldsymbol{u}_q(\rho_q E_q + p)] = \nabla \cdot (k_{eff}\nabla T) + S_E \tag{4-14}$$

$$E = \frac{\sum \alpha_q \rho_q E_q}{\sum \alpha_q \rho_q} \tag{4-15}$$

式中，k_{eff} 为有效热传导；$\nabla \cdot (k_{eff}\nabla T)$ 为热传导所造成的能量传递；S_E 为所有的体积热源。

对于不可压缩相有 $E_q = h_q$，对可压缩相则有：

$$E_q = h_q - \frac{p}{\rho_q} + \frac{u_q^2}{2} \tag{4-16}$$

式中，h_q 为第 q 相的显焓。

4.2.2.3 湍流模型

标准 k-ε 模型是由 Launder 和 Spalding 所提出的，该模型引入两个未知量：湍动能 k 和湍动耗散率 ε，涡黏系数 μ_t 由这两个未知量进行表示：

$$k = \frac{1}{2}(\overline{u'^2} + \overline{v'^2} + \overline{w'^2}) = \frac{1}{2}(\overline{u_i'^2}) \tag{4-17}$$

$$\varepsilon = \frac{\mu}{\rho}\overline{\left(\frac{\partial u_i'}{\partial x_k}\right)\left(\frac{\partial u_i'}{\partial x_k}\right)} \tag{4-18}$$

$$\mu_t = \rho C_\mu \frac{k^2}{\varepsilon} \tag{4-19}$$

式中，k 等于速度方差之和除以 2；C_μ 为经验常数。两个未知量所对应的运输方程分别为：

湍动能 k 方程：

$$\rho\left[\frac{\partial k}{\partial t} + \frac{\partial}{\partial x_i}(ku_i)\right] = \frac{\partial}{\partial x_j}\left[\left(\mu + \frac{\mu_t}{\sigma_k}\right)\frac{\partial k}{\partial x_j}\right] + G_k + G_b - \rho\varepsilon - Y_M + S_k \tag{4-20}$$

湍动耗散率 ε 方程：

$$\rho\left[\frac{\partial \varepsilon}{\partial t} + \frac{\partial}{\partial x_i}(\varepsilon u_i)\right] = \frac{\partial}{\partial x_j}\left[\left(\mu + \frac{u_t}{\sigma_\varepsilon}\right)\frac{\partial \varepsilon}{\partial x_j}\right] + C_{1\varepsilon}\varepsilon\frac{G_k + C_{3\varepsilon}G_b}{k} - C_{2\varepsilon}\rho\frac{\varepsilon^2}{k} + S_\varepsilon \tag{4-21}$$

$$G_k = \mu_t \left(\frac{\partial u_i}{\partial x_j} + \frac{\partial u_j}{\partial x_i} \right) \frac{\partial u_i}{\partial x_j}, \quad G_b = \beta g_i \frac{u_t}{Pr_t} \frac{\partial T}{\partial x_i}, \quad \beta = -\frac{1}{\rho} \frac{\partial \rho}{\partial T}, \quad Y_M = 2\rho \varepsilon M_t^2 \quad (4\text{-}22)$$

式中，G_k 为由平均速度梯度引起的湍动能所产生；G_b 为由于浮力影响引起的湍动能产生；Y_M 为可压缩湍流脉动膨胀对总耗散率的影响；$C_{1\varepsilon}$、$C_{2\varepsilon}$、$C_{3\varepsilon}$ 为经验常数，取值为 1.44、1.92 和 0.09；σ_k、σ_ε 分别为湍动能和湍动耗散率对应的普朗特数，取值为 1.0 和 1.3；Pr_t 为普朗特数；g_i 为重力加速度在 i 方向上的分量；β 为热膨胀系数；M_t 为湍动马赫数。

　　基于 ANSYS Fluent 软件对 SSC 炉内流体的复杂多相流动过程进行数值模拟，多相流的数值计算方法主要有欧拉-拉格朗日法和欧拉-欧拉法两种，本计算过程采用的是欧拉-欧拉法。在 Fluent 软件中，共有三种不同的欧拉-欧拉法的多相流模型可供选用，分别是 VOF 模型、混合模型和欧拉模型，对于泡状流区制下的模拟采用是的 VOF 模型，而射流区制下的模拟采用的是混合模型。炉内流体的运动过程中受守恒方程的支配，其中包括质量守恒方程、动量守恒方程以及能量守恒方程。此外，由于炉内流体流动属于湍流还需要增加标准 k-ε 湍流模型。

4.2.3　参数设置

　　在 Fluent 软件的解算过程中，动量方程和连续性方程式是按顺序进行求解的，在这个顺序格式中，连续性方程是作为压力的方程来使用的。而对于连续性方程，Fluent 软件提供了三种可供选择的压力速度耦合算法，分别是 SIMPLE、SIMPLEC 和 PISO。本模拟所选择的 SIMPLE 算法是通过压力和速度之间的相互校正关系来强制质量守恒并获取压力场的，对于离散格式、亚松弛因子以及收敛标准的设置见表 4-2。

表 4-2　Fluent 解算器的设置

名称	离散格式	亚松弛因子	收敛标准
压力	PRESTO	0.3	—
密度	First order upwind	1	—
体积力	Geo-Reconstruct	1	—
连续性	—	0.3	0.001
湍动能	First order upwind	0.8	0.001
湍流耗散率	First order upwind	0.8	0.001
湍流黏度		0.95	
能量	First order upwind	1	0.000001
X 方向速度		—	0.001
Y 方向速度		—	0.001
Z 方向速度		—	0.001

　　由于复杂多相流系统本身的不稳定性，求解过程中十分容易遇到收敛性的问题。尽管 Fluent 经过多次改进，现在的算法更加稳定，但如果要求解非稳态问题，并且定义初始条件，那么就需要先采用较小的时间步长进行迭代，在稳定后可以适当地增加时间步长，也有学者指出初始时间步长的设置至少要比流动特性时间小一个数量级。

　　实际上在进行 VOF 多相流瞬态计算的过程中，每一个时间步长 Fluent 都会报告库朗数（global courant number），库朗数代表了在一个时间步长里一个流体质点能够穿过多少个网格，可以通过以下公式进行计算：

$$\text{Courant} = \frac{u\Delta t}{\Delta x} \tag{4-23}$$

式中，u 为流体速度；Δt 为时间步长；Δx 为网格尺寸。

　　库朗数是一个很重要的参考值，可以协助选择合适的时间步长，根据经验库朗数具有以下特点：当 Courant<1 时，计算过程十分稳定，但时间步长较小，需要耗费很长的计算时间；当 1<Courant<5 时，计算稳定性仍然很好，不经常出现计算发散；当 Courant>10 时，计算过程很容易因为出现发散而中断。本书在模拟过程中所设定的时间步长为 0.0001s，此时库朗数为 1.0~1.5，可以兼顾稳定性和计算时间。

4.2.4　计算结果及分析

　　求解完成后需要对计算结果进行后处理，以得到希望的曲线、云图等直观的模拟图像，因此后处理是一项较为重要的过程。利用后处理软件对计算结果进行后处理，另外有多种软件可以对计算软件进行后处理，最常见的是 Tecplot 和 Ensight 软件。本模拟主要采用 Ensight 软件处理计算数据。

　　在侧吹气体射流喷吹搅拌下，气相等值面随时间演化过程的模拟计算结果如图 4-4 所示。在喷吹初始阶段，熔体对壁面具有一定的压力，使得气体射流在风口出口处形成气团聚集，随着气体不断地鼓入，气体射流在熔池内部开始具有一定的穿透能力，因此气体体积及穿透深度能够不断增加，同时熔体内部的阻力作用使得射流速度也在不断减小，当射流动能不足以支撑其在水平方向上继续前进时气体射流便在浮力的作用下向上流动，射流在上述流动的过程中不断卷吸并携带熔体一起流动，实现对渣层良好的搅拌效果。随着喷吹持续进行，气体射流对渣层的搅拌面积不断扩大，但大都维持在风口水平线及其上方位

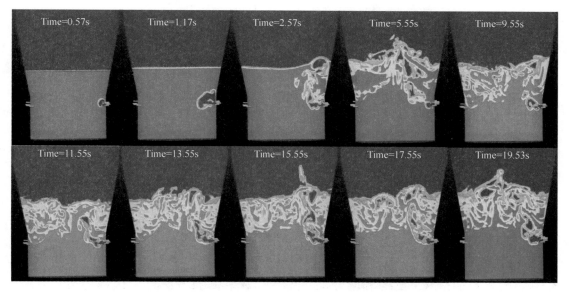

图 4-4　气相等值面随时间演化过程

置，说明侧吹喷吹方式对于熔池渣层的搅拌较为理想，而对于熔池底部金属熔体的搅动较少，有利于熔池内的渣金分离，降低渣含金属量。在喷吹过程中，气体射流的形态都较为稳定，整个渣层表面的搅动更为剧烈，甚至在喷吹达到一定的时间后，渣层表面因剧烈的搅动作用出现一定高度的喷溅，而抑制熔池表面喷溅对于保护炉衬，延长炉体寿命具有重要作用。

图 4-5 展示了在喷吹时间为 19.53s 时，炉内流体的运动迹线，不同位置上风口截面处上的速度，在 SSC 炉体内部不仅熔池熔体的流动较为复杂，熔体上方的烟气也存在着许多小型涡流，因为烟气是在熔体流动后从熔体表面逸出而形成，所以烟气在熔池上方空间的流动较为平缓，而且整个渣层表面均有烟气逸出，在风口中心区域烟气逸出量更大，使得渣面上方的烟气流速并不均匀，主要集中在沿炉壁向上流动，而当烟气通过渣层表面时会引起扰动形成不规则的涡流。同时可以看出，侧吹气体射流均有一定的稳定性，因此，气体射流对熔体的搅动存在一定的区域性，往往风口附近的熔池流动速度较大，而且气体射流形态较为稳定，如果侧吹风口位置安排不合理可能会导致熔体搅拌不均匀，熔池内存在死区。

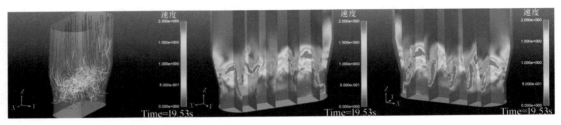

图 4-5　炉内流体的运动迹线以及不同位置上风口截面处上的速度分布

熔池表面喷溅现象对熔炼过程可以说是百害而无一利，导致烟气的含尘率提高，增加金属及温度的损失；容易挂渣并形成炉结；溅射的高温熔体附着在炉衬处会侵蚀炉衬表面，影响炉体寿命；喷溅会造成搅拌动能的损失，同时也影响熔炼过程的稳定性，因此防止和减少喷溅现象的产生是冶炼过程的重要任务之一。图 4-6 所示为喷吹时间为 19.53s 时，炉内纵截面流体等值面及速度场分布，从流体等值面可以看出在熔体渣层内存在着许多无规则的小型流体涡流，随着上方空间炉体宽度的增大，渣层表面流动速度更为剧烈。因此，随意改变炉体结构、不合理的风口位置、随意增加鼓风量都有可能会导致渣面的剧烈喷溅，从而带来一系列的问题，使得炉况迅速恶化。

图 4-6　炉内纵截面流体等值面及速度场分布

在射流的模拟过程中发现，在喷吹过程中当两侧风口不在一个平面对喷时，熔池液面的搅动幅度较小，喷溅幅度也不剧烈，但当两侧风口呈现同一个平面对喷时，两侧射流会相互影响，两股射流相互靠近后又相互排斥，搅动渣层剧烈运动从而导致熔池表面喷溅严重，如图4-7所示。由于气体射流在喷吹过程中通过两侧射流边界向上流动搅拌渣层，搅动的熔体质量基本相等，但气体射流两侧存在着不平衡条件，两股射流的外侧为壁面而内侧为熔池中心，内侧区域有两个射流共同进行搅拌作用，而外侧区域都只有单个射流进行搅动，那么就使得两射流之间的区域具有更多的动能，因此熔池的搅动就更为剧烈，造成射流外侧区域的压力相对更低，迫使两射流相互排斥，射流向两侧壁面靠近，当射流触碰到炉体壁面后，壁面与射流间的作用力挤压射流向熔池内部流动，使得两股射流相互靠近。两股射流因为动能的叠加与相互影响造成炉内渣层搅拌局部区域过于剧烈，表面喷溅严重，炉壁与高温、高氧化性气体接触频繁，对于熔炼过程稳定及炉体寿命均具有较大的影响。

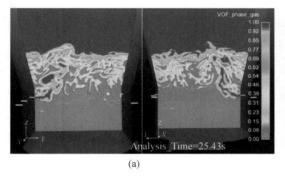 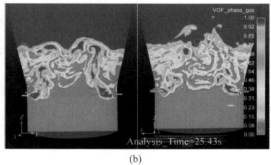

(a) (b)

图4-7 单/双射流搅拌过程的演化过程

图4-8所示为不同气含率等值面模拟结果，进行比较可以发现熔池内气相的分布主要集中在风口正上方的小块区域内，而其他区域的气含率较低。气体在上升的过程中扩散程度不大，渣层的中下层及壁面区域气含率都较低，并且存在着熔炼反应死区，而渣层的中心及上层区域气含率则有显著的提高，这是由于渣面剧烈搅动回落的过程中卷入了一部分烟气。而且风口出口水平面以上区域的气含率明显要高于风口出口水平面以下，保证了熔池金属熔体区域的稳定性。因此合理地改造风口结构、直径、位置能够让熔池内的气体分布更为均匀，渣层内反应更为彻底，进而取得更好的熔炼效果。

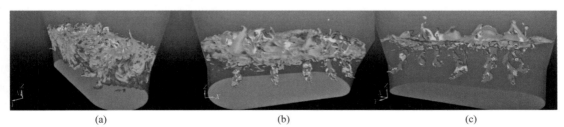

(a) (b) (c)

图4-8 熔池内不同气含率的气相等值面
(a) 10%；(b) 50%；(c) 90%

图 4-9 所示为侧吹风口附近流场速度矢量图，其中颜色的冷暖代表速度大小，速度越大迹线颜色越暖，箭头方向代表流体的运动方向。从图 4-9 可以看出，出口处的中心流体速度较大，在氧枪出口处附近中心气体射流大量向熔池内流动，运动方向较为一致，但是射流在流动一段距离后，遇到炉内熔体的阻力作用导致气体射流大量被阻碍，被迫形成大涡流，由于浮力的作用气体开始向上运动。而射流边界层气体在出口处就开始向周围扩散，气体带动流体一起运动形成较小的涡流，因此高温熔体在氧枪根部运动较为复杂，气体射流和高温熔体会对风口及炉衬造成冲击，这也就解释了在实际生产中风口附近炉衬位置容易受损的成因。

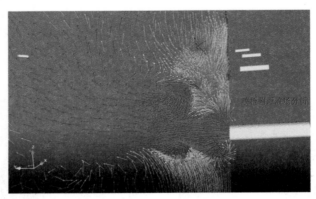

图 4-9　风口附近流场速度矢量图

通过计算机数值模拟仿真，了解到了在高温冶炼过程中无法观察到的一些炉内高温熔体的流场现象和规律，为进一步延长炉体寿命、改进炉型结构以及优化喷枪的设计提供了重要的理论基础和数据支撑。

参 考 文 献

[1] 任鸿九. 有色金属熔池熔炼 [M]. 北京：冶金工业出版社，2001.
[2] 帕坦卡. 传热与流体流动的数值计算 [M]. 北京：科学出版社，1984.
[3] Launder B E, Spalding D B. The numerical computation of turbulent flows [J]. Computer Methods in Applied Mechanics and Engineering, 1974, 3（2）：269~289.
[4] Pun W M, Runchal A K, Spalding D B, et al. Heat and Mass Transfer in Recirculating Flows [M]. London：Academic Press，1969.

5 侧吹熔池熔炼水力模型研究

5.1 概述

近十年来，我国侧吹熔池熔炼技术不断发展并取得了长足的进步，现已在不同领域得到广泛的工业应用，目前该技术主要应用领域集中在铜精矿的自热熔炼、液态高铅渣的侧吹还原以及废铅酸蓄电池铅膏的浸没燃烧熔炼等领域。从国内各个冶炼厂的侧吹炉运行情况来看，侧吹熔池熔炼工艺已经打通，但是在优化提升炉体结构、减少炉内喷溅、延长喷枪寿命以及炉体晃动等方面，仍然需要进一步对侧吹熔池熔炼的冶炼过程机理进行研究，尤其是侧吹炉内熔池与气体流场的流动规律等需要进行挖掘和优化。

(1) 侧吹炉壁上容易形成炉结。在侧吹冶炼过程中，炉壁上容易生成炉结（见图5-1），这是由于熔体喷溅到上层铜水套附近时，遇到温度较低的二次风就会凝结附着在炉壁上，形成早期的炉结。随着熔炼的进行，烟气中的烟尘及喷溅的熔体会继续凝结在早期的炉结上，使得炉结不断长大。炉结长大到一定程度就会堵塞二次风口，降低炉内的氧气含量，导致烟气中单体硫不能充分反应；如果成形的炉结落入熔池中，大量的炉渣将会从排渣口涌出造成生产事故；而炉壁两侧的炉结若是连成一片，严重时将影响作业的正常运行。

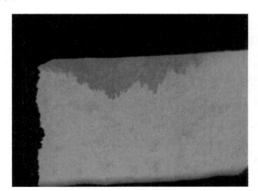

图 5-1 某厂侧吹炉冷料加料口对墙炉结

同样在液态铅渣侧吹还原炉中，也存在炉结的问题。冷的炉料不断地从冷料口进入炉内，同时通过冷料口漏入大量的冷空气，该区域温度急剧降到1000℃以下，形成还原炉内低温区。加入的炉料与熔池内部喷溅起来的熔体碰撞，在热渣进口和冷料口对面凝结，形成炉结。SSC炉在生产实践中通过温控及时消除了炉结，炉结的生成与清除仍需要研究。

(2) 喷枪砖侵蚀。目前正常生产中喷枪及枪砖寿命均较长，但也发现喷枪工作压力低时，其寿命明显降低。据分析：当喷枪压力较低时，气流在熔池内的穿透深度很小，风口生成的气泡紧贴炉壁，并与喷枪线上的炉衬相接触。在气泡脱离风口后，因浮力作用而向上运动并形成流股，冲刷着风口后墙，由于气泡的形成、生长和破裂过程是脉冲式的，导致流股也是脉冲式地对风口后墙进行冲刷。此外，由于喷枪喷入的富氧空气和燃料发生剧烈的燃烧放热反应，使得风口处存在着局部温度过高的情况，这些因素都加剧了喷枪口的冲刷腐蚀。因此，需要通过研究取得经济合理实用的有关参数。

（3）上升垂直烟道结渣。曾经用于试验的侧吹炉出烟口断面小而造成上升烟道口结渣，其结渣的原因主要有两点：一是铅、锌等杂质以气态的形式随烟气一同进入烟道，并随烟气温度的降低而黏附在烟道壁上；二是一部分熔融喷溅物随烟气一同进入烟道并凝结在烟道壁上。其影响因素包括以下几个方面：炉顶出口处的烟气流速越大，喷溅物被带入到烟道的几率就越高；熔池喷溅越剧烈，烟气中夹带的喷溅物就越多；炉料中的铅、锌杂质的含量越高，烟道壁结渣现象就严重。因此，在工业化生产的侧吹炉设计中降低了烟气出口流速或增加了炉膛的高度，都是为了更合理地解决这个问题，需要根据不同物料选用相关参数。

对于侧吹熔池熔炼过程，最关键的核心问题还是如何实现熔池内相间的快速传热传质，为熔炼过程创造更好的反应动力学条件，实现熔池熔炼炉床能力的有效提升。当气体与熔体发生化学反应时，气-液间的有效接触面积以及熔池内的混合效果是决定气-液反应速率的主要因素。在气体流量一定的情况下，影响气-液接触面积的主要因素有气泡大小和气泡在熔体内的停留时间，气-液间的有效接触面积可以在理想气体定律的基础上按照球形气泡进行计算，其表达式为：

$$A = Q \times \frac{T_m}{273} \times \frac{1}{P} \times t \times \frac{\sigma}{d} \tag{5-1}$$

式中，A 为气液间的有效接触面积，m^2；Q 为通过风口的气体流量，m^3/s；P 为气泡内平均压力的补偿系数，取值为 $1.25 \times 101.3kPa$；T_m 为熔体温度，K；t 为气泡在熔体内的停留时间，s；σ/d 为直径为 d 的气泡表面积与体积之比。

为了解决以上问题，同时为气-液反应创造一个良好的动力学条件，采用水模型实验方法研究了圆形和矩形两种不同侧吹炉型内熔池的气液搅拌规律，揭示了通过提高喷枪喷吹速度可以优化炉内熔池混合的机理、喷枪及其附近炉砖损伤的原因以及侧吹熔池宏观不稳定现象产生的原因，为侧吹冶金炉窑的优化设计，提供了很好的借鉴。

5.2　水力模型理论基础

侧吹冶金炉为典型高温反应炉，炉内金属冶炼过程包括传热传质、流动和化学反应等非常复杂的过程，对侧吹炉这一伴随化学反应的复杂高温多相体系的实际冶炼过程直接开展测量、试验和考察研究存在许多困难且成本高昂，一般采用水模型物理模拟和数值模拟的方法进行研究。

实验研究是促进流体力学理论研究发展的基础，是检验数值模拟结果正确性的依据，也是解决实际工程问题的需要。进行实验研究时，在研究对象上直接进行实验研究通常受到研究对象尺度、实验环境、测试手段等限制，从经济性和实验可行性方面考虑，常采用模型试验的方法。如何设计实验台以及如何把模型实验的结果应用到实际中去的理论依据就是相似原理。

在对冶金炉内的流动状况进行实验研究的过程中，由于冶金炉内部的流动过程的测量工作十分困难，因此目前对于其流动过程，一般都是在相似理论的指导下，设计搭建满足一定相似准则的水力模型实验台并开展冷态水模实验研究。水力学模型实验是以相似原理为依据的，这种方法对于模拟冶金反应器内的液相流动状态效果好、经济性佳，模拟过程容易观察、控制和测量，一直以来被国内外学者广泛应用。

为保证实验所采用的模型与原型流动过程的相似，在进行实验台设计时需要满足一定的准则，也就是相似准则。物理模拟是以模型和原型之间的物理相似或几何相似为基础的一种模拟方法。物理模拟的主要目的是能够对系统进行真实描述和再现，同时所用的材料和装置，既要便于测量又要费用低廉。其中模型能否模拟或再现一个真实系统是关键，要求模型遵循相似定理，即建立物理模型时应遵循以下规则：模型和原型中进行的过程应属于同一性质的现象，就是描述它们的微分方程应该相同；进行过程的单值条件应该相似；定性准数也应当相等，另外还需满足一定的边界条件相似。具体来说，需满足以下的相似性：

（1）几何相似：模型和原型中各对应长度之比为常数，该常数也称比例因子；

（2）运动相似：模型和原型中运动状况相似；

（3）动力相似：模型和原型中各力对应相似。

根据流体力学相似原理，为保证模型中的流动与原型中的流动保持相似，必需遵从相似原理，即需要满足几何相似、动力相似、运动相似和热相似等相似条件。显然，完全符合以上所有条件几乎是不可能的。所以模型实验中必须忽略次要因素，保证主要因素作用下的相似。

几何相似是相似原理要求的必须满足的首要条件，它指的是模型与原型具有相似的几何形状，所有对应尺寸成比例，所有对应角相等。长度比例尺或称几何相似比例常数是指模型中物理长度与原型中相应物理长度的比值，数学表达式为：

$$\lambda = \frac{L_{\mathrm{m}}}{L_{\mathrm{p}}} \tag{5-2}$$

式中，λ 为长度比例尺；L_{m} 为模型特征几何尺寸，m；L_{p} 为原型特征几何尺寸，m。

在确定长度比例尺的选取时，需要考虑实验室空间、模型加工条件、经济成本等因素，长度比例尺既不能太大也不能太小。比例尺太大，占地面积大，实验投资高，同时相应的配气系统要求提高。相似比太小，原型上比较小的部件（如喷枪）的加工难度增加，测量仪表要求更精细，可能会造成实验结果可信度的降低，失去研究价值。

现在常用的模拟手段为水模拟高温熔体，压缩空气模拟气体，有机玻璃制作的模型模拟冶金炉窑。有机玻璃制作的模型方便直接观察和测定炉内流体的特征，将观察到的现象定性、定量的转化为实际流动情况，为实际容器的设计和优化提供依据，也可用其认识一些未知现象。

在模拟流体流动问题时，如果要对所做结果做定量推论，则系统间必须同时实现几何相似和动力相似。动力相似所要考虑的主要力包括：惯性力、重力、黏性力、表面张力、压力、弹性力和电磁力。根据这些力之比，就可以获得一些重要的无因次组合。如果模型和原型内这些无因次数在数值上相等则可认为模型与原型动力相似。目前大量复吹转炉的水模实验和富氧底吹炉的水模实验往往选取惯性力和重力之比的弗劳德数 Fr 作为准则数。

对于重力场中的不可压缩黏性流体的定常流动而言，有两个常用的定性准则数，即弗劳德数（Fr）和雷诺数（Re）。在水模型实验中，大部分学者选取弗劳德数，同时进行一定的修正。

本书选用修正的弗劳德数（Fr'）为相似准数，其表达式如下所示：

$$Fr' = \frac{v_g^2}{gd_0} \frac{\rho_g}{\rho_1} \tag{5-3}$$

式中，v_g 为气流速度，m/s；g 为重力加速度，m/s^2；d_0 为喷枪直径，m；ρ_g 为气体密度，kg/m^3；ρ_1 为液体密度，kg/m^3。

在建立水力学模型时，根据动力学相似原理，模型中修正的弗劳德数必须与原型相等，即：

$$\left(\frac{v_g^2}{gd_0}\right)_m \left(\frac{\rho_g}{\rho_1}\right)_m = \left(\frac{v_g^2}{gd_0}\right)_p \left(\frac{\rho_g}{\rho_1}\right)_p \tag{5-4}$$

式中，下角标 m 表示模型；p 表示原型。

控制熔池中的搅拌强度是有效控制过程熔池反应热力学条件及动力学条件的关键，因为熔池搅拌的强弱控制着熔池的反应特征以及氧的利用率。若搅拌强，熔池形成强烈的搅拌，供入氧的利用率高，但也可能会造成剧烈喷溅；若搅拌弱熔池底层液体未被拖动，供入的氧应用于熔池元素的氧化弱。熔池的搅拌强弱，除受化学反应控制外，主要由喷吹气流提供的物理搅拌决定。但用实验的方法测定气流提供给熔池的搅拌能是不容易的，物理模拟常用向熔池加示踪剂，测混匀时间的方法来反映熔池搅拌能的大小，一般混匀时间越短，搅拌能越大。除混匀时间之外，衡量熔池搅拌能大小，反应熔池搅拌强弱的主要因素还包括冲击深度、液面波动等。

5.3　水力模型试验装置

搭建如图 5-2 所示的试验装置，空压机提供压缩空气来模拟实际喷吹气体，储气罐起

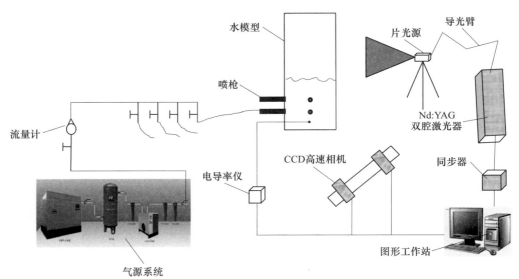

图 5-2　实验装置图

到稳定气体流量和压力的作用；试验开始之前将水注入水模型至一定液面高度来模拟熔池内一定液面高度的高温熔体；试验过程中使用高速摄像机采集试验数据，随后利用图形工作站进行试验数据处理。

5.4 圆形侧吹炉内熔池搅拌机理研究

圆形侧吹炉具有炉体结构稳定且均匀，炉墙应力分散、砖不易脱落等优点。不同于矩形侧吹炉，圆形侧吹炉可调整喷枪水平偏转角度来使炉内熔池产生旋涡进行冶炼。

侧吹炉内侧吹气流穿透距离、喷枪最大送气量、喷枪数量和排布方式等都是侧吹炉体和喷枪设计时非常关心的数据指标；试验中发现的侧吹炉内"宏观不稳定"现象非常有趣也很有研究意义。本节主要研究了圆形侧吹炉内流场及喷溅情况；气体流量、喷枪结构、喷枪孔径、喷枪高度和液面高度对侧吹气流穿透行为的影响；侧吹炉内宏观不稳定性现象的发生条件和影响因素；研究不同喷枪数量及排布方式情况下，侧吹炉内搅拌情况和混匀时间等流场信息。

5.4.1 模型结构参数及实验参数

5.4.1.1 模型结构参数

圆形侧吹炉型属于新型侧吹炉型，目前工业上没有投产实例。圆形侧吹炉研究中根据某一试验炉方案图尺寸及实验条件、经济成本等，选取模型与原型的长度比例尺为 1∶2，方案图半径 1.2m，模型半径 0.6m。圆形侧吹炉水力模型如图 5-3 所示，其结构尺寸见表5-1。

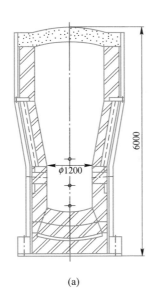 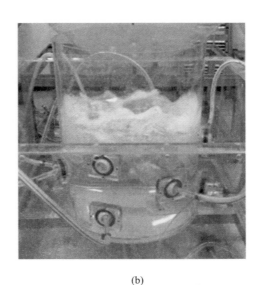

(a)   (b)

图 5-3 圆形侧吹炉水力模型

（a）试验方案图原型；（b）圆形侧吹炉模型

表 5-1　模型结构尺寸参数

水 力 模 型	数　值
模型内径/mm	600
模型高度/mm	800
喷枪孔高度/mm	125/250/375
喷枪水平方向可倾斜角度/(°)	0~20

注：1. 喷枪孔外径 20mm；外径 20mm，内径可根据需要调整；
　　2. 125/250/375mm 每个高度水平可安装 4 支氧枪，每支氧枪间距 90°，不同高度水平氧枪交错排列。

5.4.1.2　模型实验参数

实验中选取水来模拟熔池内高温熔体，选取压缩空气来模拟实际喷吹气体。原型的物性参数和操作参数取自某试验炉方案工艺条件，根据动力学相似计算得到模型的物性参数和操作参数，见表 5-2。

表 5-2　原型及模型物性参数和操作参数

原型参数		模型参数	
项目名称	数值	项目名称	数值
熔体综合密度/kg·m^{-3}	8700	水密度/kg·m^{-3}	998
压缩空气/氧气/天然气密度/kg·m^{-3}	1.29/1.43/0.8	压缩空气密度/kg·m^{-3}	1.29
喷枪出口流速/m·s^{-1}	280	喷枪流量/m^3·h^{-1}	5/10/15/20/25

5.4.2　实验方案

侧吹炉内侧吹气流穿透距离、喷枪最大送气量、喷枪数量和排布方式等都是侧吹炉体和喷枪设计时非常关心的数据指标。试验研究方案见表 5-3~表 5-6。

表 5-3　侧吹气流穿透距离试验研究

变量	气体流量/m^3·h^{-1}	喷枪浸入距离/mm	液面高度/mm	喷枪高度/mm	喷枪孔径/mm
数值	5/10/15/20/25	0/20/40	460/580/700	125/250/375	6/8/10

表 5-4　不同喷枪孔径及喷枪结构情况下最大送气量试验研究

变量	喷枪孔径/mm	喷枪结构
数值	2/3/4/5/6	直管/渐缩（2/3/4）

表 5-5　宏观不稳定现象试验研究

单枪喷吹	（1）基准工况下喷枪孔径和气体流量对宏观不稳定程度的影响		
	变量及数值		研究目标
	喷枪孔径/mm	气体流量/m^3·h^{-1}	宏观不稳定发生时间、频率、液面波动情况
	4/10	5/10/15	

单枪喷吹	（2）流量一定情况下宏观不稳定性现象发生条件	
	1）不同喷枪孔径和不同喷枪高度情况下宏观不稳定现象发生液面上下限	
	变量及数值	研究目标
	喷枪孔径/mm	喷枪高度/mm	宏观不稳定频率、液面上限、液面下限
	4/10	125/250/375	
	2）喷枪以上液面相同不同喷枪高度对宏观不稳定现象的影响	
	变量及数值	研究目标
	喷枪高度即喷枪以下液面高度/mm	宏观不稳定是否发生、发生时间、频率
	125/250/375	
多枪喷吹	（3）多枪喷吹排布方式对宏观不稳定现象的影响	
	喷枪排布方式	研究目标
	双枪喷吹三枪喷吹、四枪喷吹（不同高度喷吹、夹角喷吹、对喷）	宏观不稳定是否发生

表 5-6 喷枪数量及排布方式试验研究

喷枪数量	喷枪排布方式		
单枪	不同喷枪高度		
双枪	双枪对喷布置	双枪呈直角布置	双枪不同喷枪高度
三枪	三枪同一喷吹高度	三枪不同喷吹高度	
四枪	四枪同一喷吹高度	四枪不同喷吹高度	

5.4.3 实验结果及分析

5.4.3.1 侧吹气流穿透距离

侧吹炉内侧吹气流穿透距离，是侧吹炉体和喷枪设计中非常关心的数据指标，影响和决定了侧吹炉宽度设计和喷枪结构设计，而目前关于侧吹气流穿透距离的研究偏少。本小节研究了侧吹气流穿透距离的影响因素和影响规律，主要包括喷枪浸入熔池距离、喷枪高度、喷枪孔径、液面高度和气体流量等影响因素。

侧吹气体射流由喷枪喷入炉内熔池后，高压高速气体提供的冲击力使得气体射流向前穿透一段距离后才开始受到浮力作用明显上浮，图 5-4 所示大致反映了侧吹气体射流喷入侧吹炉内后的轨迹，图 5-4（a）中 L 定义为气流开始明显上浮后距离侧吹炉壁面距离，即侧吹气流的穿透距离。

A 液面高度对穿透距离的影响

保持喷枪孔径 10mm、喷枪高度 250mm、喷枪浸入距离 20mm 基准工况不变，改变液面高度，测量得到了不同流量情况下侧吹气流的穿透距离。试验结果见图 5-5 和表 5-7。

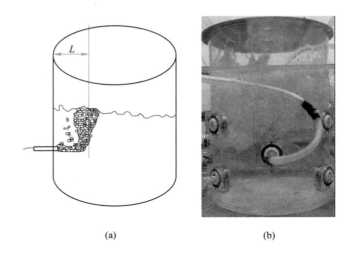

(a)　　　　　　　　　　　　　　　(b)

图 5-4　侧吹气流穿透行为

（a）示意图；（b）实拍图

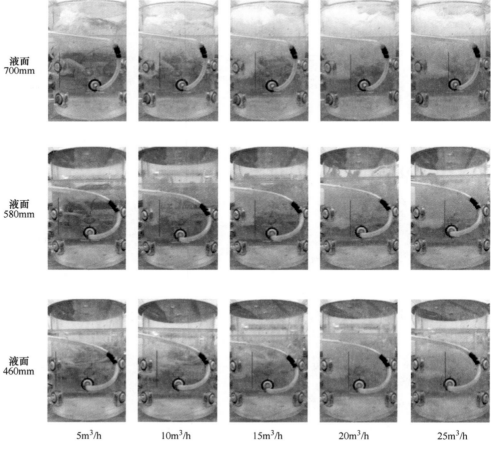

图 5-5　不同液面高度情况下侧吹气流穿透距离

表 5-7 不同液面高度及流量情况下侧吹气流穿透距离

流量/m³·h⁻¹	穿透距离/mm		
	液面高度 460mm	液面高度 580mm	液面高度 700mm
5	78.30	80.0	88.3
10	140.0	143.3	141.7
15	175.0	183.3	181.7
20	198.3	220.0	223.3
25	241.7	255.0	251.7

根据表 5-7 中试验结果绘制得到图 5-6。由图 5-5、图 5-6 和表 5-7 可以看出：侧吹气流穿透距离并未受到液面高度变化的影响，主要随流量增加而变大；不同液面高度下，流量相同时侧吹气流穿透距离基本相同，液面高度对侧吹气流穿透距离并无明显影响作用。此后研究中，选取液面高度 580mm 为基准液面高度。

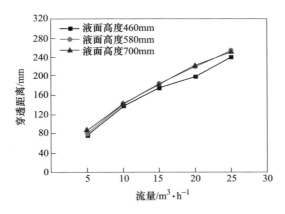

图 5-6 不同液面高度情况下侧吹气流穿透距离

B 喷枪浸入距离对穿透距离的影响

实际生产中，侧吹喷枪一般会浸入熔池里一段距离，称为浸入距离。保持喷枪孔径 10mm、喷枪高度 250mm、液面高度 580mm 不变，改变喷枪的浸入距离，测量得到了不同流量下气体射流的穿透距离。试验结果见表 5-8。

表 5-8 不同喷枪浸入距离及流量情况下气体射流穿透距离

流量/m³·h⁻¹	穿透距离/mm		
	浸入距离 0mm	浸入距离 20mm	浸入距离 40mm
5	76.7	80.0	93.3
10	138.3	143.3	150.0
15	178.3	183.3	196.7
20	211.7	220.0	226.7
25	248.3	255.0	256.7

根据表 5-8 中试验结果绘制得到图 5-7。由图 5-7 和表 5-8 可以看出：

（1）喷枪浸入距离相同时，侧吹气流穿透距离随流量的增加而变长；

（2）流量相同时，随着喷枪浸入距离变长，侧吹气流穿透距离也变长；

（3）气体流量是侧吹穿透距离的主要影响因素，喷枪浸入距离是次要因素。

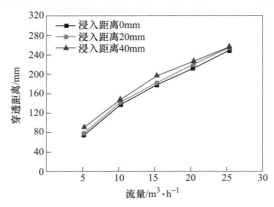

图 5-7　不同喷枪浸入距离情况下侧吹气流穿透距离

以喷枪浸入距离 20mm 为基准，当浸入距离变为 0mm（减小 20mm）时，侧吹气流穿透距离平均减少 5.67mm，相对值减少 28.33%；当浸入距离变为 40mm（增加 20mm）时，侧吹气流穿透距离平均增加 8.33mm，相对值减少 41.67%。实验表明侧吹喷枪浸入距离会影响侧吹气流穿透距离，但影响作用较小，侧吹气流穿透距离变化幅度远小于喷枪浸入距离的变化幅度。此后研究中，选取浸入距离 20mm 为喷枪基准浸入距离。

C　喷枪高度对穿透距离的影响

保持喷枪孔径 10mm、液面高度 580mm、喷枪浸入 20mm 不变，改变喷枪高度，测量得到了不同流量下侧吹气流的穿透距离。试验结果见表 5-9。

表 5-9　不同喷枪高度及流量情况下侧吹气流穿透距离

流量/m³·h⁻¹	穿透距离/mm		
	喷枪高度 125mm	喷枪高度 250mm	喷枪高度 375mm
5	80.0	80.0	81.7
10	141.7	143.3	141.7
15	186.7	183.3	190.0
20	221.7	220.0	223.3
25	256.7	255.0	253.3

根据表 5-9 中试验结果绘制得到图 5-8。由图 5-8 和表 5-9 可以看出：侧吹气流穿透距离并未受到喷枪高度变化的影响，主要随流量增加而变大；不同喷枪高度下，流量相同时侧吹气流穿透距离基本相同，喷枪高度对侧吹气流穿透距离并无明显影响作用。此后研究中，选取喷枪高度 250mm 为基准喷枪高度。

D　喷枪孔径对穿透距离的影响

保持喷枪高度 250mm、液面高度 580mm、喷枪浸入距离 20mm 不变，改变喷枪孔径，测量得到了不同流量下气体射流的穿透距离。试验结果见表 5-10。

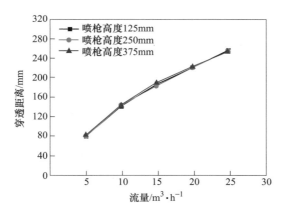

图 5-8 不同喷枪高度情况下侧吹气流穿透距离

表 5-10 不同喷枪孔径及流量情况下气体射流穿透距离

流量/m³·h⁻¹	穿透距离/mm		
	喷枪孔径 10mm	喷枪孔径 8mm	喷枪孔径 6mm
5	80.0	116.7	131.7
10	143.3	175.0	205.0
15	183.3	226.7	281.7
20	220.0	276.7	391.7
25	255.0	385.0	506.7

根据表 5-10 中试验结果绘制得到图 5-9。由图 5-9 和表 5-10 可以看出：侧吹气流穿透距离不仅与气体流量相关，喷枪孔径也会明显影响气流穿透距离。侧吹气流穿透距离随流量增加而变大，同时也明显随喷枪孔径减小而变大。流量相同时，喷枪孔径越小，喷枪出口速度越大，侧吹气流穿透距离变大；喷枪孔径相同时，流量越大，喷枪出口速度也越大，侧吹气流穿透距离也变大；因此侧吹气流穿透距离主要与喷枪出口速度有关，喷枪出

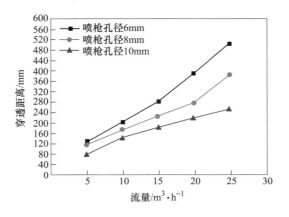

图 5-9 不同喷枪孔径情况下侧吹气流穿透距离

口速度越大，侧吹气流穿透距离越大。

　　保持喷枪高度 250mm、液面高度 580mm、喷枪浸入距离 20mm 不变，流量固定为 5m³/h 不变，测量得到不同喷枪孔径下侧吹气流穿透距离。结果见表 5-11。

表 5-11　不同喷枪孔径情况下气体射流穿透距离（同一流量）

流量/m³·h⁻¹	穿透距离/mm							
	孔径 10mm	孔径 9mm	孔径 8mm	孔径 7mm	孔径 6mm	孔径 5mm	孔径 4mm	孔径 3mm
5	80.0	95.0	116.7	123.3	131.7	165.0	175.0	230.0

　　根据表 5-11 中试验结果绘制得到图 5-10。同一流量下，喷枪孔径 3~9mm 侧吹气流穿透距离数据如图 5-10 所示，拟合可得穿透距离与孔径的关系：

$$y = 345.86\, e^{\frac{-x}{4.15}} + 55.89 \qquad\qquad (5\text{-}5)$$

式中，x 为喷枪孔径，mm；y 为侧吹气流穿透距离，mm。

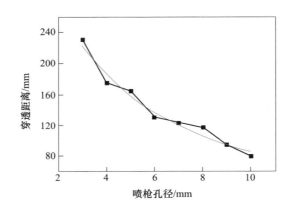

图 5-10　不同喷枪孔径情况下气体射流穿透距离（同一流量）

　　由此可见，流量相同时，喷枪孔径越大，喷枪出口速度变小，气流穿透距离变小。

5.4.3.2　不同侧吹喷枪孔径下最大送气量

　　研究喷枪孔径对侧吹气流穿透距离影响作用时，我们发现随着喷枪孔径的变小，喷枪送气量也受到了限制。

　　实验用空气压缩机最大送气量为 66m³/h，空气压缩机最大送气压力为 0.6MPa，但喷枪孔径小于 6mm 后，喷枪最大送气量远小于 66m³/h，且喷枪最大送气量随着喷枪孔径的变小而减少。

　　实验中 3D 打印机打印加工得到两种喷枪结构的喷枪，一种为直管式喷枪，即从喷枪入口到出口截面为相同的尺寸；一种为渐缩式喷枪，即从喷枪入口到出口截面孔径逐渐缩小。图 5-11 所示为喷枪出口孔径 4mm 时，直管式喷枪和渐缩式喷枪截面图。

　　试验中保持液面高度 580mm，喷枪高度为 250mm 不变，改变喷枪结构和喷枪孔径，表 5-12 为不同喷枪结构和出口孔径情况下最大送气量试验结果。

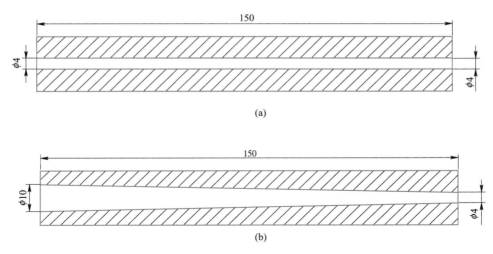

图 5-11 出口孔径 4mm 喷枪截面图

（a）直管式喷枪；（b）渐缩式喷枪

表 5-12 不同喷枪结构及喷枪出口孔径情况下最大送气量

喷枪尺寸		最大送气量/m³·h⁻¹	
喷枪出口孔径/mm	喷枪出口截面积/mm²	直管式	渐缩式
2	3.14	1.6	7.2
3	7.07	5.2	9.5
4	12.57	12.5	16
5	19.63	—	24.8
6	28.27	—	32.5

注：1. 渐缩式喷枪入口截面孔径均为 10mm，出口截面孔径在 2~6mm 之间变化；

2. 直管式喷枪入口截面孔径与出口截面孔径相等，在 2~4mm 之间变化。

图 5-12 所示为根据表 5-12 中试验结果得到渐缩式喷枪情况下，最大送气量与喷枪出口孔径之间关系图。

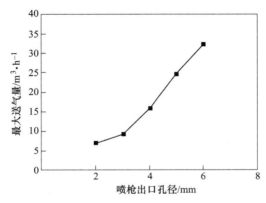

图 5-12 最大送气量与喷枪出口孔径之间关系图（渐缩式喷枪）

无论直管式喷枪还是渐缩式喷枪，喷枪出口孔径越小即喷枪出口截面积越小，其最大送气量越小；而相同喷枪出口截面积情况下，渐缩式喷枪由于降低了入口处喷枪局部阻力损失，使得相同送气压力条件下，渐缩式喷枪最大送气量大于直管式喷枪最大送气量。

空气压缩机提供压缩空气经过管道、阀门、流量计后通过软管连接喷枪后喷入炉中，阀门和流量计存在局部能量损失，管道和喷枪则存在沿程能量损失和局部能量损失，因此将直管式喷枪改为渐缩式喷枪，减少了软管与喷枪连接处的局部阻力损失，进而使得最大送气量增加。喷枪孔径减小使得软管与喷枪连接处的局部阻力损失增加，喷枪最大送气量减少。

本试验中各个喷枪孔径情况下，喷枪出口速度均小于声速，最大送气量的限制主要是由于沿程阻力损失和局部阻力损失导致气源系统的压缩空气到达喷枪处时供气压力减小，最大送气量受限。不同的喷枪结构其入口处局部阻力损失不同，因此喷枪最大送气量也不同。

喷枪的最大送气量不仅与气源系统供气能力相关，与喷枪结构、出口截面设计和气源阀站管道阀门选取也息息相关。合理的喷枪结构、出口截面设计可以显著提高喷枪的最大供气能力。

5.4.3.3　圆形侧吹炉内宏观不稳定现象

A　宏观不稳定现象的发现及定义

研究熔池液面深度对侧吹气流穿透距离影响时，发现一个异常流场现象：喷枪高度250mm、液面高度460mm时，圆形侧吹炉内熔池发生规律性的起伏晃动现象，由侧吹喷枪正后方观察，侧吹气体射流由喷枪喷出穿透一段距离后上浮并有规律地左右摆动，炉内熔池则规律地呈现周期性"潮涨潮落"海浪似的起伏晃动现象。该现象不同于正常喷吹过程中熔池内发生湍流似的不规则喷溅现象，而是在宏观上有规律地、并有固定频率的晃动，称之为宏观不稳定现象。图5-13所示为宏观不稳定现象发生后半个周期内液面起伏左右晃动的图像。

图 5-13　宏观不稳定现象（1/2 周期）

B　宏观不稳定现象的影响因素

宏观不稳定现象的发生主要与液面高度尤其是喷枪以上液面高度有关，同时喷枪高度（即喷枪以下液面高度）、气体流量、喷枪孔径、喷枪数量及排布也会不同程度地影响宏观不稳定现象的发生及不稳定程度。

C 宏观不稳定现象单枪喷吹试验结果

本小节主要总结单枪喷吹情况下的宏观不稳定现象试验研究结果。研究了基准工况下不同喷枪孔径及流量对宏观不稳定现象的影响；保证流量（5m³/h）不变的情况下，研究了不同喷枪高度、不同喷枪孔径以及不同液面高度情况下的宏观不稳定性现象的发生条件。

a 基准工况，不同喷枪孔径及气体流量对宏观不稳定现象的影响

喷枪高度250mm、液面高度460mm为基准工况，此工况下主要研究了不同喷枪孔径、不同气体流量情况下宏观不稳定性现象的发生时间、频率和液面波动等情况。图5-14和图5-15所示分别为喷枪孔径4mm和10mm时，不同气体流量情况下宏观不稳定现象发生后的液面波动情况。

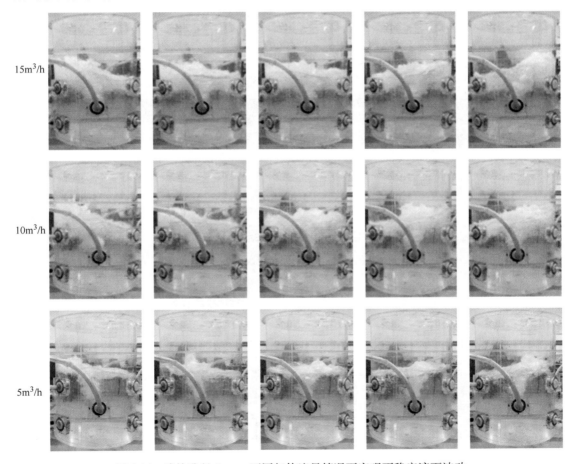

图5-14 喷枪孔径4mm，不同气体流量情况下宏观不稳定液面波动

表5-13所示为喷枪高度250mm、液面高度460mm的基准工况下，喷枪孔径分别为4mm和10mm时，不同气体流量下宏观不稳定现象及液面波动情况试验结果。图5-16所示为不同气体流量对宏观不稳定现象发生时间及液面波动幅度的影响关系图。

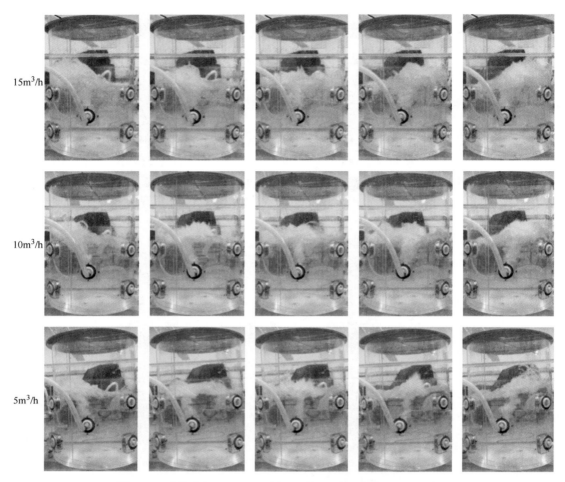

图 5-15　喷枪孔径 10mm，不同流量情况下宏观不稳定液面波动

表 5-13　基准工况，不同流量下宏观不稳定现象及液面波动情况

喷枪高度/mm	液面高度/mm	喷枪孔径/mm	流量/m³·h⁻¹	宏观不稳定现象		宏观不稳定现象发生后液面波动情况		
				发生时间/s	频率/Hz	液面最低点/mm	液面最高点/mm	波动幅度/mm
250	460	10	5	41	1.2	410	550	140
			10	28	1.2	395	565	170
			15	23	1.2	390	575	185
		4	5	38	1.2	410	535	125
			10	19	1.2	400	560	160
			15	9	1.2	395	575	180

注：1. 发生时间是指熔池液面从最开始静止状态到气体喷吹后开始出现宏观不稳定现象的时间；

　　2. 宏观不稳定频率反映宏观不稳定现象发生后液面从"最高点—最低点—最高点"波动周期；

　　3. 液面波动幅度指宏观不稳定现象发生后炉内熔池某一处液面波动最高点与最低点差值。

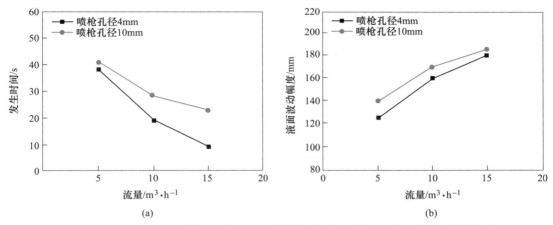

图 5-16　基准工况，不同流量对宏观不稳定性现象发生时间及液面波动幅度的影响
（a）发生时间；（b）液面波动幅度

　　表 5-13 和图 5-14~图 5-16 显示：（1）保持其他条件不变，增大气体流量时，炉内熔池宏观不稳定现象发生时间变短，液面波动幅度变大；（2）保持其他条件不变，喷枪孔径减小时，宏观不稳定现象发生时间变短，熔池搅动剧烈程度变大但液面波动幅度变小，这是因为同一流量下，喷枪孔径减小导致喷枪出口速度增加，侧吹气体射流穿透距离变长，气体射流能够向前推移更长距离后受浮力作用上浮，侧吹气流水平方向动能更多被消耗于液面下熔池中，因而熔池搅动剧烈但液面波动幅度却变小，同时由于喷枪出口速度增加，宏观不稳定发生时间变短。由表 5-13 也可以看出，宏观不稳定频率与喷枪孔径及气体流量关系无关。

　　b　流量一定，不同喷枪高度及喷枪孔径宏观不稳定现象发生条件

　　保持流量 5m³/h 不变，研究了不同喷枪高度、不同喷枪孔径情况下侧吹炉内宏观不稳性现象的发生条件。

　　喷枪高度 250mm、液面高度 460mm 基准工况，流量 5m³/h 时，侧吹炉内会发生宏观不稳定现象，此时喷枪以上液面高度为 210mm。保持喷枪以上液面高度 210mm 相同，喷枪孔径分别为 4mm 和 10mm 时，研究不同喷枪高度（即喷枪以下液面高度）情况下，宏观不稳定现象是否发生，表 5-14 为试验结果统计。

表 5-14　喷枪以上液面高度相同，不同喷枪高度试验结果

喷枪高度（即喷枪以下液面高度）/mm	液面高度/mm	喷枪以上液面/mm	喷枪孔径/mm	宏观不稳定现象		
				是否发生	发生时间/s	频率/Hz
375	585	210	10	是	41	1.2
			4	是	33	1.2
250	460	210	10	是	43	1.2
			4	是	38	1.2
125	335	210	10	是	70	1.2
			4	是	45	1.2

　　注：1. 发生时间是指熔池液面从最开始静止状态到气体喷吹后开始出现宏观不稳定现象的时间；

　　　　2. 宏观不稳定频率反映宏观不稳定现象发生后液面从"最高点—最低点—最高点"波动周期。

表 5-14 中试验结果显示：流量一定、喷枪以上液面高度为 210mm 时，喷枪高度（即喷枪以下液面高度）125mm、250mm 和 375mm 时，均发生宏观不稳定现象，且宏观不稳定频率一致，这说明喷枪以上液面高度是宏观不稳定现象的发生与否的关键影响因素，宏观不稳定频率与喷枪高度及喷枪孔径无关；但宏观不稳定现象发生的容易程度受到喷枪高度即喷枪以下液面高度、喷枪孔径的影响。

我们定义侧吹气流开始喷吹后，液面由静止状态到出现宏观不稳定现象的时间为宏观不稳定现象发生时间，宏观不稳定现象发生时间一定程度上反映了宏观不稳定现象发生的难易程度。由图 5-17 和表 5-14 可以看出，喷枪孔径 4mm 和 10mm 时，随着喷枪高度的增加，宏观不稳定现象发生时间变短；三种喷枪高度情况下，喷枪孔径 4mm 时的宏观不稳定现象发生时间小于喷枪孔径 10mm 时，即喷枪孔径变小，宏观不稳定性现象发生时间变短。

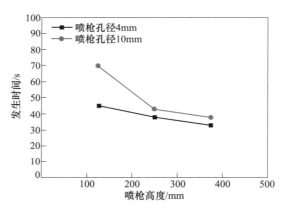

图 5-17　流量一定，不同喷枪高度对宏观不稳定性现象发生时间的影响

实验中发现宏观不稳定现象随液面高度增加而减弱，液面高度增加到一定程度时，宏观不稳定现象消失，随液面高度减小宏观不稳定现象规律性的晃动也减弱，因此宏观不稳定性现象是在一定液面高度范围内才会发生，即存在满足宏观不稳定性现象发生的液面上下限。表 5-15 列出了不同喷枪高度情况下，宏观不稳定性现象发生的液面上限、液面下限及满足宏观不稳定现象发生的液面范围。

表 5-15　不同喷枪高度，满足宏观不稳定性现象发生液面高度范围试验结果

喷枪高度/mm	喷枪孔径/mm	宏观不稳定现象发生			
		液面下限/mm	液面上限/mm	液面范围/mm	频率/Hz
375	10	475	680	205	1.2
	4	425	620	195	1.2
250	10	395	550	155	1.2
	4	380	505	125	1.2
125	10	260	480	220	1.2
	4	275	350	75	1.2

表5-15中试验结果显示：在一定液面范围内，侧吹炉内会发生宏观不稳定现象，且此宏观不稳定现象一旦发生，不论喷枪高度、喷枪孔径、液面高度以及气体流量如何，宏观不稳定晃动频率唯一，侧吹炉水模型频率为1.2Hz。表5-13~表5-15则说明，宏观不稳定频率主要与炉子规格有关，液面高度、气体流量、喷枪高度和喷枪孔径均不影响宏观不稳定现象的宏观不稳定频率。

三种喷枪高度情况下，喷枪孔径4mm时满足宏观不稳定现象发生的液面范围均小于喷枪孔径10mm时满足宏观不稳定现象发生的液面范围，即孔径越小，会在一个更窄的液面范围域内发生宏观不稳定现象。相同流量情况下喷枪孔径越小，喷枪出口速度越大，侧吹气体射流能够向前推移更长距离后受浮力作用上浮，侧吹气体射流动能更多地在水平向前推进过程中被消耗于液面下熔池中，因此满足宏观不稳定性现象发生的液面范围变小。

D　宏观不稳定现象多枪喷吹试验结果

本小节主要总结多枪喷吹情况下的宏观不稳定现象试验研究结果。基准工况下，研究了单枪流量5m³/h、喷枪孔径4mm，三种双枪喷吹情况下宏观不稳定现象是否发生；基准工况下，研究了三枪喷吹和四枪喷吹情况下的宏观不稳定性现象。图5-18所示为三种双枪喷吹情况下喷枪排布方式：

（1）喷枪高度250mm，喷枪0°；喷枪高度125mm，45°，双枪呈斜角喷吹；

（2）喷枪高度250mm，喷枪0°+90°，双枪呈直角喷吹；

（3）喷枪高度250mm，喷枪0°+180°，双枪呈180°对喷。

(a)　　　　　　　　(b)　　　　　　　　(c)

图5-18　双枪喷吹排布方式

(a) 0°+45°斜角喷吹；(b) 0°+90°直角喷吹；(c) 0°+180°对喷

表5-16统计了单枪流量5m³/h、双枪流量10m³/h情况下，三种双枪排布方式下宏观不稳定性试验结果。表5-13试验结果显示：单枪喷吹、单枪流量5m³/h和10m³/h情况下，液面高度460mm、枪高250mm时，炉内会发生宏观不稳定现象。而表5-16试验结果表明：双枪喷吹、单枪流量5m³/h、总气量10m³/h情况下，液面高度460mm时，第一种双枪斜角喷吹方式和第二种双枪直角喷吹方式时，炉内均不会发生宏观不稳定现象；而第三种双枪对喷方式时，炉内会发生宏观不稳定现象，但宏观不稳定性现象发生时间120s，晚于单枪喷吹情况下宏观不稳定性的发生时间38s和19s（见表5-13）。

表 5-16　不同喷枪排布方式情况下，双枪喷吹宏观不稳定性试验结果

编号	喷枪高度/mm	喷枪排布方式	液面高度/mm	喷枪孔径/mm	宏观不稳定现象		
					是否发生	发生时间/s	频率/Hz
1	125	45°一支	460	4	否	—	—
	250	0°一支					
2	250	0°+90°直角喷吹			否	—	—
3	250	0°+180°双枪对喷			是	120	1.2

　　单枪喷吹，炉内发生宏观不稳定性现象后，气体射流开始左右规律地摆动，此时若增加一支与此喷枪呈 45°或 90°角的喷枪进行双枪喷吹，则宏观不稳定现象消失，这是因为双枪喷吹打破了第一支喷枪气体射流的规律摆动，熔池液面重新呈现湍流似紊态波动。而双枪对喷情况下，试验观察到，刚开始一支喷枪的气体射流开始"一左一右"左右摆动情况，另一支喷枪的气体射流不摆动或呈现相反的"一右一左"左右摆动情况，但最终两支喷枪的气体射流呈现一致的左右规律摆动，进而带动炉内熔池发生宏观不稳定现象，因此双枪对喷情况下，炉内熔池也会发生宏观不稳定现象，但宏观不稳定现象发生时间晚于单枪喷吹情况。

　　双枪对喷情况，炉内熔池发生宏观不稳定现象后，宏观不稳定频率 1.2Hz 与单枪喷吹情况宏观不稳定频率相同。

　　随后也研究了图 5-19 所示的三枪和四枪喷吹方式下宏观不稳定现象发生情况。喷枪高度 250mm、液面高度 460mm 基准工况，多枪喷吹、单枪流量 5m³/h，三枪喷吹和四枪喷吹，侧吹炉内熔池均未发生宏观不稳定现象。

(a)　　　　　　　　　　　　　(b)

图 5-19　多枪喷吹排布方式

(a) 0°+90°+180°三枪喷吹；(b) 0°+90°+180°+270°四枪喷吹

5.4.3.4 不同侧吹喷枪数量及排布方式

A 熔池搅拌情况

保持喷枪孔径 4mm、熔池液面深度 580mm 不变，喷枪喷入熔池总气量相等为 $15m^3/h$，研究了单枪喷吹不同喷吹高度、多枪喷吹不同喷枪数量及排布方式情况下，炉内熔池的喷溅搅拌情况。图 5-20 所示为试验侧吹炉喷枪位置示意图，不同喷枪喷吹方式组合见表 5-17。不同喷吹方式下，等待稳定喷吹后选取 4 个角度对侧吹炉内熔池搅拌和喷溅情况进行拍摄，试验结果如图 5-21~图 5-24 所示。

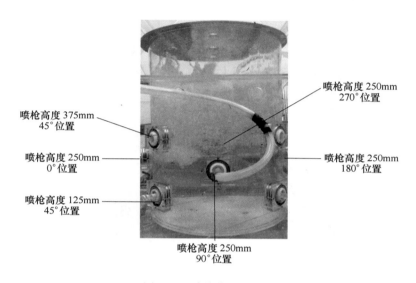

图 5-20 喷枪位置示意图

表 5-17 不同喷枪喷吹方式组合

编号	喷枪数量	喷枪高度及排布方式	流量/$m^3 \cdot h^{-1}$
1.1		125mm, 0°	
1.2	单枪	250mm, 0°	15
1.3		375mm, 0°	
2.1		250mm, 0°+90°	
2.2		250mm, 0°+180°	
2.3	双枪	250mm, 0°; 125mm, 45°	15
2.4		250mm, 180°; 125mm, 45°	
2.5		375mm, 45°; 125mm, 45°	
3.1		250mm, 0°+90°+180°	
3.2		250mm, 0°+180°; 125mm, 45°	
3.3	三枪	250mm, 0°+90°; 125mm, 45°	15
3.4		250mm, 0°+270°; 125mm, 45°	

编号	喷枪数量	喷枪高度及排布方式	流量/m³·h⁻¹
4.1	四枪	250mm，0°+90°+180°；125mm，45°	15
4.2		250mm，0°+180°+270°；125mm，45°	
4.3		250mm，0°+90°+180°+270°	15

单枪
喷吹高度 125mm
0°

单枪
喷吹高度 250mm
0°

单枪
喷吹高度 375mm
0°

图 5-21　单枪喷吹不同喷吹高度情况下侧吹炉内熔池搅拌情况

图 5-21 表明：单枪喷吹，流量相同情况下，喷枪喷吹高度越低，熔池搅拌区域越大，侧吹气流搅动区域与侧吹气流穿透轨迹有关，喷枪以下熔池液面虽然具有微小位移但是保持"宏观静止"状态。单枪喷吹情况下，喷枪喷吹高度太高容易发生宏观不稳定现象、熔池搅拌区域较小且大量侧吹气流在熔池中停留时间过短而逸散出去。因此，在满足工艺条件前提下，侧吹炉喷枪高度设计中喷吹高度可以适当取值低一些。

双枪
喷枪高度 250mm
0°+90°

双枪
喷枪高度 250mm
0°+180°

双枪
喷枪高度 250mm，180°
喷枪高度 125mm，45°

双枪
喷枪高度 375mm，45°
喷枪高度 125mm，45°

双枪
喷枪高度 250mm，0°
喷枪高度 125mm，45°

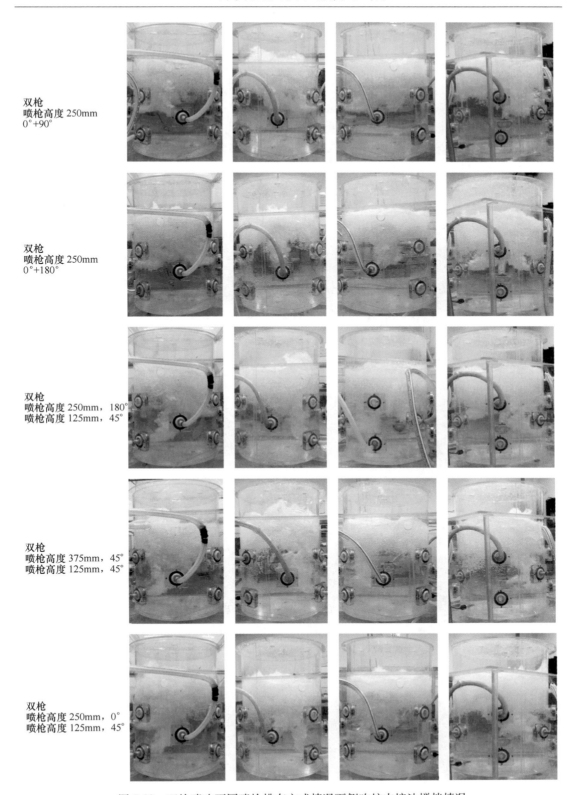

图 5-22　双枪喷吹不同喷枪排布方式情况下侧吹炉内熔池搅拌情况

　　图 5-22 表明：双枪喷吹，流量相同情况下，双枪位于同一喷吹高度或者双枪位于不同喷吹高度，双枪夹角越大，熔池搅拌区域越大；双枪夹角相同或近似情况下，双枪位于不同喷吹高度的熔池搅拌区域要大于双枪位于同一喷吹高度情况；双枪位于不同喷吹高度但无喷吹夹角时，侧吹气流出现重叠，搅拌区域也小于其他工况，导致气流重叠的喷枪布置方式在设计中应该避免。图 5-21 和图 5-22 对比表明：相同气体总流量情况下，双枪喷吹布置方式熔池搅拌区域大于单枪喷吹布置方式。因此关于侧吹炉喷枪排布方式设计中，考虑熔池搅拌情况，双枪喷吹排布方式优于单枪喷吹排布方式，且在双枪喷枪布置方式情况下，两支喷枪位于不同喷枪高度且具有一定夹角为宜。

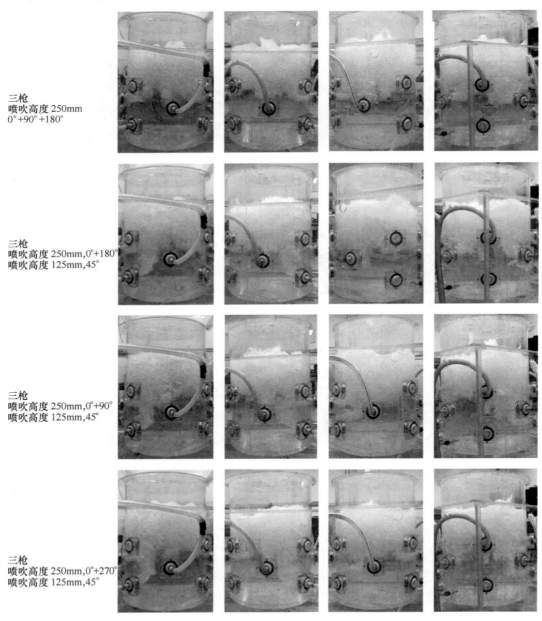

图 5-23　三枪喷吹不同喷枪排布方式情况下侧吹炉内熔池搅拌情况

图 5-23 表明：三枪喷吹，流量相同情况下，三枪位于不同喷吹高度情况下的熔池搅拌区域要大于三枪位于同一喷吹高度情况，且三枪具有一定夹角交错分布的搅拌效果也要优于三枪集中分布于某一侧情况。对比图 5-22 和图 5-21，相同气体总流量情况下，三枪喷吹排布方式情况下熔池搅拌区域大于单枪喷吹和双枪喷吹布置方式。

四枪
喷吹高度 250mm
0°+90°+180°+270°

四枪
喷吹高度 250mm,0°+90°+180°
喷吹高度 125mm,45°

四枪
喷吹高度 250mm,0°+180°+270°
喷吹高度 125mm,45°

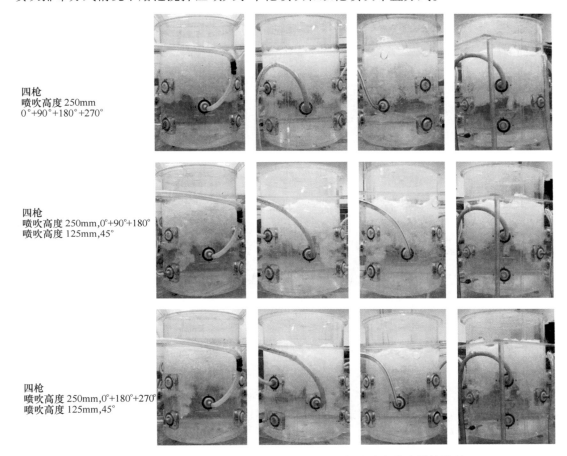

图 5-24　四枪喷吹不同喷枪排布方式情况下侧吹炉内熔池搅拌情况

图 5-24 表明：四枪喷吹，流量相同情况下，四枪位于不同喷吹高度情况下的熔池搅拌区域略大于四枪位于同一喷吹高度情况，且四枪具有一定夹角交错分布的搅拌效果也要优于四枪集中分布于某一侧情况。对比图 5-21~图 5-23，相同气体总流量情况下，四枪喷吹排布方式情况下熔池搅拌区域略大于三枪喷吹排布方式，大于双枪和单枪喷吹排布方式。

综上，圆形侧吹炉设计中，期望喷枪大型化减少喷枪数量的同时也应综合考虑熔池搅拌效果。在满足工艺条件前提下，侧吹喷枪高度可以适当选取低一些高度；总气量相同时，多枪喷吹排布方式情况下侧吹炉内熔池搅拌效果优于单枪喷吹情况；多枪喷吹排布方式情况下可以适当选取 1~2 支喷枪与其他喷枪位于不同喷吹高度且呈一定夹角布置。中小型圆形侧吹炉设计，考虑到宏观不稳定性现象的发生和熔池搅拌效果，设计中应尽量避免单枪排布和双枪对喷排布方式，中小型圆形侧吹炉 2~3 支喷枪即可满足熔池搅拌要求。

B 电导率测量结果

试验中通过测量电导率变化代表熔池混匀时间，电导率变化曲线反映在当前搅动情况下，加入一定扰动之后，水池内重新达到平衡所需要的时间，也间接反映了熔池内的混合状态。混匀时间越短，说明熔池搅拌越强，混匀时间与熔池搅拌能力成反比。

如图 5-25 所示，电导率测量点设置在距离炉底 50mm 上方一侧边缘处。扰动加入点有两点，一个位于炉子正中心，称为中心加入点；一个位于中心加入点 200mm 处，称为边缘加入点。

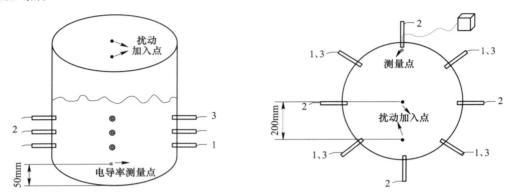

图 5-25 扰动加入点及电导率测量点示意图

（1、2、3 分别代表 125mm、250mm、375mm 高度水平喷枪）

试验一共测试如表 5-18 所示 7 种方案，试验中保持喷枪喷入熔池的总气量为 15m³/h 相同，通过调节各支管气路阀门来调节喷枪数量、喷枪高度及排布方式。不同喷吹方式下，待喷吹 10min 左右熔池稳定后，将定量 10mL 饱和食盐水溶液从扰动加入点迅速加入，通过电导率仪测量水的电导率变化，混匀时间则根据最终电导率波动不超过稳定值的 5% 来确定，每次测量 3 次取平均值，试验结果见表 5-18。

表 5-18 不同喷枪喷吹方式组合情况下混匀时间

编号	喷枪数量	喷枪高度及排布方式	流量/m³·h⁻¹	混匀时间/s	
				中心加入扰动	边缘加入扰动
1.1	单枪	250mm, 0°	15	23.33	24.33
2.1	双枪	250mm, 0°+90°	15	20.67	27.33
2.2		250mm, 0°；125mm, 45°		10.67	15.67
3.1	三枪	250mm, 0°+90°+270°	15	16.67	24.33
3.2		250mm, 0°+90°；125mm, 45°		10.33	11.00
4.1	四枪	250mm, 0°+90°+180°+270°	15	23.00	27.67
4.2		250mm, 0°+90°+180°；125mm, 45°		16.00	21.67

由表 5-18 可知：工况 2.1 双枪喷吹的混匀时间短于单枪喷吹，其中工况 2.2 双枪位于不同高度时的混匀时间又小于工况 2.1 双枪位于相同高度时的混匀时间；工况 3.1 三枪喷吹的混匀时间短于工况 2.1 双枪双枪喷吹，其中工况 3.2 三枪位于不同高度时的混匀时间

又小于工况 3.1 三枪位于相同高度时的混匀时间；工况 4.1 四枪喷吹时的混匀时间与单枪喷吹接近，大于双枪和三枪喷吹情况，这主要是由于总流量相等，喷枪数量多则单枪流量变小的缘故。

综上，对圆形侧吹炉，双枪或三枪喷吹情况下混匀时间较小，且多支喷枪喷吹情况下，设计两个喷吹高度时混匀时间较小。

5.4.4　圆形侧吹炉水模型研究结论

侧吹气流穿透距离与熔池液面高度、喷枪高度无关；会受到侧吹喷枪浸入距离变化的影响，但影响作用较小；主要与喷枪出口速度有关，喷枪孔径和气体流量变化对侧吹气流穿透距离的影响较大，穿透距离随气体流量增加或喷枪孔径减小而变长。侧吹炉设计中，合适单枪送气量选取和合理喷枪结构设计非常关键。

喷枪的最大送气量不仅与气源系统供气能力、管道阀门选型相关，也受到喷枪结构、出口截面设计的较大影响。无论直管式喷枪还是渐缩式喷枪，喷枪出口孔径越小即喷枪出口截面积越小，其最大送气量越小；而相同喷枪出口截面积情况下，渐缩式喷枪由于降低了入口处喷枪局部阻力损失，使得相同送气压力条件下，渐缩式喷枪最大送气量大于直管式喷枪最大送气量。合理的喷枪结构、出口截面设计可以降低喷枪入口局部阻力损失进而显著提高喷枪最大送气量。

宏观不稳定现象是指满足一定发生条件后，侧吹炉内熔池发生宏观上有规律且有固定频率的晃动现象。宏观不稳定现象的发生主要与喷枪以上液面高度有关，与气体流量、喷枪孔径也有一定关系。宏观不稳定频率是固有属性，仅与炉子规格有关，与喷枪高度、液面高度、喷枪孔径、气体流量无关，宏观不稳定现象一旦发生，频率一定，本侧吹炉模型宏观不稳定频率为 1.2Hz。

满足宏观不稳定发生条件时，气体流量增加或喷枪孔径减小，会使宏观不稳定现象更易出现即宏观不稳定发生时间变短，相同喷枪孔径下气体流量增加会使熔池搅动剧烈且液面波动幅度变大，但相同流量下喷枪孔径减小会使熔池搅动剧烈但液面波动幅度变小。单枪喷吹、双枪对喷喷吹方式都易产生宏观不稳定现象，而同一喷枪高度下双枪呈一定角度喷吹、双枪呈一定角度位于不同喷枪高度、或三枪四枪等多枪喷吹情况下不易产生宏观不稳定现象。

宏观不稳定现象可避免可消除，增加熔池液面高度、降低喷枪高度、优化氧枪布置数量及排布方式可以避免宏观不稳定现象的发生，或用于宏观不稳定现象发生后消除宏观不稳定现象。

综合考虑宏观不稳定现象的发生和熔池搅拌情况，圆形侧吹炉设计中，满足工艺条件大前提下，侧吹喷枪高度可适当选低一些；总气量相同时，多枪喷吹排布下侧吹炉内熔池搅拌效果优于单枪喷吹情况；应尽量避免单枪和双枪对喷排布，多枪喷吹排布可考虑设计两个喷吹高度，选择 1 支喷枪与其他喷枪位于不同喷吹高度且呈一定夹角布置。

5.5　矩形侧吹炉内熔池搅拌机理研究

侧吹炉内侧吹气流穿透距离、搅动情况、喷枪数量和排布方式设计等都是侧吹炉体和喷枪设计时非常关心的数据指标，试验中发现的侧吹炉内"宏观不稳定"现象也非常有研究意义。侧吹炉内侧吹气流穿透距离，影响和决定了侧吹炉宽度设计和喷枪结构设计，宏观不稳定现象会对炉体稳定性产生重要影响，本节主要研究：（1）矩形侧吹炉炉内流场及喷溅情况；（2）气体流量对侧吹炉内侧吹气流穿透行为的影响；（3）矩形侧吹炉内宏观不稳定现象，研究不同流量、不同液面高度、不同喷枪数量及排布方式对侧吹炉内宏观不稳定现象的影响；（4）通过模拟试验研究侧吹炉内耐材炉衬侵蚀情况。

5.5.1　模型结构参数及实验参数

5.5.1.1　模型结构参数

根据相似原理，综合考虑侧吹炉原型尺寸、实验室条件和经济成本等，我们选取模型与原型的长度比例尺为 1：10，即模型的几何尺寸是原型几何尺寸的 1/10。矩形侧吹炉模型和矩形侧吹炉喷枪排布分别如图 5-26 和图 5-27 所示。模型结构尺寸见表 5-19。

图 5-26　矩形侧吹炉水力模型

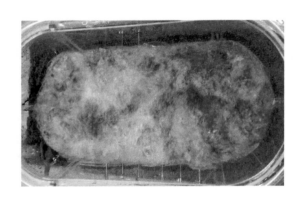

图 5-27　矩形侧吹炉喷枪排布

表 5-19 模型结构参数

水力模型	数值	水力模型	数值
模型下直段横截面/mm×mm	250×680	喷枪孔高度/mm	95/60
模型高度/mm	750	喷枪数量/个	14

注：喷枪为规则铜管 ϕ6mm×1.5mm，内径为 3mm。

5.5.1.2 模型实验参数

实验中选取水来模拟熔池内高温熔体，选取压缩空气来模拟实际喷吹气体。原型的物性参数和操作参数取自工艺设计条件，根据相似原理按照动力学相似计算得到模型的物性参数和操作参数，见表 5-20。

表 5-20 原型及模型物性参数和操作参数表

原型参数		模型参数	
项目名称	数值	项目名称	数值
熔体综合密度/kg·m^{-3}	8700	水密度/kg·m^{-3}	998
压缩空气/氧气/天然气密度/kg·m^{-3}	1.18/1.31/0.66	压缩空气密度/kg·m^{-3}	1.18
熔池高度/mm	1950	熔池高度/mm	195
喷枪数量/个	14	喷枪数量/个	14
喷枪气量/m^3·h^{-1}	4974	喷枪流量/m^3·h^{-1}	5/10/15/20

5.5.2 实验方案

侧吹炉内侧吹气流穿透距离、搅动情况、喷枪数量和排布方式设计等都是侧吹炉体和喷枪设计时非常关心的数据指标。研究试验方案见表 5-21~表 5-23 和图 5-28。

表 5-21 气体流量与侧吹气体射流穿透距离和搅动情况的关系

变量	14 支喷枪总气体流量/m^3·h^{-1}	对应单枪气体流量/m^3·h^{-1}	喷枪喷吹方式
数值	10/15/20	0.71/1.07/1.42	双枪相对喷吹/14 支喷枪喷吹

表 5-22 宏观不稳定现象试验研究

（1）气体流量的影响

气体流量/m^3·h^{-1}	研究目标
5/10/15/20	宏观不稳定现象是否发生、宏观不稳定类型、发生时间、频率、气泡密集区、液面波动情况

（2）气体流量一定，液面高度的影响

变量	研究目标
流量及液面高度	宏观不稳定性现象是否发生、发生液面上限和液面下限、宏观不稳定类型、频率

表 5-23   耐材炉衬侵蚀损失试验研究

变量	研究目的
炉衬位置（端墙、侧墙）	宏观不稳定晃动对耐材炉衬侵蚀的影响

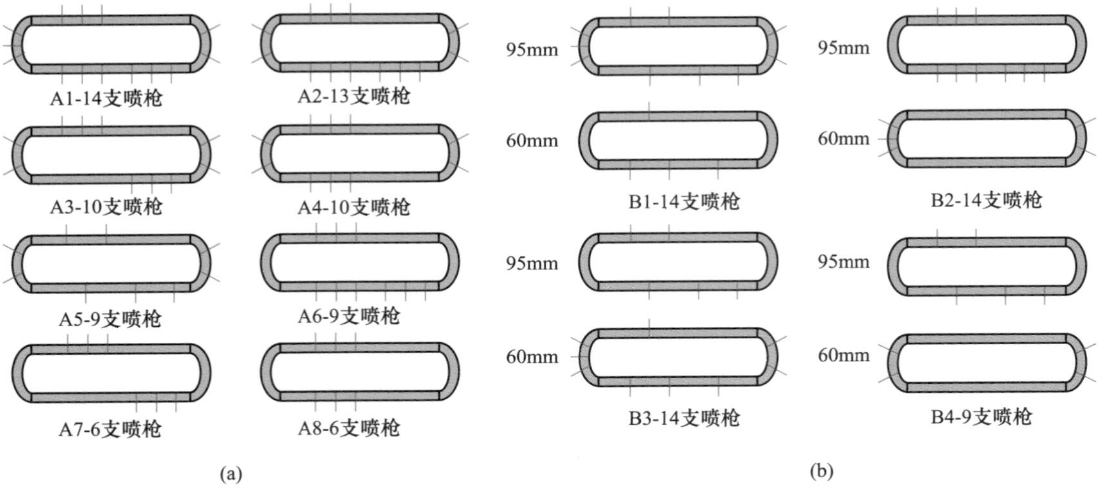

A1-14支喷枪   A2-13支喷枪

A3-10支喷枪   A4-10支喷枪   95mm B1-14支喷枪   95mm B2-14支喷枪

A5-9支喷枪   A6-9支喷枪   60mm

A7-6支喷枪   A8-6支喷枪   95mm B3-14支喷枪   95mm B4-9支喷枪

60mm   60mm

(a)   (b)

图 5-28   相同流量和液面高度情况下，不同喷枪数量及排布方式研究

（a）单排布置，喷枪高度 95mm；（b）双排布置，喷枪高度 60mm+95mm

5.5.3   实验结果及分析

5.5.3.1   侧吹气流穿透行为

侧吹炉内侧吹气流穿透距离，是侧吹炉体和喷枪设计中非常关心的数据指标。圆形侧吹炉水模型试验中针对喷枪浸入熔池距离、喷枪高度、喷枪孔径、液面高度和气体流量等影响因素对侧吹气流穿透距离的影响规律进行了较为充分的研究。本小节则主要研究矩形侧吹炉型情况下，气体流量对侧吹气流穿透距离的影响以及不同气体流量情况下侧吹炉内熔池搅动情况。

图 5-29 所示大致反映了侧吹气体射流喷入侧吹炉内后的轨迹。如图 5-29 所示，定义

图 5-29   矩形侧吹炉内侧吹气流穿透行为

L_1 为侧吹气流"水平段"穿透距离，L_2 为"水平段+弯曲段"穿透距离。

　　本模型结构参数条件下：喷枪高度95mm、液面高度195mm、14 支喷枪总流量15m³/h 基准工况，在基准工况气体流量 15m³/h 基础上增加 33%和减少 33%即气体流量分别为 20m³/h 和 10m³/h，测量得到了三种不同气体流量下气体射流的穿透距离。试验结果见表 5-24。

表 5-24　不同气体流量情况下侧吹气体射流穿透距离

流量/m³·h⁻¹		穿透距离/mm	
14 支喷枪总流量	对应单支喷枪流量	水平段	水平段+弯曲段
10	0.71	50	105
15	1.07	77	132
20	1.42	93	148

　　根据表 5-24 中试验结果绘制得到图 5-30。由图 5-30 和表 5-24 可以看出：侧吹气流穿透距离随气体流量增加而变长。喷枪孔径不变，气体流量越大导致喷枪出口速度越大，因此侧吹气流穿透距离变长。

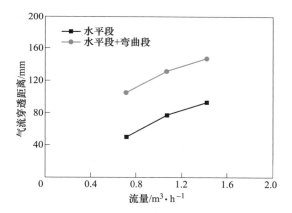

图 5-30　不同气体流量情况下侧吹气流穿透距离

　　侧吹喷枪排布示意图如图 5-31 所示，模型喷枪位置与原型喷枪位置相同。模型在 195mm 喷枪高度共 14 支喷枪，分为 6 个区域，侧墙 A 区、C 区、D 区分别布置 3 支喷枪，B 区由于设置虹吸排铅口未布置侧吹喷枪，端墙 E 区布置 3 支喷枪，F 区由于中心处设置排渣口只布置了 2 支喷枪。图 5-32 和图 5-33 所示分别为双枪对喷和 14 支喷枪喷吹，不同气体流量情况下侧吹炉内气流穿透及搅动情况图。

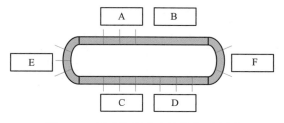

图 5-31　侧吹炉侧吹喷枪排布示意图

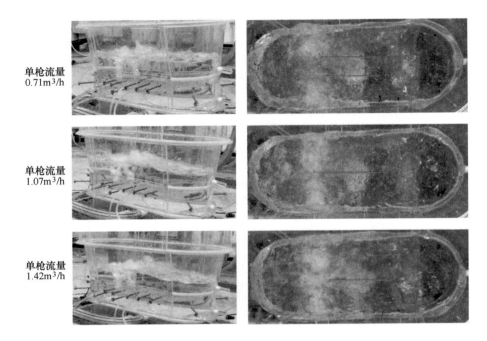

图 5-32　双枪对喷，不同气体流量情况下侧吹炉内气流穿透图

由图 5-32 可知：双枪对喷，单枪流量为 0.71m³/h（对应 14 支喷枪总流量为 10m³/h）时，由于侧吹气流穿透距离较小，熔池中心处存在搅拌死区，不利于熔池内冶炼反应的充分进行。单枪流量为 1.07m³/h（14 支喷枪总流量 15m³/h）和 1.42m³/h（14 支喷枪总流量为 20m³/h）时，由于侧吹气流穿透距离有限，两股侧吹气流水平段不能汇合，但两股侧吹气流弯曲段能够汇聚合拢，两股气流的汇合搅动使得喷枪位置切面处熔体搅动较为充分，有利于熔池内反应的充分进行。

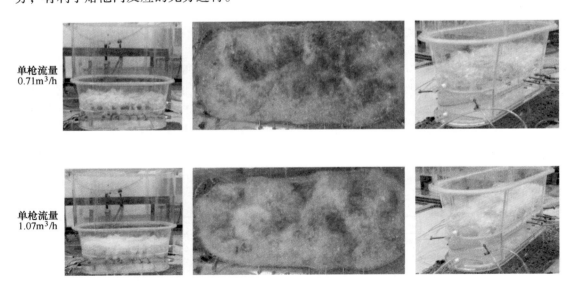

单枪流量
1.42m³/h

图 5-33 14 支喷枪喷吹，不同气体流量情况下侧吹炉内气流穿透及搅动图

由图 5-33 可知：全部 14 支喷枪喷吹，单枪流量为 0.71m³/h（对应 14 支喷枪总流量 10m³/h）时，侧吹气流对熔池的搅动非常不充分，存在较多搅拌死区，不利于熔池内冶炼反应的充分进行；单枪流量为 1.07m³/h（14 支喷枪总流量 15m³/h）和 1.42m³/h（对应 14 支喷枪总流量 20m³/h）时，侧吹气流能够对喷枪以上高度熔池进行充分搅动，但流量为 20m³/h 时，气泡密集区较多，导致侧吹炉内乳化现象严重，控制不当可能会出现较严重的泡沫渣。图 5-34 所示为侧吹炉内气流穿透及搅动局部图。

图 5-34 侧吹炉内气流穿透及搅动局部图

由图 5-33 及图 5-34 可知：气体总流量为 10m³/h、15m³/h 和 20m³/h 时，由于 B 区设置了虹吸排铅口而未布置侧吹喷枪，导致侧吹炉侧吹气流对 B 区的熔池搅动都非常不充分，侧吹炉喷枪布置应尽量均衡布置，避免出现大面积搅动不充分区域。

综上所述，可以得到如下结论：

（1）喷枪气体总流量较小为 10m³/h 时，由于侧吹气流穿透距离较小，熔池中心处存在搅拌死区，侧吹气流对熔池内熔池的搅动非常不充分，存在较多的搅拌死区，不利于熔池内冶炼反应的充分进行。

（2）喷枪气体总流量为正常工况 15m³/h 和流量较大为 20m³/h 时，侧吹气流能够对喷枪以上高度熔池进行充分搅动，但流量较大为 20m³/h 时，气泡密集区范围增加，导致炉内乳化现象严重，控制不当可能会出现较严重的泡沫渣。

（3）由于 B 区设置了虹吸排铅口而未布置侧吹喷枪，导致侧吹炉 B 区熔池的熔池搅动都比较不充分，侧吹炉喷枪布置时应尽量均衡布置，避免出现大面积搅动不充分区域。

5.5.3.2 矩形侧吹炉内宏观不稳定现象

A 宏观不稳定现象

圆形侧吹炉水模型试验研究过程中发现，在某一喷枪高度和液面高度情况下，圆形侧吹炉内熔池会发生如图 5-35 所示规律性的起伏晃动现象。由侧吹喷枪正后方观察：侧吹气体射流由喷枪喷出穿透一段距离后上浮并有规律地左右摆动，炉内熔池则规律地呈现周期性"潮涨潮落"海浪似的起伏晃动现象。该现象不同于正常喷吹过程中熔池内发生湍流似的不规律喷溅现象，而是在宏观上有规律地、并有固定频率的晃动，称之为宏观不稳定现象。类似地，矩形侧吹炉内也会发生宏观不稳定现象。图 5-36 所示为宏观不稳定现象发生后半个周期内液面起伏左右晃动的图像。

图 5-35　圆形侧吹炉内宏观不稳定现象（1/2 周期）

图 5-36　矩形侧吹炉内宏观不稳定现象（1/2 周期）

B　宏观不稳定现象的分类

矩形侧吹炉水模试验研究中发现，在侧吹气流喷吹作用下，侧吹炉内熔池存在两种搅动状态，紊乱不规律搅动和宏观不稳定规律搅动。正常喷吹情况下，侧吹炉内熔池会发生湍流似的紊乱不规律搅动和喷溅，称之为"紊态搅动"，如图 5-37 所示。侧吹炉内发生宏观不稳定现象后，炉内熔池则会出现在宏观上有规律地、一般有固定频率的搅动和喷溅，

图 5-37　侧吹炉内正常喷吹时"紊态搅动"

称之为宏观不稳定规律搅动。不同工况下，侧吹炉内会发生三种不同类型的宏观不稳定现象，如图 5-38~图 5-40 所示，与之相对地，侧吹炉内熔池会出现分别为"左右晃动型""中心撕裂型""前后晃动型"等三种不同类型的宏观不稳定规律搅动。

图 5-38　侧吹炉内"左右晃动型"宏观不稳定现象（1/2 周期）

图 5-39　侧吹炉内"中心撕裂型"宏观不稳定现象（1 周期）

图 5-40　侧吹炉内"前后晃动型"宏观不稳定现象（1/2 周期）

C　气体流量的影响

本小节主要总结了不同气体流量情况下侧吹炉内宏观不稳定现象试验研究结果。喷枪数量 14 支、喷枪高度 95mm、液面高度 195mm 为基准工况，此工况下主要研究了不同气体流量情况下宏观不稳定性现象的发生时间、频率和液面波动情况。试验结果见表 5-25 和图 5-41~图 5-43。

表 5-25   基准工况，不同气体流量下宏观不稳定现象及液面波动情况

流量 /m³·h⁻¹	宏观不稳定现象			熔池液面波动情况				
	类型	发生时间 /s	频率 /Hz	气泡区范围 /mm	长墙侧		短墙侧	
					最高点/mm	幅度/mm	最高点/mm	幅度/mm
5	无	—	—	5	210	15	220	20
10	左右晃动型	143	0.93	10	225	15	230	35
15	左右晃动型	98	0.93	20	235	30	245	55
20	左右晃动型	70	0.93	30	235	35	265	75

注：1. 发生时间指熔池液面从最开始静止状态到气体喷吹后开始出现宏观不稳定现象的时间；
　　2. 宏观不稳定频率反映宏观不稳定现象发生后液面从"最高点—最低点—最高点"波动周期；
　　3. 液面波动最高点和波动幅度均指长墙侧和短墙侧中心处的液面波动情况；
　　4. 液面波动幅度指宏观不稳定现象发生后炉内熔池某一处液面波动最高点与最低点差值；
　　5. 气泡区指气泡密集层，长墙侧指模型较长一侧（侧墙），短墙侧为模型较短一侧（端墙）。

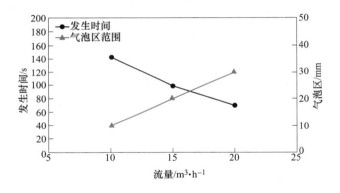

图 5-41   基准工况，不同气体流量对宏观不稳定性现象发生时间及气泡区范围的影响

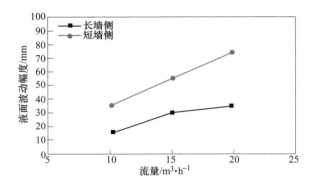

图 5-42   基准工况，不同气体流量对宏观不稳定性现象液面波动幅度的影响

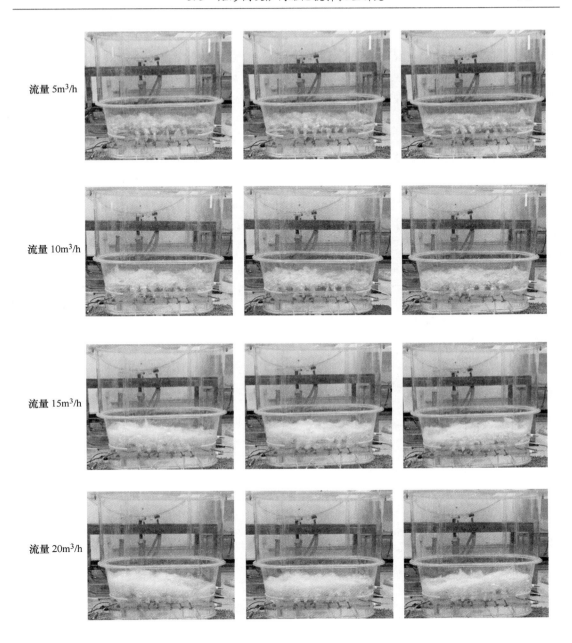

流量 5m³/h

流量 10m³/h

流量 15m³/h

流量 20m³/h

图 5-43 基准工况，不同气体流量下宏观不稳定现象及液面波动情况

由表 5-25 和图 5-41～图 5-43 可知：（1）宏观不稳定现象发生与气体流量有关，只有气体流量大于一定值，熔池内才会发生宏观不稳定现象；（2）宏观不稳定频率与气体流量无关，本模型为 56 次/min，即 0.93Hz；（3）随气体流量变大，宏观不稳定现象发生时间变短，即宏观不稳定现象更容易发生，同时气泡区和宏观不稳定液面波动幅度随气体流量增加而变大；（4）侧吹炉内熔池晃动液面比静止液面高度增加约 15%～20%，气泡密集区约为静止液面的 5%～15%。

D　液面高度的影响

研究发现，侧吹炉内宏观不稳定现象的发生与否、不稳定程度与侧吹炉内熔池液面高度有关。流量一定时，宏观不稳定现象会随液面高度增加而减弱，液面高度增加到一定程度时，宏观不稳定现象消失，同时随液面高度减小宏观不稳定现象规律性的晃动也减弱，因此宏观不稳定性现象是在一定液面高度范围内才会发生，即存在宏观不稳定性现象发生的液面上下限。

本小节主要总结了流量一定、不同液面高度情况下矩形侧吹炉内宏观不稳定现象试验研究结果。表 5-26 列出了不同气体流量情况下，满足宏观不稳定性现象发生的液面上限、液面下限、液面范围及宏观不稳定频率。图 5-44 所示为不同流量对应宏观不稳定现象发生的液面范围。图 5-45~图 5-48 所示分别为流量为 $5m^3/h$、$10m^3/h$、$15m^3/h$、$20m^3/h$ 时，不同液面高度情况下熔池液面波动情况。

表 5-26　不同气体流量，宏观不稳定性现象发生液面高度范围试验结果

气体流量 /$m^3 \cdot h^{-1}$	宏观不稳定现象发生				
	类型	液面下限/mm	液面上限/mm	液面范围/mm	频率/Hz
5	无	—	—	—	—
10	左右晃动型	195	265	70	0.93
15	左右晃动型	175	265	90	0.93
20	中心撕裂型/ 左右晃动型	145	245	100	1.47/0.93

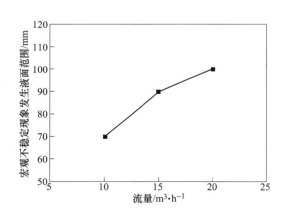

图 5-44　不同气体流量对应宏观不稳定现象发生的液面范围

由表 5-26 和图 5-44 可知，宏观不稳定现象的发生与气体流量有关，气体流量过小时，侧吹炉内不会发生宏观不稳定现象；同时宏观不稳定现象的发生也与熔池液面高度密切相关。气体流量一定时，熔池液面位于一定高度范围内才会发生宏观不稳定现象，且满足宏观不稳定现象发生的液面范围随气体流量增加而变大，即流量越大，在一个更宽的液面范围域内会发生宏观不稳定现象。

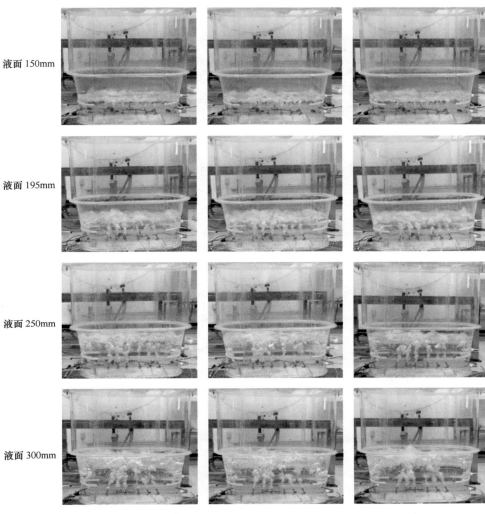

图 5-45 气体流量 5m³/h 时，不同液面高度情况下液面波动情况

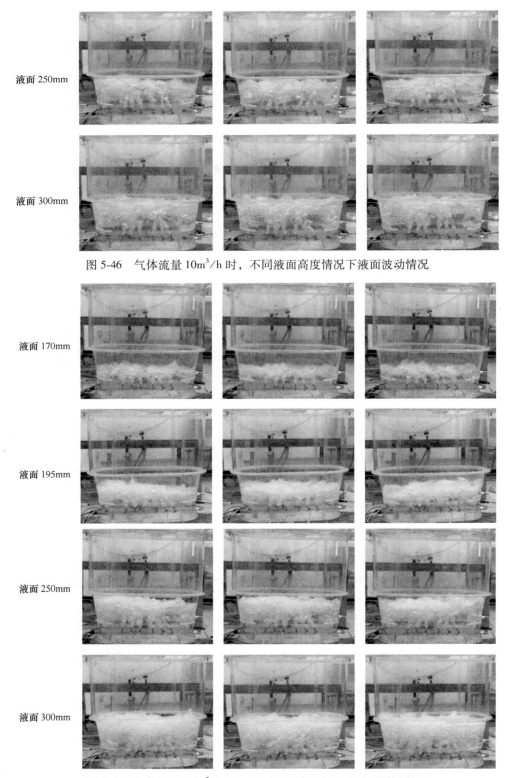

液面 250mm

液面 300mm

图 5-46　气体流量 10m³/h 时，不同液面高度情况下液面波动情况

液面 170mm

液面 195mm

液面 250mm

液面 300mm

图 5-47　气体流量 15m³/h 时，不同液面高度情况下液面波动情况

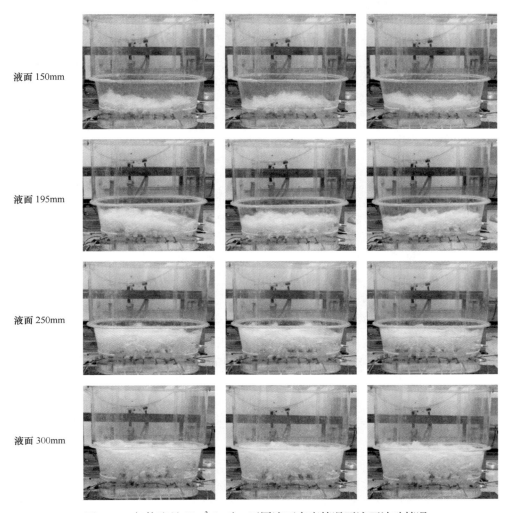

图 5-48 气体流量 20m³/h 时，不同液面高度情况下液面波动情况

表 5-26 和图 5-45 表明：气体流量 5m³/h 情况下，基准液面 195mm 时无宏观不稳定现象发生，多个液面高度情况下侧吹炉内均无宏观不稳定现象发生。

表 5-26 和图 5-46 表明：气体流量 10m³/h 情况下，液面高度在 195～265mm 范围内，侧吹炉内熔池才会发生宏观不稳定现象，宏观不稳定现象类型为左右晃动型，宏观不稳定频率均为 56 次/min，即 0.93Hz。

表 5-26 和图 5-47 表明：气体流量 15m³/h 情况下，液面高度在 175～265mm 范围内，侧吹炉内熔池才会发生宏观不稳定现象，宏观不稳定现象类型为左右晃动型，宏观不稳定频率均为 56 次/min，即 0.93Hz。

表 5-26 和图 5-48 表明：气体流量 20m³/h 情况下，液面高度为 145～245mm 范围内会发生宏观不稳定现象，其中液面高度 145～175mm 范围内，宏观不稳定现象类型为中心撕裂型，频率均为 88 次/min，即 1.47Hz；液面高度为 175～245mm 范围内，宏观不稳定类型为左右晃动型，频率均为 56 次/min，即 0.93Hz。

综上所述，可以得到如下结论：

（1）宏观不稳定现象的发生与液面高度有关，气体流量一定，熔池液面位于一定高度范围内才会发生宏观不稳定现象，即存在满足宏观不稳定性现象发生的液面上下限。

（2）满足宏观不稳定现象发生的液面范围随气体流量增加而变大，即流量越大，在一个更宽的液面范围域内侧吹炉内熔池容易发生宏观不稳定现象。

（3）宏观不稳定频率与液面高度无关，但与宏观不稳定类型有关，本模型"左右晃动型"宏观不稳定频率均为 56 次/min，即 0.93Hz，"中心撕裂型"宏观不稳定频率均为 88 次/min，即 1.47Hz。

（4）流量较大时，一定程度增加熔池液面，有利于延长喷吹气流与熔液的接触反应时间，不影响喷吹气流对侧吹炉内熔池的搅拌作用的同时减弱熔池内宏观不稳定程度，但熔池液面过大时，气泡密集区较多，可能导致炉内乳化现象严重，控制不当可能会出现较严重的泡沫渣。因此，侧吹炉通过判断目前的冶炼工况，可以考虑选择适当增加熔池液面高度进行深熔池冶炼操作，但熔池液面高度的增加一定要在控制在合理范围内。

E　宏观不稳定现象发生原因分析

关于宏观不稳定现象的发生机理甚至定义目前都尚未见文献报道，本书尝试基于海浪的成因及壁面效应等理论对宏观不稳定现象发生原因进行初步分析。

海浪是海水的波动现象，具有一定周期、波长和波高，海浪起伏会产生势能，海浪起伏传播形成动能，这两种能量叠加累积。海浪按照形成原因可以分为风浪、潮汐浪、海底运动波浪等。风浪是指由风引起的海浪，主要包括风直接作用下引起的风浪，风速或者风向突变区域存在的涌浪，外海风浪或涌浪传到海岸附件受地形作用而改变波动性质的近岸浪。潮汐浪是太阳和月球等天体引力作用引起的海水周期性涨落现象。海底运动波浪指火山喷发、海底地震等海底运动导致的海浪，在远海一般不明显，临近海岸时受地形影响形成明显的海浪。

壁面效应属流体力学研究领域概念，一般指在有界容器、管道中，流体在无渗透固体表面附近的流动与中间部位的流体流动存在较大差异的现象，这种由于固体壁面附近黏度、空隙率等变化对壁面附近流体流动造成较大影响的现象称为壁面效应。列举两种类型典型壁面效应：

（1）管道流动壁面效应。黏性流体绕流固体壁面时，在黏性作用下，固体壁面上流体流速为零，在固体壁面附近，存在速度较低、但速度梯队很大的边界层薄层区域，边界层内的速度梯度很大会导致此处流体具有较大涡量，为有旋流动，这也称为壁面效应。

（2）吸附器壁面效应。填充吸附剂的吸附器中，吸附器内壁附近空隙率大于中间部位空隙率，导致壁面附近速度大于吸附剂中间部位流体速度数倍，这种壁面附近空隙率的变化对吸附分离的影响称为壁面效应。

侧吹炉炉内宏观不稳定现象是在一定喷枪高度、气体流量和液面高度情况下，侧吹气流由喷出穿透一段距离后上浮并开始规律摆动，炉内熔池呈现出宏观上有规律并有固定频率类似"潮涨潮落"海浪似的起伏晃动现象，如图 5-35 和图 5-36 所示。

侧吹气体射流由喷枪喷入炉内熔池，高压高速气流形成的气柱在冲击力作用下向熔池内穿透一段距离，随后侧吹气流在浮力作用下上浮，上浮的气流频繁出现抖动并具有一定频率，"穿透—上浮"过程反复进行，此过程中喷枪喷入的气体也开始向炉内熔池中不断逸散扩散。"穿透—上浮"过程中侧吹气流的动能不断转化为炉内熔池的动能，气流上浮鼓动炉内熔池出现涌动起伏晃动现象，熔池的起伏晃动产生势能并和熔池动能不断相互叠加转换，气流逸散出熔池后也会像冶炼过程中的烟气一样部分积聚熔池表面形成风。侧吹炉都是存在固体壁面的有界容器，炉内流动会受限于炉窑规格并受到壁面效应的影响。多因素综合作用下，炉内喷枪以上熔池的出现与侧吹气流的抖动相一致，有规律且有固定频率的类似"海浪起伏"的宏观不稳定现象，喷枪以下熔池则保持"宏观静止"状态。

宏观不稳定现象的发生与气体流量有关，侧吹气流的不断喷入是侧吹炉内熔池搅动的主要动力来源，当气体流量过小时，侧吹炉内不会发生宏观不稳定现象。宏观不稳定现象的发生还与熔池液面高度有关，流量一定，液面高度过高，熔池由于惯性力巨大难以出现规律晃动，无宏观不稳定现象发生；液面高度过低，侧吹气流晃动频率很快且幅度很小，熔池很浅也难以出现规律晃动，也无发生宏观不稳定现象。因此，一定流量范围内，侧吹炉内宏观不稳定现象液面高度有关，在一定液面高度范围内才会发生。

综上，基于海浪的成因和壁面效应理论，可以对侧吹炉内熔池宏观不稳定现象的发生原因进行初步分析，下一步有必要结合模型试验和数值仿真手段进行更进一步和深入的理论研究。

5.5.3.3　矩形侧吹炉内流动速度场的 PIV 测量

A　PIV 设备及测量原理

PIV（particle image velocimetry）是随着计算机技术和图像处理技术的发展进步而产生的先进流场测速技术。克服了 LDV（laser doppler velocimetry）等单点测量的局限性，但仍具有高精度和高分辨率，且能进行全流场瞬时、非接触式测量等特点。PIV 测速包括流场图像采集、图像预处理和流场速度计算、流场显示三步，主要组成部件包括激光器、同步器、相机、图像采集处理系统和计算机等。

在被测流场中均匀布撒示踪粒子，激光片光源照射流场，由于示踪粒子对激光有散射作用，利用 CCD（charge coupled device）相机等图像记录设备获得两次脉冲激光曝光时粒子的图像，随后利用互相关理论等图像处理技术对图像进行处理得到流场瞬时速度分布。

PIV 测量以示踪粒子平均速度代替瞬时速度，示踪粒子速度代替所在位置的流场速度。当已知曝光时间 $\Delta t = t_2 - t_1$，获得粒子在图像上的平均速度 $\Delta \boldsymbol{v}$，其原理示意如图 5-49 所示，考虑系统光学放大倍率后，即可计算出粒子的实际速度，如果 Δt 很小，可用该速度近似粒子在 t_1 时刻位置的瞬时速度。

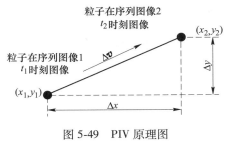

图 5-49　PIV 原理图

B　PIV 测量结果及分析

图 5-50 所示为基准工况：喷枪数量 14 支、喷枪高度 95mm、液面高度 195mm 情况下，

侧吹炉内发生"左右晃动型"宏观不稳定现象后 1/2 周期内液面波动情况。随后，向侧吹炉水模型熔池内添加示踪粒子，激光打亮熔池，CCD 相机拍摄得到发生"左右晃动型"宏观不稳定现象后 1/2 周期内的液面波动情况，如图 5-51 所示。

图 5-50　"左右晃动型"宏观不稳定（自然光照射）

图 5-51　"左右晃动型"宏观不稳定（激光照射）

利用 PIV 图像处理工作站对图 5-51 所示图像进行计算处理，可以得到与图 5-51 相对应的熔池流动速度场云图、速度场分布图和流线图，如图 5-52~图 5-54 所示。

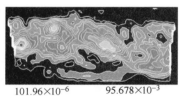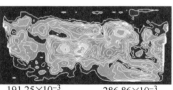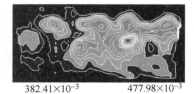

101.96×10⁻⁶　　95.678×10⁻³　　　191.25×10⁻³　　286.86×10⁻³　　　382.41×10⁻³　　477.98×10⁻³

47.890×10⁻³　　143.47×10⁻³　　239.04×10⁻³　　334.62×10⁻³　　430.19×10⁻³

图 5-52　"左右晃动型"宏观不稳定情况下侧吹炉内熔池流动速度场云图

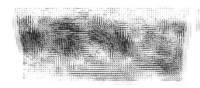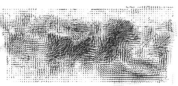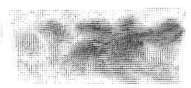

图 5-53　"左右晃动型"宏观不稳定情况下侧吹炉内熔池流动速度场分布图

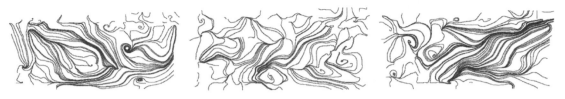

图 5-54 "左右晃动型"宏观不稳定情况下侧吹炉内熔池流动流线图

由图 5-50 可知，侧吹炉水模型喷枪以下熔池保持宏观静止，即从宏观上看熔池保持静止，但是由图 5-52 和图 5-54 可知，喷枪以下熔池也存在速度场分布，同时可勾勒出流线图，即喷枪以下熔池并非绝对静止，而是保持速度较小的流动状态。图 5-55 和图 5-56 所示为图 5-51 速度场叠加分布图和流线叠加分布图。

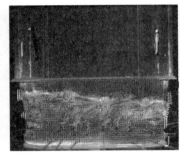

图 5-55 "左右晃动型"宏观不稳定情况下侧吹炉内熔池流动速度场叠加分布图

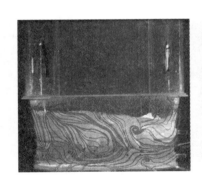

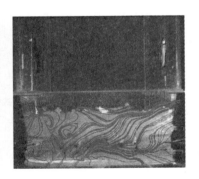

图 5-56 "左右晃动型"宏观不稳定情况下侧吹炉内熔池流动流线叠加分布图

5.5.3.4 不同侧吹喷枪数量及排布方式

A 侧吹喷枪单排布置

本小节主要总结了单排布置情况下，不同喷枪数量及排布方式情况下侧吹炉内熔池搅动及宏观不稳定现象试验研究结果。

气体流量 15m³/h、液面高度 195mm、单排喷枪、喷枪高度 95mm 为基准工况，在此工况下主要研究了如图 5-57 所示的 8 种不同喷枪数量及排布方式情况下，侧吹炉内宏观不稳定性现象发生与否、宏观不稳定类型、频率和液面波动情况。试验结果见表 5-27。

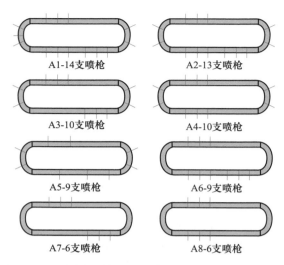

图 5-57　不同喷枪数量和排布方式示意图及对应编号

表 5-27　单排布置，基准工况下不同喷枪数量及排布方式情况下宏观不稳定现象及液面波动

喷枪排布	宏观不稳定现象			熔池液面波动情况				
	类型	发生时间/s	频率/Hz	气泡区范围/mm	长墙侧		短墙侧	
					最高点/mm	幅度/mm	最高点/mm	幅度/mm
A1-14	左右晃动型	98	0.93	20	235	30	245	55
A2-13	左右晃动型	92	0.93	25	230	30	240	50
A3-10	中心撕裂型	58	1.47	30	255	70	250	60
A4-10	前后晃动型	124	1.63	20	260	75	210	20
A5-9	中心撕裂型宏观不稳定和紊态搅动交替出现				宏观不稳定时液面波动最高点 245mm，幅度 55mm；紊态搅动时液面波动最高点 245mm，幅度 20mm			
A6-9	左右晃动型	162	0.93	20	240	30	265	75
A7-6	左右晃动型	81	0.93	40	250	50	320	160
A8-6	紊态搅动				搅动剧烈区气泡区 35mm，液面波动幅度 30mm；相对安静区气泡区 5mm，液面波动幅度 20mm			

注：1. 发生时间指熔池液面从最开始静止状态到气体喷吹后开始出现宏观不稳定现象的时间；
　　2. 宏观不稳定频率反映宏观不稳定现象发生后液面从"最高点—最低点—最高点"波动周期；
　　3. 液面波动最高点和波动幅度均指长墙侧和短墙侧中心处的液面波动情况；
　　4. 液面波动幅度指宏观不稳定现象发生后炉内熔池某一处液面波动最高点与最低点差值；
　　5. 气泡区指气泡密集层，长墙侧指模型较长一侧（侧墙），短墙侧为模型较短一侧（端墙）。

图 5-58 所示为单排布置，不同喷枪数量和排布方式情况下侧吹炉内液面搅动情况。其试验结果如下：

（1）由图 5-58 中 A1-14 和 A2-13 可知，侧吹炉左侧端墙中心侧吹喷枪正常喷吹与否，对侧吹炉内搅动喷溅情况和宏观不稳定现象的发生与否没有明显影响。

A1-14 和 A2-13 两种喷枪排布方式情况下，侧吹炉内均会发生"左右晃动型"宏观不稳定现象，频率均为 56 次/min，即 0.93Hz，熔池液面波动幅度相近，且短墙侧液面波动最高点及波动幅度均比长墙侧液面波动情况严重。长墙侧液面最高点 235mm 或 230mm，熔池晃动液面比静止液面高度 195mm 增加约 20%，气泡密集区约为静止液面的 10%，波动幅度 30mm，相对波动幅度约 15%；短墙侧液面最高点 245mm 或 240mm，熔池晃动液面比静止液面高度增加约 25%，波动幅度 50mm，相对波动幅度约 25%。

（2）由图 5-58 中 A3-10 和 A7-6 可知，侧吹炉两侧喷枪分布严重不对称时，非常容易导致侧吹炉内发生严重的宏观不稳定晃动现象。

A3-10 型喷枪排布方式情况下，侧吹炉内发生"中心撕裂型"宏观不稳定现象，频率为 88 次/min，即 1.47Hz。长墙侧液面最高点 255mm，熔池晃动液面比静止液面高度 195mm 增加约 30%，波动幅度 70mm，相对波动幅度约 35%；短墙侧液面最高点 250mm，熔池晃动液面比静止液面高度增加约 28%，波动幅度 60mm，相对波动幅度约 30%，长墙侧和短墙侧侧液面波动幅度均大于 A1-14 和 A2-13 这两种喷吹方式情况下的波动幅度。

而 A7-6 型喷枪排布方式情况下，侧吹炉内发生严重的"左右晃动型"宏观不稳定现象，频率为 56 次/min，即 0.93Hz。短墙侧液面最高点 320mm，熔池晃动液面比静止液面高度增加约 64%，波动幅度达 160mm，相对波动幅度高达 82%，波动幅度远大于其他喷枪喷吹方式。

（3）由图 5-58 中 A4-10 和 A8-6 可知，侧吹炉两侧喷枪分布严重不均衡时，会导致熔池内搅拌区域会过小，熔池搅拌效果较差，甚至存在大面积宏观静止区。

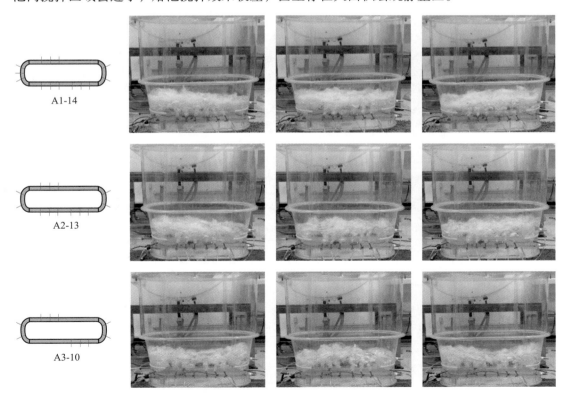

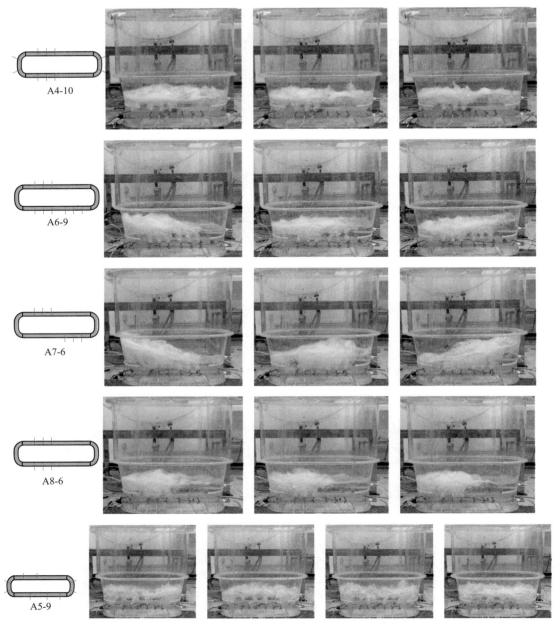

图 5-58　单排布置，不同喷枪数量和排布方式情况下侧吹炉内液面搅动情况

A4-10 型喷枪排布方式情况下，侧吹炉内发生"前后晃动型"宏观不稳定现象，频率为 98 次/min，即 1.63Hz。长墙侧液面波动最高点及波动幅度均比短墙侧液面波动情况严重，长墙侧液面最高点 260mm，熔池晃动液面比静止液面高度增加约 33%，波动幅度75mm，相对波动幅度高达 38%，对侧吹炉体侧墙的冲击较大。

A8-6 型喷枪排布方式情况下，侧吹炉内虽然不发生宏观不稳定现象，但无喷枪喷吹的区域非常安静，熔池搅拌效果较差，不利于熔池内冶炼反应的进行。

（4）由图 5-58 中 A5-9 可知，侧吹炉两侧喷枪交错分布，端墙喷枪两两相对分布时，侧吹炉内熔池"中心撕裂型"宏观不稳定搅动和紊态搅动交替出现。A5-9 型喷枪排布方式情况下,侧吹炉内不再出现持续的宏观不稳定搅动状态,而是在紊态搅动过程中间或出现短时间的"中心撕裂型"宏观不稳定搅动状态。

(5) 由图 5-58 中 A6-9 可知,单排喷枪喷吹情况下,侧吹炉端墙侧吹喷枪喷吹与否,对侧吹炉内宏观不稳定现象的发生与否没有明显影响,但影响炉内熔池搅拌均匀性和搅拌效果。A6-9 型喷枪排布方式下,端墙 5 支侧吹喷枪全部关闭,侧吹炉内仍会发生"左右晃动型"宏观不稳定现象,频率为 56 次/min,即 0.93Hz,但与 A1-14 和 A2-13 喷枪排布方式相比,熔池搅拌不均匀,存在搅拌死区。

综上所述,可以得到如下结论:

(1) 侧吹喷枪单排排布时,侧吹炉内容易出现宏观不稳定现象。

(2) 宏观不稳定频率与喷枪排布方式无关,与宏观不稳定类型有关,本模型"左右晃动型"宏观不稳定频率均为 56 次/min,即 0.93Hz,"中心撕裂型"宏观不稳定频率为 88 次/min,即 1.47Hz;"前后晃动型"宏观不稳定频率为 98 次/min,即 1.63Hz。

(3) 侧吹炉两侧喷枪分布严重不对称或严重不均衡时,非常容易导致侧吹炉内发生严重的宏观不稳定晃动现象或导致熔池内存在大面积宏观静止区,搅拌区域过小,熔池搅拌效果较差。

(4) 单排喷枪喷吹情况下,侧吹炉端墙侧吹喷枪喷吹与否,对侧吹炉内宏观不稳定现象的发生与否没有明显影响,但影响炉内熔池搅拌均匀性和搅拌效果。

(5) 单排喷枪喷吹情况下,A5-9 型喷枪排布方式,两侧喷枪交错分布,端墙喷枪两两相对,一定程度上可打乱侧吹炉内长时间持续的宏观不稳定搅动状态。

B 侧吹喷枪双排布置

本小节主要总结了侧吹喷枪双排布置情况下,不同喷枪数量及排布方式情况下侧吹炉内熔池搅动及宏观不稳定现象试验研究结果。

气体流量 15m³/h、液面高度 195mm、双排喷枪、喷枪高度分别为 95mm 和 60mm 为基准工况,此工况下主要研究了图 5-59 和图 5-60 所示的 4 种不同喷枪数量及排布方式情况下,侧吹炉内宏观不稳定性现象发生与否、宏观不稳定类型、频率和液面波动情况。试验结果见表 5-28 和图 5-61。

95mm 喷枪高度

60mm 喷枪高度

图 5-59 侧吹炉双层喷枪排布图

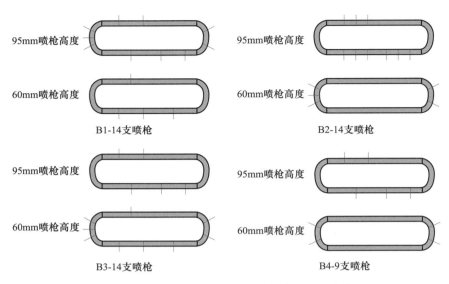

图 5-60 不同喷枪数量和排布方式示意图及对应编号

表 5-28 双排布置，基准工况下不同喷枪数量及排布方式情况下宏观不稳定现象及液面波动

喷枪排布	宏观不稳定现象			熔池液面波动情况				
	类型	发生时间/s	频率/Hz	气泡区范围/mm	长墙侧		短墙侧	
					最高点/mm	幅度/mm	最高点/mm	幅度/mm
B1-14	左右晃动型	195	0.93	20	240	30	250	50
B2-14	无宏观不稳定现象			20	230	25	235	35
B3-14	无宏观不稳定现象			20	230	20	240	30
B4-9	无宏观不稳定现象			15	225	20	235	30

注：1. 发生时间指熔池液面从最开始静止状态到气体喷吹后开始出现宏观不稳定现象的时间；

2. 宏观不稳定频率反映宏观不稳定现象发生后液面从"最高点—最低点—最高点"波动周期；

3. 液面波动最高点和波动幅度均指长墙侧和短墙侧中心处的液面波动情况；

4. 液面波动幅度指宏观不稳定现象发生后炉内熔池某一处液面波动最高点与最低点差值；

5. 气泡区指气泡密集层，长墙侧指模型较长一侧（侧墙），短墙侧为模型较短一侧（端墙）。

由图 5-61 中 B1-14 可知，95mm 喷枪高度布置 9 支喷枪、60mm 喷枪高度布置 5 支喷枪，其中 60mm 喷枪高度上喷枪均位于长墙侧侧墙两端，此时侧吹炉内仍然会发生"左右晃动型"宏观不稳定现象，频率为 56 次/min，即 0.93Hz。长墙侧液面最高点 240mm，熔池晃动液面比静止液面高度 195mm 增加约 23%，波动幅度 30mm，相对波动幅度约 15%，气泡密集区约为静止液面的 10%；短墙侧液面最高点 250mm，熔池晃动液面比静止液面高度增加约 28%，波动幅度 50mm，相对波动幅度约 25%。

由图 5-61 中 B2-14 可知，95mm 喷枪高度布置 9 支喷枪、60mm 喷枪高度布置 5 支喷枪，其中 60mm 喷枪高度上喷枪均位于短墙侧端墙两端，此时侧吹炉内不再发生宏观不稳定现象，处于紊态搅拌状态。

由图 5-61 中 B3-14 可知，95mm 喷枪高度布置 5 支喷枪、60mm 喷枪高度布置 9 支喷枪，其中 95mm 喷枪高度上喷枪均交错分布于长墙侧侧墙两端，60mm 喷枪高度上 4 支喷枪交错分布于长墙侧侧墙两端，5 支喷枪位于短墙侧端墙两端，此时侧吹炉内不再发生宏观不稳定现象，处于紊态搅拌状态。

由图 5-61 中 B4-9 可知，95mm 喷枪高度布置 5 支喷枪、60mm 喷枪高度布置 4 支喷枪，其中 95mm 喷枪高度上喷枪均交错分布于长墙侧侧墙两端，60mm 喷枪高度上 4 支喷枪均位于短墙侧端墙两端，此时侧吹炉内不再发生宏观不稳定现象，处于紊态搅拌状态。

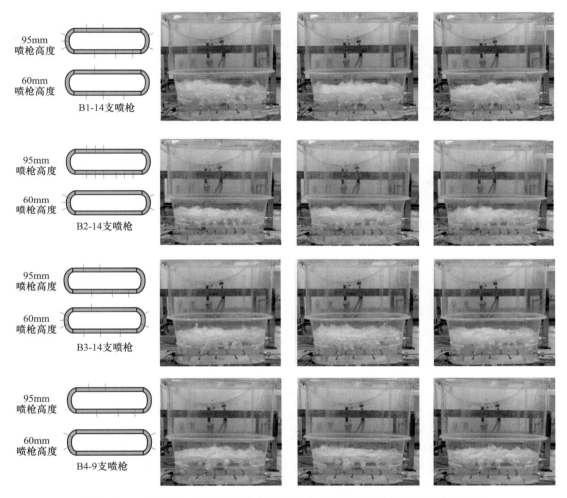

图 5-61　双排布置，不同喷枪数量和排布方式情况下侧吹炉内液面波动情况

综上所述，可以得到如下结论：

（1）侧吹喷枪双排排布时，通过合理的排布方式可以有效避免侧吹炉内宏观不稳定现象的发生。

（2）短墙侧端墙上的侧吹喷枪对侧吹炉内宏观不稳定现象的影响较大，端墙侧吹喷枪布置于较低喷枪高度有利于避免侧吹炉内宏观不稳定现象的发生。

（3）宏观不稳定频率与喷枪单排或双排排布方式无关，本模型"左右晃动型"宏观不稳定频率均为 56 次/min，即 0.93Hz。

5.5.3.5　耐材炉衬的侵蚀研究

本小节采用熔铸硼酸板模拟侧吹炉内侧吹喷枪附近炉衬，研究了 A1-14 喷枪排布方式宏观不稳定现象发生后，熔体晃动对侧吹喷枪口附近耐材的侵蚀作用，如图 5-62 所示。

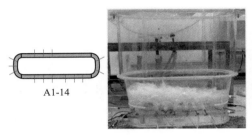

图 5-62　耐材侵蚀损失试验喷枪排布方式及液面波动情况

如图 5-62 所示，A1-14 喷枪排布情况下，侧吹炉内会发生"左右晃动型"宏观不稳定现象。在此喷枪排布情况下，研究宏观不稳定现象发生后，宏观不稳定熔体晃动对侧吹喷枪口附近耐材的侵蚀作用。采用熔铸硼酸板来模拟耐材，耐材在水模型中的位置如图 5-63 所示。

实验时将熔铸硼酸板中心打孔安装于侧吹喷枪之上，紧贴于模型侧壁，位置如图 5-63 所示，A 模拟端墙处耐材，B 模拟侧墙处耐材，C 作为静止参照耐材模拟水对硼酸板的溶化损失，模拟耐材均浸没于熔池中。试验步骤如下：将水加入水模型至规定液面高度 195mm；打开气阀开关调整气体流量至 15m³/h，开始喷吹并计时 20min；关闭气阀开关并排空水模型内的水；取出硼酸板、干燥后放入天平称重记录。根据经验可以控制"加水、调整、喷吹 20min、排水"全过程用时 32min。图 5-62 所示的喷枪排布方式下，进行 3 次试验，试验结果见表 5-29。

表 5-29　耐材炉衬侵蚀损失试验结果

耐材编号	试验编号	试验时间 /min	喷吹时间 /min	喷吹前质量 /g	喷吹后质量 /g	侵蚀减少质量 绝对值/g	相对值/%
A	1	32	20	27.9	24.2	3.7	13.2
A	2	32	20	24.2	21	3.2	13.2
A	3	32	20	14.7	12.4	2.3	15.6
A—端墙模拟耐材炉衬侵蚀损失相对值							14.0
B	1	20	32	20.7	17.6	3.1	15.0
B	2	20	32	21.0	17.9	3.1	14.8
B	3	20	32	17.6	14.7	2.9	16.5
B—侧墙模拟耐材炉衬侵蚀损失相对值							15.4
C	1	20	32	28.1	25.2	2.9	10.3
C	2	20	32	31.4	27.9	3.5	11.2
C	3	20	32	27.8	24.5	3.3	11.9
C—静止参照耐材炉衬侵蚀损失相对值							11.1

注：试验时间包括加水、调整、喷吹、排水时间。

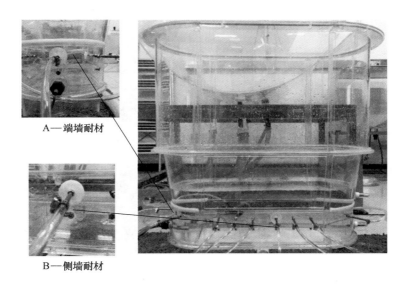

A—端墙耐材

B—侧墙耐材

(a)

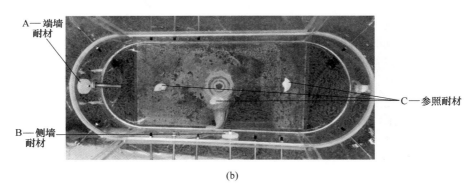

A—端墙耐材

B—侧墙耐材

C—参照耐材

(b)

图 5-63 模拟耐材炉衬侵蚀损失试验水模型装置图

（a）主视图；（b）俯视图

根据表 5-29 中试验结果绘制得到图 5-64。C—硼酸板的侵蚀损失量主要是硼酸板在水中的溶解损失，A—硼酸板和 B—硼酸板的侵蚀冲刷损失量除硼酸在水中溶解损失之外还包括侧吹气流回击冲刷、晃动熔体的机械冲刷损失等。试验结果表明：当"左右晃动型"宏观不稳定现象发生后，B—侧墙侧耐材炉衬侵蚀损失量大于 A—端墙侧耐材炉衬侵蚀损失量，这主要因为喷枪口附近耐材完全浸没于熔体中，宏观不稳定现象发生后，熔体开始规律地左右晃动，一个周期内，左右晃动的熔体会机械冲刷侧墙 B 侧耐材炉衬两次，但机械冲刷端墙 A 侧耐材炉衬一次。

富氧熔池熔炼领域，冶金炉窑用耐材根据分布位置主要可分为 5 种类型：

（1）自由空间气相区耐材炉衬，分布于炉子上部烟气区，主要受到高温烟气的冲刷侵蚀，自由空间下部炉衬偶尔也会受到熔体、熔渣喷溅冲刷；

（2）熔池区耐材炉衬（不含喷枪口附近耐材），位于炉子中下部，与渣层和金属层熔池区相接触，主要受到高温熔体的机械冲刷侵蚀和化学反应侵蚀；

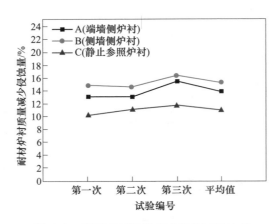

图 5-64　模拟耐材炉衬侵蚀损失试验结果

（3）炉底耐材，位于炉子最下部，工作层耐火材料主要受到金属熔体的渗透侵蚀；

（4）炉顶耐材，工作条件同气相区耐材，主要受到高温烟气的冲刷侵蚀；

（5）喷枪口附近耐材炉衬，位于熔池区喷枪口附近，根据不同冶炼工艺条件中喷枪位置不同位于熔池区渣层或金属层，主要受到高温熔体机械冲刷侵蚀、化学反应和燃烧侵蚀以及气流回击冲刷侵蚀等，一般情况下熔池区耐材侵蚀较其他区域要快，尤其喷枪口附近喷枪上部区域，受高温熔体冲刷和富氧燃烧产生的烧损最为严重。

本小节有关耐材炉衬侵蚀研究主要模拟第五种喷枪口附近耐材的机械冲刷侵蚀损失，研究结果表明熔体完全浸没喷枪口附近耐材情况下，宏观不稳定现象发生后，规律性晃动熔体对侧墙喷枪口附近耐材的冲刷侵蚀大于端墙喷枪口附近耐材的冲刷侵蚀。

通过图 5-62 及试验观察发现，关于第一种自由空间气相区耐材炉衬的侵蚀损失，当侧吹炉内"左右晃动型"宏观不稳定现象发生后，规律性晃动的熔体对端墙自由空间耐材炉衬的机械冲刷程度大于对侧墙自由空间耐材炉衬的机械冲刷程度。这一结论需要更进一步的试验和现场数据验证。

综上所述，可以得到如下结论：当"左右晃动型"宏观不稳定现象发生后，喷枪口附近耐材完全浸没于侧吹炉内熔体中，规律性晃动的熔体对侧墙枪口砖附近炉衬的冲刷侵蚀大于端墙枪口砖炉衬的冲刷侵蚀；而针对烟气区自由空间耐材炉衬，规律性晃动的熔体对端墙自由空间耐材炉衬的机械冲刷程度大于对侧墙自由空间耐材炉衬的机械冲刷程度，这一结论也需要更进一步的试验和现场数据验证。

5.5.4　矩形侧吹炉水模型研究结论

侧吹气流穿透距离随气体流量的增加而变长，气流穿透距离的长短则会影响侧吹炉内熔池流动和熔池搅动情况，进而影响熔池内冶炼反应的充分进行。流量较小时，气流穿透距离较小，熔池中心处存在较多搅拌死区，侧吹气流对熔池内的搅动非常不充分，不利于熔池内反应的充分进行；流量较大时，侧吹气流能够对喷枪以上高度熔池进行充分搅动，但流量太大超过合理值时会导致炉内乳化现象严重。气体流量的选定非常关键，在满足工艺条件前提下，通过与合理的炉型、规格、喷枪排布相匹配，形成充分的流动场和搅拌动力场非常重要。

本侧吹炉炉型虹吸排铅口区域未布置侧吹喷枪，导致此区域的熔池搅动非常不充分，侧吹炉喷枪排布设计时应尽量均衡布置并充分考虑虹吸排铅口等相关设计对熔池搅拌动力场的影响。

在侧吹气流喷吹搅动作用下，侧吹炉内熔池晃动液面会比静止液面高度增加约 15%～20%，其中气泡密集区约为静止液面的 5%～15%。侧吹炉内熔池搅动状态主要分为紊态不规律搅动和宏观不稳定规律搅动，其中宏观不稳定状态根据晃动类型主要可分为"左右晃动型""中心撕裂型""前后晃动型"等三种不同类型的宏观不稳定状态。

宏观不稳定现象是指满足一定气体流量和液面高度等发生条件后，侧吹炉内熔池发生宏观上有规律、且有固定频率的晃动现象。宏观不稳定频率是固有属性，宏观不稳定频率与气体流量、液面高度和喷枪排布方式无关，但与宏观不稳定状态类型有关。宏观不稳定现象一旦发生，频率一定，本模型"左右晃动型"频率均为 56 次/min，即 0.93Hz，"中心撕裂型"频率均为 88 次/min，即 1.47Hz，"前后晃动型"频率均为 98 次/min，即 1.63Hz。

满足宏观不稳定发生条件时，气体流量增加会使宏观不稳定现象更易出现，气泡区和宏观不稳定液面波动幅度变大；满足宏观不稳定现象发生条件的液面范围也会随气体流量增加而变大。

侧吹喷枪单排布置时，侧吹炉内容易出现宏观不稳定现象，侧吹喷枪双排布置时，通过合理的排布方式可以有效避免侧吹炉内宏观不稳定现象的发生。

侧吹炉两侧喷枪分布严重不对称或严重不均衡时，容易导致侧吹炉内发生严重的宏观不稳定晃动现象或熔池内存在大片宏观静止区，搅拌效果较差。喷枪交错均衡分布，一定程度可打乱侧吹炉内长时间持续的宏观不稳定搅动状态。

一定程度加大流量并在合理范围内增加熔池液面，有利于延长喷吹气流与熔液的接触反应时间，同时减弱熔池内宏观不稳定程度，但熔池液面过高时，气泡密集区较多，导致炉内乳化现象严重，控制不当可能会出现较严重的泡沫渣。因此，侧吹炉通过判断目前的冶炼工况，可考虑适当增加熔池液面高度进行深熔池冶炼操作，但熔池液面高度的增加一定要控制在合理范围内。

当"左右晃动型"宏观不稳定现象发生后，针对喷枪口附近耐材炉衬完全浸没于侧吹炉内熔体中情况，规律性晃动的熔体对侧墙枪口砖附近炉衬的冲刷侵蚀大于端墙枪口砖炉衬的冲刷侵蚀；而针对烟气区自由空间耐材炉衬情况，规律性晃动的熔体对端墙自由空间耐材炉衬的机械冲刷程度大于对侧墙自由空间耐材炉衬的机械冲刷程度，这一结论需要更进一步的试验和现场数据验证。

6 侧吹浸没燃烧冶炼技术的工业实践

6.1 液态铅渣侧吹还原的开发及应用

液态铅渣侧吹炉直接还原是中国恩菲与河南济源金利冶炼有限责任公司（以下简称金利冶炼公司）合作共同开发完成的，该技术依托由中国恩菲 2005 年申请并获授权的发明专利——熔融铅氧化渣冶炼方法及装置，属于国家重大产业技术开发专项（发改办高技〔2007〕3194 号）。

金利冶炼公司原有一套应用氧气底吹—鼓风炉还原工艺的 8 万吨/年铅冶炼生产线，双方协商后决定在氧气底吹炉放渣口旁边，建设一套侧吹熔融还原炉系统，氧气底吹炉产出的熔融渣直接经溜槽加入还原炉中。项目的工程设计和建设从 2007 年 10 月至 2009 年 2 月完成，工业性试验从 2009 年 2 月至 2009 年 8 月结束，商业化生产从 2009 年 9 月 1 日正式投料，是我国第一条液态铅渣侧吹还原生产线。

6.1.1 技术开发背景

20 世纪，我国炼铅工业存在整体工艺装备水平落后、生产集中度低、清洁生产亟待加强等问题[1]。根据有关的统计资料，中国铅冶炼企业均采用传统的烧结—鼓风炉工艺。大型铅冶炼厂烧结过程采用的设备为烧结机，而数量众多的中小型铅厂采用的是更为简陋的烧结锅烧结。由于烧结过程产出的烟气含 SO_2 仅 2% ~ 3%，无法制酸而直接排入大气。同时烧结过程由于烧结工艺的需要，大量返粉（含铅物料）的破碎造成了铅尘的飞扬，引起了操作岗位及周边环境空气铅尘严重超过国家卫生标准，导致职业病铅中毒频频发生。

在有色冶金工业中铅冶炼的污染一直难以解决，它不但危及从事铅冶炼的操作工人的健康，也对环境造成了严重的危害。在原国家计委、国家经贸委等有关部门的大力支持下，2001 年"氧气底吹熔炼—鼓风炉还原炼铅法"试验获得成功，为彻底解决这一问题提供了技术支撑。

氧气底吹熔炼—鼓风炉还原炼铅法是中国有色工程设计研究总院（现中国恩菲）和水口山有色金属公司联合开发的具有国际先进水平的炼铅技术。该技术相继在河南豫光金铅公司、安徽池州铅锌冶炼厂成功应用后，获得了国家科技进步二等奖和中国有色金属工业科技进步一等奖。截至目前，采用氧气底吹技术的企业在 5 年内建设和升级改造了 30 余条生产线，应用此技术的铅冶炼产能占全国矿铅总产能的 80% 以上。我国铅冶炼的污染状况得到了根本性改善。

氧气底吹熔炼—鼓风炉还原炼铅工艺技术利用氧气底吹炉氧化，替代烧结工艺，彻底解决了烧结过程中 SO_2 烟气和铅尘严重污染环境的问题。氧气底吹熔炼脱硫率高，烟气

SO_2浓度高，适于双转双吸制酸，尾气达到国家排放标准，同时取消了烧结工艺及返料破碎筛分系统，显著减少了污染源，改善了环境。从采用此技术的工厂运行的情况看，该工艺具有许多优点：投资省，综合能耗低，环保好，金属回收率高，生产成本比传统工艺低，也低于国外新工艺。用其改造传统铅冶炼产业，能充分利用原有设施，投资更省，效益更佳，应用前景广阔。

但氧气底吹熔炼—鼓风炉还原炼铅工艺技术仍存在不足。底吹炉产出的高铅渣需要用铸渣机冷却铸块，再送入鼓风炉中用焦炭还原。这样，一方面损失了高铅渣的物理热（约占鼓风炉能耗的15%），另外鼓风炉送风要白白燃烧掉部分焦炭，加之高铅渣结构致密，致使鼓风炉焦率达13%~17%。2004年全国平均鼓风炉产吨铅耗焦达437kg，焦炭价格较高，鼓风炉熔炼成本高。而且铸渣机和鼓风炉备料系统及炉顶，均存在粉尘的逸散源，需要完备的卫生除尘系统，为此提出了熔融高铅渣直接还原技术的研发工作来克服上述缺点，进而完善自主开发的炼铅工艺。

2007年液态高铅渣直接还原技术开发被确定为国家发改委重大产业技术开发项目，国家拨付专项资金予以支持。在氧气底吹熔炼—鼓风炉还原炼铅新工艺及工业化装置开发研究的基础上，对铅冶炼工艺进行深入研究和进一步开发，解决行业节能和环保两项重大关键技术问题，从整体上提高我国铅冶炼技术装备水平和生产技术水平，进一步消除环境污染，为我国铅工业可持续发展、工艺及技术装备全面达到国际领先水平提供技术支撑。该技术获得2010年度中国有色金属工业科技进步一等奖。

6.1.2 工业试验示范厂的研发过程

中国恩菲与金利冶炼公司合作，利用金利冶炼公司原有一套应用氧气底吹—鼓风炉还原工艺的8万吨/年铅冶炼生产线，建设了一套侧吹熔融还原炉生产示范系统。

6.1.2.1 技术方案论证

A 替代鼓风炉的原因

鼓风炉操作已经有一百多年的历史，工艺畅通，技术可靠，操作简单。鼓风炉炉内有很好的温度梯度，烟气直接预热炉料，出炉烟气温度低，烟尘率低，热利用率较好。但鼓风炉实际生产中还存在以下一些问题：

（1）提升炉门加料时，烟气外逸严重；

（2）炉结严重，作业率降低；

（3）捅风眼作业，工人劳动强度大；

（4）工艺流程长，备料及上料系统较为复杂。

侧吹熔融还原炉一方面利用了高铅渣的熔融潜热，避免了二次熔化带来的燃料消耗，节能效果显著；另一方面改善了鼓风炉自身的不足，缩短了工艺流程，减少了污染源，减小了占地面积，节省了设备投资。

B 技术方案的确定

技术方案的确定主要包括以下两方面：

（1）侧吹还原炉炉型的确定。我国鼓风炉、烟化炉的应用已有数十年的成熟经验。还原炉有机结合了烟化炉炉型及喷吹装置、鼓风炉炉缸等技术的关键部分，形成侧吹还原炉的基本炉型，工艺可靠，技术可行。该还原炉具有熔池熔炼炉的各种优势，适于热料和冷料同时处理。侧吹喷枪的排布、熔池高度的设定、加料口和放渣口的布置可根据需要调整，生产灵活度高。同时侧吹喷枪寿命长，生产作业率高。

工业试验完成后，结合铅还原熔炼的特点以及工程化的经验，对炉身下部炉床面积、耐火材料和冷却方式进行了调整。

（2）燃料和还原剂的确定。侧吹喷枪介质为燃料和工业氧，其作用是提高和保持熔池温度达 1250℃，同时也可作为还原剂，并使熔池搅拌充分，提高还原效果。其燃料可用煤粉、油、煤气或天然气等。冷料口加入粒煤，作为主要还原剂，以保证渣含铅能稳定达到预期的目的。

经研究论证，最终决定侧吹喷枪采用煤气和工业氧作为热源，同时从冷料口加入粒煤进行充分还原。其原因是：其一，金利冶炼公司现有焦炉煤气输送管道，可节省基建投资；其二，煤气不会对喷枪造成磨损，易于控制；其三，利用煤气对熔池的充分搅拌，通过调整粒煤给料量，可实现还原深度的调节；其四，使用工业氧有利于减少烟气量及烟尘返料量，从而减小后续烟气处理系统以及提高铅直收率。

C　技术方案的特点

侧吹熔融还原炉是一种竖式炉，分为下部炉缸、中部炉体、上部炉体和出烟口四大部分。下部炉缸设有铅虹吸口；中部炉体为熔池喷吹段，燃料喷吹装置和上下渣口均位于此，是还原炉的核心部分。上部炉体支撑在水冷组合梁上，设有熔融铅氧化渣入口、冷料加入口和三次风口。出烟口接余热锅炉。

侧吹熔融还原炉规格约为 $13m^2$。还原炉一侧配置 7 支喷枪，另一侧配置 5 支喷枪及铅虹吸口，喷枪为套管式结构，中心介质为工业氧，环管介质为焦炉煤气。炉型如图 6-1 所示。

侧吹熔融还原炉与 QSL 炉、Kivcet 炉还原段相比，技术要求和操作难度低得多，渣含铅低且容易控制，易于掌握。与传统鼓风炉相比，炉体密封性好，加料口无烟气外逸，操作环境好；无捅风眼作业，工人劳动强度低；渣含铅 1.5%～2%，冶炼回收率高；节能效果好，实现无焦冶炼；环保效益好，SO_2 排放量明显减少；经济效益好，生产成本明显降低；有价金属（Cu、Sb、Bi）回收率高。

6.1.2.2　工艺流程及技术特征

A　工艺流程

氧气底吹炉产出的高铅渣，熔融状态下通过溜槽加入侧吹熔融还原炉中，配以石灰石为熔剂造渣，煤气为燃料，碎煤为还原剂，无需昂贵的冶金焦，产出粗铅和还原终渣。高温烟气通过余热锅炉回收余热，表面冷却器降温，布袋收尘器收尘后，是否经尾气处理，视煤质含硫而定。工艺流程如图 6-2 所示。

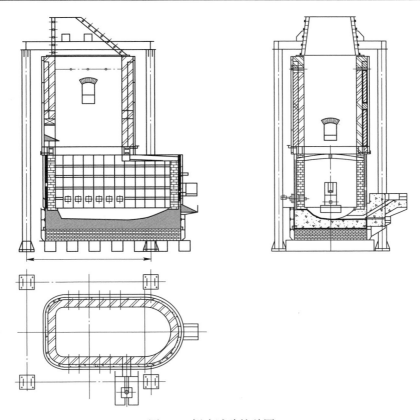

图 6-1　侧吹试验炉总图

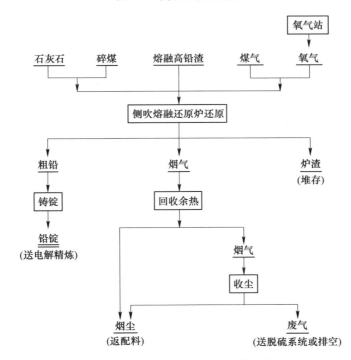

图 6-2　液态铅渣直接还原工艺流程

侧吹还原炉工艺参数：在还原炉的两侧布置了 12 支氧枪，出铅口一侧 5 支氧枪，冷料加料口一侧 7 支氧枪，具体布置如图 6-3 所示。

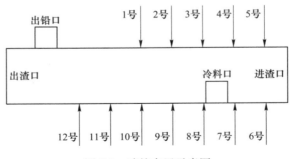

图 6-3 　喷枪布置示意图

目前，9 号和 12 号氧枪停止使用。还原炉氧枪为二元氧枪，中心为氧气，保护气体为焦炉煤气，切换保护气体为氮气，氧气可切换气体为压缩空气。煤气总管压力约为 250kPa，支管压力约 200kPa，煤气总用量约为 1200m³/h；氧气总管压力 300kPa，支管压力 200~250kPa，氧气总用量约为 900m³/h；炉膛压力 0~5Pa；碎焦加入量为 1t/h，碎煤加入量为 0.5t/h，石灰石加入量为 1t/h；处理高铅渣量平均 25~28t/h，高铅渣含铅约 40%~45%；还原炉烟尘率为 8%，还原炉渣含铅 2%~4%。

B　技术特征

经过 8 个月的生产运行，还原炉实际生产数据统计见表 6-1，还原炉渣中有价成分数据统计见表 6-2。

表 6-1　还原炉实际生产数据统计

时　间		高铅渣品位/%	还原炉渣含铅/%
2014 年	9 月	44.25	1.92
	10 月	45.73	1.63
	11 月	45.21	1.80
	12 月	44.82	2.05
2015 年	1 月	44.99	1.60
	2 月	45.15	1.80
	3 月	44.89	1.75
	4 月	44.95	1.86
平均值		45.00	1.80

表 6-2　还原炉渣中有价成分数据统计

时　间		Pb/%	Zn/%	Cu/%	Sb/%	Bi/%	Ag/%	Au/g·t⁻¹
2014 年	9 月	1.92	16.31	0.35	0.047	0.003	0.0021	0.041
	10 月	1.63	15.52	0.42	0.033	0.002	0.0033	0.045
	11 月	1.80	15.85	0.38	0.043	0.004	0.0024	0.046
	12 月	2.05	16.84	0.45	0.048	0.003	0.0028	0.048

时　间		Pb/%	Zn/%	Cu/%	Sb/%	Bi/%	Ag/%	Au/g·t^{-1}
2015 年	1 月	1.60	15.13	0.36	0.032	0.002	0.0032	0.043
	2 月	1.80	15.76	0.41	0.042	0.004	0.0025	0.046
	3 月	1.75	15.66	0.39	0.040	0.005	0.0029	0.042
	4 月	1.86	16.18	0.48	0.044	0.003	0.0022	0.053
平均值		1.80	15.90	0.40	0.044	0.004	0.0026	0.046

经过生产运行数据统计结果分析，新工艺与传统鼓风炉还原相比，具有能耗低、环境条件好、投资少、自动化水平高、劳动生产率高等优势，是替代鼓风炉的理想工艺选择。该工艺的先进性体现在以下五个方面：

（1）环保好。主要表现在：

1）还原炉吨铅消耗焦炉煤气 180m^3，产生 SO$_2$ 量为 0.05kg；吨铅消耗碎煤焦 130kg，产生 SO$_2$ 量为 1.04kg。而鼓风炉吨铅消耗焦炭 380kg，产生 SO$_2$ 量为 7.6kg。还原炉 SO$_2$ 排放量较鼓风炉明显减少。

2）新工艺流程缩短，扬尘点少，同时还原炉进料口、出铅口、出渣口均设置通风罩，操作岗位 Pb 含量小于 0.03mg/m^3，SO$_2$ 含量小于 0.05mg/m^3。

3）还原炉采用微负压操作，过程控制稳定，炉体密闭性能好，避免了烟气的外逸。生产过程中产出的铅烟尘均密封输送并返回配料，有效防止了铅尘的弥散污染。

4）采用布袋收尘、强化通风除尘等措施，除尘效率达 99.5%。

（2）能耗低。还原炉吨铅消耗焦炉煤气 180m^3（折合发生炉煤气约 600m^3），焦炉煤气的发热值平均为 4000kcal/m^3（1kcal＝4.186kJ），折合标煤系数为 0.5714kg/m^3；还原炉吨铅消耗煤焦 130kg；产铅消耗的焦炉煤气和无烟煤折合标煤 225kg/t，较鼓风炉的吨铅焦耗 380kg，折合标煤 369kg/t 的指标大幅度降低，每年可节约能耗折合标煤 7000t。同时出炉烟气可达 1250℃，采用余热锅炉回收余热，从而进一步降低综合能耗。

（3）金属回收率高。主要表现在：

1）还原炉渣含铅 1.8%，低于鼓风炉渣含铅 3%～4%。还原铅回收率为 97.1%，高于鼓风炉铅回收率 95.5%。

2）还原炉渣 Ag 0.002%～0.003%，渣含 Au 0.04～0.05g/t，渣含 Cu 0.3%～0.5%，渣含 Sb 0.03%～0.05%，渣含 Bi<0.01%。

3）Ag、Au 回收率较鼓风炉提高 5%～10%，Cu、Sb、Bi 回收率较鼓风炉提高 10%～20%。

（4）自动化水平高。还原炉系统流程简洁，工序少，已实现 DCS 控制，强化过程管理，保证生产稳定，提高了劳动效率，减员增效明显。

（5）单位成本低。新工艺试生产后，经测算，采用侧吹熔融还原工艺生产的粗铅成本为 550 元/t 左右，鼓风炉还原工艺生产的粗铅成本为 840 元/t 左右。新工艺年新增利润约 1200 万元。

6.1.2.3　与其他炼铅工艺的比较

A　其他炼铅工艺

其他炼铅工艺包括 Kivcet 法、富氧顶吹氧化还原法、QSL 法、Kaldo 法等。

（1）Kivcet 法。其特点如下：

1）原料适应性强。可搭配处理浸出渣，但要求入炉原料成分均匀稳定。

2）生产成本高。电耗高，吨铅电耗约为 800kW·h；氧耗大，吨铅总氧耗 500~600m³。

3）铅回收率低。实际生产数据中，渣含铅波动大，平均波动范围为 5%~7%。

4）熔炼工艺控制难度大。原料喷嘴火焰温度允许波动范围±20℃；焦炭层温度允许波动范围±50℃。

5）备料复杂。入炉原料需要深度干燥，含水 0.5%以下；入炉辅助原料熔剂等需要粉碎，粒度小于 1mm。

世界上采用该技术的工厂共有 4 家，已被关停 2 家。其中该技术的发明地哈萨克斯坦的 Kivcet 炉，1997 年停炉，不再生产。厂方介绍停产原因有三个：生产成本高、渣含铅高、维修工作量大。

（2）富氧顶吹氧化还原法。其特点如下：

1）原料适应性强。原料预处理简单。

2）铅直收率低。氧化还原分段熔炼时，设计值含铅 5%，但印度某厂实际生产未实现加块煤还原，其渣含铅 8%~12%。

3）熔炼作业率低。喷枪寿命短，一般为 3~4 天；熔炼炉作业率较低，氧化还原分段熔炼时，喷枪寿命仅为 1 天，需更换维修，年有效作业时间 6700h。

4）一台顶吹炉氧化还原分段熔炼烟尘率合计 25%~30%。

5）一台顶吹炉氧化还原分段熔炼烟气制酸系统复杂。

（3）QSL 法。其特点如下：

1）渣含铅波动大，含铅 5%~7%。

2）烟尘率高，约为 25%~35%。

3）氧化、还原过程在同一熔炼炉中同时进行，还原剂煤粉控制难度大，世界上采用该技术的共有 4 家，已关停 2 家。其中中国 QSL 厂 1990 年建成，1996 年关闭。

（4）Kaldo 法。其特点如下：

1）炉寿短，炉衬更换周期 3~4 个月，国内某厂实际生产仅 1~2 个月。

2）备料复杂，入炉原料需深度干燥。

3）烟气中 SO₂ 时断时续，制酸复杂。

4）烟尘率 30%~35%，湿尘返回，干燥能耗高，国内某厂实际生产铅直收率小于 65%。

中国引进的 Kaldo 炼铅生产线已关闭，改建氧气底吹炼铅厂。

B　氧气底吹—侧吹熔融还原炼铅法

氧气底吹—侧吹熔融还原炼铅法的特点如下：

（1）环保好。主要表现在：

1）熔炼过程在密闭的熔炼炉中进行，生产中能稳定控制熔炼炉微负压操作，有效避免了 SO_2 烟气外逸；操作环境用空气采样器检测 Pb 含量小于 $0.03mg/m^3$，SO_2 含量小于 $0.05mg/m^3$。

2）氧枪底吹作业，熔炼车间噪声远远小于 ISA（Ausmelt）炉。

3）工艺流程简捷，生产过程中产出的铅烟尘均密封输送并返回配料，有效防止了铅尘的弥散污染。

（2）对原料适应性强。主要表现在：

1）底吹炉可处理各种品位的硫化矿。

2）底吹炉可搭配处理锌系统铅银渣等。

3）底吹炉可搭配处理其他各种二次铅原料，如废蓄电池铅泥等。

4）实际生产中，底吹炉入炉原料 Pb 的品位波动在 30%~75% 均能正常作业。

（3）有价元素回收率高。主要表现在：

1）铅回收率高，还原终渣含铅约 2%。

2）贵金属回收率高，底吹炉和还原炉 2 段产粗铅，对贵金属实施 2 次捕集，较 QSL、Kivcet、Ausmelt（ISA）炼铅法，Au、Ag 回收率可提高 1~3 个百分点，实际 Ag、Au 进入粗铅率大于 99%。

3）底吹炉脱硫率高，S 回收率大于 95%。

（4）能耗低。主要表现在：

1）底吹炉和还原炉均采用工业氧熔炼，粗铅熔炼系统综合能耗计算如下：吨铅总电耗 80~100kW·h；吨铅总氧耗 300~400m³，吨铅消耗焦炉煤气 80~90m³，吨铅消耗碎焦煤 70~90kg。

电的折合标煤系数按 $0.1229kg/(kW·h)$，氧气的折合标煤系数按 $0.400kg/m^3$，无烟煤的折合标煤系数按 $0.9000kg/m^3$，焦炉煤气折合标煤系数按 $0.5714kg/m^3$，综合计算，氧气底吹—侧吹熔融还原炼铅工艺综合能耗（铅耗煤）为 280kg/t，低于国内外其他炼铅工艺。

2）在熔炼硫化矿时，底吹炉熔炼过程中不需要补热。

3）回收了底吹炉和还原炉烟气中的余热，每生产 1t 粗铅同时能产出 0.8~1.2t 蒸汽（4MPa）。

4）熔炼炉已产出一次粗铅，还原炉处理的物料量大幅度减少，还原剂和动力消耗相应大幅度减少。

（5）作业率高。主要表现在：

1）底吹炉炉衬寿命高，实际生产高达 3 年。

2）底吹炉氧枪寿命长，一般为 30~60 天，远远高于 ISA（Ausmelt）炉喷枪寿命，还原炉喷枪寿命实际生产已超过 5 个月。

3）熔炼炉只有在更换氧枪时才停止加料。

4）作业率大于 85%，年有效作业时间大于 7900h。

（6）操作控制简单。炼炉和还原炉工艺控制容易，操作简单。

（7）自动化水平高。整个生产系统采用 DCS 控制。

（8）单机处理能力大。现有氧气底吹炼铅装置单系列已实现日产粗铅530t，单机生产能力远远高于其他炼铅法。

（9）投资省。主要表现在：

1）工艺流程简短，设备投资省。

2）熔炼厂房建筑结构简单，土建费用低。

氧气底吹熔炼—侧吹熔融还原炼铅法在经济技术指标上达到或超过目前世界领先炼铅技术，实现综合指标的国际领先水平，与世界几种先进炼铅技术比较见表6-3。

表6-3　国际先进炼铅工艺指标对照

项目	氧气底吹熔炼—侧吹还原炼铅	氧气底吹熔炼—鼓风炉还原炼铅	Kivcet 法	QSL 法	顶吹熔炼—鼓风炉还原炼铅
规模（粗铅）/万吨·年$^{-1}$	8~20	6~12	8~10	5~10	3~10
原料	铅精矿及铅二次物料	铅精矿及铅二次物料	铅精矿及铅二次物料	铅精矿及铅二次物料	铅精矿及铅二次物料
备料	简单，只需制粒	简单，只需制粒	精矿必须深度干燥	简单，只需制粒	简单，只需制粒
烟气浓度（SO_2）/%	8~10	8~10	15~20	8~10	8~10
氧气（铅耗氧）/m^3·t^{-1}	300~400	250~350	500~600	300~400	0~100
铅回收率/%	98.5	97~98	98（设计值）	97~98（设计值）	97~98
氧枪寿命	>6 周	>6 周		2~4 周	3~4 天
能耗（铅耗煤）/kg·t^{-1}	280	380	400	300	400
投资/亿元	1.9~2.4	2.0~2.5	6~7	3.5~4.0	3.0~3.5
环境条件	良好、消除了SO_2和铅尘污染	良好、消除了SO_2和铅尘污染	良好、消除了SO_2和铅尘污染	良好、消除了SO_2和铅尘污染	良好、消除了SO_2和铅尘污染

注：Kivcet和QSL法铅回收率是有关工厂的设计指标，但实际生产渣含铅5%~7%，如按实际渣含铅数据计算，熔炼回收率与设计值差异较大。

6.1.2.4　新技术实施及推广的意义

侧吹熔融还原炉工业试验过程中，经历了两次较大的改造。其一，燃料改为焦炉煤气后，由于未安装煤气喷枪支管阻火器，致使焦炉煤气回火熔管。改造后，焦炉煤气系统安全可靠。其二，还原炉原设计炉床面积为8m^2，试验中由于下部炉床面积偏小，导致渣液面波动大，炉温不稳定且温差大，对放渣操作及耐火材料寿命有很大影响，同时缺少铅渣沉淀区，炉渣含铅难达到理想指标。改造后，下部炉床面积加大到13m^2，渣液面波动正常，炉温稳定，放渣顺利，增加沉淀区，铅渣分离效果好，炉渣含铅指标良好。

金利冶炼公司经过上述两次试验改造后，于2009年9月1日正式投料试生产，同时停止鼓风炉生产。试生产结果表明，工艺成熟、可靠、先进，操作控制简单。

根据实际生产数据统计，氧气底吹熔炼—侧吹熔融还原炼铅法将粗铅综合能耗（铅耗煤）降至280kg/t，是迄今为止能耗最低的炼铅工艺。较传统烧结工艺综合能耗（630kg/t）

降低约56%；较氧气底吹熔炼—鼓风炉还原炼铅工艺综合能耗（380kg/t）降低约26%。按照8万吨/年粗铅规模计算，较烧结工艺每年可节约2.8万吨标煤，较氧气底吹熔炼—鼓风炉还原炼铅工艺每年可节约8000t标煤。

同时，新技术不使用昂贵的冶金焦，可实现无焦冶炼，粗铅生产成本大幅度下降，经济效益明显。

新技术可广泛应用于国内铅冶炼新建和技改项目，包括已采用氧气底吹熔炼—鼓风炉还原炼铅法铅冶炼厂进一步的技术革新和采用传统工艺铅冶炼厂的技术改造，项目市场潜力大。依靠新技术可以开拓国外铅冶炼技术市场。

6.1.2.5 技术经济及社会效益

新工艺的技术经济和社会效益包括以下几点：

（1）冶炼工艺创新。新工艺替代传统鼓风炉还原工艺，底吹炉产出的熔融高铅渣经溜槽直接加入侧吹熔融还原炉中，省去热渣冷却铸锭及输送等环节，缩短工艺流程，减少弥散污染源，同时减小占地面积。

（2）设备创新。还原炉有机结合了烟化炉炉型及喷吹装置、鼓风炉炉缸等技术的关键部分，形成侧吹还原炉的基本炉型。

（3）经济效益及社会效益。根据金利冶炼公司实际生产数据统计，氧气底吹熔炼—侧吹熔融还原工艺吨铅生产成本为535元，较之过去烧结机—鼓风炉还原吨铅生产成本917元及氧气底吹熔炼—鼓风炉还原吨铅生产成本814元有了大幅度下降。按照8万吨/年粗铅规模计算，较烧结机—鼓风炉还原新增经济效益3100万元，较氧气底吹熔炼—鼓风炉还原新增经济效益2250万元。

2009年，国内烧结机—鼓风炉工艺铅产量为127万吨，其平均粗铅冶炼综合能耗（铅耗煤）为485kg/t；还有20万吨产量是由十分落后的烧结锅、烧结盘炼铅工艺生产的，其平均粗铅冶炼综合能耗为810kg/t。假设这部分生产企业采用氧气底吹熔炼—侧吹熔融还原炼铅新工艺进行技术改造，按综合能耗为280kg/t计算，每年节能36.64万吨标煤，社会效益显著。

（4）与氧气底吹熔炼—鼓风炉还原工艺的比较。该项目在金利冶炼公司投产，各项工艺指标优良。侧吹熔融还原炉在节能减排、环境保护、生产成本、金属回收率等方面均优于传统鼓风炉（见表6-4），我国自主开发铅冶炼工艺的技术水平进一步提高。

表6-4 氧气底吹熔炼—侧吹还原炼铅工艺与氧气底吹熔炼—鼓风炉
还原炼铅工艺技术经济指标对比

项目	氧气底吹—鼓风还原炼铅	氧气底吹—侧吹还原炼铅炉
年处理铅精矿量/t	165000	165000
入炉原料Pb品位/%	51	51
年产粗铅含Pb总量/t	82151	82888
Pb熔炼回收率/%	97.46	98.5
Cu熔炼回收率/%	89	92

项　目	氧气底吹—鼓风还原炼铅	氧气底吹—侧吹还原炼铅炉
年消耗石英石量/t	3547	3547
年消耗石灰石量/t	4886	4886
工业氧气消耗量/m³·h⁻¹	3881	3894
年产一次粗铅含 Pb 量/t	40333	41767
一次粗铅产出率/%	47.93	49.63
年产铅氧化渣量/t	110649	113933
进入制酸系统烟气量/m³·h⁻¹	30717（SO₂ 占 7.74%）	30805（SO₂ 占 7.72%）
氧气底吹烟尘率/%	15	15
氧气底吹脱硫率/%	97.42	97.51
还原段石灰石年消耗量/t	8430	6672
还原段氧气消耗量/m³·h⁻¹	809（富氧浓度：24%）	1352
焦炭年消耗量/t	22130	—
焦率/%	20	—
碎煤年消耗量/t	—	6550
煤率/%	—	5.75
焦炉煤气消耗量/m³·h⁻¹	—	1000
年产二次粗铅含 Pb 量/t	41818	41121
还原段烟尘率/%	4	8
还原段出炉烟气量/m³·h⁻¹	28700（SO₂ 占 0.06%）	8100
年产炉渣量/t	66640	63124
还原终渣含 Pb/%	3	2
年工作日/d	330	330

6.1.3　会泽冶炼厂液态高铅渣侧吹还原炉的工业实践

6.1.3.1　项目背景

2005 年驰宏曲靖冶炼厂 ISA—CYMG 法炼铅工艺建成投产后，实现了云南驰宏锌锗公司从传统的烧结焙烧—鼓风炉熔炼工艺到先进的一步炼铅工艺质的飞跃，扩大了产能的同时加强了企业在同行业的核心竞争力。该工艺经过投产后多年的实践和市场需求变化，企业认为炼铅工艺还有许多发展空间，为进一步提高核心竞争力，于 2008 年驰宏锌锗公司决定在会泽进行异地改扩建，进行新的一步炼铅工艺探索。

A　ISA—CYMG 法炼铅工艺及存在问题分析

鼓风炉还原熔炼的原料是 ISA 炉熔炼生产的富铅渣，外观为灰黑色块状，铅品位波动在 30%～45% 之间，其平均品位为 38%，堆密度为 3.55g/cm³，40～120mm 占总比例的 73%，温度约 20～30℃，化学成分见表 6-5。

表 6-5 ISA 炉产富铅渣成分的平均含量

成分	Pb	SiO$_2$	Fe	CaO	Zn	S	Cu	Sb	As	Al$_2$O$_3$	Ag/g·t^{-1}
含量/%	43.60	7.88	11.43	4.31	10.36	0.53	0.56	3.10	0.64	1.05	37.86

根据艾萨炉产出的富铅渣选用的渣型（SiO$_2$/Fe = 0.8，CaO/SiO$_2$ = 0.5）。鼓风炉二次配料可只加石灰石，在正常操作条件下，铅炉渣的 Fe：SiO$_2$ = 0.95~1.05 范围内，含量常为 15%~20%，配料同时还要考虑到技术和经济两个方面，即既要尽量降低熔剂的消耗，从而减少产渣量和渣含金属的绝对损失，又要满足熔炼对炉渣成分的基本要求。选用的渣型范围为：Fe 27%~29%，SiO$_2$ 19%~20%，CaO 14%~16%，Zn ≤ 14%。

采用此渣型，鼓风炉渣含铅不大于 5%，焦率控制不小于 14%。

驰宏锌锗公司通过引进、消化和再创新，采用 ISA—CYMG 法粗铅冶炼工艺于 2005 年实现了工业化生产，冶炼过程有效回收了硫资源，明显改善了传统炼铅工艺存在的环境污染问题。

ISA—CYMG 法粗铅冶炼工艺，采用 ISA 炉排放出的高铅渣铸块，冷铸块经配料计量加入鼓风炉进行还原熔炼的间断式操作模式。经多年工业实践发现此法仍存在如下问题：

（1）处理液态富铅渣先冷却铸渣，然后再升温熔化还原，损失物理热能大，导致整体工艺综合能耗偏高；

（2）燃料结构单一，还原效果还有较大挖掘空间，一次粗铅产出率受限，工艺流程冗长，占地面积增加；

（3）液态渣的冷却、输送、加热熔化产生更多的粉尘，不利于环境治理；

（4）冶炼装备自动化程度低，劳动强度相对较大；

（5）此法冶炼技术原料适用性较差，仅能处理硫化铅精矿及湿法浸出的硫酸铅渣；

（6）鼓风炉及烟化炉产生的低浓度 SO$_2$ 烟气回收治理困难，现场操作环境相对较差，环保指标不理想。

针对 ISA—CYMG 法粗铅冶炼工艺存在的问题，以驰宏锌锗公司会泽老厂关停为契机，在云南会泽进行异地改扩建，为避免工艺存在的问题，经过多方论证考察，云南驰宏锌锗公司会泽冶炼分公司（以下简称驰宏会冶公司）粗铅冶炼工艺选用富氧顶吹—液态铅渣直接还原法。

驰宏会泽公司年产 6 万吨粗铅、10 万吨电锌及 30 万吨渣综合利用工程项目于 2008 年 3 月完成可研及立项备案，2010 年 1 月项目正式开工建设，2012 年通过阶段性验收。2013 年 9 月取得安全试生产批复，10 月 24 日取得环保试生产批复，具备合法试生产条件。2013 年 11 月 24 日正式开始投料试生产。

B 新流程方案的选择确定

a 政策导向

2009 年 5 月，国务院办公厅发布《有色金属产业调整和振兴规划》（以下简称《规划》），规划期为 2009~2011 年。《规划》提出：有色金属产业在我国实现城镇化、工业化、信息化具有重要作用，作为现代高新技术产业发展关键支撑材料的地位没有改变，产业发展的基本面没有改变。要充分利用当前的有利时机，加快淘汰落后产能，推动企业兼并重组，提高工艺技术水平和关键材料加工能力，促进增长方式转变，实现产业结构优化升级。

国家发改委 2012 年下达了关于产业振兴和改造项目目录，其中云南驰宏会泽公司淘汰落后产能，将液态铅渣直接还原节能技改项目被列入中央第二批政策扶持目录，并获得国家资金补贴。原会泽老厂冶炼生产系统已有几十年历史，工艺落后、装备陈旧、生产环境差，亟待更新改造，依据驰宏锌锗公司"十一五"发展规划，决定对会泽老厂冶炼系统实施易地技术改造工程，并被国家发改委列为资源开发、综合利用、环保节能型的建设项目。

b 新技术方案论证

由于目前国内外炼铅方法均存在不同程度的弊端，基于驰宏会泽公司粗铅冶炼系统与湿法炼锌系统联合生产的特性，同时在驰宏锌锗公司现有成果"ISA—CYMG 法炼铅"的基础上，提出"富氧顶吹—液态铅渣直接还原—烟化挥发炼铅新工艺研究及产业化"异地技改项目，积极响应国家节能环保的低碳政策，同时进一步提升企业在行业内的核心竞争力。

项目的实施将进一步实现以下几个方面的创新：

（1）改变燃料结构，降低燃料成本，增强还原效果，提高一次粗铅产出率；

（2）缩短整体工艺布局，充分利用液态渣的物理热能，进一步降低粗铅冶炼综合能耗；

（3）优化各冶金炉窑的炉体结构，延长炉龄，提高整体工艺作业率；

（4）进一步提升整体工艺的原料适用性，使低品位铅锌原料资源化，缓解环保压力，提高资源利用率；

（5）通过国内外先进炼铅工艺的融合，加大装备的集成化和自动化，最终形成一条年产 6 万吨的粗铅示范生产线。

c 方案整体先进性

驰宏会泽公司粗铅冶炼系统通过对富氧顶吹—熔融高铅渣侧吹还原工艺和装备进行全面深入的研究，将这两项最新的粗铅冶炼技术进行集成，与处理还原炉熔渣及湿法炼锌返渣的烟化炉有机结合，根据生产实际情况进行优化创新，进一步提升冶炼系统经济技术指标值，具体工艺流程如图 6-4 所示。

整套粗铅冶炼系统的主要组成为：富氧顶吹炉系统包括备料系统、富氧顶吹炉本体、喷枪系统、余热锅炉系统、电收尘系统、工艺风机、柴油间及外部的煤粉制备、氧气制备和制酸系统等；液态高铅渣直接还原系统包括还原炉本体、余热锅炉系统、收尘系统等；烟化挥发系统主要包括烟化炉本体、余热锅炉、收尘系统、煤粉制备系统等；脱硫系统主要包括氧化锌吸收系统和氨酸法脱硫系统。

项目建成投产后，各项技术经济指标将取得重大突破，具体情况如下：

（1）粗铅冶炼综合能耗（标煤）不大于 200kg/t，低于国家限额 400kg/t 和行业规范条件（2014）245kg/t；

（2）粗铅冶炼回收率不小于 97.5%，较铅锌行业规范条件（97%）高 0.5%；

（3）总硫利用率不小于 98%，较铅锌行业规范条件（96%）高 2%；

（4）尾渣含铅不大于 1%，较铅锌行业规范条件（小于 2%）低 1%。

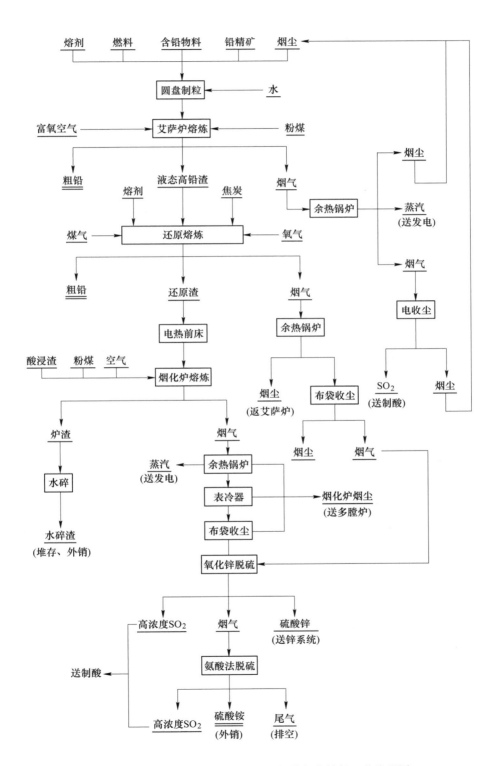

图 6-4 富氧顶吹—液态铅渣还原—烟化挥发炼铅工艺流程图

6.1.3.2　新工艺与装备研究及优化

在 ISA—CYMG 法炼铅技术的基础上进行了技术创新及装备改造工作。

A　工艺布局优化

针对 ISA—CYMG 法的缺点对设计提出满足物料和热量平衡、保温热送渣距离最短、自动化控制、操作安全可靠等技术要求，具体情况如下：

（1）满足物料平衡。在富氧顶吹炉渣口处设置两条通道：正常情况下，将富铅渣直接放入侧吹还原炉；考虑生产的灵活性，两炉间增设了备用的直线铸渣机，这样不但保障了富氧顶吹炉的作业率和粗铅产量，而且在侧吹还原炉进热渣时间延长的情况下，富氧顶吹炉可直接开路，降低高熔池导致泡沫渣溢出的极端情况等安全风险。

（2）热渣输送距离短，热损失小。富氧顶吹炉炉体基础标高 11.7m，侧吹还原炉炉体基础标高为 7.3m，富氧顶吹炉渣口中心线与侧吹还原炉进热料口中心线的高度差约 1m，渣流槽长度为 8m，约为 15°倾角有利于富铅渣的流动；侧吹还原炉至前床渣槽的角度约 7.58°，渣流槽长度为 8m，渣口中心线高出渣流槽末端下部 0.5m，由于侧吹还原炉渣的流动性较好，因此倾角较小。

富氧顶吹炉和侧吹还原炉渣流槽均采用保温砖铺垫，有利于降低熔渣输送过程中的热损，且在渣流槽周边构建密闭形状的通道，有效控制了放渣过程中无组织烟气外逸的情况，为员工创造出健康的工作环境。

（3）环保远程操控。在渣流槽上方设置有环境集烟装置，主控室通过中控台控制放渣过程中烟气收集，在放渣结束时关闭系统，既可保证厂区环境空气质量达标，又可降低通风除尘系统负荷。

（4）安全性能。制定严格操作规程，保证热送渣制度严谨规范，操作人员持证上岗。并在炉体基础下方零平面设置有事故渣池，在紧急情况下，可将富氧顶吹炉、侧吹还原炉的熔渣分别放入各自的渣池，降低事故的损失，在提高安全性能的同时，也遏制了事故蔓延的可能。

（5）节约热能。富氧顶吹炉产出的液态高温富铅渣直接进入侧吹还原炉（见图 6-5）熔炼粗铅，侧吹还原炉产出的高温熔渣直接进入前床，前床渣直接进入烟化炉，炉渣全线自流，有利于安全环保，且缩短进、放渣时间，充分利用液态高温富铅渣的物理热能，减少侧吹还原炉燃料消耗，达到节能的目标。

在具备以上优点的情况下，项目于 2013 年 12 月正式点火投料。由于处于试生产初期，协调控制不好，曾多次出现富氧顶吹炉与侧吹还原炉、侧吹还原炉与烟化炉物料流动不平衡的情况，造成富氧顶吹炉"涨肚子"和侧吹还原炉"饿肚子"，导致冶金炉的作业率不匹配，降低了产量。

通过 4 个月的生产实践后，将富氧顶吹炉、侧吹还原炉作业制度优化为 180~240min，烟化炉与侧吹还原炉作业制度的衔接，充分利用电热前床过渡控制，熟练地掌握了各炉之间的配合，显著地提升了几台冶金炉的作业率，富氧顶吹炉 2014 年 4 月作业率达到了 83.33%，侧吹还原炉作业率 100%，两台烟化炉作业率均达 91%。

该项目的集成应用，不仅优化了工艺操作，还提升了作业率、产能指标，充分展示了

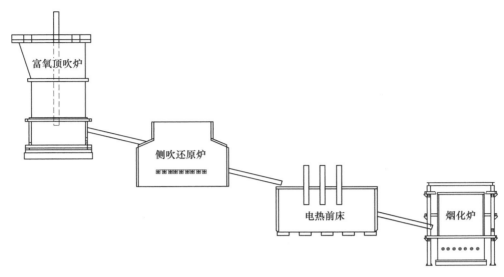

图 6-5 冶炼设备连接图

该项目的创造性、先进性和科学性。在布局上相对于 ISA—CYMG 法炼铅工艺的显著优点为：充分利用液态渣的物理显热，减少侧吹还原炉和烟化炉燃料消耗，以达到节能、降耗和提高设备作业率的目标。实践证明，2014 年粗铅冶炼综合能耗（铅耗煤）231.19kg/t，2015 年粗铅冶炼综合能耗 171.71kg/t，远低于国家限额 400kg/t 和行业规范条件（2014）245kg/t 指标。

项目建成投产后，经过实践检验，于 2016 年获得两件发明专利授权——"富氧顶吹熔炼—液态高铅渣侧吹直接还原炼铅工艺"和"富氧顶吹熔炼—液态高铅渣侧吹直接还原炼铅设备"。

B 侧吹还原炉喷枪优化

侧吹还原炉喷枪分别布置于侧吹还原炉两侧，喷枪喷入炉内的煤气、氧气的压力及流量大小将直接影响熔渣的搅动效果，过小将无法达到搅动炉渣的目的，熔渣中氧化铅等金属氧化物将无法充分还原，相对于富氧底吹炉来说，氧气侧吹有助于熔渣中渣铅的有效分离，达到降低侧吹还原炉渣含铅的目的。因此需进一步对侧吹还原炉的喷枪截面积进行优化，同时需要探索喷枪喷吹氧气纯度对熔渣含铅的影响。

还原炉喷枪管道设计初期的横截面积为 180mm²，由于管道横截面积较小，导致喷枪支管流量过低，试生产初期，侧吹还原炉熔渣含铅高达 3.0%，且渣中铅大多以单质形式存在。不能满足侧吹还原炉冶炼要求，中国恩菲及时组织相关专业技术人员进行技术攻关，经过实践摸索，验证后，将喷枪气体流动横截面积增加到 225mm²，如图 6-6 所示，有效解决了喷枪

图 6-6 还原炉喷枪横截面

流量不足的影响，经过优化改进后，侧吹还原炉的终渣含铅稳定控制在不大于1.5%的范围内。

C　侧吹还原炉熔池搅拌的强化

侧吹还原炉在试生产初期通过生产实践发现，在煤气和氧气都稳定的情况下，炉内熔池搅拌不够剧烈，熔渣成分分布不均匀，进而影响炉内氧化还原反应速率，延长了作业时间，为解决上述问题，车间通过将氧气管道上的压缩空气补入炉内，形成富氧空气作业熔炼。

原因分析：侧吹还原炉熔渣依靠煤气和氧气剧烈燃烧维持或提高温度，经喷枪口高速喷入的气体在熔渣内形成强烈的搅拌，促进传热传质动力学条件的形成，从而促进各种氧化还原反应的发生。如果鼓入熔渣内的气体量过小，将会导致熔池搅拌不均匀，可以通过适当增加鼓入气体量的方式解决熔池搅拌不均匀的问题。

以下从改变煤气和氧气量进行分析：

（1）增加煤气管道气体使用量。如果增加煤气量过大，炉内具有较强的还原气氛，也会增强炉内熔池搅拌作用力，但是过量的煤气如果逸出炉体，将会对现场作业人员安全构成隐患，严重时过量的煤气将会在上升烟道、水平烟道、布袋室等位置发生爆炸，严重影响系统的安全运行，并且易造成炉内熔渣过热而损坏炉窑内衬，影响还原炉的稳定运行。由此分析，该方法不可行。

（2）增加氧气管道气体使用量。氧气管道主要连接氧气和压缩空气两种管道，如果提高氧气使用量，将增加炉内的氧化气氛，对降低渣含铅带来不利影响；如果适当降低氧气使用量，补入部分的压缩空气，既能保证煤气的充分燃烧，又能增强鼓入炉内的气体量，又不存在安全隐患，从这些分析可以看出还原炉采用补入压缩空气的方式进行熔炼是可行的。

通过为期10天的试验摸索，最后将氧气流量稳定在$1000 \sim 1050 m^3$范围内，压缩空气稳定在$300 \sim 400 m^3$，最终实现了还原炉炼铅工艺的高效、顺利进行。

D　炉体结构优化

侧吹炉炉体在冶炼过程中振动大，会造成炉壳开裂和炉内耐火砖受损，使还原炉生产使用周期缩短。针对存在共振问题，还原炉周围安装钢架加固措施，以减小炉体振动对冶金炉造成的影响，并在钢结构与炉壳之间采用耐火泥进行全方位密封，避免煤气泄漏危及岗位人员的人身安全，在提高还原炉整体使用寿命的同时也提高了还原炉的安全生产性能。还原炉炉壳加固装置如图6-7所示。

在炉底加设喷雾冷却装置和通风冷却装置后，炉底温度得到有效控制，炉况运行稳定，再无漏铅情况发生。还原炉通风喷雾冷却装置如图6-8所示。

E　还原炉工艺控制优化

为了有效衔接富氧顶吹炉和烟化炉的生产，还原炉起到了承上启下的作用，不但在限定时间内配合接收富铅渣，还要在限定时间内控制好还原炉排放至前床的渣铅，避免影响到上下工序的生产。因此，需对还原炉工艺控制进行优化。

图 6-7 还原炉炉壳加固装置

图 6-8 还原炉通风喷雾冷却装置

a 建立冶金过程计算模型

还原炉工艺标准目前在国内还没有一个通用的控制标准规范，为此在还原炉试生产阶段，铅厂编写了还原炉冶金计算公式，计算界面如图 6-9 所示。此计算公式只需知道富氧顶吹炉上一炉富铅渣的成分、加入物料的量，就可估算出本炉富氧顶吹炉放渣的渣型，在公式中输入还原炉留渣深度、进完渣后深度、预期 Fe/SiO_2、预期 CaO/SiO_2 和富铅渣估算渣型，就可以估算出还原剂、熔剂用量及进完渣后还原炉渣型，方便快捷，可靠性高。

b 还原炉工艺控制标准的建立

根据富氧顶吹炉产出富铅渣的量及成分，为保证还原炉良好的还原性，控制还原炉炉渣中的 $SiO_2/Fe = 0.75 \sim 0.95$ 和 $CaO/SiO_2 = 0.3 \sim 0.6$，从而控制入炉熔剂（石灰石或铁焙砂）和还原剂（块煤和焦粒）的配入量，并根据实际产出的还原炉渣成分进行适当调整以满足生产需要。整个生产过程控制还原炉产出渣含 Pb 占富铅渣中总铅的 $3\% \sim 5\%$，还原剂按照块煤和焦粒各占总碳量的 50% 计，产出的烟尘全部返入还原炉。

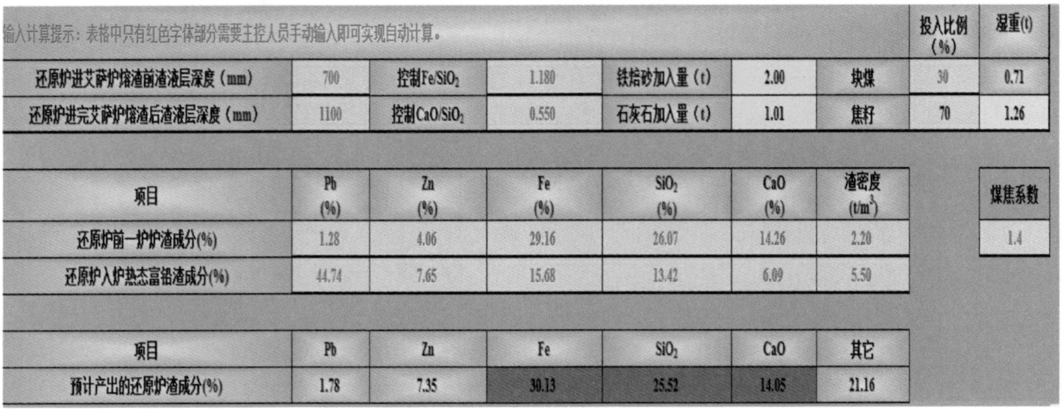

输入计算提示：表格中只有红色字体部分需要主控人员手动输入即可实现自动计算。					投入比例(%)	湿重(t)
还原炉进艾萨炉熔融副渣液层深度（mm）	700	控制Fe/SiO₂	1.180	铁矿砂加入量（t） 2.00	块煤 30	0.71
还原炉进完艾萨炉熔渣后渣液层深度（mm）	1100	控制CaO/SiO₂	0.550	石灰石加入量（t） 1.01	焦籽 70	1.26

项目	Pb (%)	Zn (%)	Fe (%)	SiO₂ (%)	CaO (%)	渣密度 (t/m³)	煤焦系数
还原炉前一炉炉渣成分(%)	1.28	4.06	29.16	26.07	14.26	2.20	1.4
还原炉入炉热态富铅渣成分(%)	44.74	7.65	15.68	13.42	6.09	5.50	

项目	Pb	Zn	Fe	SiO₂	CaO	其它
预计产出的还原炉渣成分(%)	1.78	7.35	30.13	25.52	14.05	21.16

图 6-9　还原炉冶金计算界面

在富氧顶吹炉只处理铅精矿产出富铅渣时，对应富氧顶吹炉产出富铅渣量及成分，还原炉需加入的熔剂和还原剂见表 6-6。产出的还原炉渣主要成分见表 6-7。

表 6-6　还原炉熔剂及还原剂加入量

物料	富铅渣/t·炉⁻¹	石灰石/t·h⁻¹	块煤/t·h⁻¹	焦粒/t·h⁻¹	还原炉渣/t·炉⁻¹
加入量	22.8~48.6	0~0.3	0.25~0.51	0.2~0.43	13~27.6

表 6-7　还原炉理论熔渣成分

成分	Pb	Zn	Fe	SiO₂	CaO
含量/%	2.8~3	18.9~20.0	28.8~29.3	23.8~24.1	10.8~11.2

在富氧顶吹炉处理铅精矿和铅渣时，对应富氧顶吹炉产出富铅渣及成分，还原炉主要加入的熔剂和还原剂理论加入量见表 6-8。产出的还原炉渣主要成分见表 6-9。

表 6-8　还原炉熔剂及还原剂的理论加入量

物料	富铅渣/t·炉⁻¹	石灰石/t·h⁻¹	块煤/t·h⁻¹	焦粒/t·h⁻¹	还原炉渣/t·炉⁻¹
加入量	30.4~38.2	0~0.3	0.35~0.44	0.28~0.40	16.8~21.2

表 6-9　还原炉熔渣理论成分

成分	Pb	Zn	Fe	SiO₂	CaO
含量/%	2.8~3	20.6~21.2	28.1~28.4	23.0~23.2	10.3~10.4

在富氧顶吹炉同时处理铅精矿、氧化矿和铅渣时，对应富氧顶吹炉产出富铅渣量及成分，还原炉此时无需再加入熔剂，物料的理论加入量见表 6-10。产出的还原炉渣主要成分见表 6-11。

表 6-10 还原炉物料理论加入量

物料	富铅渣/t·炉$^{-1}$	块煤/t·h^{-1}	焦粒/t·h^{-1}	还原炉渣/t·炉$^{-1}$
加入量	21.5	0.54	0.41	13.8

表 6-11 还原炉熔渣理论成分

成分	Pb	Zn	Fe	SiO$_2$	CaO
含量/%	2.6~2.9	13.8	21.5	21.6	11.9

还原炉使用的氧气量和煤气量根据炉况进行调整,确保熔池温度控制在 1000 ~ 1250℃ ,其调整量按照表 6-12 所示比例调整。

表 6-12 还原炉氧气和煤气控制量

煤气量/m^3·h^{-1}	氧气量/m^3·h^{-1}
500	147
1000	295
1500	442
2000	590
2500	737
3000	885
3500	1032
4000	1180
4200	1240

c 还原炉虹吸铅层高度控制

还原炉铅层高度一般维持在 300~500mm ,过高将造成炉底负荷加重,增加还原炉的运行风险;过低将造成虹吸口堵塞,严重阻碍生产的顺利进行。下面对铅层过低带来的影响进行着重分析,还原炉的熔池自下而上可分为三个层次:铅层,铅和渣混合层,渣层,如图 6-10 所示。如果铅层过低,将会造成混合层内的熔渣随着虹吸道被放出,由于熔渣熔点较高,又失去了加热条件而凝固,逐渐堵塞虹吸道,最后造成虹吸堵塞,正常熔炼作业无法进行,因此保持虹吸通道的畅通主要从两个方面进行控制:一是严格控制铅层高度不低于 300mm ;二是经常用钢筋疏通虹吸通道,以确保虹吸畅通。

d 降低还原炉渣含铅的控制措施

降低还原炉渣含铅的控制措施有:

(1)还原炉正常熔炼温度为 1100~1250℃ ,当温度较低时,加大煤气和氧气用量,提高炉温;

(2)对于炉温正常的情况,可以尝试加大还原剂用量的方式降低渣铅;

(3)若是铅渣中的铅加入过量还原剂仍然不能降低,可以在保证煤气充分燃烧并能够维持炉温的情况下,降低氧气用量,增强还原气氛;

(4)对于铅渣中的铅以硫化物形式存在的情况下,可以先暂停还原剂加入,增大氧气

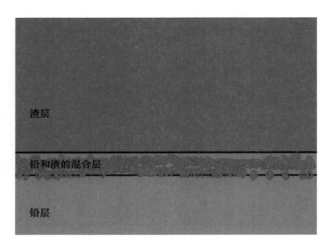

图 6-10　还原炉熔池铅和渣的分布位置

用量，使铅渣中夹杂的铅化合物先氧化为氧化铅，然后再将氧气用量恢复至正常值，再加入还原剂进行还原；

（5）对于金属铅夹杂在铅渣中的情况，可以采取降低氧气用量和气体搅拌强度的方式，降低渣含铅，但是生产实际情况下，对于稳定的炉况，每炉进高铅渣的量变化不大时，煤气和氧气的压力常维持恒定不变，可以通过鼓入富氧空气的方式使这个情况得到改善。

通过以上操作模式的建立，侧吹还原炉在富氧顶吹炉改变原料的情况下，能够稳定控制生产，为粗铅产量再创新高奠定了基础。

6.1.3.3　侧吹还原炉的煤气喷枪和炉墙的应用效果

A　煤气喷枪的应用

通过多次试验，开发出特殊结构喷枪和布局。实际生产中，在喷枪口能形成蘑菇头。蘑菇头使喷枪端头及其四周耐火砖与熔体隔开，更有效地保护了喷枪及其四周耐火砖，大大延长了喷枪使用寿命。实际生产表明，发生炉煤气喷枪平均使用寿命达到 6 个月。

B　新型侧吹炉炉墙的应用效果

从 2013 年 12 月还原炉投产至今，熔池区炉墙耐火砖寿命可达 8 个月以上，熔池上部侧墙和炉底砖寿命至少 3 年以上，未来将进一步采取措施延长中修时间达 1 年以上。实践证明该侧吹炉为一台安全、高效、节能的还原熔炼炉，主要表现在以下几个方面：

（1）炉寿长。侧吹还原炉炉墙为二层结构形式。从内到外为耐火砖、铜水套。耐火材料起隔热作用，减少炉子的热损失。而外层铜水套在炉墙上形成了一个冷却强度很大的冷却层，使得炉墙耐火材料始终在低温下工作。根据连续实践，生产 8 个月检查铜水套内沿最薄处炉墙，耐火砖炉墙仍保留有 150~200mm 厚。说明这种铜水套和内衬砖的结构有利于冷却和挂渣，大大延长了炉子寿命。

（2）安全性好。采用铜水套直接挂渣的侧吹炉，不仅要多消耗昂贵的铜材料，而且不一定能形成稳定的"渣皮"。当炉内形成隔层时，液态金属铅接触到铜水套，金属铅或冰铜与铜水套发生化学反应导致铜水套被烧穿高温熔体泄露，对铜水套安全运行不利。

而还原炉炉墙采用双层结构形式，即使炉内形成隔层时，液态铅直接接触耐火砖而不是铜水套，同时在炉墙耐火砖表面形成渣皮（见图 6-11），铜水套得到有效保护，从而确保了炉体安全。

（3）热损失小。炉墙有耐火砖作内衬，对铜水套冷却强度要求不高，铜水套循环水量小，与相同规模侧吹炉铜水套直接挂渣比，循环水量可减少 30% ~ 50%，炉子热利用率提高。该种炉墙与其他采用铜水套直接挂渣的侧吹还原炉相比，具有保温效果好、炉子热损失低的优点。

图 6-11 挂渣后的侧吹炉炉墙

6.1.3.4 侧吹还原炉喷枪耐火砖侵蚀分析与对策

侧吹还原炉外部为钢炉壳，并衬装水套，内部用镁铬质耐火砖砌筑作为侧吹炉内衬。侧吹还原炉喷枪砖与炉底、炉墙砖砌筑形成一个整体。喷枪砖的使用寿命与侧吹还原炉的整体炉龄密切相关，侧吹还原炉每年进行一次中小修，喷枪周围砖寿命的延长对提高全流程整体作业率具有重要意义[1]。

A 氧气侧吹还原炉常用耐火材料及特性要求

侧吹还原炉炉内耐火材料选用的是镁铬砖，镁铬砖以 MgO 和 Cr_2O_3 为主要成分，方镁石和尖晶石为主要矿物组分的耐火材料制品。镁铬砖的耐火度高、高温强度大、抗碱性渣侵蚀性强、热稳定性优良，对酸性渣也有一定的适应性。侧吹还原炉耐火材料理化指标见表 6-13。

表 6-13 侧吹还原炉耐火材料理化指标

名称	荷重软化开始温度/℃	热震稳定性	体积密度/g·cm⁻³
镁铬砖	≥1700	1100℃，水冷不小于 7 次	3.44

B 研究还原炉喷枪砖侵蚀的意义

侧吹还原炉喷枪砖作为还原炉炉体耐火材料的重要部分，掌握和控制喷枪砖侵蚀速度对还原炉继续运行具有重要意义。如果喷枪砖烧损、侵蚀速度过快不仅影响还原炉喷枪使用寿命，更重要的是造成喷枪砖上部区域耐火砖不稳定而掉砖等问题。因此，对喷枪砖侵蚀速度的原因分析及控制研究将对侧吹还原炉的炉龄影响很关键。

C 侧吹炉喷枪砖侵蚀分析

侧吹炉喷枪砖侵蚀原因分析如下：

（1）高温熔渣、铅液侵蚀。侧吹炉高温熔渣冲刷侵蚀一部分是由高温熔体流动带来的，主要表现在侧吹炉进料、排放过程1150℃左右的高温熔渣流动对喷枪区流动侵蚀、冲刷；另一部分是炉内强烈搅拌动能引起的，熔炼过程中熔渣在喷枪作用下产生强烈的搅拌，由于高温炉渣具有强烈的侵蚀和浸透能力，当炉渣、铅液渗入耐火材料中，造成各部分砖之间膨胀系数不同而引起剥落。

（2）还原炉耐火砖矿物与熔渣反应引起的侵蚀。侧吹炉喷枪区镁铬砖主要成分有 CaO、SiO_2、Al_2O_3、Fe_2O_3、MgO、Cr_2O_3 等，还原炉熔炼过程中的渣型主要有 CaO、SiO_2、Fe_2O_3 等，冶炼过程中 CaO、SiO_2 在反应过程中会侵蚀镁铬砖工作面，还会沿气孔渗透到镁铬砖内部，与方镁石反应生成低熔物。

（3）高温烧损、侵蚀。其原因有以下两个方面：

1）熔炼温度变化。侧吹炉喷枪区域处于熔渣高温区和流动冲刷区，当侧吹炉进液态铅渣时，炉渣的密度约为 $5.0g/cm^3$，液态渣含铅约40%~55%，该渣具有较好的流动性和冲刷能力。此时处于还原初期，炉内温度较低，约为950~1050℃，随着还原剂的加入，侧吹炉内还原气氛增强，炉内温度逐步升高，反应区温度高，可达到1150~1250℃，当达到还原终点放渣时炉内最高温度达到1250℃以上，放渣后温度逐步降低。由于冶炼周期性温度变化对喷枪砖的侵蚀影响较大。

2）炉内温度变化。由于还原炉作业制度为周期性操作，生产过程中温度发生变化时会引起耐火砖产生裂纹，严重时会发生耐火砖表面剥落，并加剧熔渣的渗透和侵蚀，使用耐火材料的冶金炉必须控制的就是避免耐火砖急冷、急热，这样容易造成炉内耐火砖不规则剥落和耐火材料剧烈膨胀、收缩断裂、脱落等影响冶金炉炉龄的不利因素发生。

（4）喷枪安装不当和烧损引起的侵蚀。喷枪设计要求重点保证枪速和工作压力。喷枪安装不合理和喷枪烧损对喷枪砖影响巨大：

1）喷枪安装不合理对喷枪砖的影响。喷枪安装位置的合理性也会造成侧吹炉喷枪砖高温烧损、侵蚀，如果喷枪炉内部分距离枪口砖内侧过近会造成喷枪蹿火以至于枪口砖烧损；另外，喷枪伸入炉内过长，喷枪火焰会直接喷燃到对面喷枪区域造成高温侵蚀，也会加剧喷枪的烧损速度。

2）喷枪烧损对喷枪砖的影响。当喷枪烧损时，喷枪压力明显降低，火焰在熔渣压力作用下不能直接穿透熔渣，而被反压沿着喷枪出口、枪口砖区域喷出，高速燃烧的火焰造成了对枪口砖的冲刷（见图6-12），在该区域燃烧的煤气和氧气形成了局部高温区，温度可达1250~1300℃，加剧了喷枪砖的高温烧损（见图6-13）。

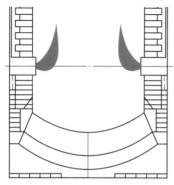

图 6-12　喷枪烧损燃烧示意图

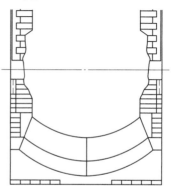

图 6-13　喷枪区域耐火砖烧损示意图

D 侧吹炉喷枪砖侵蚀速度控制对策

侧吹炉喷枪砖侵蚀速度控制对策如下：

（1）停开炉温度控制。对局部更换炉内耐火材料重新启动的侧吹还原炉要严格按升温曲线控制，升温、保温时间，对升温过程中发生熄火等现象时，要按升温曲线缓慢重新升温，避免降温和升温过快。

（2）操作温度严格控制。还原炉正常熔炼时炉内熔炼温度为 1100～1200℃，保持还原炉炉内温度变化均匀是控制喷枪砖的侵蚀、冲刷速度和还原炉炉龄的重要条件。温度控制首先要保持侧吹还原炉煤气、氧气压力和流量稳定，严格控制还原剂的加入速度和配入量。

（3）选择合理的冶炼渣型。还原炉内衬采用的是镁铬质耐火砖，其特性为碱性耐火材料，如果冶炼渣型选择不当，会严重影响耐火材料使用寿命，因此还原选择冶炼渣型为 $SiO_2/Fe = 0.6～1.1$，$CaO/SiO_2 = 0.2～0.6$。

（4）精细操作控制。还原炉熔池控制是生产中一个关键参数，如果还原炉熔池过高将形成炉内静压力过高，易造成渣口、铅口跑渣等事故，也会造成喷枪阻力过大，堵塞、烧损喷枪，加快了侧吹还原炉喷枪砖的侵蚀、冲刷速度，影响还原炉炉龄。因此将还原炉熔池深度严格控制在 1.5～1.8m，熔渣淹没喷枪约 500～800mm。

（5）喷枪的控制。侧吹还原炉安装喷枪，将喷枪约 30～50mm 显露于还原炉炉膛，直接与高温熔渣接触，避免安装不当对喷枪区域耐火材料造成严重侵蚀。严格执行喷枪压力、流量巡检制度，发现喷枪堵塞、烧损及时处理。

6.1.3.5 生产控制

A 工艺控制

还原炉作业周期为 100～120min，每一炉从艾萨炉放入的高铅渣开始加入辅料至 120min 还原炉放渣结束。

艾萨炉投料量 30t/h，投入铅精矿采用富氧，还原炉采用 2h 作业周期，使用发生炉煤气。煤气量 3800m³，压力 0.3MPa，氧气 80%，压力 0.4MPa，流量 1300m³，控制炉顶温度 860～1080℃，压力 -26Pa。

余热锅炉汽包压力为 4.0MPa，进口温度 1100℃，出口温度 33℃，蒸发量 6～7t/h，炉顶温度 1150℃，渣温 1100～1150℃。

B 自动控制

侧吹还原炉及余热锅炉采用 DCS 控制系统（见图 6-14）。主要有：还原炉煤气总管流量控制、还原炉煤气总管压力控制、还原炉氧气总管流量控制、还原炉氧气总管压力控制、还原炉供油总管流量控制、还原炉供油总管压力控制、还原炉煤气总管切断控制、还原炉煤气放空控制、还原炉氮气总管切断控制、还原炉氧气总管切断控制、还原炉氧气放空控制、还原炉压缩空气总管切断控制、还原炉油路吹扫管切断控制，还原炉进料控制。

C 渣型控制

艾萨炉的炉温是 1100℃左右，而正常侧吹还原炉渣型的熔点是 1050℃左右，因此一旦艾萨炉原料中钙硅比超过 0.7，高铅渣就会发黏。尽量以艾萨炉调整渣型为主，侧吹还

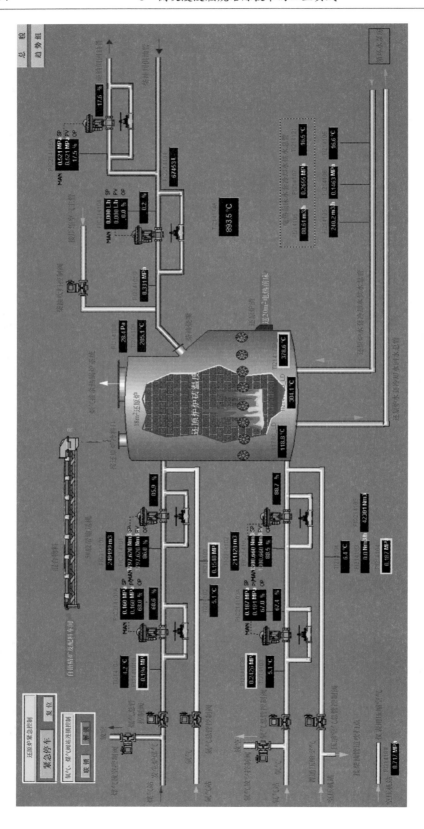

图 6-14　侧吹炉 DCS 控制界面

原炉只加入还原剂进行还原熔炼在渣铅升高的情况下加入石灰石调整渣型;控制 CaO/SiO$_2$ 为 0.5,Fe/SiO$_2$ 为 1~1.6,满足炉衬耐火材料铬镁砖的特性,延长炉子寿命,推行标准化操作,严格 DCS 操作控制,对煤气、氧气压力和流量只允许在调控范围内调控,控制渣铅 2.5%以下。

在侧吹还原炉熔炼过程中,对热渣渣型要求不是很高,能根据热态富铅渣渣型进行调整,熔剂、还原剂的投入可以根据探渣灵活调整。还原炉处理冷态富铅渣时候氧气用量增大,使炉内熔渣结层相对于试生产期间的熔渣结层程度减弱。处理冷料的同时,烟尘返炉,由于烟尘循环使烟尘量逐渐增大,造成收尘系统负荷过大,取消了烟尘返炉。处理的冷态富铅渣渣型见表 6-14。

表 6-14 冷态富铅渣渣型 (%)

成分	Pb	Zn	Fe	SiO$_2$	CaO	MgO	Al$_2$O$_3$	S
含量	50.65	8.3	15.2	7.7	3.95	2.21	4.17	0.5

还原炉处理 ISA 炉热渣时,缩短作业时间的主要方式是,在煤气量不变的情况下,提高了氧气用量,加快熔渣温度的提升。由于艾萨炉渣型波动比较大,还原炉炉内温度在 1100℃以上,控制好 Fe/SiO$_2$、CaO/SiO$_2$。整个工艺的调整过程中,炉况趋于正常,整个作业时间在缩短,床能力也在逐渐提升。但炉底温度波动比较频繁,还原炉在从各个方面调整,主要是采取从下渣口放渣和调整底铅铅层高度来确保炉底温度的正常。

D 还原炉泡沫渣

还原炉在生产中由于各方面原因会产生泡沫渣。产生泡沫渣的原因主要有以下几点:

(1)冷料加入量过大,熔化过程需要大量热量,在熔池补热量一定的情况下,超过热量平衡点以后,加入的冷料在熔池表面就会吸取熔渣热量,造成熔渣表面温度下降,形成泡沫渣。

(2)煤焦比过大。还原炉炉内温度都在 1000℃以上,煤焦比过大时,煤反应速度快,焦反应速度慢,煤与熔池表面的二氧化碳和氧化铅急剧反应,吸取大量热量,熔池表面熔渣温度不断降低,熔渣黏度增大,表面张力增大,到表面张力大于熔池内部气体压力时,气体就无法正常释放出来,使整个熔渣体积增大,不断膨胀,形成泡沫渣。

(3)返料仓烟尘的加入。烟尘加入过程中,烟尘给量不均匀,容易堆积,当大量烟尘进入的时候分散在熔池表面,烟尘中的主要成分氧化铅发生剧烈的还原反应,造成整个熔池表面温度低。烟尘返炉过程中要对负压及煤焦比例进行适当调整,由于烟尘 Pb 主要存在形式为 PbO,成粉状进入炉内,还原反应剧烈。烟尘不均匀,造成烟尘给水不能配比,烟尘过湿也会影响熔渣黏度,形成泡沫渣。

(4)渣型不合理。还原炉参数调整不合理,操作熔池过高时,容易造成大量铅冰铜积沉在熔渣底部,铅排放过多,致使铅冰铜不能从上渣口放出,待热料进完,铅液面高度上涨后,大量铅冰铜被搅动到熔池表面,在还原剂加入过程中形成泡沫渣。

E 侧吹还原炉炉渣及能耗

由于渣型波动较大,熔渣中 Zn 成分的影响,还原炉的渣含铅也会有一定的变动。生产中的侧吹还原炉炉渣渣型见表 6-15。

表 6-15　还原炉渣型　　　　　　　　（%）

成分	Pb	Zn	Fe	SiO$_2$	CaO	MgO	Al$_2$O$_3$
含量	0.98~2.38	10.48~11.72	24.23~28.63	21.63~24.1	12.24~13.78	1.18~1.86	5.23~5.79

整个操作过程结合整个渣型来看，侧吹还原炉的适应渣型范围也比较大。侧吹还原炉渣含铅小于2%，而鼓风炉渣含铅3%~4%，侧吹还原炉铅回收率为97.5%，鼓风炉铅回收率95.5%。煤气和无烟粒煤消耗（铅耗煤）折合标煤为197kg/t，比鼓风炉纯铅能耗380kg/t，折合标煤369kg/t的指标大幅降低。产出烟气量和二氧化硫排放量远低于鼓风炉，同等规模的烟气量为鼓风炉的30%，二氧化硫排放量约为10%。流程短，扬尘点少，易于密闭通风除尘，有效地防治了铅尘的弥散，经测定，操作岗位铅含量小于0.03mg/m^3。

6.1.4　侧吹炉开炉

6.1.4.1　侧吹还原炉开炉前准备工作

开炉前的准备工作主要包括：（1）升温曲线绘制；（2）炉体基本尺寸的测量、标定；（3）辅助工艺设施的确认；（4）水系统挂牌和编号；（5）临时检测仪表的安装；（6）开炉技术资料的准备，便于岗位操作人员提前熟悉相关内容；（7）烘炉用临时仪表安装到位并在中央控制室显示。

A　升温曲线的绘制

制定合理的升温曲线是开炉成败的关键，一般采用低温、中温和高温三个阶段烘炉。低温阶段木材配合柴油油枪烘炉，中温和高温阶段用柴油喷枪烧柴油逐步过渡到煤气喷枪烧煤气烘炉的方法。800℃以下时以插入下渣口的临时监测点温度为基准，插入炉膛内的设置在炉体侧墙上部的固定热电偶作为参考；升温曲线800℃以上时，以插入炉膛内的设置在炉体侧墙上部的固定热电偶为基准，插入下渣口的临时监测点温度作为参考。

烘炉过程在中控室按制定的升温曲线用坐标纸绘制并粘贴在指定位置，作为组织升温工作的依据。由当班控制室操作人员（主操负责）每小时将实际升温温度标注在升温曲线图上，绘出实际升温曲线，并根据制定的升温曲线与实际升温温度的偏差，及时调整烘炉。还原炉升温曲线如图6-15所示，0~110℃阶段5℃/h，升温时间22h；110℃阶段保温48h，至70时；110~350℃阶段10℃/h，升温24h，至94时；350℃阶段保温24h，至118时；350~800℃阶段15℃/h，升温30h，至148时；800℃阶段保温24h，至172时；800~1100℃阶段20℃/h，升温15h，至187时。

B　炉体基本尺寸的测量、标定

炉体砌筑交工后，对炉体基本尺寸进行详细的测量和标定，作为基础资料，为以后的炉体检修、维护和生产控制提供依据。具体包括：

（1）炉体砌筑后炉内拱高、炉底宽度、炉顶宽度、炉底长度和炉顶长度等净尺寸的测量和标定。

（2）炉体中心线、余热锅炉上升段中心线位置的测量。

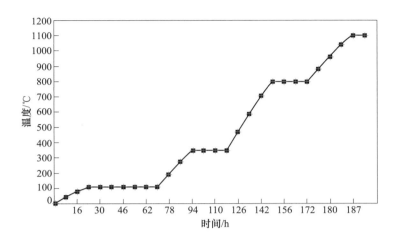

图 6-15　还原炉升温曲线

（3）喷枪位置和斜度的核对及标定。

（4）上渣口、下渣口、虹吸道的上端口和下端口及底铅口的测量和标定。

（5）喷枪孔、保温烧嘴孔、探渣孔、人孔门及锅炉上升烟道二次风口位置的测量核对。

（6）熔池铅面、渣面检测基准尺寸的测量和标定。

C　点火升温前准备工作

点火升温前准备工作具体包括：

（1）进渣口、放铅口、放渣口溜槽安装是否合理。

（2）准备 50m³ 左右、长度不大于 1m 的木材，并且随着烘炉的进行，木柴消耗以后，随时准备将木柴吊到指定位置堆放好。15~20t，直径小于 100~150mm 干木材或松木材。

（3）还原炉事故安全坑铺 300mm 厚的干沙子；防止水进入事故安全坑。

（4）制作 6 根点火用火把，用铁丝把布条或棉纱扎在 $\phi30mm$、$L = 1200mm$ 左右的木棍的上。

（5）确认炉体热电偶和开炉临时热电偶能正常读取温度，并和仪表工程师一起进行校对，保证现场实测温度与反馈到 DCS 的读数一致。

（6）关闭还原炉阀站的全部阀门。

（7）水系统管道须用箭头标识水流方向，水套、水套进出口阀门及进出口管道必须挂牌和编号，以便于查找和调整。

（8）现场安全警示牌的制作和挂牌，投产前在所有需要挂安全警示牌的区域挂好相应的警示牌。

（9）临时检测仪表的安装，炉体砌筑结束后，在炉体上安装开炉用临时热电偶。炉体侧墙上部设有固定热电偶一支，下渣口安装一支临时热电偶。热电偶长度为 1000mm、量程为 0~1600℃ 的热电偶。临时热电偶显示仪安装在现场，炉体侧墙热电偶温度在控制室显示。

6.1.4.2　烘炉

A　烘炉方法

烘炉前期，炉内铺设电阻丝进行低温烘炉，温度控制在 80~100℃，此阶段时间控制在 3~5 天，越长越好，可以根据具体投料时间确定。

前期低温烘炉结束后，在虹吸道内插入木棍至炉内虹吸口处，并用黄泥将炉内虹吸口封堵住，再从虹吸井处用耐火泥将虹吸口封堵死，保证空气不能进入虹吸道，烘炉时木棍不会被烧掉。

组织开炉人员先在炉内均匀铺设 20~30mm 焦粉，粒度 3~10mm，再在焦粉上均匀铺设精炼渣 10~20mm，然后投入约 1m³ 干木柴后，浇上部分柴油后点燃，待木材燃烧旺盛后逐步增大木材的量，开始缓慢升温到 400℃，期间可配合使用小流量柴油油枪；经过 400℃ 恒温段后，加大柴油油枪流量继续升温，到达 850℃ 后进入恒温段，期间温度升到约 800℃ 时，开始点燃煤气喷枪升温，并逐步用喷枪燃烧煤气替代柴油油枪，缓慢升温到 1100~1200℃。采用喷枪燃烧煤气烘炉后，通过调整点燃喷枪的数量、单支喷枪的煤气量和富氧量及油枪的燃油量来控制炉内温度，并通过调整炉内负压调节烟气带走热量的辅助手段，控制炉内温度按照升温曲线升温。

为了避免升温期间煤气燃烧后产生的水分在主烟气线路的设备里冷凝产生积水，开炉时所有的烟气从设置在余热锅炉和表面冷却器"鹅颈"烟道处的排空管排空，通过余热锅炉人孔门处吸入冷风来进行调节，化底铅前将烟气切入主烟气线路。

B　中、高温段烘炉

低温段 400℃ 烘炉 48h 后，增大油枪柴油流量继续升温。当加炉温达到 800℃ 左右，点燃炉体侧墙喷枪富氧（70%~85%）燃烧煤气烘炉，并平稳完成煤气烘炉取代柴油烘炉。点燃煤气的过程保证炉膛内有可点燃煤气的明火（油枪火焰或木柴火焰），防止 CO 引起的安全事故。将所需的枪全部点燃并燃烧正常后，盖好斜炉盖，进入煤气烘炉阶段，按照升温曲线逐步增加喷枪数量和煤气、富氧（70%~85%）量来升温。

C　点燃喷枪和增加喷枪数量及用气量的方法

点燃喷枪和增加喷枪数量及用气量的操作方法和要求如下：

（1）还原炉经过 400℃ 恒温段继续升温 37h 后，检查氧气、煤气装置、管道、阀门后，联系煤气站准备组织送气作业，待确认各供应点具备送气条件反馈可作业信息后，方可组织点火作业（为保证煤气调整正常进行，在点燃煤气前可组织投入约 1t 木柴保证炉内较大火势，并保持稳定或调整油枪火焰长度保证喷枪煤气连续燃烧）。

（2）主控接到指挥部送气指令后，打开煤气管路上除喷枪前阀门外的其他阀门，其中煤气自动调节阀打开 30% 的开度，再缓慢打开对应两支喷枪前阀门，向炉内送入适量煤气，根据炉温依次成对点燃 7 号、14 号，4 号、13 号喷枪。观察煤气流量是否正常。

（3）喷枪煤气燃烧平稳后，按煤气量的约 24% 缓慢送入富氧空气。

（4）观察燃烧完全且稳定后进行自动调节，单支喷枪煤气流量控制为 150~200m³/h，富氧量按煤气量的约 24% 进行相应的调节。当煤气流量达到要求后即进入煤气烘炉阶段。

（5）煤气升温作业应严格按照升温曲线控制升温，温度变化原则上不超过 ±50℃。

（6）调整煤气流量，控制好火焰形状及大小，确保火焰不直接接触耐火材料表面，以免耐火材料发生剥落。

（7）当还原炉炉内温度与升温曲线温度相差50℃以上时，通过增大煤气自动调节阀的开度来增大煤气量，同时相应调节氧气量，实现温度的调节。原则上煤气总流量每次调整不超过200m³/h。当单支枪的煤气量达到200m³/h后，逐步增加枪的数量，增加枪数量的原则是炉墙每侧同步增加（为保证煤气调整过程的安全，在每次调整煤气量前可点燃油枪调整适当油枪火焰长度或组织投入约1m³木柴保证炉内维持较大火势）。

（8）当还原炉温度升至850℃以上时，关闭余热锅炉的人孔门。还原炉余热锅炉出口温度升至230~250℃时，切换烟气到主烟气线路。烟气线路切换后，按照升温曲线继续升温。

（9）当还原炉炉内温度升至1000℃以上时，每小时检测一次炉内精炼渣情况，看加入的精炼渣有无熔化，若炉内有熔融的炉渣，则具备加底铅的作业条件。

D 虹吸出铅口的烘烤

虹吸出铅口的烘烤方法如下：

（1）低温段用木炭烘烤。

（2）中高温段接煤气喷枪管对虹吸出铅口进行烘烤。

E 烟气线路切换

烟气线路切换操作方法和要求如下：

（1）当还原炉温度升至850℃以上时，关闭余热锅炉的人孔门，通知还原炉尾气脱硫系统设备启动等待接受还原炉烟气。

（2）当还原炉余热锅炉出口温度升至230~250℃时，开起锅炉引风机，将炉内负压调整到-30~-50Pa，关闭"鹅颈"烟道上的排空阀，之后通过调整引风机负荷，控制炉内负压在-5~-10Pa（以烟气不从三次风口和炉前外逸为准）。烟气进入正常生产烟气线路。

F 烘炉过程的安全注意事项

烘炉过程的安全注意事项包括：

（1）若一次点火失败后，应迅速关闭煤气阀门，并启动支管氮气进行吹扫，查清原因后，重新按照点火程序进行点火。

（2）煤气供应、煤气压力、流量正常，喷枪燃烧正常后将还原炉锅炉引风机风量加大，组织人员监测作业环境周围CO浓度，防止因作业环境CO浓度超标造成安全事故，若检测CO浓度超标，增加三次风量，查找CO泄漏点，同时可进一步加大还原炉锅炉引风机风量。组织开启通风除尘系统。

（3）在煤气、氧气调节完成后，可从还原炉二次风口观察上部是否完全燃烧，否则，可加大调整氧气量或降低煤气量，保证烘炉过程中CO完全燃烧后进入后面系统，避免事故发生，通过还原炉收尘CO在线监测CO浓度进行调整。

（4）切换烟气线路时，必须先开起主排烟系统，确认无误后方可关闭开炉"鹅颈"烟道上的临时排烟阀门。

G 烘炉期间的安全原则

烘炉期间的安全原则包括：

（1）在点火升温期间，必须保证参加烘炉人员的人身安全和炉体安全；对上岗人员进行岗前培训和三级安全教育。

（2）对烘炉过程中可能出现的事故，制定相应的应急措施。具体有：炉体软化水供水、锅炉出现故障、煤气站故障、制氧站故障和系统停电等应急预案。

（3）由相关部门来编制应急预案并汇总成册。

H   烘炉期间的炉体均匀膨胀原则

在烘炉期间，实际升温最大波动幅度不要超过±20℃，防止煤气量大幅度波动；严格按理论升温曲线升温。以保证炉体耐火材料各个部位的均匀膨胀。

I   烘炉期间的满足投料要求原则

在侧吹还原炉投料前，炉膛温度达到1200℃作为投料的前提条件。

J   烘炉期间的节能原则

稳定炉内始终为微正压状态，一般控制在-10～-20Pa。

K   烘炉升温技术参数的调整

烘炉升温技术参数的调整包括：

（1）升温技术参数调整原则以升温过程中所参考的热电偶温度与理论升温曲线温度之差为依据，适当调整升温技术参数，严格按理论升温曲线升温。

（2）喷枪流量的调整依据升温各阶段温度的高低和炉内温度分布情况，由开炉工艺组技术员或夜间值班技术人员视情况组织调整，遇到异常情况由工艺技术人员讨论后确定调整方法，由值班技术员组织实施。

L   负压微调方法

中央控制室人员根据升温实际情况进行负压微调的具体方法如下：

（1）低温阶段以调整木材量和油枪供油量的方式控制温度，在短期内温度超出控制范围±10℃时适当通过提高或降低炉膛负压，将过剩的热量通过烟气带走或减少烟气带走热损失；

（2）中高温阶段以调整喷枪煤气量、助燃风量和炉膛负压的方式控制温度；高温阶段提高温度困难时，必须使炉膛微正压操作，并适当降低二次风量。

M   烘炉期间温度的监控

升温期间，要求中央控制室人员每小时记录炉体热电偶温度一次，对于开炉新增加的临时热电偶温度要严密监视，及时为技术人员反馈炉内温度的变化情况。

N   烘炉期间炉前岗位点检要求及内容

烘炉期炉前岗位点检要求及内容如下：（1）木柴、各喷枪燃烧是否正常完全；（2）各喷枪火焰长短是否合适；（3）炉内各区域温度分布是否均匀；（4）炉内有无掉砖、裂砖现象；（5）炉内有无漏水；（6）炉体水冷元件的通水情况；（7）燃气管路是否存在泄漏；（8）各个观察孔烧油孔的密封是否完好。

O   烘炉期间专业技术人员点检内容及要求

烘炉期间专业技术人员点检内容及要求如下：（1）炉体骨架有无异常变形、开焊；（2）检查炉体及锅炉的膨胀情况，记录膨胀数据；（3）检查记录升温情况，确认是否按升温曲线进行；（4）炉体表面温度是否有异常。

P 烘炉过程中注意事项

烘炉过程中注意事项有：

（1）升温期间认真检查冷却水系统的运行情况，保证水系统运行正常；

（2）升温期间定期检查炉体内外情况，随时向开炉技术组负责人汇报，及时调整升温参数，避免炉体异常膨胀；

（3）升温期间当班人员必须认真看护好喷枪，必须保证燃气系统正常工作；

（4）升温期间当班人员必须加强炉体点检、密封，严禁炉体漏风；

（5）绝不允许将喷枪火焰烧到对面炉墙上，油枪通过调节压缩空气压力和柴油流量来控制。

（6）烘炉结束后，将还原炉上、下渣口用黄泥堵死，虹吸放铅口放 75mm 厚耐火砖提高放出口高度。

6.1.4.3 加底铅操作步骤

加底铅操作步骤如下：

（1）炉内前期加入的精炼渣已经部分或全部熔化，这时可以开始进行加底铅的操作。

（2）将 30t 铅锭从虹吸口附近喷枪预留口或斜盖板加入炉内，底铅块质量不要过大，防止铅块砸伤炉底。

（3）为了避免炉内温度大的起伏，底铅的加入遵循勤加、均匀加入的原则，每次加入 7t 左右，待铅全部熔化，且表面渣有熔化现象再进行下一次的加底铅作业，总共加入底铅约 70t。

（4）底铅加入量的原则是底铅加入后将底铅口淹没。底铅全部熔化后，炉内液面约 420mm。

（5）底铅加入的过程同时应加大煤气燃烧量，所有底铅熔化后且炉温达到 1200℃ 方可进热渣生产。

6.1.4.4 投料试生产

依据侧吹还原炉的开炉时间，在侧吹还原炉需要进底吹熔炼炉热渣时，底吹熔炼炉必须具备供给热渣的条件。即侧吹还原炉开炉的条件是底吹熔炼炉必须处于正常生产状态；若在升温期间出现底吹熔炼炉生产不正常的情况，需要适当调整侧吹还原炉的升温进度（调整 850℃ 恒温时间），以保证侧吹还原炉开炉进热渣投产。

A 投料试生产前的准备工作

投料试生产前的准备工作如下：

（1）还原炉底铅加入达到所要求的高度后，即可转入投料试生产阶段，投料要求以设置在炉体侧墙上部的插入炉膛内的固定热电偶温度达到 1200℃ 或高铅渣熔化为标准。

（2）还原炉岗位准备好开炉所用钎子、大锤、堵口工具（堵渣口的平台制作，烧口操作台等）和黄泥，将烧口氧气带（软管）提前与氧气管试好，做好排渣和排铅作业准备。

（3）在所有条件具备后，开始进熔炼炉高铅渣，标志着升温结束，转入投料、试生产调试阶段，投料前拆除临时热电偶，检查前期堵住的所有的排放口。

B　还原炉系统投料试生产的总体思路

还原炉系统投料试生产的总体思路包括：

（1）侧吹还原炉顺利开炉，底吹熔炼炉要求配合排渣。底吹炉渣液面在1250mm时，渣液面面积为39m²，还原炉床面积为18m²。

（2）侧吹还原炉前两次进热渣应尽量缩短作业间隔时间，第二次进渣结束后，清理虹吸井内烘炉时残留物，清除封堵虹吸口的耐火泥。

（3）当还原炉渣口有熔渣流出或熔渣液面在喷枪以上时封堵好渣口，继续进渣生产，并烧通虹吸道放铅，放铅结束后，铅液面高400mm，渣液面高约1422mm。转入正常生产的操作状态，渣处理能力为17t/h。

（4）试生产过程中要严格控制铅液面高度，加强熔池管理，保证熔池中铅液面高度不小于400mm。及时调节坝堰高度，随着熔池铅液面高度上升，达到排铅要求时进行排铅，直至正常铅液面。

（5）进料还原结束后进行排渣作业，排渣正常后标志着侧吹还原炉的开炉阶段结束；排渣时对热渣和水碎渣进行取样化验分析，综合分析后对渣型进行调整。

（6）还原炉在生产过程中根据还原工艺要求的炉温，及时调整煤气的供给量。逐步调整到最佳氧气、煤气配比。

（7）通过调节引风机的负荷和烟气管道上的阀门开度使还原炉处于微负压状态。

（8）开炉结束即转入试生产调试阶段。试生产调试阶段的主要目的是摸索出基本的作业模式、操作参数、达到一定的产能和相对稳定的经济技术指标，以维持系统的连续稳定运行。在此基础上进行操作制度、操作参数和技术经济指标的优化。

C　制定合理的试生产调试方案并组织实施

制定合理的试生产调试方案并组织实施如下：

（1）进料、排放制度，包括作业周期、进料量、熔池管理、还原时间、炉渣排放、粗铅排放等。

（2）余热锅炉、烟气收尘、烟尘输送系统的温度、压力分布等。

（3）还原剂的加入量。

（4）侧吹还原炉操作温度（包括粗铅温度、炉渣温度、烟气温度）。

（5）煤气和氧气的流量等。

D　炉况控制

投料初期保持稳定的炉况相当重要，为保证投料期间侧吹还原炉炉况良好，必须加强炉况点检，随时掌握物料成分和产物成分的变化，根据物料成分和炉况，及时调整工艺参数，防止炉况恶化。

E　点检制度

点检制度包括以下几方面：

（1）投产初期炉体各个部位膨胀尚未达到平衡，期间必须加强炉体各部位（特别是铜水套拉杆松紧程度）点检和水系统点检，要求当班人员必须保证一小时点检水系统一次，每班必须点检炉体两次，技术人员每天集中点检炉体一次。

（2）投料生产后，控制室严格监控并记录炉体固定热电偶的温度变化，炉渣温度和铅液温度每班测两次，由控制室记录。

（3）定期停炉（试生产阶段每月停炉检验一次，以后根据经验适当调整停炉检验周期）检测铜水套外沿衬砖的厚度（包括铜水套的温度变化幅度），当厚度低于 60 ~ 80mm 时（此值与挂渣操作经验有关，应按实际经验调整），及时维修砖衬。

（4）每班检验加入还原炉的物料。应避免冰铜或高硫化物（硫化物生料）随热渣进入还原炉，以免不利于还原熔炼条件的控制。尤其当铜水套区域衬砖侵蚀到后期，冰铜或硫化物易腐蚀局部外露的铜水套而造成重大安全隐患。

F　采样化验工作

投产过程中，由于需要摸索基本的作业参数，对各种进出物料的化验分析比较频繁，需要业主加强化验分析人员的力量。转入正常后由业主根据需要制定相应的化验分析计划。

G　试投料生产过程安全注意事项

试投料生产过程安全注意事项如下：

（1）所有进入生产现场的人员，必须劳保用品齐全，要求安全科严格检查落实到位。

（2）对现场的灭火器材要按指定位置摆放。

（3）投料后炉体周围要有专人不间断地巡检，随时要注意渣口被熔体冲开，避免跑渣、跑铅事故发生。

（4）放渣前溜槽必须烘烤好，防止溜槽潮湿放炮伤人。

（5）加强炉内、外水冷元件的点检。

（6）事故应急材料要摆放到现场，如堵渣口制作的特殊工器具、耐火砖等。

（7）控制室设一个专门的柜子存放应急劳保用品、手电、电池等物资。

（8）还原炉布袋室进口烟气温度超过 160℃ 时，检查是否触发高报，同时通过调节回路，调节温度控制阀开度，增大冷风的进入量，以免温度过高造成布袋烧损。

（9）各楼梯逃生通道无障碍。

（10）要坚持定期点检炉况，防止炉内漏水；特别要注意的是在炉子后期生产耐火砖侵蚀严重或非正常操作造成铜水套区域衬砖侵蚀过快时，视情况及时停炉检修耐火材料，防止铜水套与冰铜或硫化物接触而破坏，造成炉内漏水侵蚀耐火砖或发生爆炸事故等。

H　投料试生产技术资料收集

投料试生产技术资料收集包括：（1）投产过程中的工艺技术参数。（2）炉体检测结果。（3）工艺点检记录。（4）试投料生产总结材料。（5）可能出现的突发故障和事故的原因分析及应急预案等。

6.1.4.5　停炉

A　正常停炉换枪

正常停炉换枪的操作步骤如下：

（1）发现有部分喷枪烧损，影响生产，应及时报告试生产指挥部，指挥部调度通知氧气站、煤气站做好准备，同时通知余热锅炉、布袋收尘做好停炉工作。

（2）首先铅口停止排铅作业，提高炉内铅液面，让炉渣尽量从渣口排出。

（3）提高氧/煤气/料比，适当提高炉温，增大炉渣流动性。

（4）当渣口排不出炉渣时（渣口应降至最低位），用氧气烧开底渣口，将炉内残存炉渣排出。使渣位降到枪口砖底面以下。

（5）当渣液面降到喷枪以下或排完渣后，分批将需要更换的喷枪的炉前手动阀门关闭，其他喷枪调到小火苗燃烧的状态为还原炉保温。从圆弧段喷枪口加入保温油枪，开启保温油枪；或用圆弧段喷枪保温，如热量不足，可再成对调整 2~4 支可用喷枪。

（6）按分批顺序拆出更换喷枪。

（7）升温，按开炉投料顺序投料继续生产。

B　长时间停炉

长时间停炉的操作步骤如下：

（1）根据公司计划停炉，指挥部总指挥下令通知氧气站、煤气站做好准备，同时通知余热锅炉、布袋收尘做好停炉工作。

（2）铅口停止排铅作业，提高炉内铅液面，让炉渣尽量从渣口排出。

（3）提高氧料比，使渣含铅升高，增大炉渣流动性。

（4）停止加料。当渣口排不出炉渣时（渣口应降至最低位），用氧气烧开底渣口，将炉内残存炉渣排出。

（5）如果炉内有炉渣，应停止喷枪加热，待炉渣固化后，及时放出底铅，防止炉渣坐底和底铅放不出。

（6）当炉内温度降至 300℃ 以下时，停水冷系统。

（7）清扫现场，各种物料（成品、半成品）分别堆放或运走，不得混堆，并计量、取样化验。

6.2　SSC 技术在再生铅领域的应用

6.2.1　概述

6.2.1.1　世界再生铅资源

再生铅的原料是含铅废料，国际上将其定义为危险废物。目前世界上超过 150 个国家（美国等除外）均是《控制危险废料越境转移及其处置巴塞尔公约》的缔约国，不允许进出口含铅废料，因此，包括中国在内的全球再生铅产业的原料基本来自本国产生的含铅废料[2]。

全球精铅主要产地是中国、印度、欧洲和美国。如图 6-16 所示，2015 年全球产量约为 1100 万吨，再生铅产量约 600 万吨，全球再生铅所占比例约为 56%，其中欧美国家均在 70% 以上。2015 年，中国精铅产量约 470 万吨，再生铅产量约 160 万吨，再生铅所占比例约为35%。2002~2014年期间，中国再生铅产量增长近10倍。但如图6-17所示，除了中国外，其他主要产铅国家和地区的再生铅占比均高于全球平均线，我国再生铅比例和欧美国家相比有较大差距。由此可见，中国再生铅产业有较大的上升空间，而矿产精铅比重会逐步缩减。

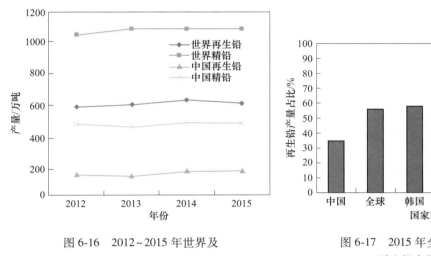

图6-16　2012~2015年世界及
中国精铅、再生铅产量

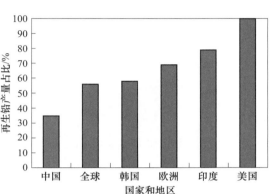

图6-17　2015年全球及各地区
再生铅产量占比

6.2.1.2 我国再生铅资源

我国含铅废料产生来源大致分为6类：

（1）各种机动车、电动车、点火照明用铅酸蓄电池；

（2）通信、发电厂、船舶、医院等单位后备电源，即工业蓄电池；

（3）铅酸蓄电池厂生产中报废铅渣、铅灰；

（4）铅玻璃；

（5）电缆铅、硬杂铅；

（6）钢厂含铅烟灰、锌厂含铅烟灰以及铅泥。

目前80%以上的精铅用于蓄电池的生产，因此前3类的废铅酸蓄电池为再生铅企业主要的原料来源。而铅酸蓄电池主要用于交通工具，如图6-18所示，2015年我国交通工具铅酸蓄电池理论报废总量接近500万吨。未来随着我国汽车、电动自行车保有量的不断增长，我国铅酸蓄电池报废量有较大增长空间。第四类铅玻璃主要来自CRT（阴极射线管）电视机。目前CRT电视机基本被液晶电视取代，因此铅玻璃主要是来自逐步淘汰的CRT电视机。第五类由于使用寿命长、体量小，回收较分散。第六类主要来源于钢厂和锌厂，一般回收到矿铅冶炼厂搭配铅精矿处理。

A　我国废铅酸蓄电池回收现状

我国再生铅资源回收主要是针对废铅酸蓄电池的回收。2015年我国废铅酸蓄电池理论报废量约500万吨，但实际报废量仅有其70%左右。我国再生资源大多处于个体散户回收

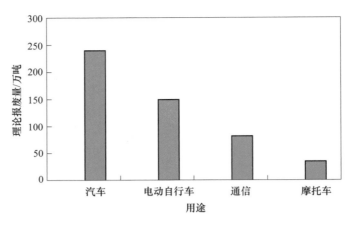

图 6-18　2015 年铅酸蓄电池理论报废量

的状态，整体上我国再生资源回收体系缺失，大量报废铅酸蓄电池流入非法散户。根据中国有色金属工业协会再生金属分会（CMRA）统计，在我国废铅酸蓄电池回收量中：个体散户占 60%，电池零售商占 18%，汽车维修及 4S 店占 5%，电池制造商占 8%，再生铅及专业回收点仅占 9%。

全国规模以上再生铅企业共处理了近 250 万吨废铅酸蓄电池，保守估计，没有进入正规再生铅企业处理的废铅酸蓄电池接近 100 万吨。铅酸蓄电池中大量的硫酸和铅，报废后若不能妥善回收处置会对环境污染极大。

　　B　我国铅玻璃回收现状

2000 年前后，我国电视机以 CRT（阴极射线管）电视机为主，随后开始下滑，逐渐被液晶电视取代。CRT 电视机玻璃中含有铅、钡和锶等多种有毒有害物质。2008～2013 年为 CRT 电视机报废高峰期，每年铅玻璃中含铅总量高于 5 万吨，最高接近 7 万吨。2013 年后逐年下降，预计至 2020 年，年平均废铅平均产生量 2 万吨，累计总量达到 43 万吨。对比我国每年 400 多万吨的精铅产量，其对解决资源匮乏的实际意义较小，但如此大量的含铅固体废弃物，对环境所造成的风险是极大的。废铅玻璃回收的环保意义显著大于其资源效益。

目前，铅玻璃主要用于生产玻璃制品和建材，并没有对铅进行有效回收，因此，亟须找到合适的办法对铅玻璃进行无害化与资源化处理。

6.2.2　再生铅回收技术

6.2.2.1　铅玻璃的回收技术

CRT 电视机铅玻璃主要分为 3 类：黑白 CRT 玻璃、彩色 CRT 屏玻璃、彩色 CRT 锥玻璃。组成式为：R_mO_n-PbO-SiO_2。SiO_2 是构成玻璃网络结构的基本单元，含量一般大于 50%；R_mO_n 代表调整玻璃特性的其他金属氧化物；PbO 赋予玻璃的基本特性。其中黑白 CRT 玻璃、彩色 CRT 屏玻璃含铅较低，一般含铅 0～4%；而彩色 CRT 锥玻璃中含有氧化铅约 23%，平均每台大约含铅 2kg。

目前主要处理方法有：

（1）CRT 玻壳再生产。由于目前 CRT 电视机已经被液晶电视取代，CRT 玻壳再生产已没有市场。

（2）制备玻璃制品和建材。该方法虽然实现了废弃 CRT 玻璃的资源化利用，符合循环经济的核心内涵，但是对于环境来说，仅仅是将铅等重金属元素从一种产品中转移至另一产品中，依然具有潜在危害性，甚至可能变得更加严重。

（3）作为铅冶炼的熔剂或者搭配处理。该方法是回收铅玻璃的最佳途径，不仅可以回收其中的铅，而且还减少了矿铅的熔剂消耗，节省了成本。

（4）采用侧吹浸没燃烧熔池熔炼工艺搭配处理铅玻璃和铅膏。实际生产中搭配处理过铅玻璃，不仅回收了铅玻璃中的有价金属，还对铅玻璃实现了无害化处理。

6.2.2.2 废铅酸蓄电池回收技术

A 废铅酸蓄电池回收部位

目前回收的废铅酸蓄电池主要为汽车启动电池以及电动自行车电池。其主要由塑料壳、铅栅、铅膏、隔板、电解液组成。其中铅栅为铅合金，铅膏主要为硫酸铅和铅的氧化物，电解液为稀硫酸。铅栅、铅膏和电解液均在《国家危险废物名录》当中。

汽车启动电池和电动自行车电池典型成分见表 6-16，其中铅栅和铅膏成分见表 6-17和表 6-18。铅栅和铅膏占比最大，且最具经济价值，因此废铅酸蓄电池回收的重点就是对铅栅和铅膏的回收。

表 6-16 铅酸蓄电池典型成分 （%）

电池种类	板栅	铅膏	塑料	隔板纸	电解液	合计
电动自行车废铅酸蓄电池	20	65	6	2	7	100
汽车废铅酸蓄电池	30	35	8	7	20	100

表 6-17 铅栅典型成分 （%）

电池种类	Pb	Sb	Sn	Ca	Cu	其他	合计
电动自行车废铅酸蓄电池	97.00	—	1.00	0.10	—	1.90	100
汽车废铅酸蓄电池	94.00	4.00	0.30	—	0.05	1.65	100

表 6-18 铅膏典型成分 （%）

电池种类	Pb	Sb	S	Fe	SiO_2	CaO	Al_2O_3	Sn	其他	合计
电动自行车废铅酸蓄电池	74.00	0.01	5.50	—	0.10	0.20	0.81	—	19.38	100
汽车废铅酸蓄电池	74.00	0.33	6.00	0.37	1.20	0.60	—	0.02	17.48	100

废铅酸蓄电池回收主要包含两步：

（1）对蓄电池进行拆解分选，将铅栅、铅膏、塑料壳、隔板、电解液进行分离。其中，塑料壳、隔板通过物理分选分别回收，电解液则回收其中的酸或进行中和处理。

目前废铅酸蓄电池处理的拆解分选主要有手工拆解和机械破碎分离两种。手工拆解通常是将蓄电池电解液倾倒后，再简单地将蓄电池的塑料壳和铅栅、铅膏、隔板纸分离。《危险废物贮存污染控制标准》中禁止对废铅蓄电池进行手工拆解。

机械破碎分离在国外发展较快，具有代表性的技术有：俄罗斯的重介质分选技术、意大利的 CX 破碎分选系统、美国的 MA 破碎分选系统以及日本的 TDE 自动化拆解及破碎技术。其中意大利的 CX 破碎分选系统在国内外应用最为广泛，日本的 TDE 技术在天津东邦铅资源再生有限公司有使用。国外设备自动化程度高，但投资太大，维护成本高。

国内公司经过多年的攻关、研究引进、消化吸收，自主研发出自动拆解系统。国产设备更符合国内的操作习惯，投资低，维护简单。

（2）回收铅栅、铅膏中的铅锑等金属。铅栅为铅合金，可通过熔化和火法精炼加以回收；铅膏主要含硫酸铅和铅的氧化物，需通过化学过程对铅加以回收。因此，铅膏的处理为废铅酸蓄电池处理技术的重点和难点。

B　铅膏处理技术

再生铅冶炼工艺关键在铅膏的处理。目前国内外废铅酸蓄电池铅膏处理技术主要由传统的反射炉、普通鼓风炉以及短窑等工艺。

国外对于铅膏处理先进技术主要有以下 3 类：

（1）以欧洲为代表，铅膏采用短窑间歇碱性熔炼法回收再生铅，即在碱性条件下加单质铁固硫的周期性沉淀熔炼工艺，主要是以意大利梅洛尼、安奇泰克和博拉地公司等输出技术为主。铅膏冶炼温度一般为 1350℃ 以上，在熔炼过程中加入铁屑、纯碱、白煤等作助熔剂，脱硫铅膏冶炼吨铅渣率一般为 10%~20%，未脱硫铅膏冶炼吨铅渣率一般为 30%~40%，渣含铅一般为 3%~5%。采用纯氧燃烧技术，综合能耗（铅耗煤）150~200kg/t。该技术机械化程度高，作业灵活，采用油或天然气作能源，用氧气助燃，清洁生产程度相对较高。

（2）以美国为代表，铅膏采用反射炉—鼓风炉或反射炉—转炉等联合冶炼工艺生产再生铅，即先加热分解脱硫，再加碳强化还原的工艺。如美国杜兰公司，脱硫后的铅膏和粉碎后的铅废料（占 10%）在反射炉中氧化冶炼，先产出一部分铅（软铅），产出含 Pb 60% 的富铅渣与其他废渣一起再送入鼓风炉还原冶炼。反射炉则采用连续自动进料，连续出铅，间歇放渣，采用天然气作燃料，富氧助燃。因此，该技术一般会采用两台以上炉窑组合冶炼，工艺流程长，冶炼温度一般为 1250~1300℃。反射炉冶炼产出高铅渣需先铸渣，再进鼓风炉冶炼，显热损失大。吨铅产渣率一般 10% 以上。

（3）处理类似物料（以 $PbSO_4$ 为主），主要有 Ausmelt 顶吹熔炼或 ISA 顶吹熔炼、QSL 炼铅法、Kivect，这些方法企业均搭配处理铅膏，还没有单独应用处理铅膏等二次铅物料。

当前国内再生铅冶炼工艺主要有：

（1）反射炉工艺。反射炉工艺是早期再生铅生产采用的工艺技术，前些年国内铅膏的处理主要采用该技术。其优势是操作简单，适应性强，投资少。但由于反射炉为辐射传热、热效率低、床能率低、生产成本高、操作环境差，难以满足国家产业政策，属于淘汰落后工艺。

（2）鼓风炉工艺。鼓风炉处理再生铅通常采用混合熔炼方法，将铅屑、未脱硫铅膏、烟灰、返渣、铁屑和焦炭加入鼓风炉中熔化还原。采用空气熔炼的鼓风炉床能力约为 $30\sim50t/(m^2\cdot d)$。渣中含硫，难以分离，导致渣含铅较高，因此炉渣还需要进一步处理，造成二次成本增加。但是，由于其投资相对较低，国内仍有部分企业采用该种炉型，使用昂贵的冶金焦炭。鼓风炉工艺存在自动化程度低，焦炭消耗大，烟气量大，余热无法回收，烟气中二氧化硫浓度低，配套脱硫系统庞大，且脱硫的副产品销路有限等缺点。

根据 2015 年国家发布的《铅锌行业规范条件》要求，对于新建、改造和现有铅冶炼项目，粗铅冶炼须采用先进的富氧熔池熔炼—液态高铅渣直接还原或一步炼铅工艺，已经不允许新上鼓风炉工艺炼矿铅项目。虽然目前再生铅行业还未禁止采用该工艺，但是鼓风炉存在环保差、劳动强度大、自动化程度低等缺点，在未来几年内将逐步被淘汰。

鼓风炉工艺优点是设备简单，占地小，能耗较低，投资低。缺点是鼓风炉炉壁结渣，需要定期打挂壁、工人劳动强度较大。鼓风炉上部温度低，由于混料中难免掺杂塑料制品，容易产生二噁英。鼓风炉加料口难以密封，烟气泄漏量大，大量的含铅烟尘逸散到大气中，环境很差。而且国内多数企业后续缺乏二噁英的处理措施，对环境危害极大。

天津东邦铅资源再生有限公司使用从日本引进密闭富氧竖炉熔炼（CF 炉）—烟气二次燃烧技术处理铅栅和铅膏。该技术是鼓风炉工艺，其有 2 个特点：首先是在加料口设置有两道进料门，基本做到密闭进料，最大程度减少了投料时加料口的漏烟；其次是设置二次燃烧室，通过燃烧天然气提高烟气温度使二噁英分解，以满足环保要求。

（3）铅膏转化脱硫—短窑熔炼工艺。该工艺为意大利安奇泰克的技术，对于铅膏转化脱硫—短窑熔炼工艺，国外使用的企业较多，国内最近几年也引进了多条生产线，主要用于处理铅膏和其他一些含铅废料。该工艺主要分为两步：

1）铅膏转化脱硫。破碎分选得到的铅膏被送入脱硫反应罐，使用碳酸钠或氢氧化钠进行脱硫，脱硫的副产品为硫酸钠。

2）短窑熔炼。脱硫后的铅膏搭配铁屑、焦炭进入转炉，通过燃气燃烧进行辐射传热，生产粗铅。在加料阶段初期炉内温度降至 $400\sim500\,^{\circ}\mathrm{C}$，然后需要 $3\sim4h$ 提温至正常熔炼温度，能耗较高。

铅膏转化脱硫—短窑熔炼工艺优点是比反射炉工艺效率高。缺点是采用铅膏转化脱硫—短窑熔炼工艺脱硫时脱硫采用高价的碱，得到的硫酸钠需消耗大量的热能进行蒸发结晶，生产成本太高。而且实际脱硫率才 95% 左右，后续短窑烟气仍需脱硫。短窑生产过程中需加入焦炭或者高质煤，生产成本较高。而且间断操作导致炉内温度变化大，耐材使用寿命短，4 个月左右需要检修一次。短窑通过辐射传热，热效率低，并且间断生产，劳动生产率低。而且渣含铅 4% 以上，铅回收率较低。

浙江天能集团、湖北金洋公司均引进过该技术，但由于脱硫成本太高，生产企业都无法承受，现在都被迫采用其他工艺来处理铅膏。

（4）铅精矿搭配铅膏熔炼工艺。河南豫光金铅公司采用中国恩菲发明的氧气底吹熔炼炉处理矿铅，同时搭配部分铅膏进行熔炼。

铅精矿搭配处理铅膏熔炼工艺优点是生产环境好，工艺流程简单，不用再单独建设再生铅处理系统，充分利用矿铅的冶炼设备，冶炼烟气直接制酸，铅烟尘密闭循环，实现了清洁生产。缺点是由于铅膏本身不发热，熔炼过程需要吸收外部热量，而矿铅冶炼发热量有限，因此仅能搭配少量的铅膏进行熔炼。

受限于该工艺的处理能力，目前河南豫光金铅公司拟采用中国恩菲的侧吹浸没燃烧熔池熔炼工艺来处理铅膏。

（5）原子经济法铅酸蓄电池铅膏直接循环利用工艺。北京化工大学负责的"原子经济法铅酸蓄电池铅膏直接循环利用工艺研究"项目，通过了中国有色金属工业协会组织的科技成果鉴定。该工艺跳出了传统回收金属铅思路的束缚，采用原子经济反应为主体，将废铅膏直接转化为氧化铅，主要技术特点如下：

1）采用一步脱硫直接获得高纯度硫酸钠结晶，改变了意大利等国需要碳酸钠脱硫，然后蒸发得到硫酸钠两步反应的能耗和污染。

2）铅膏原子经济反应转化技术通过铅膏的原子经济反应直接得到氧化铅。

3）氧化铅重结晶技术通过零原料消耗的可逆结晶过程得到高纯氧化铅，改变了国外需要硝酸溶解、硫酸沉淀、碳酸钠转化和碳酸铅焙烧得到氧化铅高排放的传统化工工艺。

该工艺已通过 200 千克级生产车间的小试，但将小试转化为工程实践还需时日，而且工业化应用后的生产指标、生产成本、环保效果还需实践检验。

（6）湿法电解工艺。为避免熔炼和粗铅精炼产生的含铅烟尘，国内外冶炼工作者进行了铅膏再生湿法工艺研究。新工艺主要包括电解沉积工艺和固相电解还原工艺。

1）电解沉积工艺。优点是过程清洁、资源综合利用率高、节约能源、适应性强；缺点是工艺过程复杂，投资和运行成本较高，操作水平与管理水平高。

2）固相电解还原工艺。流程简单、占地少、投资省、铅回收率高、过程清洁等，但技术要求高，且单位产品碱耗高，自动化控制水平有待提高。

虽然湿法处理废蓄电池的铅膏在一定程度上可以减少大气污染，提高回收率，有较好的环境效益，但其流程过长，设备投入大，生产成本较高，因此湿法工艺目前还难以实现大面积推广。

（7）铅膏侧吹浸没燃烧—连续熔池熔炼工艺。目前，国内占主导地位的鼓风炉、短窑工艺存在生产成本高、环保排放难以达标等问题，因此再生铅回收是需走绿色冶金的路线，在降低生产成本的同时，最大程度降低再生铅回收过程中环境污染风险。

2016 年开始，中国铅蓄电池企业政策调整，要求铅蓄电池生产企业应积极履行生产者责任延伸制，利用销售渠道建立废旧铅蓄电池回收系统，对自己企业生产的废旧铅蓄电池进行有效回收利用。同时要求蓄电池企业不得采购不符合环保要求的再生铅企业生产的产品作为原料。废铅酸蓄电池破碎分选后得到的铅膏属于含铅危险废物，传统工艺采用鼓风炉、回转短窑处理，但存在硫无法回收、环保差、二噁英难以处理等问题，导致经济性环保性难以持续。

针对上述情况，中国恩菲研发出采用侧吹浸没燃烧熔池熔炼技术处理铅膏的新技术，国内第一条用于处理未脱硫铅膏的 SSC 炉（6000t/a）试验示范生产线于 2012 年在湖北金洋公司投产。

6.2.3 扩大试验研究

国内某企业进行了铅膏连续熔炼技术的实验研究。

6.2.3.1　铅膏反应熔炼试验

A　试验目的

确定低温连续熔炼技术中，铅膏熔炼还原过程中的工艺碳配比、温度、反应时间、燃料消耗参数、金属分布、物料平衡及技术经济指标。

B　试验原理

铅膏反应熔炼（基本都是以氧化铅、硫酸铅和铅粉的形式存在），先加入一部分碳进行部分还原，主要反应如下。

硫酸铅的开始分解温度为 850℃，而激烈分解温度为 905℃。其反应式为：

$$PbSO_4 \longrightarrow PbO+SO_2+1/2O_2$$

在还原性气氛中，温度为 550~630℃时，硫酸铅转变为硫化铅，其反应如下：

$$PbSO_4+4C = PbS+4CO$$
$$PbSO_4+4CO = PbS+4CO_2$$

硫酸铅分解的温度高于硫酸铅在还原气氛中反应的温度，因此有碳的情况下优先进行还原气氛中的反应。

生成的硫化铅和氧化铅及硫酸铅会在 723~850℃时发生反应，铅化合物的反应熔炼反应式如下：

$$PbS+2PbO = 3Pb+SO_2$$
$$PbS+PbSO_4 = 2Pb+2SO_2$$

在此温度下进行反应熔炼，反应速度是很大的。

所以在加入碳不足的情况下，铅料熔体中将会过量一部分氧化铅，这部分氧化铅会将物料中的锑等有色金属氧化进入氧化渣中，产出的部分铅为软铅。以上反应在 1000℃以前将反应完毕。

C　试验过程情况

铅膏主要有 $PbSO_4$、PbO_2、PbO、Pb 以及微量硫酸钙与硅酸盐，经过 XRD 分析与化学分析的方法进行求证与分析得出，烘干铅膏主要成分为硫酸铅，占总重的 65.0%，其各组分含量见表 6-19。

表 6-19　铅膏的各成分含量　　　　　　　　（%）

组分	$PbSO_4$	PbO_2	PbO	Pb	其他	总铅
含量	65.0	29.5	4.5	0.6	0.4	74.5

为了了解铅膏热分解特性，设置工作参数：最高温度为 1200℃，加热速度为 20℃/min，采用空气与氮气气氛下进行 TG-DTA 分析，其结果是：无论是在空气还是氮气下，在 900℃之前铅膏很稳定，到在 950℃时失重仅为 5%；当温度升高到 1000℃以上时，两种气氛下铅膏失重很快，到 1200℃失重达到 70%左右。无论是在空气还是氮气下，铅膏在 1200℃以下都没有明显的放热峰，没有物质分解。

D　试验工艺方案

铅膏配比不同白煤在短窑内进行熔炼，从而了解铅膏氧化还原过程中的工艺碳配比、温度、反应时间、燃料消耗参数、金属分布、物料平衡及技术经济指标，采用的工艺过程是：首先，慢慢调火把短窑升温至 1000～1100℃，保证升温时间达到 10～12h；其次将用按 6 种不同比例的白煤拌匀的铅膏用螺旋加料机加到短窑中，升温熔化；再次，当物料全部熔化，温度达到 1100～1200℃后，同时启动弥散烟气收尘设备，将渣包纵向摆放在出渣口正下面；用烧红的钢钎，打通放渣口出渣，当渣面降至铅熔体表面时，迅速用木头和黄泥堵住渣口；将渣槽中的渣块清理干净；将铁环子一半投入渣液中，将渣包冷吊离现场，冷却 1.5～2h 渣完全冷却后，吊出渣块称重；最后，渣放完毕后，操作工用干抹布或明火将铅包水烤干，以防爆炸；摆好铅包、拌和好黄泥，用烧红的钎尖对准出铅口杉木棒打通出铅口放铅。

E　试验组织

试验组织如下：

（1）试验人员：生产人员 9 人，分两班，每班 3 人，每班 8h，跟班技术人员 2 人，每班 1 人，每班 12h。

（2）物料：铅膏 24～27t（水分小于 12%），每一批次测一次水分，配比白煤进行一次成分分析。

（3）耗天然气量：预计 4500m³，其中烘炉 10～12h 耗天然气 1000m³，实验生产耗 3500m³。

（4）时间：实验时间预计 40h，其中烘炉 10～12h，投料实验生产 28～30h，预计实验生产 7 炉，第一炉洗炉，每炉 4h，每班生产 2 炉。

（5）备料：操作工按当班所需的物料量领够物料到车间待用；除水分净重配比计算按（第一炉配白煤 3%、第二炉配白煤 3.5%、第三炉配白煤 4%、第四炉配白煤 4.5%、第五炉配白煤 5%、第六炉配白煤 5.5%）与所需的白煤拌均匀。

F　试验结果与分析

a　白煤成分

白煤含水量 5.44%，挥发分 7.06%，灰分 29.98%，碳含量 62.25%，发热量 5219.78kJ/kg。

b　物料配比情况

试验铅膏与白煤配比是按除水分后的净重铅膏百分比配入净重白煤，其配比情况见表 6-20。

c　熔炼时间、温度及出炉情况

试验采用短窑熔炼，但由于设备存在其具体过程情况见表 6-21。

表 6-20　铅膏与白煤配比情况

炉次	净重配比/%	铅膏水分/%	铅膏含铅量/%	铅膏毛量/kg	白煤毛量/kg
2	3.00	10.00	73.09	4830	138
1	3.20	10.00	73.09	3618	110

炉次	净重配比/%	铅膏水分/%	铅膏含铅量/%	铅膏毛量/kg	白煤毛量/kg
5	4.00	8.84	72.30	2486	94
6	4.50	8.99	73.47	2532	109
3	5.30	8.84	72.30	2484	125
7	5.50	8.99	73.47	2545	134
4	6.00	8.84	72.30	2612	150

注：水分采用烘箱恒温100℃烘干称量法。

表6-21 熔炼时间、温度及出炉情况原始记录表

炉次	净重配比/%	铅膏净量/kg	进料时间/h	耗气量/m³	吨铅膏耗气/m³·t⁻¹	加热时间/h	炉温/℃	出炉时间/h	备注
2	3.0	4347	0.6	510	117.32	7	900	0.4	第一炉进料时备物1.5h；第二炉黑铁管开孔3h；第六炉黑铁管开孔1h
1	3.2	3256	2	860	264.11	7	1100	0.5	
5	4.0	2266	0.5	420	185.33	4	980	0.5	
6	4.5	2304	0.6	689	299.13	5	1000	0.5	
3	5.3	2264	1	768	339.16	5	950	1	
7	5.5	2316	1	515	222.35	3.5	1200	0.5	
4	6.0	2381	0.5	401	168.41	3.5	950	0.5	

d 产铅与出渣情况

试验放渣铅时的情况是：第一炉在1100℃时炉内铅液表面有块状物，放出渣铅液流动性好，固态渣铅上层为疏松黑色物，中下层为致密灰白色物；第二炉与第一炉类似，但表面没疏松渣；第三炉内铅液流动性还好，放出表面有少量疏松黑色物和大部分致密灰白色物，有一定的铅金属；第四炉放出铅、渣黏稠态，流动性不好，易遇冷却环境形成粒状固体，此产铅量较多；第五炉放渣铅时有很多泡沫，与第三炉类似，表面渣为鱼鳞状，中层渣很致密；第六炉与第三、五炉类似，表面渣有点呈泡沫状；第七炉与第三炉类似。每炉放出的渣和铅不能分离开，主要原因是液态渣铅成黏稠状，都是到冷却后采用人工把渣和铅进行分离，分离出的渣和铅毛重情况见6-22。

表6-22 产出的渣和铅毛重情况表

炉次	净重配比/%	铅膏毛量/kg	净铅量/kg	出铅毛量/kg	出渣毛量/kg	铅一次直收率/%	铅中锑含量/%
2	3.0	4830	3177.22	202	2730	6.36	
1	3.2	3618	2379.96	196	2318	8.24	
5	4.0	2486	1638.49	786	1328	47.97	0.0040

续表 6-22

炉次	净重配比 /%	铅膏毛量 /kg	净铅量 /kg	出铅毛量 /kg	出渣毛量 /kg	铅一次直收率 /%	铅中锑含量 /%
6	4.5	2532	1693.02	960	1314	56.70	0.0210
3	5.3	2484	1637.17	978	784	59.74	0.0432
7	5.5	2545	1701.72	990	494	58.18	0.0195
4	6.0	2612	1721.53	1406	120	81.67	0.0125

图 6-19 中进行了出铅净重占投入铅膏净铅重比例的铅一次直收率分析，随着净白煤比例增加，铅一次直收率增加。白煤加入净配比小于 4% 时，铅膏的还原气氛相当弱，不能很好还原硫酸铅，所以此时出渣含硫还是相当高的。推测白煤加入净配比控制在 5% ~ 6% 之间，铅膏还原过程中铅一次直收率可达 60% 以上。

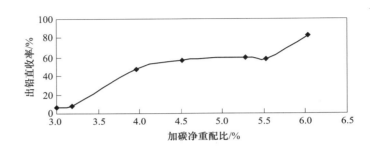

图 6-19　加碳量与出铅直收率的关系

由于第一炉和第二炉产铅过少，没有测产出铅含量，从图 6-20 来看产出铅含锑均低于 0.45% 以下，当加入碳净重配比在 5% 左右还是有利于锑的保留。

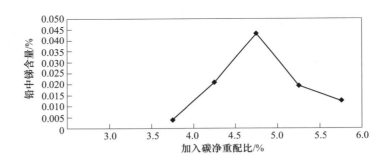

图 6-20　加入碳净重配比与铅含锑量变化

e　产出渣型情况

试验完后对还原过程产出的铅渣进行了分析，铅渣取样方法是刚放出液态渣时用取样勺从中部取一内部渣，再等铅渣冷却后从渣上部取一表面渣，每炉次均按此法取样，其具体情况见表 6-23。

表 6-23　产出渣型情况表　　　　　　　　　（%）

炉次	净重配比	取表面渣含铅	取内部渣含铅	渣含 SiO₂	渣含 Fe	渣含 CaO	渣含 S
2	3.0	79.36	76.50	2.35	3.09	0.20	0.0270
1	3.2	66.87	60.90	5.38	8.78	0.31	0.0440
5	4.0	72.66	64.00	4.82	6.18	0.41	0.0043
6	4.5	74.20	64.50	2.78	3.92	0.26	0.0044
3	5.3	60.80	60.80	5.00	6.73	0.80	0.0041
7	5.5	73.10	79.36	5.00	5.48	0.52	0.0045
4	6.0	70.40	65.00	4.58	5.90	0.30	0.0040

从图 6-21 可以看出，表面渣与内部渣含铅量变化与加入碳量没有太大的关系，但是可看出表面渣含铅量较内部渣含铅量略高，渣中含铅在 70%左右。

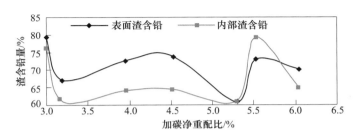

图 6-21　表面渣与内部渣含铅量变化图

从图 6-22 可以看出，渣中含氧化硅、铁及氧化钙变化与加入碳量、熔炼时间长短没有太大的关系，但是可看出渣中二氧化硅随着铁含量变化而变化，渣中氧化钙与其他含量没关系，渣中氧化钙相当低。

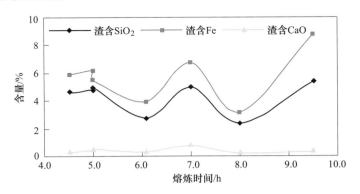

图 6-22　渣中含氧化硅、铁及氧化钙与熔炼时间变化图

从图 6-23 和图 6-24 可以看出，渣中铁、氧化硅、氧化钙变化与加入白煤量没有关系，这说明渣中此三种存在不受加白煤影响，主要由渣中铁、氧化硅、氧化钙物相平衡所决定的，渣中氧化硅随着铁变化而变化；可是渣中硫与白煤加入量有关系，几乎当加入白煤净重配比大于 4%时，渣中含硫趋于稳定且含量很低。

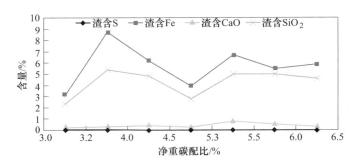

图 6-23　净重碳配比与渣型变化

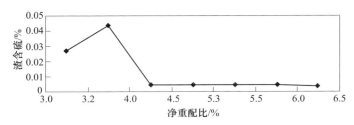

图 6-24　净重配比与渣含硫的关系

　　f　烟气中二氧化硫情况

　　为了了解铅膏氧化过程中二氧化硫的挥发情况，对此过程中产生的二氧化硫进行了监测，监测方法采用的是碘量法。第一次是测得二氧化硫浓度 8580mg/m³，第二次测得二氧化硫浓度 11670mg/m³。

　　G　结论

　　铅膏进行熔炼还原过程中，加入白煤净配比在 5%~6%、温度 1000℃ 左右时进行熔炼较好，铅一次直收率可达 60% 以上，产出铅含锑量低于 0.45%，渣中含铅在 70% 左右；净重铅膏天然气耗量为 170m³/t 左右，进料时间为 0.5h，物料升温及熔炼的加热时间 3.5h，出炉时间 0.5h；产出渣中铁、氧化硅、氧化钙变化与加入白煤量、熔炼时间没有关系，而是由其三种物相平衡所决定的；可是渣中硫与白煤加入量有关系，几乎当加入白煤净重配比大于 4% 时，渣中含硫趋于稳定且含量很低；当铅膏加温熔炼 2h 后烟气中二氧化硫可达到 12000mg/m³ 以上。

6.2.3.2　铅膏还原试验

　　A　试验目的和原理

　　确定低温连续熔炼技术中，探索铅膏氧化渣采用白煤和碳酸钠直接还原方法、金属分布情况等，了解氧化渣还原特性及程度。

　　在固体碳及碳酸钠作用下发生反应如下：

$$PbO_2 + C = Pb + CO_2$$

$$2PbO + C = 2Pb + CO_2$$

$$Na_2CO_3 + PbS = PbO + Na_2S + CO_2$$

$$2PbO + PbS = 3Pb + SO_2$$

此上反应在高温 1200℃ 及熔融炉渣和碳接触良好的条件下才起作用。

B 试验过程情况

铅膏氧化渣特性，铅膏经在短窑加一定量白煤氧化后形成氧化渣，主要有 PbS、PbO$_2$、PbO、Pb 以及 Fe、SiO$_2$ 及 CaO，经检测氧化渣中含铅73%，含硫0.004%。

铅膏经在短窑加一定量白煤氧化后形成氧化渣9088kg，随机平均分成两炉，配入白煤135kg、碳酸钠50kg搅匀后，投入反射炉升温到1200℃以上进行还原熔炼，采用粉煤燃烧供能，加热反应约3h后把渣和铅从中部炉口放入铅锅，约2h后铅锅表面渣冷却成块用行车吊起，下部铅液用勺子舀入铅包铸锭，最后用吊钩秤分别称出铅、渣质量。

C 试验结果与分析

a 白煤、粉煤成分

试验采用白煤主要用于配氧化渣作还原剂，白煤含水量5.44%，挥发分7.06%，灰分29.98%，碳含量62.25%，发热量5219.78kcal/kg(21845kJ/kg)。

试验采用粉煤主要用于反射炉燃烧用煤，粉煤含水量7.40%，挥发分30.74%，灰分8.53%，碳含量60.00%，发热量6424.5kcal/kg(26893kJ/kg)。

b 物料投入情况

试验主要物料是铅膏在短窑内熔炼的氧化渣，进入反射炉熔炼物料情况见表6-24。

表6-24 投入物料情况表

炉次	氧化渣重 /kg	平均含铅 /%	净铅量 /kg	白煤 /kg	含碳量 /%	净碳量 /kg	碳酸钠量 /kg	投入净铅 /kg	投入总重 /kg
1	4502	73	3286.5	136	62.25	84.7	50	3286.5	4688
2	4500	73	3285.0	135	62.25	84.0	50	3285.0	4685

c 熔炼时间、温度及出炉情况

试验采用反射炉熔炼过程情况见表6-25。

表6-25 熔炼时间、温度及出炉情况原始记录表

炉次	净碳配比 /%	投料时间 /h	熔炼时间 /h	出炉时间 /h	耗粉煤量 /kg	吨铅消耗 /kg	备 注
1	1.88	0.5	5	0.25	700	247	两渣一样，均成块，周边一圈有明铅，中间渣块乌黑光滑且有斑点铅，上面靠边渣多孔
2	1.87	0.5	4.8	0.25	645	285	

此次用反射炉进行熔炼较还原熔炼要难，到出炉时炉温达1300℃，放出渣中有斑点铅。

d 产铅与出渣情况

试验放渣铅情况见表6-26。

表 6-26　产出铅与渣情况表

炉次	产出铅锭/kg	铅含铅量/%	铅含锑量/%	渣重/kg	渣含铅量/%	产出净铅/kg	产出总重/kg
1	2832	99.1858	0.60	954	13.10	2933.9	3786
2	2264	99.1872	0.41	656	14.07	2337.9	2920

e　物料平衡情况

试验对投入物料包括铅膏氧化渣、白煤和碳酸钠，产出包括铅和渣，产出烟尘灰，见表 6-27。

表 6-27　投入产出平衡表

炉次	氧化渣重/kg	白煤/kg	碳酸钠量/kg	投入净铅/kg	投入总重/kg	产出铅锭/kg	渣重/kg	产出净铅/kg	产出总重/kg	直收率/%
1	4502	136	50	3286.5	4688	2832	954	2933.9	3786	86.17
2	4500	135	50	3285.0	4685	2264	656	2337.9	2920	68.92
合计	9002	271	100	6571.5	9373	5096	1610	5271.8	6706	77.55（平均）

第一炉净铅净减少 10.73%，总重减少 19.24%；第二炉净铅净减少 28.63%，总重减少 37.67%。对比来看第一炉较正常，第二炉不正常，有部分渣铅还在反射炉内。从第一炉来看，反射炉内采用白煤、碳酸钠还原时铅直收率可达 86.2%，有 3.8%的铅流向渣中，而减少铅流向烟道灰约 10%。

D　结论

铅膏氧化渣可以用白煤和碳酸钠在 1300℃温度的反射炉还原出铅，铅直收率可达 86.2%，3.8%的铅在渣中，约 10%的铅在烟道灰中。含铅高达 13.1%说明氧化渣还原不彻底，渣铅分离不够，应该增加强还原及沉降分离才能把氧化渣中铅全部分离出来，降低渣含铅量。

6.2.4　湖北金洋铅膏连续熔池熔炼工艺示范项目

连续熔化还原冶炼铅膏工艺思路的提出是因为传统的废铅酸蓄电池铅膏采用反射炉或短窑工艺，这两种炉型均属反射熔炼，采用周期作业，包括投料、升温熔化、熔炼和放料等过程，一个生产周期大约需要 6~8h。反射炉熔化方法是表面加热法，即炉端部的烧嘴燃烧火焰对窑内配合料进行辐射加热。因此，熔化过程主要是在物料上部进行，铅膏物料底层的热主要靠热传导，传热很差，热效率低。

浸没燃烧法是借助于设置在熔池底部或侧墙的位于熔融液态渣之下的无焰式亚声速燃烧喷枪喷出的燃料并充分地在熔体中燃烧，高温的燃烧产物与熔体、物料在泡沫层中具有极高传热传质效果，是传统的反射炉无法相比的，且熔池熔炼是在强烈的搅拌条件下完成反应。浸没燃烧熔炼方法是热效率高，而且易实现铅膏连续熔炼的一种新工艺。

针对当前废铅酸蓄电池铅膏处理工艺普遍采用反射炉、普通鼓风炉工艺存在工艺落后、装备陈旧、生产环境差、亟待更新改造的现状，2010 年中国恩菲与湖北金洋冶金股份有限公司双方签订研发合同共同研发具有世界先进水平的铅膏低温连续熔炼工艺及装置，并应用于废铅酸蓄电池低温连续熔炼项目，属于国家发改委第七批资源节约和环境保护项目。其产品再生铅、再生塑料等，是当前国家重点鼓励发展的城市矿产资源循环利用领域，符合国家高技术产业化政策和行业发展方向。

项目厂址建设在湖北省襄阳市谷城再生资源工业园，采用现代先进、环保的废铅酸蓄电池回收技术和工艺流程，利用武汉"1+8"城市圈废弃电池收集网络以及在全国 21 个省市相关地区设有的专业回收网点，建立起一套较为完整的、具有金洋特色的二次废铅资源回收体系，年回收处理废铅酸蓄电池 20 万吨；并响应国家发展循环经济、建设城市矿山的号召，综合处理铅膏、铅烟灰、铅玻璃等含铅废物料。

项目的建设规模、设备选型、环保排放指标均严格执行国家产业政策，以"减量化、再利用、资源化"为核心，秉承湖北金洋公司"资源有限、创造无限"理念，定位为"国内一流、国际领先"。建设规模为年产 6 万吨再生铅生产示范厂，综合技术经济指标可达到国内外同类企业先进水平，可产生较好的经济效益、环境效益和社会效益，实现担当起领跑循环经济和再生资源行业健康发展的角色，打造亚太地区"城市矿产"示范基地。

6.2.4.1 项目概况

湖北金洋公司成立于 1985 年，1994 年改制成为股份有限公司，是一家专业从事再生资源回收，废铅酸蓄电池、铅基合金研制与生产的高新技术企业，已形成年处理废铅酸蓄电池 20 万吨、年产再生铅 13 万吨，发展成为国内再生铅及铅基合金生产骨干企业。湖北金洋公司是国家循环经济示范试点单位、国家"城市矿产"示范基地、湖北省高新技术企业、湖北省博士后产业基地、院士（专家）工作站，第七类进口废物利用定点加工单位、湖北省危险废物经营许可资质单位。目标打造成为"国内第一、亚洲领先、世界知名"的再生铅示范厂。全面实现如下目标：

（1）采用再生铅连续熔炼技术处理铅膏取代反射炉间断熔炼技术，清洁化连续生产，提高生产效率和资源利用效率，降低成本。

（2）采用富氧燃烧技术，提高热效率，达到节能减排的目的，满足现行严格的环保要求。

（3）采用先进机械自动及信息化控制，降低劳动强度，显著改善劳动条件。

（4）利用硫资源，避免 SO_2 的污染，推动再生铅行业清洁生产。

该工业化示范生产线规模为回收利用铅膏年产再生铅 6 万吨，主要设备包括配料及加料系统、连续熔化还原炉装置、余热锅炉、收尘、通风、烟气脱硫、负压输灰装置等。该工程厂房和设备投资 7000 多万元，建筑面积 $12000m^2$。2010 年底完成工业化试验，2011 年完成该工业技术及装置的研发和设计，2012 年 10 月完成工厂产业化生产线建设，2014 年 8 月完成工业化试生产并投正常工业化生产。

国内外再生铅技术水平比较表见表 6-28。

表 6-28　国内外再生铅技术水平比较表　　　　　　　　（%）

项目	世界先进	国内先进	金洋技术水平
铅金属总回收率	97	95~96	98.5
锑、锡等有色金属回收率	95	90	95.8
硫综合回收率	95	92	98

6.2.4.2　处理原料

连续熔化还原炉处理铅膏、铅灰等混合物料（干基）65060.72t/a，合计产铅51836.06t/a，其中软铅29135.59t/a、硬铅22700.47t/a，见表6-29。

表 6-29　处理物料

序号	物料	湿基/t·a^{-1}	干基/t·a^{-1}
1	脱硫铅膏	46944	41311
2	外购铅泥	1000	780
3	铅屑灰	7920	7920
4	外购铅渣灰	4000	3800
5	烟道灰	6000	6000
6	合金灰	5250	5250
合　计		71114	65060.72

6.2.4.3　工艺过程

铅酸蓄电池资源化新技术项目中开发并设计连续熔化还原炉工程，其工艺过程描述如下：铅膏经压滤机压滤后送至可逆皮带，用上料皮带送至配料仓。配料区的铅料（如合金灰、铅屑灰和外购铅灰等其中少量的含铅物料可预先配料）、熔剂（黄铁矿烧渣、石灰石、石英石等）和还原煤用抓斗起重机送至各自料仓内，经过定量给料机和铅膏配料后，通过大角度皮带输送机送至炉前中间料仓，而后通过移动皮带输送机由炉顶均匀地加入连续熔化还原炉熔化段。富氧空气（50%）和天然气通过多支浸没在熔池中的喷枪喷射到炉内，入炉物料落到熔池表面，由于喷枪喷入的高速气流作用熔池产生剧烈搅动，强化了熔池的传质，加速了反应，使固体物料快速熔化。物料在熔化段内约1100℃的高温环境和弱还原性气氛下产生含锑低的粗铅（软铅）和高铅渣。铅物料中一半左右的铅在熔化段被还原出，由熔化段虹吸放铅口放出至铅包中，以液态或固态方式送至火法精炼及合金配置区用于生产精铅。而高铅渣则通过连续熔化还原炉中间隔墙下部的通道连续的流入还原段。

还原段的还原煤通过大倾角皮带和三通分料器送至连续熔化还原炉还原段的碎煤仓内，然后通过定量给料机计量后用移动式皮带连续加入还原段内。进入连续熔化还原炉还原段内的初渣在约1150℃下进行还原熔炼，产生含锑高的粗铅（硬铅）和弃渣。液铅由还原段虹吸放铅口放出至 0.5m³ 的铅包中，以液态或固态方式送至火法精炼及合金配置区用于生产铅锑合金。弃渣由放渣口间断放出，经过水碎后由汽车运至渣堆场。

为了控制炉内气氛避免生料进入还原段，连续熔化还原炉熔化段和还原段炉膛用隔墙隔开，连续熔化还原炉熔池高度随放渣的间断时间而波动。熔化段和还原段产生的烟气出炉后混合进入余热锅炉，还原段烟气管道设插板阀以控制还原段炉内负压，调整二次吸入风量。余热锅炉上升烟道底部与此熔炼炉烟气出口相接，烟气中熔融状态下的烟尘可借助于重力作用流向并沉降到炉内，从而减轻后部受热面上的积灰。上升烟道出口烟气温度约为 650~700℃，烟气通过余热锅炉对流区后温度降至约为 350℃，再进入收尘处理。铅膏连续熔池还原熔炼工艺流程如图 6-25 所示。

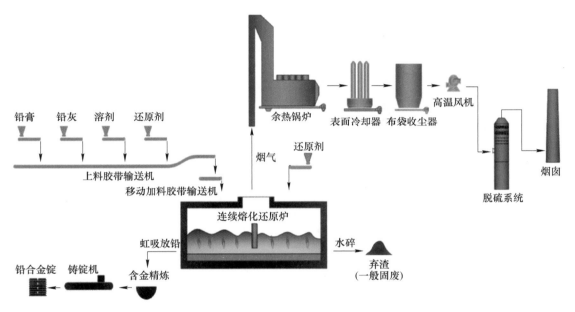

图 6-25　铅膏连续熔池还原熔炼工艺流程

除尘后烟气进入烟气脱硫系统形成亚硫酸钠和硫酸钠溶液，再经空气氧化得硫酸钠溶液，然后通过加入回收稀酸调 pH 值后加入硫化钠除重金属，最后经蒸发结晶、离心、干燥去水后得无水硫酸钠，包装后外售。具体实施工艺流程如图 6-26 所示。

连续熔化还原炉燃料是通过喷枪送入炉内，燃料及助燃用富氧空气直接送入到渣熔池区域内，熔体在喷入的燃料及富氧空气的搅动下一直处在翻动的状态。因此当混合物料落至熔体表面后迅速被卷入熔体中，1050~1100℃ 的高温下为混合料中 $PbSO_4$ 的分解，氧化铅的还原和硫化铅氧化交互反应提供了充分的前提条件；熔池熔炼和燃料的浸没燃烧技术保证了反应热的高效利用率，同时入炉料在卷入熔体后的迅速熔化并分解，大幅度降低了铅的挥发量。

6.2.4.4　示范厂生产主要技术经济指标

示范工厂低温连续熔炼经济指标见表 6-30。

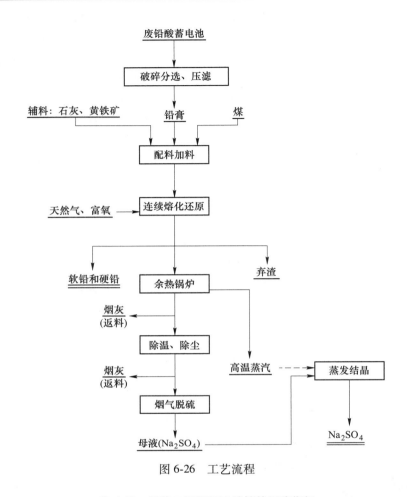

图 6-26 工艺流程

表 6-30 示范工厂低温连续熔炼经济指标

序号	项目	指标
	原料处理量（湿基）/t·a⁻¹	71114
	原料处理量（干基）/t·a⁻¹	65060.72
	原料平均 Pb 品位/%	约 73
	原料含 S/%	1.62
	无烟煤消耗（吨原料）/kg	50.19
1	石灰石消耗（吨原料）/kg	10.30
	石英石消耗（吨原料）/kg	0
	黄铁矿烧渣消耗（吨原料）/kg	18.55
	电耗（每吨铅）/m³	61.9
	氧气消耗（每吨铅）/m³	145.58
	天然气消耗（每吨铅）/m³	71.32

序号	项目		指 标
2	熔化	操作温度/℃	1100.00
		年工作日/d	300
		出铅率/%	55.81
		烟尘含Pb/%	60.00
		渣含Pb/%	45.00
		烟尘率/%	12~15
		产铅/t·a⁻¹	29135.59
		产铅氧化渣/t·a⁻¹	54383.46
		床能率/t·(m²·d)⁻¹	20~25
		操作温度/℃	1200.00
3	还原	年工作日/d	300
		烟尘含Pb/%	60
		渣含Pb/%	约2.0
		烟尘率/%	5
		产铅/t·a⁻¹	22700.47
		产渣/t·a⁻¹	4865
4	铅熔炼回收率/%		98.5

6.2.4.5 经济、环境及社会效益

湖北金洋公司铅酸蓄电池资源化新技术项目连续熔化还原炉工程投产并正常运行，彻底改变了目前国内现有的对于废铅酸蓄电池处理工艺。完全达到国家《再生铅准入条件》要求及相关环境排放标准，首次实现单台炉窑年产再生铅6万吨，铅膏冶炼再生铅能耗203kg/t，铅综合回收率大于98%，锑、锡等有色金属富集综合利用，回收率大于95%，富氧浓度大于50%。吨铅产弃渣率10%以下，弃渣含铅量小于2%，属于一般固体废物。废气排放量小于1000m³/t，二氧化硫浓度4%以上，各项污染物排放浓度均低于现行国家排放标准。

总之，与传统反射炉工艺相比，节约能耗（铅耗煤）200kg/t；铅综合回收率由90%提高至98.5%，高于世界先进水平2.5个百分点；锑、锡等有色金属分别富集利用，利用率由90%提高到96%，高于世界先进水平1个百分点；解决再生铅余热低效率利用局面，余热利用率大于75%；吨铅产渣率由35%下降至10%以下，下降70%~80%，与世界先进水平相当；弃渣含铅量由8%降到2%以下，降低6个百分点，低于世界先进水平3%~5%；吨铅工艺废气排放量减少75%，同世界先进水平相当。

6.2.4.6 示范项目创新

A 工艺创新

该项目是以侧吹浸没燃烧熔池熔炼技术为依托、以连续熔化还原炉为基础，创新集成

了废铅酸蓄电池铅膏连续熔池熔炼工艺及装置，成功实现了新技术的研发和产业化应用。

废铅酸蓄电池铅膏连续熔池熔炼技术原理：连续熔化还原炉采用特种喷枪以亚声速向熔池中喷吹天然气和富氧空气，激烈搅动熔体和直接燃烧向熔体补热。

熔池熔炼反应熔炼工艺，主要反应如下：

$$CH_4 + 2O_2 === CO_2 + 2H_2O$$

$$2C + O_2 === 2CO$$

$$CO + 1/2O_2 === CO_2$$

$$PbO_2 + CO === PbO + CO_2$$

$$2PbSO_4 === 2PbO + 2SO_2 + O_2$$

$$2PbSO_4 + 4C === 2PbS + 4CO_2$$

$$PbO + C === Pb + CO$$

$$PbO + CO === Pb + CO_2$$

$$PbS + 2PbO === 3Pb + SO_2$$

$$Fe_2O_3 + CO === 2FeO + CO_2$$

$$2FeO + SiO_2 === 2FeO \cdot SiO_2$$

$$CaO + SiO_2 === CaO \cdot SiO_2$$

该工艺具有优点：

（1）能利用各种铅的化合物进行交互反应，温度一般在 1100℃ 以内；

（2）铅膏等二次铅资源本身不含造渣成分二氧化硅，二氧化硅主要来源是还原剂煤和铁渣，因此二氧化硅量少，吨铅产渣率在 10% 以下；

（3）易形成熔点低的 FeO-CaO-SiO$_2$ 三元渣系，渣流动性好，渣铅分离效果好，渣含铅小于 2%；

（4）铅膏含铅高达 70%，产金属量大，金属相位于喷枪下层，基本处于静止态，更有利用于大量铅液滴长大而沉淀。

采用反应熔炼工艺替代沉淀熔炼工艺，渣量减少，冶炼温度由 1350℃ 降至 1100℃ 以内，还原温度为 1200℃，吨铅产渣率小于 10%，弃渣中铅含量稳定小于 2%。

B　渣型的创新

铅膏冶炼渣型采用了低熔点的 PbO-CaO-FeO-SiO$_2$ 多元渣系，该渣型流动性好，温度低，渣铅分离效果好。而传统反射炉、回转短窑工艺采用苏打铁屑法，在熔炼还原过程中形成大量的高熔点难熔渣，此渣黏度高，不易排放，且渣含铅较高。

经检测，新型再生铅渣型毒性浸出各项指标合格，满足一般固废标准。

C　连续熔炼工艺制度的建立

物料在熔化段内 900~1100℃ 的高温环境和弱还原性气氛下产生含锑低的粗铅（软铅）和高铅渣。铅物料中一半左右的铅在熔化段被还原，由熔化段虹吸放铅口放出至铅包中，以液态或固态方式送至火法精炼及合金配置区用于生产精铅。而高铅渣则通过连续熔化还原炉中间隔墙下部的孔洞连续的流入还原段。

还原煤从连续熔化还原炉还原段冷料口通过定量给料机计量后用移动式皮带连续加入。还原段内的高铅渣在约 1200℃ 下进行还原熔炼，产生含锑高的粗铅（硬铅）和弃渣。

液铅由还原段虹吸放铅口放出送至火法精炼。弃渣由放渣口间断放出水碎外卖。

为了控制炉内气氛避免生料进入还原段，连续熔化还原炉熔化段和还原段炉膛用隔墙隔开，连续熔化还原炉熔池高度随间断放渣的时间而波动。熔化段和还原段产生的烟气在进入余热锅炉前混合在一起，还原段烟气管道设插板阀以控制还原段负压，调整二次吸入风量。混合后的烟气经过余热锅炉回收余热、收尘系统收尘后，经尾气脱硫后排放。

根据其反应及造渣特点，采用连续熔炼作业方式替代单元式周期性冶炼方式，可有效避免反射炉、短窑等出现的炉内料位不稳、周期性温差变化大等缺点，造成炉内局部结块等问题。连续性加料、放铅、有周期间歇放渣，能很好地稳定炉内液位和渣型，不需要经常调整物料配比，也就没有结块或死炉风险，操作控制难度大大降低。连续性作业，不停工，有效产铅作业时间增加，作业效果提高。经过连续熔化还原炉实践运行证明，经过炉窑结构改进，整体大修周期两年以上。由于过程作业较稳定，出现作业故障极低，停炉时间少。

因此，采用连续熔炼作业方式替代单元式周期性冶炼方式，工艺过程稳定，延长炉子寿命，提高生产效率。

D　氧化、还原分区熔炼

采用炉内隔墙实现一炉两区，在一台炉内同时实现反应熔炼和还原熔炼两个区域，如图 6-27 所示。在反应熔炼区域，通过还原剂调节，使各种铅的化合物交互反应，产出的氧化铅渣含铅量控制在 20%~60%。同时，氧化铅又将铅液中锑、锡氧化进入渣相。因此熔化区域仅能产出含锑、锡较低的软铅。并且在该区域，因交互反应，硫转化为二氧化硫进入气相区域。

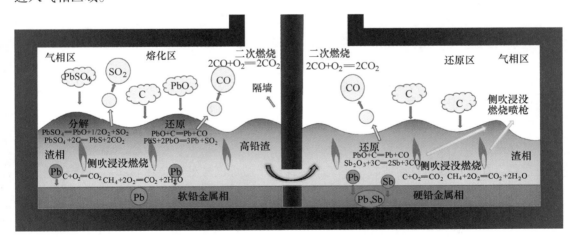

图 6-27　连续熔化还原炉冶炼原理示意图

熔化区域形成氧化铅的高铅渣，除一部分被还原为铅外，锑、锡、铜除少量被还原，大部分形成氧化态渣。在中部把两段铅层隔断，氧化段独立设置虹吸放铅口，就会产出含锑、锡较低的软铅。上层渣通过连通器原理进入还原区域，只需适当保温加煤还原，就会把铅、锑、锡、铜等有色金属还原出来，单独设置放铅口，就会产出含锑、锡较高的硬铅。

　　该技术实施一炉两区，在一台炉内同时进行交互反应和还原反应，在熔化区交互反应产出软铅；锑、锡等有价金属大部分在还原区富集，产出硬铅（高锑）；硫全部集中在气相区域。

　　E　特殊侧吹喷枪技术的运用

　　喷枪是实现侧吹熔池熔炼至关重要的部件。喷枪的基本结构为多层套管形式。内管通富氧空气，用于助燃；外管通天然气，用以提供燃料并冷却保护喷枪。开发设计枪口砖经铜水套与炉体连接，其中枪口砖由一组合砖形成，中部为喷枪通道，这种侧装喷枪组合方式，使用寿命长，能很好保护燃气喷枪。喷枪使用寿命达 6 个月。

　　喷枪前段烧损到一定程度后需更换，更换喷枪时，由下渣口放掉部分熔渣，炉内仍留有一定高度的熔体，即可在线完成换枪作业，无需停炉，确保生产的正常进行。喷枪结构和布置的优化，提高了熔池搅动效率和反应速率，提高了气体的燃烧效率。

6.2.4.7　示范项目与国内外同类技术相比优势

　　示范项目与国内外同类技术相比优势有以下几点：

　　（1）低排放。传统铅膏冶炼装备密闭性差，工作环境温度高，铅烟气外逸，污染严重，对于职工的健康造成了极大的伤害。新工艺装备属连续熔池熔炼工艺开孔少，气密性好，并稳定的控制在微负压下操作，避免了含 SO_2 等有害成分的烟气外逸；冶炼烟气经余热锅炉、表面冷却器、布袋除尘器以及脱硫等系统处理后达标排放。较比空气助燃，烟气量减少 50%。相对反射炉工艺烟气量减少 75%，排放烟尘浓度小于 $30mg/m^3$，铅尘浓度小于 $3mg/m^3$，优于《再生铜、铝、铅、锌工业污染物排放标准》（GB 31574—2015）标准要求。

　　连续熔化还原炉烟尘率低，一般为 10%～15%。

　　连续熔化还原炉密闭性好，且采用微负压操作，无烟气外逸；系统产生的铅烟尘均收集后密封输送至熔炼配料区，有效地控制了铅尘弥散；炉体的铅渣放出口和热物料输送溜槽均采用强化通风，防止粉尘的扩散，严格地控制了无组织的排放，满足岗位环境卫生标准要求。

　　环保通风烟气经过除尘设备净化处理排放。为了防止烟气、颗粒物、铅及其化合物的外逸污染，在熔炼区域设通风收尘系统，确保整个熔炼区域处于负压状态。工作环境大为改观，真正实现了安全生产。

　　采用反应熔炼工艺替代加铁沉淀熔炼工艺，渣型由铅冰铜渣改为熔点更低的三元渣型，渣量减少，铅回收率高。相对传统反射炉工艺，吨铅产渣率由 35% 下降至 10% 以下，下降了 70%～80%，弃渣含铅量由 10% 降到 2% 以下，降低 8 个百分点，达到国际领先水平（见表 6-31）。

　　（2）低能耗。采用高富氧熔炼，富氧浓度达 50%～60%，冶炼废气量小。通过侧吹喷枪直接向熔体内部补热。燃料直接在熔体内燃烧，放出热量全部被熔体吸收，加热速度快，热量利用率高，可以快速有效地调节熔池温度。同时减少了氮气带入，减少烟气带走热量损失。

表 6-31　国内外主要污染物产生与排放情况对比表

比较项目	世界先进	国内先进	国内一般	连续熔池熔炼技术
废气排放量/$m^3 \cdot t^{-1}$	2000	2000	4000	1000
废气中铅排放浓度/$mg \cdot m^{-3}$	4	4	10	2
废气中二氧化硫排放浓度/$mg \cdot m^{-3}$	200	150	850	50
废渣排放量/$kg \cdot t^{-1}$	100	100	350	100
弃渣含铅/%	3	5	10	2

另外，连续熔化还原炉炉墙采用铜水套镶嵌耐火砖结构形式，即使炉内形成隔层时，镶嵌的耐火砖有效地保护了铜水套，从而确保了炉体安全。该炉炉体设有钢板外壳，炉体不易发生燃气泄漏着火。该种炉墙与其他采用铜水套直接挂渣的侧吹还原炉相比，具有保温效果好、炉子热损失低的优点。

国内传统反射炉冶炼再生铅综合能耗（铅耗煤）高达 500~600kg/t，平均水平为 300kg/t 左右，国内外短窑冶炼 150~200kg/t，国外反射炉—鼓风炉联合技术再生铅综合能耗 150~200kg/t。该技术应用于废铅酸蓄电池资源化新技术项目中连续熔化还原炉工程铅膏冶炼再生铅能耗达到 203kg/t，优于《再生铅单位产品能耗限额》（GB 25323—2010）中 220kg/t 的先进水平，达到国际领先水平。

（3）生产效率高。连续熔化还原炉装置处理物料的适应性强。处理的物料可以是经碳酸钠转化脱硫的铅膏（主要成分为 $PbCO_3$），也可以是未脱硫的铅膏（主要成分为 $PbSO_4$），并可同时搭配处理硫酸铅渣等其他含铅氧化物料的杂料。

熔化段产生粗铅（软铅）以液态方式送至火法精炼及合金配置区用于生产精铅，还原段产生含锑高的粗铅（硬铅）以液态方式送至火法精炼及合金配置区用于生产铅锑合金，不需铸锭。

相比较，传统的反射炉、短窑主要反应为沉淀反应，床能率低；而采用连续熔化还原炉新装置，为连续熔炼过程，远比间断熔炼效率高，且通过浸没喷枪对熔炼熔池剧烈搅拌，强化了炉内物料的传质传热。燃料直接在熔体内燃烧，放出热量全部被熔体吸收，加热速度快，热量利用率高，可以快速有效调节熔池温度。

另外，采用皮带定量配料、输料，实现了连续进料，氧化区和还原区分别连续产出再生铅，作业效率高，劳动强度低。

（4）回收率高。侧吹浸没熔池熔炼技术处理废铅酸蓄电池铅膏生产指标表明，铅综合回收率不小于98%，远高于现在再生铅企业铅回收率90%，高于世界先进水平2个百分点；锑、锡等富集综合利用，有色金属利用率大于95%，较世界先进水平提高了1个百分点，锑绝大部分进入还原铅中，远远优于短窑以及其他工艺的水平。氧化还原各虹吸口分别产出软铅和硬铅（含锑大于0.8%），可以灵活调配生产精铅和铅锑合金，利用价值高。弃渣含铅低于2%，无需再进行处理，属于一般固废，可作为建筑辅材外卖给水泥厂。

铅膏中的硫以硫酸铅形态存在，未脱硫铅膏采用该新工艺处理，绝大部分硫以二氧化硫形态进入烟气，经尾气二氧化硫脱硫处理亦能再次回收利用，硫回收率不小于98%，高于世界先进水平3个百分点。国内外资源综合利用水平见表6-32。

表 6-32   国内外资源综合利用对比表

比较项目	世界先进	国内先进	国内一般	连续熔池熔炼技术
铅金属总回收率/%	97.0	95~96	90.0	98.5
有色金属回收率/%	95.0	90.0	85.0	95.8
硫资源回收率/%	95.0	92	90	98

（5）自动化水平高。过去铅膏冶炼多采用反射炉或回转短窑。采用人工配料，劳动强度大；新型侧吹浸没燃烧熔池熔炼工艺实现了铅膏和其他物料的配料、上料及连续熔化还原炉喷吹燃气和富氧空气的全自动控制，所有在线监测数据进 DCS 控制系统，工艺过程设计流畅，生产管理简单。对工艺控制点实施动态组态控制，在线控制各关键工艺控制参数，提高工艺实施保障，提高作业效率。

6.2.5   再生铅生产烟气脱硫工艺

中国现有的再生铅企业规模偏小，产业集中度较低，平均规模不到 1.5 万吨/年，而美国、德国、日本的再生铅生产规模大都在 5 万吨/年以上，规模差距明显。实践证明，再生铅生产规模达到 10 万吨/年以上时，对该铅冶炼烟气进行集中处理，经济上才是合理的。

上述提到的几种再生铅火法熔炼技术目前均有应用，无论采用哪种工艺，在生产过程中均会产生多种污染物，如铅尘，SO_2、NO_x、二噁英等。为满足环保要求以及硫资源的回收，再生铅冶炼产生的含 SO_2 烟气需要经过处理才能达标排放。目前，中国的再生铅设计规模已经达到 5 万~20 万吨/年，大部分在满足烟气处理经济合理要求的 10 万吨/年以上。以 10 万吨/年为例，竖炉、侧吹炉等工艺的烟气条件大致相同，烟气量约为 20000m^3/h，其中 SO_2 浓度约为 2%，硫资源回收的产品可选择液态 SO_2、硫酸和硫黄等[3]。

6.2.5.1   生产液态 SO_2

目前国内常用的离子液脱硫工艺生产液态 SO_2，其原理是使用吸收剂在低温下吸收 SO_2，高温下将吸收剂中 SO_2 再生出来，送至液态 SO_2 制备装置生产液态 SO_2，达到回收烟气中 SO_2 的目的。

该法的关键是吸收剂要对 SO_2 气体具有良好的吸收和解吸能力，其反应机理如下：

$$SO_2 + H_2O \Longleftrightarrow H^+ + HSO_3^-$$

$$R + H^+ \Longleftrightarrow RH^+$$

总反应式：

$$SO_2 + H_2O + R \Longleftrightarrow RH^+ + HSO_3^-$$

式中，R 代表吸收剂，总反应式是可逆反应，低温下反应从左向右进行，高温下反应从右向左进行。利用此原理，实现吸收剂对 SO_2 的低温吸收和高温解吸。

该技术的工艺流程如图 6-28 所示。来自再生铅冶炼的烟气中含有粉尘和部分 SO_3 等杂质，影响后续的吸收解吸，因此首要先要对烟气进行湿法洗涤净化，经过洗涤后的洁净烟气进入脱硫塔下部，与从脱硫塔中部进入的脱硫贫液逆流接触，气体中的 SO_2 被吸收，尾气达标排放。吸收 SO_2 后的富液从吸收塔底经富液泵加压后进入贫富液换热器，与来自再生塔的热贫液换热后进入再生塔再生。从再生塔底出来的贫液经贫富液换热器初步降温后，经贫液泵加压，进入吸收塔上部，重新吸收 SO_2。从再生塔内解析出的 SO_2 随同蒸汽由再生塔塔顶引出，进入冷凝器、分离器，冷却分离出水分后的 SO_2 气体经过液化生成液态 SO_2 储存。

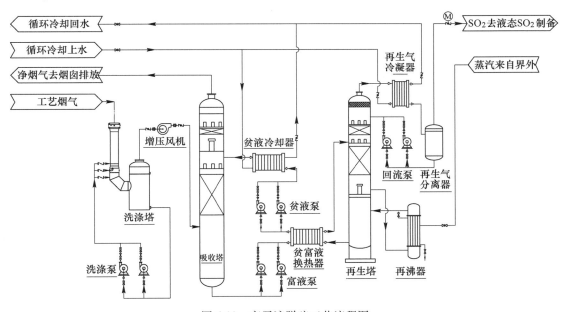

图 6-28　离子液脱硫工艺流程图

6.2.5.2　生产硫酸

生产液态 SO_2 的技术方案是将烟气中的 SO_2 吸附解吸回收，没有改变其原有的产品形态，而更普遍的方案是将冶炼烟气中 SO_2 被催化氧化成 SO_3，进而制备硫酸。根据再生铅烟气的特点，有两种不同的制酸工艺：一是湿法制酸，二是"单转单吸—离子液法脱硫"。

A　湿法制酸

再生铅烟气的气量较小，SO_2 浓度约为 2%，不能直接采用常规制酸工艺生产硫酸，湿法制酸工艺是一个较好的选择，即烟气经过净化装置除去铅尘、酸雾后的饱和湿烟气经升温直接进入转化器，反应后的气体通过换热器降温，冷却到冷凝器的适当入口温度，接着，气体再经过冷凝器，通过控制温度，硫酸冷凝析出，反应如下：

$$SO_2 + 1/2O_2 \Longrightarrow SO_3$$
$$SO_3 + H_2O \Longrightarrow H_2SO_4(g)$$
$$H_2SO_4(g) \Longrightarrow H_2SO_4(l)$$

从冷凝器底部流出的热浓硫酸，经浓酸冷却器冷却后储存。

湿法制酸工艺与传统的带干燥的工艺相比具有许多不同之处，反应热、水合热及硫酸的部分冷凝热在系统内部全部被回收，在这种情况下，酸厂仅需很少的补充热即可维持生产。该工艺与其他处理低浓度烟气工艺相比具有硫回收率高、热稳定性好、无副产品及尾气达标排放等特点。

　　湿法制酸工艺是应用广泛的一种硫酸生产工艺，已经被广泛应用于许多行业中，如处理有色冶炼行业中的含 SO_2 烟气（如钼焙烧烟气、铅烧结机烟气），煤化工行业煤气化含硫气体，炼油行业中 Claus 装置的含 H_2S 和 SO_2 尾气，石油化工行业中用气化工艺生产合成气时的低浓度 H_2S 废气等。湿法制酸（WSA）工艺流程如图 6-29 所示。再生铅冶炼烟气首先经过高效洗涤器、填料洗涤塔以及一级和二级电除雾器，除去烟气中的铅尘、酸雾等后进入湿法制酸装置。首先进入工艺气预热器与冷凝器出来的热空气换热升温，然后经静态混合器与部分返回的工艺气混气升温，再经过工艺气风机加压后依次通过工艺气加热器和燃烧室，温度升至400℃以上进入转化器。转化器设三段触媒层，经过两段触媒反应的烟气通过各自的冷却器换热降温后去三段触媒。离开三段触媒的烟气通过工艺气冷却器降温后进入冷凝器。在冷凝过程中，所有的三氧化硫水合成硫酸蒸气并沿着冷凝器的玻璃管冷凝成酸。冷凝的浓硫酸流入酸槽，再由酸泵打到酸冷却器降低温度后输送至成品酸库的酸罐中贮存。离开冷凝器的工艺气温度约为100℃，尾气酸雾含量极低，可直接由烟囱排放。被加热的热空气离开冷凝器的温度约200℃，送工艺气预热器用来加热原料气，工艺气预热器排出的热空气直接排空。

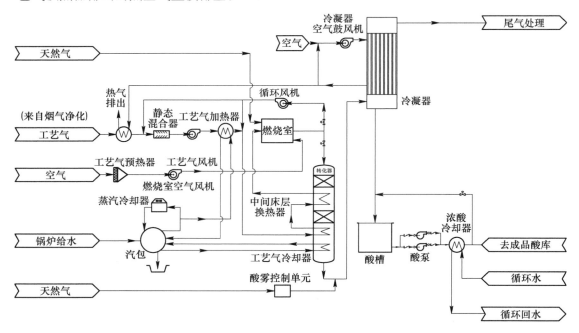

图 6-29　WSA 制酸工艺流程图

　　再生铅的原料蓄电池在拆解过程中，还有大量的废酸需要处理，一般采用浓缩的方式回收。在投资允许的情况下，增加一台废酸热解炉，将此烟气也并入到湿法制酸系统，可以有效解决废酸处理问题，提高了硫资源的回收利用率。

　　B　单转单吸—离子液法脱硫

　　当低浓度烟气采用常规的接触法工艺制备硫酸时，离子液脱硫与单转单吸制酸相结合的工艺是一个很好的解决方案，即冶炼烟气经降温、洗涤后分为两股，一股送往离子液脱硫系统，采用离子液吸附解吸工艺获得高纯度的 SO_2 气体后与另一股净化后的烟气混合，提高了进转化器烟气中的 SO_2 浓度，满足单转单吸制酸的要求。硫酸尾气与部分净化后的烟气混合后，进入离子液脱硫系统，经脱硫后达标排放。工艺流程如图 6-30 所示。

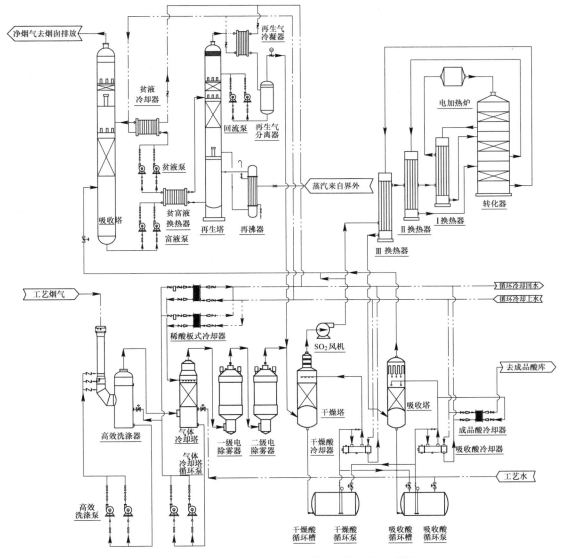

图 6-30 单转单吸—离子液法脱硫工艺流程示意图

6.2.5.3 生产硫黄

受生产、储存、运输等条件的限制，硫酸、液态 SO_2 就近没有销路的情况下，将冶炼烟气中 SO_2 还原成硫黄不失为一种优选方案，因为硫黄常温下呈固态，相对稳定且不会发生降解，可长期储存，便于运输。

直接还原 SO_2 生产硫黄技术可以利用的还原剂有很多，如天热气、氢气、炭、CO 和水煤气等，目前世界上唯一实际运行的由冶炼烟气生产硫黄的技术是俄罗斯诺里尔斯克的甲烷高温还原工艺。在该工艺中，洗涤后的二氧化硫烟气在高温和含氧气 12%～15% 的条件下用甲烷还原，还原后的气体在 Claus 硫回收装置内进行后续处理，硫回收率可达92%～95%。为达到更高的硫回收率，可以增加硫黄尾气处理。

由于冶炼烟气中含有大量的尘，随着烟尘在设备及管道内壁的累积，会带来设备阻力增加、传热效果变差，以及影响最终硫黄品质等问题，因此在 SO_2 还原制硫黄之前，还需要增加烟气净化，以除去烟气中大部分的尘，减少对后续产品及设备的影响。对于再生铅烟气来说，由于烟气中 SO_2 浓度较低，首先采用离子液进行吸附解吸工艺，产出高浓度（≥99%）的 SO_2，这有利于减小后续还原设备的规格。吸附后的尾气经尾气烟囱排空。

向浓缩后的高浓度 SO_2 气体中配适量的氧气，氧气含量在 12%～15%，在非催化还原反应器内于 1050～1150℃ 下用天然气还原 SO_2，还原反应器出口混合气中 $H_2S:SO_2$ 达到约 2:1，为 Claus 反应创造条件。还原反应器出口设置余热锅炉，副产 4.6MPa 中压蒸汽。

除主反应产物外，主要副产物有 H_2S、CS_2、H_2 和 CO 等。主要反应如下：

$$CH_4 + 2O_2 \rightleftharpoons CO_2 + 2H_2O$$
$$2SO_2 + CH_4 \rightleftharpoons CO_2 + 2H_2O + S_2$$
$$2CS_2 + SO_2 \rightleftharpoons 2COS + 3/nS_n(n = 1 \sim 8)$$
$$2COS + SO_2 \rightleftharpoons 2CO_2 + 3/nS_n$$
$$2CO + SO_2 \rightleftharpoons 2CO_2 + 1/nS_n$$
$$CS_2 + 2H_2O \rightleftharpoons 2H_2S + CO_2$$
$$COS + H_2O \rightleftharpoons H_2S + CO_2$$
$$2H_2S + SO_2 \rightleftharpoons 2H_2O + 3S$$

出还原反应器的混合烟气在 Claus 反应器内进行最终还原。在装有铝基触媒的转化器内 H_2S 和 SO_2 反应产生单质硫，反应放热通过冷凝器移出系统外，同时实现液硫与混合气的分离。出冷凝器的液硫汇集至液硫槽。

出冷凝器的尾气经焚烧炉燃烧，将尾气中的 H_2S 转化为 SO_2，出焚烧炉的烟气经废热锅炉降温，同时产生过热中压蒸汽，最后制硫黄的尾气进入离子液脱硫系统，与原烟气一起脱硫后，达标排放。工艺流程如图 6-31 所示。

6.2.5.4　不同处理工艺比较

按照再生铅厂 10 万吨/年生产规模考虑配套含硫烟气处理，从投资、运行、操作、维修等多方面对上述各工艺进行对比，详见表 6-33。

通过比较不难看出，离子液吸收解吸制备液态 SO_2 的主要优势在于适应性强，即对烟气量波动、SO_2 浓度波动均有很好的适应性，主要的运行成本是蒸汽消耗和溶剂损耗，相比其他工艺，其运行成本低，但由于液态 SO_2 的应用较少而限制了该工艺的使用；湿法制酸工艺适合处理低浓度 SO_2 烟气，同时还能处理废酸裂解产生的含硫烟气，但由于其投资较高，设备的折旧费用较高，导致了单位运行成本较高，受装置规模影响较大，再生铅厂的规模越大，此工艺优势就越明显；"单转单吸—离子液法脱硫"工艺成功解决了气量波动性较大、SO_2 浓度较低烟气无法制酸的难题，单转单吸系统更加易于实现制酸系统的自热平衡，其运行成本相对要低一些；生产硫黄主要是消耗低压蒸气、氧气以及大量的天然气等，投资较高，运行成本高，目前应用较少。

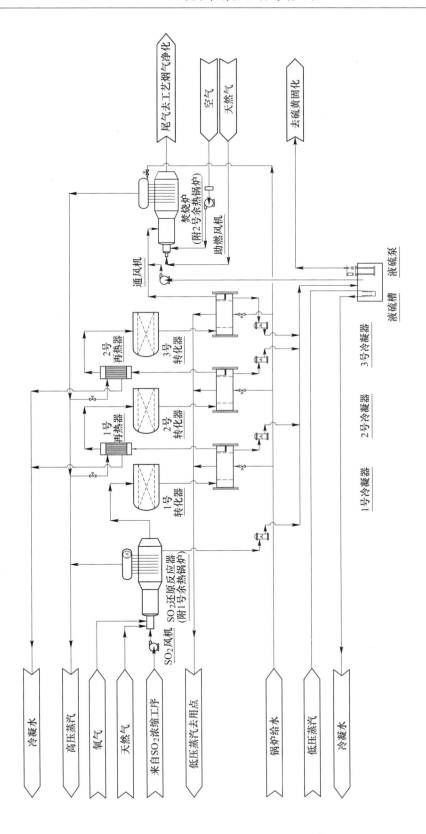

图6-31 冶炼烟气制硫黄工艺流程图

表 6-33　各脱硫工艺技术综合指标

处理工艺	生产液态 SO$_2$	生产硫酸		生产硫黄
		湿法制酸	单转单吸—脱硫	
脱硫投资/万元	3000	7500	4500	13000
占地面积/m^2	900	1200	3500	2400
副产物	液态 SO$_2$	97%H$_2$SO$_4$	98%H$_2$SO$_4$	硫黄
副产物产量/t·h^{-1}	1.13	1.75	1.77	0.565
主要消耗	蒸汽、溶剂	天然气	蒸汽、溶剂	天然气、溶剂
0.4MPa 天然气 /m^3·h^{-1}	无	5	无	500
溶剂/kg·h^{-1}	2	无	1	2
低压蒸汽/t·h^{-1}	10	无	5	10
水耗/m^3·h^{-1}	约 5	约 2	约 2.7	约 2
每小时电耗/kW·h	约 300	约 280	约 180	约 120
操作运行	简单	简单	简单	复杂
维护检修	较少	少	多	较多

注：各工艺均以烟气量 20000m^3/h、SO$_2$ 浓度 2% 为设计依据。

6.2.5.5　总结

选择再生铅烟气处理工艺时，应结合相关的冶炼工艺、项目所在地的条件、脱硫吸收剂供应、副产品销路、环保要求、总投资控制等多因素考虑，最终选择适合该项目的再生铅烟气处理工艺。

对于规模较大的再生铅厂且硫酸有市场需求的，推荐选择湿法制酸工艺。该法可以稳定高效的回收烟气中的硫资源，生产优质的成品浓硫酸，产品销路好，在处理再生铅冶炼烟气的同时还可以处理蓄电池中的废酸，达到良好的处理效果，提高了硫资源的回收利用率。

对于中等规模的再生铅厂且硫酸有市场需求的，推荐选择"单转单吸—离子液法脱硫"工艺。该工艺脱硫效率高，可以满足更加严格的环保要求，虽然投资稍高于生产液态 SO$_2$ 工艺，但是单位运行成本较低，操作运行简单，后续检修维护较少。

对于硫酸没有市场需求的再生铅厂，在还原剂易获取时，建议采用生产硫黄工艺。

6.2.6　侧吹浸没燃烧工艺处理再生铅最新进展

在湖北金洋公司 32m^2 铅膏连续试验炉工业生产经验基础上，于 2015 年重新对侧吹炉炉体结构进行了改进和优化，分别于 2016 年 9 月和 2017 年 8 月在豫光金铅公司和湖北金洋公司成功投产了 15.6m^2 的新型侧吹浸没燃烧炉——铅膏连续熔池熔炼炉。

6.2.6.1　豫光金铅公司项目概况

豫光金铅公司项目是利用原鼓风炉厂房，建设 1 台 15.6m^2 侧吹浸没燃烧炉系统。用于处理再生铅物料——铅膏和极板。改造内容如下：

（1）利用鼓风炉厂房配料仓平台及现有厂房，新增两台定量给料及和侧吹浸没燃烧（SSC）炉的加料皮带。

（2）取消原有电热前床，该位置改为 SSC 还原炉放渣操作平台。

（3）新增配套余热锅炉一套，锅炉可根据需要仅设计上升烟道部分，水平段可取消。

（4）还原粗铅铸锭利用原有圆盘铸锭机。

（5）收尘系统利用鼓风炉收尘系统。

（6）新增还原炉阀站系统，包括氧气、压缩空气、氮气、煤粉。

（7）控制室利用现有鼓风炉控制室。

6.2.6.2 原辅料

A 处理原料及规模

原料及生产规模如下：

（1）原料：铅膏（Pb 72%，S 7%~8%，水分 10%），处理量 7 万吨/年（干基）；小电瓶极板（Pb 74%，S 5%~7%，水分 15%），处理量 3 万吨/年（干基）。

（2）再生铅产量：约 7 万吨/年。

B 燃料及辅料

燃料及辅料包括：

（1）燃料：煤粉，消耗量约 1.5t/h。

（2）还原剂：粒煤，消耗量约 2.0t/h。

（3）氧气：约 2500m³/h，压力 0.6MPa。

（4）压缩空气：约 2000m³/h，压力 0.6MPa。

6.2.6.3 工艺流程

工艺流程如图 6-32 所示。

来自原料厂房配料系统的铅膏、极板、熔剂、还原煤以及返尘通过圆筒混料机混合、制粒后，由胶带输送机送入炉前料仓，经定量给料机、炉前加料胶带输送机送入 SSC 还原炉内。采用一台炉熔炼/还原分阶段作业方法，燃料选用粉煤或天然气，配备了两种喷枪及供应系统。

富氧空气（50%~80%）和煤粉通过多支浸没在熔池中的喷枪喷射到炉内，入炉物料落到熔池表面，由于喷枪喷入的高速气流膨胀作用造成熔池剧烈搅动，强化了熔池的传质传热加速了反应，使铅膏、极板等物料快速熔化，在还原炉内 1200℃ 的高温环境和弱还原性气氛下产生的一次再生粗铅和高铅渣。熔融态粗铅从虹吸口放出，通过液态铅溜槽流入粗铅铸锭机铸锭。

待炉内高铅渣达到一定厚度后，停止加入含铅物料，仅加入粒煤进行还原。高铅渣在约 1150℃ 下进行还原熔炼，产生二次再生粗铅和弃渣（渣含铅小于 2%）。虹吸口放出的粗铅铸锭。弃渣由放渣口间断放出，经过水碎后由汽车运至渣堆场外售。

产出的高温烟气经余热锅炉回收余热，通过表面冷却器及布袋收尘器除尘后，烟气送制酸系统，烟尘倒运返回熔炼配料。

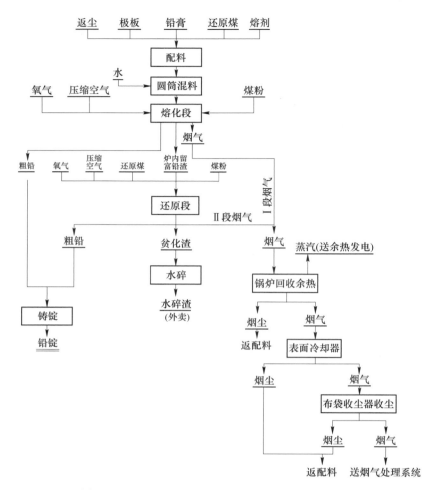

图 6-32　再生铅工艺流程（一台炉分阶段熔化/还原）

生产使用的主要设备侧吹浸没燃烧连续熔炼还原炉为 15.6m²，如图 6-33 所示。

还原炉采用竖式炉结构，放置条形混凝土基础上。炉子由炉缸、炉身、炉顶构成。炉缸外围钢板，内衬耐火材料，在炉缸的一侧开有上渣口和下渣口，在炉缸最底部设有底排放口；炉身侧墙由铜水套内衬耐火砖构成，铜水套和钢水套采用循环水水冷保护。炉顶上部出烟口与水冷烟道连接，水冷烟道开设有三次风口，用于将再燃烧风鼓入烧掉烟气中的 CO；炉体上部设有加料口。图 6-34 所示为 15.6m² 侧吹炉再生铅生产现场。

还原炉的核心元件为炉体两侧的喷枪，喷枪可以向炉内喷入煤粉和富氧空气，用以补充反应热。同时，喷枪向炉内高速喷入气体和燃

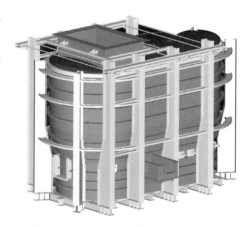

图 6-33　侧吹浸没燃烧还原炉示意图

(a)　　　　　　　　　　　　　　　　　(b)

(c)　　　　　　　　　　　　　　　　　(d)

图 6-34　15.6m^2 侧吹炉再生铅生产现场

料，使熔池产生强烈搅动，迅速完成再生铅熔化还原等传质传热反应。喷枪可以根据燃料种类进行设计和调整，可以喷煤粉、天然气和发生炉煤气。当某种燃料价格低时，可以选择价格较低的燃料作为热源。

6.2.7　硫酸铅渣处理方案

铅锌冶炼过程中产出的氧化锌烟尘，经浸出处理后进入溶液回收，烟尘中的铅以硫酸铅形态富集在渣中，同时含有 Ag、Zn、In、Ga 等有价金属，综合回收价值较高。

长期以来，这类硫酸铅渣经过干燥、制团，直接入鼓风炉熔炼，或将干燥后的滤渣送铅冶炼烧结配料。由于硫酸铅渣在高温熔炼过程中分解，产生 SO$_2$ 污染环境，迫于日益严格的环保要求，许多铅渣只能堆存，造成资源浪费和土地占用。加上国家限期淘汰污染严重的铅精矿烧结工艺，大量硫酸铅渣的综合回收成为铅锌冶炼企业急需解决的问题。

立足于利用液体高铅渣侧吹还原已经完成技术和装备工业化的前提下，通过试验研究开发出硫酸铅渣侧吹还原熔炼技术，并实现产业化应用。

6.2.7.1　硫酸铅渣的物理化学性质及反应机理

硫酸铅渣的典型成分见表 6-34，主要物相组成为：$PbSO_4$，$ZnSO_4$，ZnO，$ZnO \cdot Fe_2O_3$，CdO，CuO，Fe_2O_3，$CaSO_4$，Al_2O_3，SiO_2 等。硫酸铅渣的物相组成见表 6-35。

表 6-34　硫酸铅渣成分

成分	Pb	Zn	Cd	As	$Ag/g \cdot t^{-1}$
含量/%	30	10	0.15	0.25	300

表 6-35　硫酸铅渣物相组成

物相	$PbSO_4$	$ZnSO_4$	$CaSO_4$	ZnO	$ZnO \cdot Fe_2O_3$	CdO	CuO	Fe_2O_3	Al_2O_3	SiO_2	其他
质量分数/%	42.57	8.64	5.95	9.30	4.89	0.31	0.23	7.99	0.43	5.15	14.54

从表 6-35 可以看出，硫酸铅渣主要由硫酸盐组成，在 1200~1300℃能够强烈分解，硫酸铅渣主要反应如下：

$$PbSO_4 = PbO + SO_2(g) + 1/2O_2(g)$$
$$CaSO_4 = CaO + SO_2(g) + 1/2O_2(g)$$
$$ZnSO_4 = ZnO + SO_2(g) + 1/2O_2(g)$$

在还原煤存在的条件下，硫酸铅还可以发生还原反应：

$$PbSO_4 + 4C = PbS + 4CO(g)$$
$$PbO + C = Pb + CO(g)$$

上述反应在 550℃温度下就可以进行。

硫酸铅渣加入熔池表面时，由于硫酸铅、硫酸锌等分解时吸收大量的热，造成下料区域局部温度过低，整个溶池形成泡沫状，溶池内气泡滞留率可达 30%~40%以上，导致硫酸铅、硫酸锌无法完全分解，影响脱硫率。同时在下料点的周围形成一层硬壳，该硬壳会逐渐加厚，当熔池喷枪带入炉内的热不能经过熔池搅拌很快传递到该硬壳区域时，特别是当熔池向硬壳区域传递热小于硫酸铅分解吸热时，该硬壳层会始终存在，从而导致熔池表面局部结壳。当炉内熔池翻腾传热较好时，该硬壳能控制在一定范围，不至影响炉内反应速度。硫酸铅与还原煤中碳反应生成硫化铅，硫化铅部分被氧化铅生成金属铅，剩余硫化铅与铅液混合进入铅层，在铅液和渣层之间形成铅冰铜层。

6.2.7.2　硫酸铅渣侧吹熔炼的可行性

通过综合分析已有的硫酸铅渣熔炼技术的生产实践以及直接熔炼工艺的技术特点，可以看出：

（1）直接熔炼对原料制备要求低，只需要简单的混合制粒即可。

（2）硫酸铅渣含水不应超过 15%，应事先经回转窑干燥或堆存晾干，否则进入炉内容易发生积料，放炮。

（3）侧吹熔炼技术能够方便地对煤气量、富氧浓度和硫酸铅渣加入量进行灵活调节，达到合理调整操作温度的目的。硫酸铅渣分解反应、还原反应温度和反应速度是完全能够保证的。

（4）富氧侧吹熔炼技术从炉墙两侧插入熔池的喷枪，能够对熔池进行有效的搅拌，使反应物质充分接触，生成的 SO_2 尽快逸散，保证在很短的时间内完成。

（5）由于富氧侧吹炉自身的炉型和操作特点，对处理硫酸铅渣生成的炉结有较强的适应和消化能力。可实现综合回收 Pb、Zn、Ag 等有价金属，减少 SO_2 排放的良好效果，同时减少了硫酸铅渣的堆存，有利推动铅锌流程互补及资源最大化利用，符合循环经济的发展模式。

（6）侧吹熔炼采用富氧空气和密闭炉体，即使在熔炼硫酸铅渣期间，烟气量少，SO_2 浓度高，符合现有烟气处理和制酸系统的工艺技术条件要求。

（7）根据相关工业试验表明，侧吹熔炼处理硫酸铅渣时，熔池状况控制要求较高，铅砷冰铜的生成会降低铅的直收率，并恶化炉况。

6.2.7.3 侧吹熔炼炉渣熔炼制度分析

第一阶段，化料并初步还原。铅渣通过回转窑干燥后，与熔剂及其他辅料圆筒混料制粒后，配料后加入到侧吹炉中。侧吹炉采用发生炉煤气作燃料。发生炉产出煤气经冷却洗涤后，经一次加压和二次加压后送侧吹炉使用。侧吹炉助燃空气为富氧空气，可建一套液氧气化系统为侧吹炉喷枪供氧，并配套一小型液氮系统置换煤气和氧气时用。

物料进入侧吹熔炼炉需要快速熔化。但是熔化时，炉内应严格控制氧势，保持弱还原性，物料熔化的同时保持有部分的铅可以被还原出。若还原煤过量氧势低，则导致大量的硫酸铅优先被还原为硫化铅与还原的金属铅形成铅冰铜；但氧势过高，则会使渣型恶化，铁橄榄石分解生成不定型二氧化硅和磁铁矿析出，造成炉渣发黏，渣温升高。

在第一阶段，会有少量的金属铅从虹吸产出，而渣不放出，渣含铅控制在 12%~15%。

第二阶段，深度还原。炉内熔池达到一定深度时，停止加入铅渣，此时进入强化还原熔炼阶段。在该阶段只加入还原煤和少量焦炭和熔剂进行还原。还原产生的铅、银一起进入粗铅从虹吸口放出。当炉内渣含铅低于 2.5% 左右时放渣，金属锌则大部分进入炉渣中。含锌渣可返回原有的锌渣处理系统，对于小厂可集中用回转窑处理。

第三阶段，回转窑挥发回收氧化锌。该法具有设备简单、建设费用低和动力消耗少等优点。特别适合于中小型铅锌冶炼企业。经过回转窑挥发提锌后的窑渣可直接水碎，水碎后的炉渣为无害渣可直接外卖给水泥厂。

6.2.8 喷枪烧损分析

侧吹喷枪为水平安装，气体从喷枪中喷出后，受浮力作用向上运动，实际生产中发现，喷枪上侧破损现象更为严重。喷枪外壁和内壁都有一定程度的挂渣现象。

6.2.8.1 喷枪取样及制样

A 取样位置分布

对两个典型企业侧吹炉喷枪进行取样，为了方便区分，分别编号为 1 号喷枪和 2 号喷枪。取样位置信息详细见表 6-36。对于 1 号喷枪，根据喷枪损坏情况，设置 4 个取样点，其中有一处取了 1 个样，其余三处各取 2 个样，分别用于观测截面和表面，取样点分布如图 6-35 所示。2 号喷枪的服役时间较短，其烧损情况比较轻微，在对其取样时，只对喷枪前段进行取样，取样点如图 6-36 所示。

表 6-36　取样点详细信息

样品编号	取样位置	观察面类型
1	1 号喷枪前段突起处	截面
2	1 号喷枪前段凹陷处	截面
3	1 号喷枪前段凹陷处	表面
4	1 号喷枪后段穿孔处	表面
5	1 号喷枪后段穿孔处	截面
6	1 号喷枪后段完好处	截面
7	1 号喷枪后段完好处	表面
8	2 号喷枪前段	截面
9	2 号喷枪前段	表面

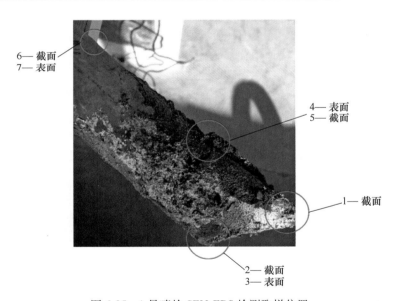

图 6-35　1 号喷枪 SEM-EDS 检测取样位置

B　制样

制样过程委托北京科技大学冶金国家重点实验室完成。制样过程中，1 号样品和 6 号样品制作失败。制成样品按照观察面类型分两批进行 SEM-EDS 检测，检测分两批进行，第一批为 2 号、5 号和 8 号，观察面类型为喷枪截面；第二批检测样品为 3 号、4 号、7 号和 9 号，观察面类型为喷枪表面。

2 号喷枪取样数量为两个，分别为喷枪截面样品（8 号）和喷枪表面样品（9 号）。由于喷枪为圆管，9 号样的观测面有一定的弧度，为了方便观测，9 号样品制作完成后，需

图 6-36　2 号喷枪 SEM-EDS 检测取样位置

将其表面打磨成平面。

6.2.8.2　检测结果

A　2 号样品检测结果

通过对喷枪壁面进行 SEM 分析,发现喷枪从外至内分为四层:挂渣层、颗粒物层、过渡层和金属基体层。

a　2 号样品检测点 1 检测结果

如图 6-37 所示,2 号样品检测点 1 检测位置为喷枪壁中间区域,由于放大倍数较小(215 倍),观测区域大,在此区域内,包含四层物质:挂渣层、颗粒物层、过渡层和金属基体,其中挂渣层和金属基体层没有拍摄到全貌,只拍了其中一部分。对图 6-37(b)中进行 EDS 面扫描,结果如图 6-38 和图 6-39 所示,其 EDS 分析结果见表 6-37。

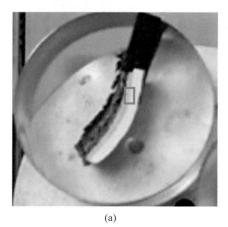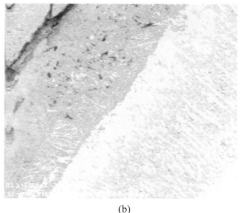

图 6-37　2 号样品检测点 1 位置示意图
(a)宏观位置示意;(b)微观位置示意

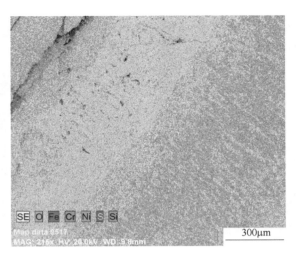

图 6-38   2 号样品检测点 1 EDS 面扫描结果（综合）

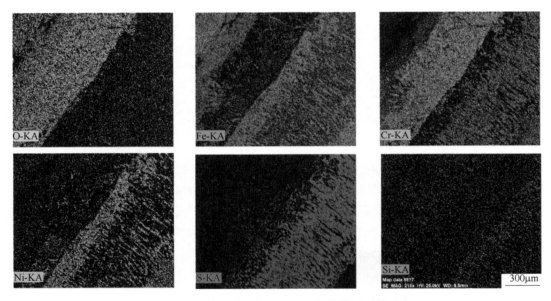

图 6-39   2 号样品检测点 1 EDS 面扫描结果（单元素）

表 6-37   2 号样品检测点 1 EDS 分析结果

元素	原子序数	序列	质量分数/%	摩尔分数/%
O	8	K	15.14	35.12
Cr	24	K	27.88	19.9
Fe	26	K	29.33	19.49
S	16	K	14.34	16.6
Ni	28	K	12.64	7.99
Si	14	K	0.68	0.89

从图 6-37（b）可以看出，挂渣层和颗粒物层较为疏松，过渡层和金属基体层较为致密。通过对其进行面 EDS 扫描（见图 6-38 和表 6-37）可以发现：

（1）挂渣层以 Fe、O、Si 等元素为主（受拍摄区域影响，挂渣层只拍了一部分）；

（2）颗粒物层以 Fe、O、Cr、Ni 等元素为主；

（3）过渡层分为两层，其中外层以 Fe、Ni 元素为主，内层以 Cr、S、Fe、Ni 等元素为主；

（4）金属基体层以 Fe、Ni、Cr 元素为主。

b　2 号样品检测点 2 检测结果

如图 6-40 所示，2 号样品检测点 2 检测位置为喷枪内壁，属于挂渣层，将其放大 387 倍，对其进行面扫描结果如图 6-41 所示，其 EDS 分析结果见表 6-38。

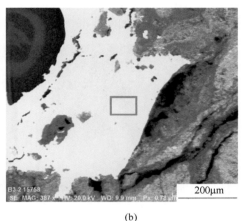

(a)　　　　　　　　　　　　　　(b)

图 6-40　2 号样品检测点 2 位置示意图

（a）宏观位置示意；（b）微观位置示意

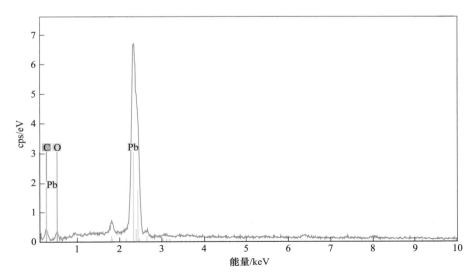

图 6-41　2 号样品检测点 2 能谱图

表 6-38　2 号样品检测点 2 EDS 分析结果

元素	原子序数	序列	质量分数/%	摩尔分数/%
C	6	K	5.91	37.64
Pb	82	M	87.84	32.45
O	8	K	6.25	29.91

对图 6-40（b）中进行面扫描，结果（见图 6-41 和表 6-38）显示在 2 号样品检测点 2 处，有大块金属 Pb 存在。由于喷枪喷吹过程中，会发生回击现象和熔体倒灌现象，导致喷枪内壁也会粘接部分熔体。

c　2 号样品检测点 3 检测结果

如图 6-42 所示，2 号样品检测点 3 检测位置为喷枪内壁，属于挂渣层，将其放大 548 倍，对其进行点测量结果如图 6-43 所示，其 EDS 分析结果见表 6-39。

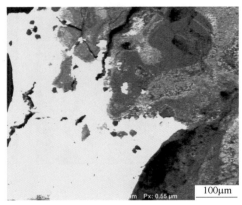

(a)　　　　　　　　　　　　　　　(b)

图 6-42　2 号样品检测点 3 位置示意图

（a）宏观位置示意；（b）微观位置示意

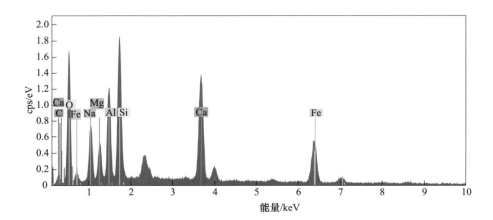

图 6-43　2 号样品检测点 3 能谱图

表6-39 2号样品检测点3 EDS分析结果

元素	原子序数	序列	质量分数/%	摩尔分数/%
O	8	K	40.56	53.67
C	6	K	6.36	11.21
Si	14	K	10.2	7.69
Na	11	K	7.83	7.21
Ca	20	K	12.65	6.68
Al	13	K	7.98	6.26
Fe	26	K	10.77	4.08
Mg	12	K	3.66	3.19

对图6-42（b）中进行点测量，发现该处主要元素为Ca、Mg、Al、Fe、O等（见图6-43和表6-39），推测其组成为多种金属氧化物。所以，此处发生的现象应该为炉渣在喷枪内壁粘接。

d　2号样品检测点4检测结果

如图6-44所示，2号样品检测点4检测位置为喷枪内壁，属于挂渣层，亮度介于金属Pb和复合金属氧化物之间，将其放大548倍，对其进行点测量结果如图6-45所示，其EDS分析结果见表6-40。

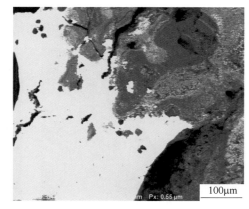

(a)　　　　　　　　　　　　　(b)

图6-44 2号样品检测点4位置示意图
（a）宏观位置示意；（b）微观位置示意

表6-40 2号样品检测点4 EDS分析结果

元素	原子序数	序列	质量分数/%	摩尔分数/%
O	8	K	27.81	47.14
Fe	26	K	53.52	25.99
Na	11	K	10.9	12.85
C	6	K	5.04	11.39
Si	14	K	2.73	2.63

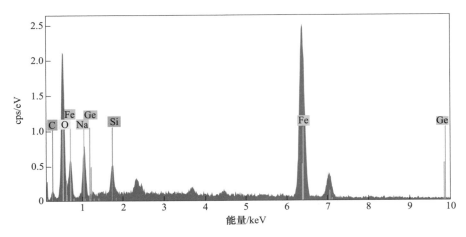

图 6-45　2 号样品检测点 4 能谱图

对图 6-44（b）中进行点测量，发现该处主要元素为 Fe、Na（可能是干扰项）、C、Si 等（见图 6-45 和表 6-40），推测其组成为 Fe 的氧化物为主，可能含有少量 SiO_2。

e　2 号样品检测点 5 检测结果

如图 6-46 所示，2 号样品检测点 5 检测位置为喷枪内壁，位置介于挂渣层与过渡层之间，属于颗粒物层。对图 6-46（b）中所选区域进行放大和面扫描（放大倍数为 1548 倍），测量结果如图 6-47 所示，其 EDS 分析结果见表 6-41。

（a）

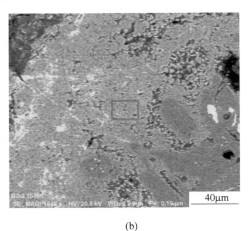

（b）

图 6-46　2 号样品检测点 5 位置示意图

（a）宏观位置示意；（b）微观位置示意

表 6-41　2 号样品检测点 5 EDS 分析结果

元素	原子序数	序列	质量分数/%	摩尔分数/%
O	8	K	25.59	50.78
Fe	26	K	54.69	31.09

续表 6-41

元素	原子序数	序列	质量分数/%	摩尔分数/%
Cr	24	K	13.47	8.22
C	6	K	3.1	8.2
Ni	28	K	3.15	1.71

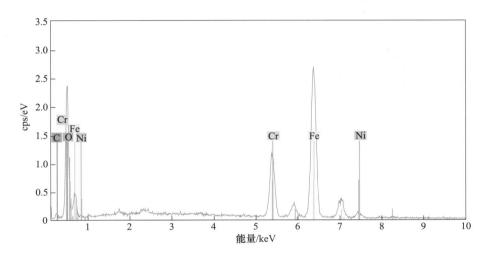

图 6-47　2 号样品检测点 5 能谱图

对图 6-46（b）中进行点测量，发现该处主要元素为 O、Fe、C、Cr、Ni 等（见图 6-47 和表 6-41），推测其组成可能为 Fe、Ni、Cr 的氧化物为主。若按照元素配比进行计算，此处更有可能是生成了 $FeCr_2O_4$ 与（Fe，Ni）O，可以在后期的研究中，对此区域进行 XRD 检测，分析其物相。在强氧化性介质中发生晶间腐蚀的主要原因是金属间化合物（Fe 和 Cr 或 Fe 与 Ni 的金属间化合物）在晶界处的偏析。由于 310S 不锈钢中的碳含量很低，σ 相不可能全部由 $M_{23}C_6$ 转变而来，也很少从铁素体转变而来，在高温强氧化性的熔融富铅渣环境下，合金元素容易扩散和偏析于缺陷多、能量高的晶界，引起晶界附近贫铬、贫镍，为氧气或 PbO 进入金属内部提供了"宽阔"的通道，所以氧气或 PbO 会与钢中的 Fe 发生下面一系列的反应：

$$Fe+PbO \Longrightarrow Pb+FeO$$
$$6FeO+O_2 \Longrightarrow 2Fe_3O_4$$
$$4Fe_3O_4+O_2 \Longrightarrow 6Fe_2O_3$$
$$FeO+Cr_2O_3 \Longrightarrow FeCr_2O_4$$
$$FeNi+1/2O_2 \Longrightarrow (FeNi)O$$
$$(FeNi)O+Fe_2O_3 \Longrightarrow (NiFe)Fe_2O_4$$

上述高温反应，会消耗区域内部的 Fe、Cr、Ni，生成颗粒状物质 $FeCr_2O_4$ 与（FeNi）O。

f　2 号样品检测点 6 检测结果

如图 6-48 所示，2 号样号检测点 6 检测位置为喷枪壁中间区域，介于挂渣层与过渡层之间，属于颗粒物层。对图 6-48（b）中所标示点进行点测量（放大倍数为 3752 倍），测量结果如图 6-49 所示，其 EDS 分析结果见表 6-42。

 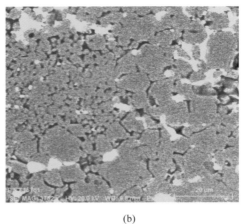

（a）　　　　　　　　　　　　　　　　（b）

图 6-48　2 号样品检测点 6 位置示意图

（a）宏观位置示意；（b）微观位置示意

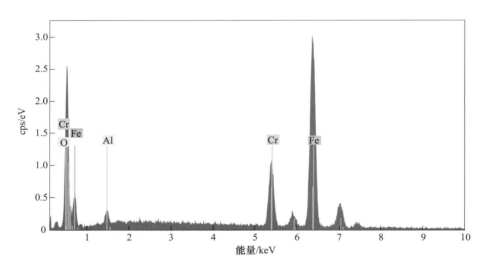

图 6-49　2 号样品检测点 6 能谱图

表 6-42　2 号样品检测点 6 EDS 分析结果

元素	原子序数	序列	质量分数/%	摩尔分数/%
O	8	K	25.15	53.04
Fe	26	K	60.78	36.72
Cr	24	K	12.21	7.92
Al	13	K	1.86	2.33

对图6-48（b）中进行点测量，发现该处主要元素为 Fe、O、Cr、Al 等（见图6-49和表6-42），推测其组成为 Fe、Cr、Al 的氧化物为主。

g　2 号样品检测点 7 检测结果

如图6-50所示，2 号样号检测点 7 检测位置为喷枪壁中间区域，属于过渡层与金属基体层连接处，其中左侧区域为内过渡层，右侧区域为金属基体层。对图6-50（a）中所标示点进行点测量（放大倍数为 256 倍，如图6-50（b）所示），测量结果如图6-51和图6-52所示，其 EDS 分析结果见表6-43。

　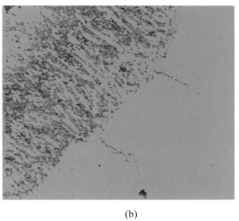

(a)　　　　　　　　　　　　　　　　　　(b)

图 6-50　2 号样品检测点 7 位置示意图

（a）宏观位置示意；（b）微观位置示意

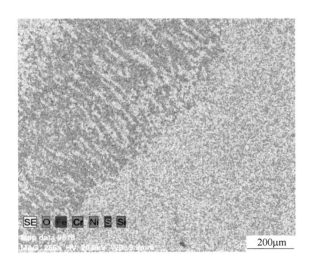

图 6-51　2 号样品检测点 7 EDS 面扫描结果（综合）

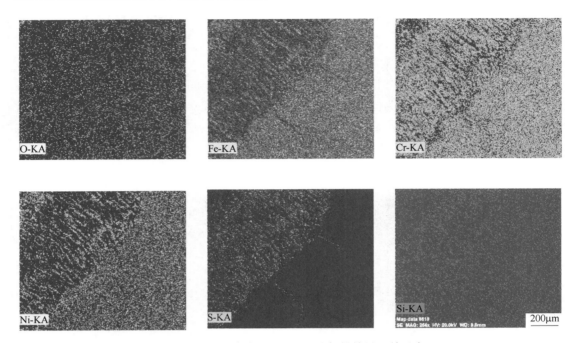

图 6-52　2 号样品检测点 7 EDS 面扫描结果（单元素）

表 6-43　2 号样品检测点 7 EDS 分析结果

元素	原子序数	序列	质量分数/%	摩尔分数/%
Fe	26	K	43.26	37.71
S	16	K	14.40	21.87
Cr	24	K	22.78	21.33
Ni	28	K	17.82	14.78
O	8	K	1.01	3.06
Si	14	K	0.72	1.26

　　对图 6-50（b）中进行点测量，发现该处主要元素为 Fe、S、Cr、Ni、O 等（见图 6-51 和图 6-52），其中内过渡层以 Fe、Cr、Ni、S 为主，内过渡层以 Fe、Cr、Ni 为主。通过 EDS 分析（见表 6-43）可以发现，元素 S 的渗透能够到达过渡层，可能会继续向金属基体层渗透。在金属基体层中，能够观察到两条比较明显的裂缝，裂缝中的元素以 S 和 Cr 为主，可以推测元素 S 对基体的腐蚀损坏是因为硫首先与金属基体中的 Cr 发生反应。Cr 与 S 结合的产物有很多种（CrS、Cr_9S_6、Cr_7S_8、Cr_2S_3），需要对其进行物相检测，进一步确定所生成的物质类型。有文献显示，在镍基合金中的硫化物之间形成晶体后，其熔点将从 1300℃左右降低到 600~900℃，并且在高温下，很容易变形。虽然该材料不属于镍基合金，但是在高温下，晶界处容易发生偏析现象，导致局部镍含量升高，使得局部区域满足硫化物晶体的生成。

　　h　2 号样品检测点 8 检测结果

　　如图 6-53 所示，2 号样品检测点 8 检测位置为喷枪壁外壁，由于在对喷枪进行线切割时，需要对外壁进行打磨，所以该处的挂渣层、颗粒物层已经被全部磨掉，还剩余部分过渡层和金属基体层。对图 6-53（b）中所标示点进行点测量（放大倍数为 3672 倍），测量结果如图 6-54 和图 6-55 所示，其 EDS 分析结果见表 6-44。

(a)

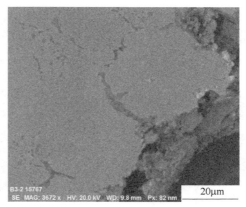

(b)

图 6-53　2 号样品检测点 8 位置示意图

（a）宏观位置示意；（b）微观位置示意

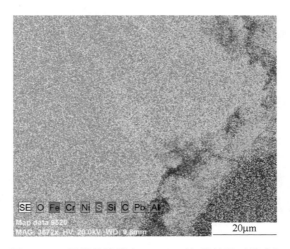

图 6-54　2 号样品检测点 8 EDS 面扫描结果（综合）

表 6-44　2 号样品检测点 8 EDS 分析结果

元素	原子序数	序列	质量分数/%	摩尔分数/%
C	6	K	18.73	48.01
Fe	26	K	37.75	20.81
Ni	28	K	27.9	14.63
O	8	K	4.46	8.59
Cr	24	K	6.92	4.1

元素	原子序数	序列	质量分数/%	摩尔分数/%
S	16	K	3.54	3.4
Si	14	K	0.35	0.38
Pb	82	M	0.31	0.05
Al	13	K	0.03	0.04

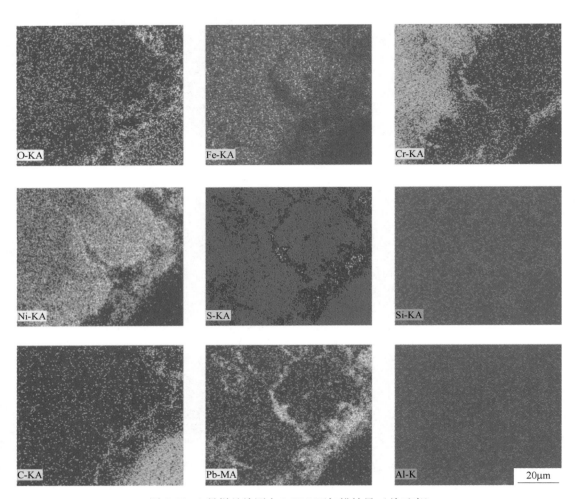

图 6-55　2 号样品检测点 8 EDS 面扫描结果（单元素）

　　与 2 号样品检测点 7 类似，在金属基体层中，发现了裂纹（见图 6-53（b）），并且其裂缝范围和数量都比喷枪内侧更为严重。通过对其进行 EDS 面扫描（见图 6-54、图 6-55 和表 6-44）可以发现金属基体层以 Fe、Ni、Cr 为主，在金属基体层与过渡层的交界处，镍有富集的趋势。裂缝中的物质组成元素为 Cr、S、Pb，可以推测该处形成了多种硫化物，根据前面的分析，在镍富集区域会形成低熔点硫化物晶体，进而导致喷枪基体材质的损坏加重。

2 号样品的 SEM 扫描结果显示,喷枪壁从外至内分为 4 层,分别为挂渣层、颗粒物层、过渡层和金属基体。

B　3 号样品检测结果

如图 6-35 所示,3 号样品位于 1 号喷枪前段凹陷处,所观察平面为喷枪表面。

a　3 号样品测点 1 检测结果

如图 6-56 所示,3 号样品检测点 1 检测位置为喷枪壁外壁。喷枪外壁为圆弧形,由于在进行制样时,必须将观测面磨成平面,所以在观测区域内,靠近中心的位置为金属基体层,边缘位置为挂渣层。对图 6-56 中所标示点进行点测量(放大倍数为 45 倍),测量结果如图 6-57 所示,其 EDS 分析结果见表 6-45。

图 6-56　3 号样品检测点 1 位置示意图

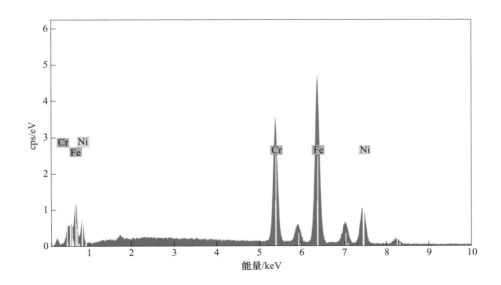

图 6-57　3 号样品检测点 1 能谱图

表 6-45　3 号样品检测点 1 EDS 分析结果

元素	原子序数	序列	质量分数/%	摩尔分数/%
Fe	26	K	55.48	54.97
Cr	24	K	25.23	26.84
Ni	28	K	19.3	18.19

通过分析可以发现，金属基体中，主要以 Fe、Cr、Ni 为主，金属材质为 310S 不锈钢。

　　b　3 号样品测点 2 检测结果

　　如图 6-58 所示，3 号样品检测点 2 检测位置为喷枪外壁。从图 6-58 中可以看到有明显的分层现象，观测点位于内层，颜色较为暗淡。通过对其进行点测量（测量结果见图 6-59，EDS 分析结果见表 6-46），得到该处元素组成为 S、Cr、Fe、O，可以判断该位置以硫化物和氧化物为主。

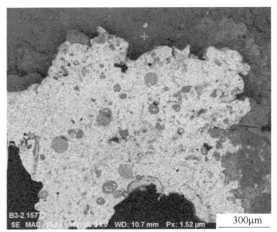

图 6-58　3 号样品检测点 2 位置示意图

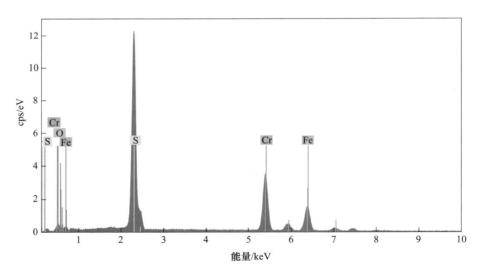

图 6-59　3 号样品检测点 2 能谱图

表 6-46　3 号样品检测点 2 EDS 分析结果

元素	原子序数	序列	质量分数/%	摩尔分数/%
S	16	K	46.52	55.83
Cr	24	K	31.15	23.06
Fe	26	K	19	13.1
O	8	K	3.33	8.01

c 3 号样品测点 3 检测结果

如图 6-60 所示，3 号样品检测点 3 检测位置为喷枪外壁。从图中可以看到有明显的分层现象，观测点位于外层，具有较强金属光泽。通过对其进行点测量（测量结果见图 6-61，EDS 分析结果见表 6-47），得到该处元素组成为 Pb、C（机器对 C 元素测量不准确，可能为干扰项），可以判断该位置以金属 Pb 为主。

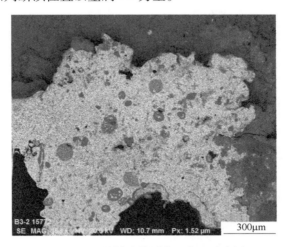

图 6-60 3 号样品检测点 3 位置示意图

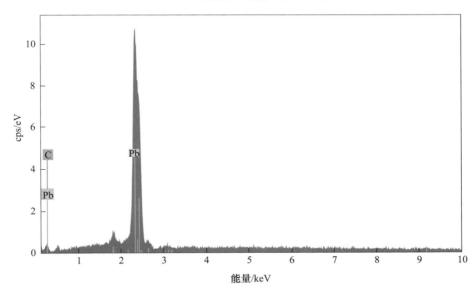

图 6-61 3 号样品检测点 3 能谱图

表 6-47 3 号样品检测点 3 EDS 分析结果

元素	原子序数	序列	质量分数/%	摩尔分数/%
Pb	82	M	95.44	54.85
C	6	K	4.56	45.15

C 4 号样品和 5 号样品检测结果

通过分析发现，4 号样品与 3 号样品、5 号样品与 2 号样品检测结果相似程度较高，所以不再对其进行详细分析。

D 7 号样品检测结果

7 号样品取自 1 号喷枪后段完好处，观察平面为喷枪表面。其检测结果如图 6-62 和图 6-63 所示，其 EDS 分析结果见表 6-48。

图 6-62　7 号样品检测点位置示意图

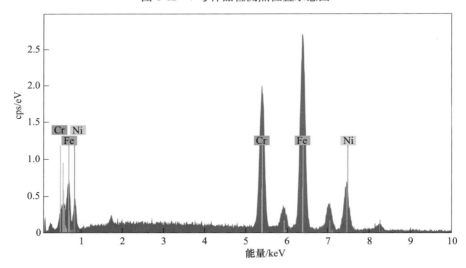

图 6-63　7 号样品检测点能谱图

表 6-48　7 号样品检测点 EDS 分析结果

元素	原子序数	序列	质量分数/%	摩尔分数/%
Fe	26	K	56.12	55.72
Cr	24	K	23.18	24.72
Ni	28	K	20.70	19.55

样品点 7 取自喷枪后端，从 SEM 和 EDS 结果可以看出，元素比例与 310S 不锈钢材料吻合度高，其原始组织保持完好，证明在喷枪服役过程中，喷枪后端冷却效果良好，未出现高温氧化现象。

E　8 号样品检测结果

8 号样品取自 2 号喷枪前段，观察面为截面，通过宏观观测可以发现，喷枪断面有很多细小裂缝，在显微镜下，对其中一个裂缝进行局部放大，并对观测区域进行面扫描，得到其 EDS 结果如图 6-64 和图 6-65 所示。

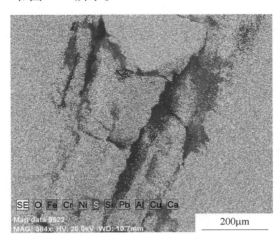

图 6-64　8 号样品 EDS 面扫描结果（综合）

从图 6-64 和图 6-65 可以发现，视场范围内左右两侧为金属基地，其成分 Fe、Ni、Cr 为主。裂缝中的物质组成元素为 Fe、Ni、Cr、O、S、Pb、Ca 等，进一步分析，可以推测该处形成了多种硫化物和氧化物，其中硫化物以 PbS、SiS$_2$、CaS 为主，氧化物以 Fe、Cr、Pb、Ca 的氧化物为主。

与 1 号喷枪相比，2 号喷枪最外层的厚度较大，其最外层环管的内外壁面温差更大，管外壁所受的温度热应力更大。在使用过程中，喷枪外壁受高温影响，其许用应力下降，导致喷枪外壁开裂，熔池中的熔体和炉渣沿着裂缝进入其中，进一步加剧喷枪的损坏过程。

F　9 号样品检测结果

9 号样品取自 2 号喷枪前段，观察面为表面（有一定弧度），为了使观测区域平整，在制样完成后，将其观测面磨掉大约 1mm。在显微镜下，对喷枪表面的一个裂缝进行局部放大，并对观测区域进行面扫描，得到其 EDS 结果如图 6-66 所示。对 9 号样品进行 EDS 面扫描，结果分别如图 6-67 和图 6-68 所示。

从单元素分析（见图 6-68）可以发现，裂缝周围为正常的基体组织，其成分为 Fe、Ni 和 Cr。裂缝中心处的元素组成为 Cr 和 O，可以推断其为 Cr 在高温下形成的氧化物。裂缝的边缘处，元素组成为 Pb 和 S，推断其为裂缝形成后，熔体向喷枪材质内部填充形成。

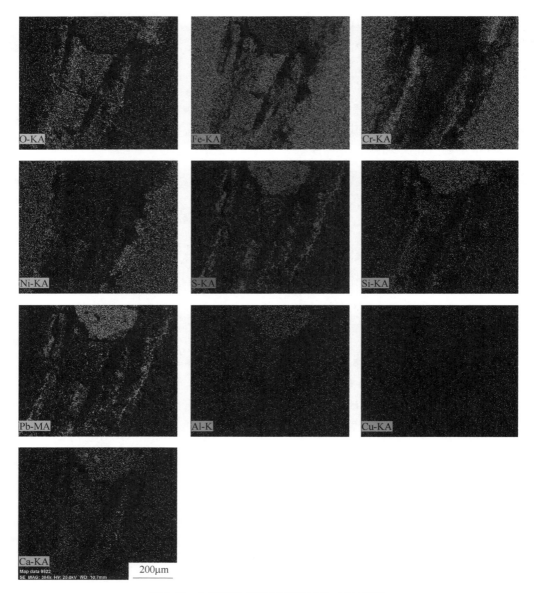

图 6-65　8 号样品 EDS 面扫描结果（单元素）

6.2.8.3　结论

通过对喷枪进行 EDS 面扫描可以得到以下结论：

（1）挂渣层以 Fe、O、Si 等元素为主，以此推断喷枪壁最外侧主要是 Fe 和 Si 的氧化物，进一步对其表面进行扫描，发现挂渣层的表面高低起伏较大，并且有起皮剥落现象；另外，通过对挂渣层进行特征区域点扫描（2 号样品检测点 3 和检测点 4），可以发现，在挂渣层内除了多种金属组成的氧化物之外，还有大量的金属 Pb 被包裹在金属氧化物内。

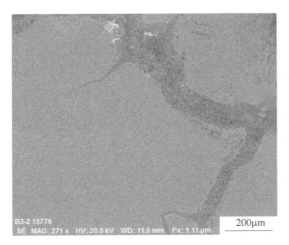

图 6-66　9 号样品典型裂缝微观形貌

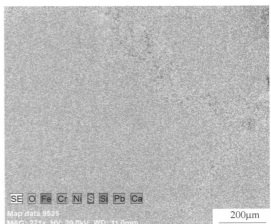

图 6-67　9 号样品 EDS 面扫描结果（综合）

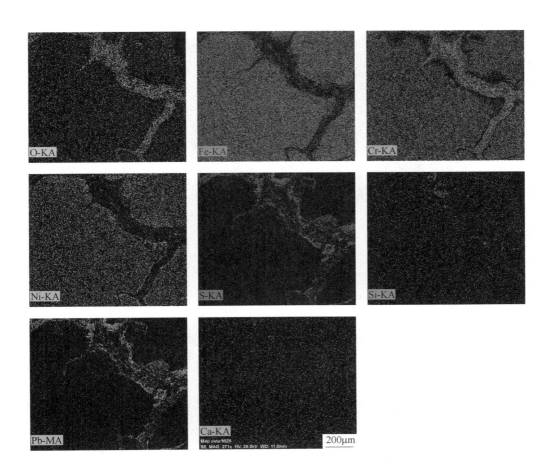

图 6-68　9 号样品 EDS 面扫描结果（单元素）

（2）颗粒物层介于挂渣层和过渡层之间，EDS 分析显示，该区域以 Fe、O、Cr、Ni 等元素为主，SEM 扫描结果显示，在该区域中，存在大量颗粒物，直径大约为 $1\sim5\mu m$。通过查阅文献发现，310S 型不锈钢碳含量很低，在高温强氧化性的熔融富铅渣环境下，合金元素容易扩散和偏析于缺陷多、能量高的晶界，引起晶界附近贫铬、贫镍，为氧气或 PbO 进入金属内部提供了"宽阔"的通道，进入的氧气或 PbO 会与 310S 不锈钢中的 Fe、Ni、Cr 发生一系列的反应，最终消耗区域内部的 Fe、Cr、Ni，生成颗粒状物质 $FeCr_2O_4$ 与 $(Fe,Ni)O$。

（3）过渡层分为两层，其中外层以 Fe、Ni 元素为主，内层以 Cr、S、Fe、Ni 等元素为主，通过 EDS 分析可以发现，元素 S 的渗透能够到达过渡层，可能会继续向金属基体层渗透。在金属基体层中，能够观察到两条比较明显的裂缝，裂缝中的元素以 S 和 Cr 为主，可以推测元素 S 对基体的腐蚀损坏是因为首先硫与金属基体中的 Cr 发生反应。

（4）金属基体层以 Fe、Ni、Cr 元素为主。

通过对 1 号喷枪的分析，可以推断氧枪破坏过程大致如下：高温下，氧枪壁面基体材料中的合金元素发生偏析，引起晶界附近贫铬、贫镍，从而导致强氧化性的熔融富铅渣、PbO 和 S 扩散到基体内部，与 Fe、Ni、Cr 等元素发生一系列的化学反应，生成颗粒状物质 $FeCr_2O_4$ 与 $(Fe,Ni)O$。颗粒物结合机械强度不高，另外由于氧枪壁面直接与熔体接触，许用应力进一步下降，在熔体和高速气体的冲刷下，喷枪壁面逐渐减薄，最终导致喷枪损坏。综上分析，喷枪工作端蘑菇头的生成和保护对喷枪损坏（寿命）至关重要。

通过对 2 号喷枪的分析可以发现，喷枪裂缝内主要物质以硫化物和氧化物为主，其中硫化物来自金属熔体和渣，氧化物为金属基体高温氧化形成。由于 2 号喷枪最外层环管的厚度较大，在使用过程中，管内外巨大的温差使得管外壁受到巨大的热应力。同时，在高温下，金属材料的许用应力下降，使得喷枪外壁出现裂缝。因此，喷枪最外层管的厚度并不是越大越好，进行喷枪设计时，应该充分考虑冷却强度与热应力之间的关系，确定合适的喷枪套管厚度。

6.3　SSC 技术在锌浸渣等二次含锌物料回收利用领域的应用

锌浸渣侧吹强化熔炼技术——侧吹熔化—连续挥发工艺是由中国恩菲和驰宏锌锗公司于 2008 年开始研发的一种先进的处理含锌废物的冶炼工艺。

该技术第一发展阶段是 2008～2009 年，先后在驰宏锌锗公司会泽冶炼厂（者海）$2.5m^2$ 的侧吹试验炉上进行了多次工业试验，取得了全冷料处理的经验和工业技术参数和尾气脱硫技术参数。

第二阶段是 2013 年底，在驰宏锌锗公司会泽冶炼厂年产 16 万吨项目中，$13.4m^2$ 侧吹炉投产，该炉炉体进行了创新，全铜水套，使得作业率和环境得到了质的提升。

第三阶段为 2017 年，在会泽冶炼厂增设侧吹熔化炉，形成侧吹连续熔化—烟化；同时开发了选冶联合处置复杂共生铅锌氧化矿清洁工艺，通过浮选将低品位矿中的脉石分离，特别是氧化钙和氧化镁，富集得到的脉石含铅锌 1% 以下作为一般固废；其余浮选氧化铅锌精矿采用"侧吹连续熔化—烟化"处理回收。

该技术目前已经推广到印度斯坦锌业等多家企业应用。

6.3.1 开发背景

铅锌传统选冶技术主要用于处理硫化矿，然而，随着资源开发活动的增加，易处理的硫化矿越来越少，大量的铅锌共生氧化矿因其品位较低（含 Zn 10%～16%，含 Pb 6%～10%）、性质极其复杂，一直得不到有效利用。在我国的东北、湖南、两广、滇川、西北等五大铅锌采选冶和加工配套的生产基地，均有大量铅锌共生氧化矿未能得到有效利用。全国目前已堆存有铅锌共生氧化矿在 1500 万吨以上，每年还以 100 万吨以上的速度继续堆存。

同时，我国铅锌冶炼行业发展迅速，铅锌产量和消费量已经跃居世界第一。每生产 1t 电锌将产出 1.0～1.05t 的锌浸渣，全国每年产生近 500 万吨的锌浸渣。这些铅锌共生氧化矿和锌浸渣中含有大量有价金属和有害元素，长期堆存，不仅占用土地、污染环境，而且大量废渣日积月累，已经给企业带来了沉重的经济和环保负担。

此外，国家有色金属工业"十二五"发展规划中指出：鼓励低品位矿、共伴生矿、难选冶矿、尾矿和熔炼渣等资源开发利用。促进铜、铅、锌等冶炼企业原料中各种有价元素的回收，冶炼渣综合利用，以及冶炼余热利用。因此，针对目前国内用回转窑处理铅锌共生氧化矿和锌浸渣工艺中存在的生产能力小、能耗高、烟气 SO_2 浓度波动大、烟气吸收困难等问题，堆浸存在占地面积大、产量较小、废液处理难、堆浸场地防渗投入高等缺点，开发了出一种新型侧吹熔炼炉和低浓度 SO_2 吸收装置，实现铅锌共生氧化矿和锌浸渣的连续作业和清洁生产。

6.3.2 国内外技术发展现状和趋势

目前，铅锌共生氧化矿和锌浸出渣综合回收技术分为两类：湿法浸出富集和火法富集。湿法浸出富集是利用适当的溶剂将原料中的有用成分转入溶液，主要有硫化—浮选浸出、硫脲浸出、氯盐浸出、硫酸化焙烧—浸出；火法富集是采用火法工艺处理铅锌共生氧化矿和锌浸出渣，较成熟的方法主要有回转窑法和奥斯麦特法。这两种方法除了能提高锌的冶炼回收率，较好地回收利用铅锌共生氧化矿和锌浸出渣中有价金属铅、锌、银、锗等有价金属外，也方便铅锌共生氧化矿和锌浸出渣中铁的运用，产出无害化水碎渣，用于井下膏体充填或水泥生产辅料。

（1）堆浸法。堆浸的低品位铅锌氧化共生矿中锌能够有效被硫酸浸出，锌的浸出率在 90% 以上。但是，存在占地面积大，产量较小，废液处理难，堆浸场地防渗措施投入高而且容易发生渗漏，从而引发环保事故等缺点。

（2）烟化炉挥发法。烟化炉挥发法是典型的"熔池熔炼"，第一座工业烟化炉于 1927 年在美国 East Helena 炼铅厂投入生产。铅锌共生氧化矿和锌浸出渣烟化炉吹炼过程实质是还原挥发过程。鼓风炉或还原炉熔渣进入烟化炉内，配入铅锌共生氧化矿和锌浸出渣，将粉煤（或其他还原剂）与空气混合鼓入烟化炉内，粉煤燃烧产生大量的热和 CO，使炉内保持较高的温度和一定的还原气氛，熔渣中的锌从其氧化物中被还原成金属蒸气挥发，被三次风口吸入的空气所氧化，这些金属氧化物以烟尘形式随烟气一道进入收尘系统收集。烟化炉挥发法是产出环保型渣的最容易途径，采用的煤是低成本还原剂/燃料，产生的金属氧化物富含多种金属也能容易地进行处理。但是存在生产能力小、能耗偏高、烟气 SO_2 浓度波动大、烟气吸收困难等问题。

（3）回转窑挥发法。回转窑挥发工艺的侧重点是锌、铅、铟的回收。在 $1000 \sim 1250℃$ 条件下，对铅锌共生氧化矿和锌浸出渣进行还原挥发，使 Pb、Zn 离解氧化成 PbO、ZnO 烟尘，所得烟尘返回浸出工序，达到回收锌的目的。

国内多数冶炼厂，如株洲冶炼厂、广西华锡集团来宾冶炼厂等都采用回转窑挥发处理铅锌共生氧化矿和锌浸出渣。回转窑挥发工艺的最大缺点是，窑壁黏结造成窑龄短，耐火材料消耗大，耐火砖寿命半年左右，费用不菲；另外，该工艺用焦炭作为回转窑燃料，存在成本较高，能耗较高的缺点，实践证明同等条件下回转窑能耗比烟化炉高 30%。

（4）奥斯麦特（Ausmelt）炉处理法。1988 年，奥斯麦特冶炼技术首次在锌工业上开始产业化应用，奥斯麦特炉采用顶部喷吹浸没熔池熔炼技术，其应用包括了富钽渣生产、铜的熔炼和吹炼、锌熔炼、锡精矿熔炼、各种残渣的烟化、粗银锭的生产等。目前，韩国高丽亚铅公司温山冶炼厂采用奥斯麦特炉处理混合精矿、电池废料及浸出渣等的混合物料，每年可回收相当可观的有价金属。奥斯麦特工艺是解决锌浸渣较为有效的方法，也能处理铅锌共生氧化矿，它能产生无害的弃渣，但是存在技术引进费用较高的问题。

（5）新型侧吹浸没燃烧熔炼法。该方法能够解决回转窑和烟化炉处理铅锌共生氧化矿和锌浸出渣工艺中存在的生产能力小、能耗高、烟气 SO_2 浓度波动大、烟气吸收困难等问题。炉床能力比烟化炉提高 20% 以上，能耗（锌耗煤）比烟化炉降低 50kg/t 以上，比回转窑降低 250kg/t 以上，二氧化硫降低到 $200mg/m^3$ 以下，同时，拥有自主知识产权。

以上五种处理方法的对比见表 6-49。

从表 6-49 可以看出，奥斯麦特法金属挥发率最好，可以同时处理多种物料，环境好，但其辅助配套系统较多，一次建设投资较高，且炉体核心部件氧枪喷头的使用周期太短，生产成本相应增加，主要是存在技术壁垒；回转窑挥发法的金属挥发率达 92% 以上且相对稳定，但窑炉占地面积很大，生产过程需要消耗大量的焦粉，势必造成环保压力大，流程较为复杂，自动化程度低，仅可以处理锌浸出渣一种物料；而侧吹烟化法虽然在金属锌的挥发率上略显不足，但是可以同时处理铅锌冶炼渣物料，且处理量大，对锗的回收效果较好，在辅料消耗及能源回用方面均比回转窑好，设备易实现微机自动化控制。

6.3.3 侧吹熔炼技术方案

在国家环保政策日益严格的情况下，多数炼锌厂采用回转窑处理铅锌共生氧化矿和锌浸渣进一步回收渣中的锌、铅，但工艺技术落后，劳动条件差，设备维护工作量大，需要耗费大量的焦炭及无烟煤，有价金属回收率不高，同时，还会产生环境污染。

表6-49 五种处理方法对比表

序号	项目	堆浸法	回转窑挥发法	烟化炉挥发法	奥斯麦特炉处理法	新型侧吹熔炼法
1	可回收元素	Zn、In、Pb、Ge	Zn、In、Pb	Zn、In、Pb、Ge、Ag	Zn、In、Pb、Ag、Cu	Zn、In、Pb、Ge、Ag
2	金属回收率	Zn、Pb 浸出率90%以上	Zn、Pb 挥发率92%以上	Zn 90%，Pb 95%	Zn 92%，Pb 95%	Zn 91%，Pb 96%
3	还原剂消耗	焦	焦粉（锌耗焦）：3.19t/t（标煤3100kg/t）	原煤（锌耗原煤）：3.10t/t（标煤2214kg/t）	—	原煤（锌耗原煤）：3.03t/t（标煤2164kg/t）
4	余热回收		1.3MPa低压蒸汽（锌产蒸汽）25.74t/t（标煤2350kg/t）	4.4MPa中压饱和蒸汽（锌产蒸汽）18.23t/t（标煤1664kg/t）	—	4.4MPa中压饱和蒸汽（锌产蒸汽）18.23t/t（标煤1664kg/t）
5	综合能耗/kg·t^{-1}		750	550	500	500
6	废渣含锌/%	约2	约2	约2.5	约3.5	<2
7	渣形态	浸出渣（危险固废）	水碎渣	水碎渣（一般固废）	水碎渣（一般固废）	水碎渣（一般固废）
8	渣流向	危险固废，堆存	无毒无害，属于一般性工业固体废物，可以回收利用煤后，再作为路基材料使用	1. 具有水泥熟料的多种组成，可作为外掺料替代部分水泥原料，也可作为矿化剂促成3CaO·SiO$_2$的形成，用弃渣代替铁矿石来制造水泥；2. 可以广泛用于膏体充填	销售给水泥厂	1. 具有水泥熟料的多种组成，可作为外掺料替代部分水泥原料，也可作为矿化剂促成3CaO·SiO$_2$的形成，用弃渣代替铁矿石来制造水泥；2. 可以广泛用于膏体充填
9	SO$_2$排放浓度/mg·m^{-3}	无	<400	<400		<100

续表6-49

序号	项目	堆浸法	回转窑挥发法	烟化炉挥发法	奥斯麦特炉处理法	新型侧吹熔炼法
10	优点	1. 工艺较为成熟，生产稳定； 2. 能够处理较低品位原料	1. 工艺较为成熟，生产稳定，工艺流程相对简单； 2. Zn、Pb 挥发率高，可达92%以上，回收率高，尤其对回收钢等有价金属非常实用，且废渣含锌较低； 3. 余热回收时所产蒸汽连续性好，比较适合中小型企业采用； 4. 由于70%以上的 As 留在窑渣中，窑渣具有"固砷"作用，对回收烟尘有益	1. 床能力相对回转窑高，生产能力相对回转窑大； 2. 对作为发热剂和还原剂的煤粉质量要求不高； 3. 备料工序简单，易于实现过程的机械化和自动化； 4. 铅锌共生氧化矿可综合利用，烟化产物可综合利用，烟化控制污染	1. 工艺流程简单，建设投资较低，能耗低； 2. 工艺技术灵活，能适应不同物料和熔融渣出渣比； 3. 富氧熔炼，反应过程强化，设备生产率高，配置紧凑，占地面积小，运行成本低； 4. 烟尘产品中的铅锌回收率高，且现场环境性能好	1. 炉床能力高，生产能力大； 2. 对作为发热剂和还原剂的煤粉质量要求不高； 3. 备料工序简单，易于实现过程的机械化和自动化； 4. 铅锌共生氧化矿可综合利用，侧吹产物可综合利用，侧吹控制污染
11	缺点	1. 堆存占地面积大； 2. 产量较小； 3. 废液投入大，堆浸场地防渗投资人高而且容易发生渗漏，从而引发环保事故	1. 设备占地面积大，耐火材料烧损较快，操作成本较高，维修量大，工程投资高； 2. 工作环境较差，能耗高，需要大量燃煤或冶金焦，而且 ZnO 粉进入流程前需考虑脱出氟氯，炉窑烟气含 SO₂ 也需净化处理； 3. 浸出流程需额外补加 FeSO₄（用铁屑制备）或利用一定量焙烧矿进行热酸浸出，才能获得足够铁量以满足中浸水解除杂质（As、Sb、Ge等）时的要求； 4. 设备自动化程度低	1. 工艺操作参数受物料性质变化影响较大； 2. 粉煤率较高，约45%，成本消耗大； 3. 微机自动控制性能不高	1. 由于渣子的喷溅，炉子的直升烟道内壁上结满渣造成堵塞； 2. 浸入熔池的氧枪喷头使用寿命短，每台炉一周要更换一根喷枪头，耐火材料消耗严重； 3. 在处理锌浸出渣时，熔炼阶段要求富氧浓度为30%，所以浸入段需要专门配备氧机组，电耗大幅增加； 4. 锌浸出渣中大部分 As 挥发进入氧化锌烟尘中，为后续烟化锌浸出和铜富集系统带来麻烦； 5. 没有自主知识产权	工艺操作参数受物料性质影响较大

针对上述渣处理存在的问题，驰宏锌锗公司曲靖冶炼厂采用传统的侧吹炉处理炼铅鼓风炉渣和锌厂浸出渣，已经实现冷热渣比2∶1，但存在下列问题：

（1）生产能力小、能耗高；

（2）烟气波动大，低浓度 SO_2 浓度波动也大（0~3%），严重影响低浓度 SO_2 吸收的正常进行，仅仅依靠一种方法处理烟气难以达标排放；

（3）铅锌共生氧化矿和锌浸渣处理技术和装备有待突破。

在研究分析现有工艺的基础上，研发了侧吹炉冶炼铅锌共生氧化矿和锌浸渣无害化处理方案，铅锌共生氧化矿和锌浸渣侧吹熔炼新工艺及装置的研究包括熔化、烟化及烟气治理三个工序。熔化和熔炼可在一台立式侧吹炉中分阶段作业，也可在两台串联的立式侧吹炉中连续作业。

铅锌共生氧化矿和锌浸渣经过配料，从侧吹熔炼炉侧面加入，炉子下部设有喷嘴向熔体中送入粉煤和空气，为熔化和熔炼阶段提供热源和还原剂。炉子下部还设有放渣口。此放渣口将根据原料中铅锌含量定期排放。经处理后的渣为无害渣，经水碎后出售给水泥厂或用于膏体充填。

侧吹炉炉体为水套结构，下部熔池区设耐火砖，形成炉缸；上部设有三次风口、热渣加料口（当处理热渣时可从此加料口加入）和冷料加料口，炉顶设有烟气出口等。工业化生产烟气出口将与余热锅炉的竖式烟道相连，以回收烟气的余热并使烟气温度降低至350℃以下，进布袋收尘器除尘。收集的氧化锌尘，含有原料中可挥发的锌、铅、锗、铟等。由于所处理的原料大部分为锌浸渣，因此经除尘后的烟气含有低浓度 SO_2，该烟气经氧化锌—氨酸法处理后，达标排放。

6.3.4 铅锌共生氧化矿和锌浸渣侧吹熔炼及烟气脱硫技术

6.3.4.1 铅锌共生氧化矿和锌浸渣侧吹熔炼工艺技术

A 基本原理

侧吹熔炼过程是一个还原挥发过程，实质是用空气和粉煤的混合物吹入侧吹炉内的熔融炉渣中，粉煤燃烧产生大量的热和一氧化碳气体，使炉内保持较高的温度和一定的还原气氛，熔渣中的铅锌从其氧化物中被还原成金属蒸气而挥发，至炉子的上部空间再次被炉内的二氧化碳气体或从三次风口吸入的空气所氧化，物料中的二氧化锗被还原成氧化亚锗挥发，这些金属氧化物以烟尘形态随烟气一道经余热锅炉或汽化水套降温后进入收尘系统被收集。

侧吹炉熔炼属于强化熔池熔炼，其特征是：在该反应体系中，液态铅锌炉渣为连续相，煤颗粒和空气泡为分散相，夹带煤粒的空气泡在熔渣中呈高度分散状。图6-69所示为侧吹炉熔池中夹带煤粒的气泡与熔渣之间发生反应的模型。由于鼓入熔池的气体给高温熔体提供了很大的搅动功，使熔体强烈搅动，强化气-液-固相之间的传热传质过程，加速了粉煤燃烧和金属氧化物的还原反应和挥发过程。气体喷射搅拌熔池引起的混合现象是熔池熔炼的重要特征。

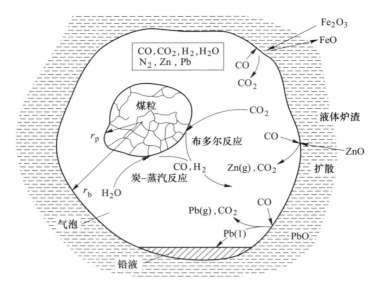

图 6-69　夹带煤粒的气泡与熔渣发生反应的模型

热力学研究表明，当温度在 1200℃ 以上时，ZnO 还原动力学的研究表明，当炉渣中碳、氧化锌摩尔比 $C/ZnO \geqslant 0.75$ 时，ZnO 的还原程度达到 99.98%~99.99%；但是当 C/ZnO 降至 0.5 时，ZnO 的还原程度只有 72.9%。由此可见，ZnO 的还原必须有足够的还原气氛。图 6-70 所示为吹炼时间对渣中 Zn、Pb 的影响。从图 6-70 可以看出，铅化合物的还原比锌化合物容易，铅的挥发速度比锌大，所以在满足锌的挥发条件下，铅的挥发已经非常彻底了。

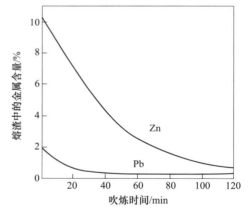

图 6-70　吹炼时间对渣含 Pb、Zn 的影响

侧吹炉熔池温度和还原气氛靠调整粉煤量和空气量的比例来实现。侧吹炉作业是周期性的，每一周期分为加料、提温、吹炼和放渣四个过程。加料过程的空气过剩系数 $\alpha = 0.7$~0.8，煤过量使加料时不至于熄火；提温过程的空气过剩系数 $\alpha = 0.8$~1.0，使碳尽量完全燃烧，以提高熔池温度；吹炼过程的空气过剩系数 $\alpha = 0.6$~0.7，使碳不完全燃烧，产生一定的 CO，提高炉内还原气氛；放渣过程的空气过剩系数 $\alpha = 0.9$~1.0，使碳尽量完全燃烧，以提高熔池温度，以便于尽快将废渣放出，节约纯生产时间。

B　侧吹炉处理物料的主要组分及其在还原挥发过程中的行为

侧吹炉熔炼过程中，物料中有价金属铅、锌、锗、铟、镉、金、银等金属的氧化物的还原是整个过程的主要反应，这些金属及化合物的挥发特性如下：

（1）铅及其化合物。在整个熔炼过程中，PbO、PbS 均易挥发。在侧吹炉高温强化还原气氛条件下，铅不管以何种形态存在均易被还原成金属铅的形态挥发。当炉温在 1000℃

以上，CO 浓度在 3%~5% 范围内，吹炼 30min 后铅的挥发率可达 85%~93%。在侧吹炉内铅及其化合物比锌、锗及其化合物更易还原挥发。

（2）锌及其化合物。在侧吹炉内，ZnS 在 600℃ 以上激烈氧化成 ZnO：

$$2ZnS + 3O_2 === 2ZnO + 2SO_2$$

$ZnCO_3$ 受热分解为 ZnO，$ZnSO_4$ 同样受热分解为 ZnO：

$$ZnCO_3 === ZnO + CO_2$$

$$ZnSO_4 === ZnO + SO_2 + 1/2O_2$$

在有碱性氧化物 CaO 参与的条件下，其与 $ZnSO_4$ 反应激烈：

$$ZnSO_4 + CaO === ZnO + CaSO_4$$

在高温下少量的 $ZnSO_4$ 还能被 C 或 CO 还原成 ZnS。其他形态的锌化合物在 1150~1250℃ 高温强化还原气氛下易被还原。较难还原的硅酸锌，在 CaO 的参与下，能加速其还原。

热力学研究表明：温度高于 1200℃，ZnO、$ZnO \cdot Fe_2O_3$ 以及大部分 ZnO 部分已被还原。

（3）锗及其化合物。在烟化过程的温度下，金属锗和二氧化锗的挥发极其微弱，只有氧化亚锗容易挥发。在侧吹炉高温弱还原气氛下，最易使 GeO_2 还原成 GeO 挥发。

（4）铟、镉、银及其化合物。在熔炼过程的温度下，铟、镉、银分别以氧化物形态进入氧化锌烟尘。

C　影响侧吹炉烟化过程的因素

影响侧吹炉熔炼过程的重要影响因素是人，关键是岗位员工技术水平的高低，在此仅对客观因素进行分析。

a　熔炼温度和时间

熔炼温度和时间对金属挥发速度的影响图 6-71 和图 6-72 所示。可见在其他条件下一定的情况下，铅、锌、锗的还原挥发速度随炉温的升高而增大，升高温度和延长吹炼时间都可以提高铅、锌、锗的挥发率。但温度过高（>1350℃），而熔渣中锌含量较低（<3%）时，渣中的铁易被还原出来，产生炉底积铁或形成 Zn-Fe、Ge-Fe 合金，堵塞出渣口或放渣时发生爆炸，危害侧吹炉的正常作业。温度过低，则会降低还原速度和挥发速度，熔渣发黏、流动性差，甚至形成炉结，放渣困难，严重时会发生结炉而引发死炉。

生产实践中，熔炼过程温度一般控制在 1100~1300℃ 范围，放渣时炉温高达 1200℃，以便增加炉渣流动性。

b　燃料和还原剂

侧吹熔炼可用固体、液体和气体作燃料和还原剂。目前，大多数工厂一般以煤作燃料，煤中含挥发分越高其还原效果越好。侧吹炉现在一般使用的煤含量固定碳不小于 50%，挥发分大于 15%。侧吹炉对煤的质量要求不太高，煤在熔炼过程既是燃料又是还原剂，其消耗量因含碳量而异，一般为渣量 20%~30%，随着冷料比例增加而增加。烟化过程中固体碳和 CO 同时作用，粉煤粒度越细越好，因为粉煤比表面积大，所以有利于温度迅速升高、还原速度加快以及锌的挥发效率高。

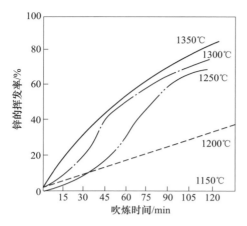

图 6-71　锌的挥发率与温度和时间的关系

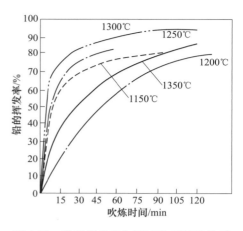

图 6-72　铅的挥发率与温度和时间的关系

c　鼓风强度和空气过剩系数

由于侧吹熔炼过程的还原剂是 CO，因此鼓风强度是影响侧吹炉挥发速度最活跃的因素，因为鼓风强度直接影响炉内的温度、CO/CO_2 比值、气体量以及金属蒸气压。鼓风强度决定于燃料的消耗和空气过剩系数 α 值，α 值增大，则 CO_2 分压也增大，炉温升高；反之则 CO 分压增加，还原能力增强。侧吹炉内的熔池温度和还原气氛靠调整粉煤与空气量的比例来调节。表 6-50 列出了不同 α 值时煤燃烧的气相组成及发热量数值。

表 6-50　不同 α 值时煤燃烧的气相组成及发热量

空气过剩系数 α		1.0	0.9	0.8	0.7	0.6	0.5
气相组成/%	CO	0	4.5	10.0	16.5	24.5	35.0
	CO_2	21	18	15	11	6	0
发热量/kJ·kg^{-1}		28500	24400	20240	16170	12190	7680

d　装料量

对于一定的炉子，有其最适宜的装料量。实际生产证实侧吹炉装料量一般为 2.5～5t/m^2。

侧吹炉装料较少时，炉料翻动较好，气相与液相之间的反应能充分进行，可以提高还原挥发速度。但装料量太少易使大量粉煤得不到充分利用而进入收尘系统，渣中 SiO_2 升高太快而使渣变黏，容易导致烟道上渣，堵塞烟道。

侧吹炉装料量多，可使粉煤与熔渣充分接触反应，提高粉煤利用率。但装料量过多，易使熔渣翻动不好，气相与液相之间接触差，降低铅、锌、锗的还原挥发速度，延长吹炼时间。甚至会造成熔炼困难，严重时会造成死炉。

e　炉渣成分

侧吹炉处理的原料是铅锌共生氧化矿和锌浸渣冷料，最终混合熔化成熔体后的成分要求是：Pb 1%～4%，Zn 8%～16%，SiO_2 24%～28%，CaO 12%～16%，Fe 18%～25%。

　　侧吹炉吹炼时，由于金属的大量挥发以及粉煤带入的灰分参与造渣，渣中造渣成分的含量（质量分数）都相应上升。在侧吹炉的现行原料、燃料情况下，侧吹炉吹炼60~90min后，渣中成分含量（质量分数）升高的情况是：SiO_2 6%~8%，Fe 2%~3%，CaO 2%~3%。

　　熔体成分中ZnO、SiO_2、CaO、FeO对烟化过程影响最大。

　　（1）熔体含锌量。熔体中含锌量越高，则侧吹炉锌的回收率越高，产出烟尘的含锌品位也越高。一般工厂将入炉物料的综合含锌6%定为含锌量的下限。侧吹炉为了提高烟尘产量和质量，要求物料综合含锌大于10%，废渣含锌小于3.0%。渣含锌降至更低，在技术上能做到，但经济上却不合理，因废渣含锌小于2.0%时，其还原挥发速度缓慢，吹炼时间和耗煤量增加。生产实践表明，废渣含锌小于2%时不经济。

　　此外，锌在渣中存在形态也影响其烟化效果，其难易程度（由易到难）依次是$ZnO>Zn_2SiO_4>ZnFe_2O_4>ZnS$。

　　（2）熔体含SiO_2量。高硅熔体黏度大，会显著降低铅、锌、锗的还原挥发速度。烟化过程中，渣中SiO_2含量随吹炼时间延长而逐渐增高，黏度相应增大，给侧吹熔炼过程带来困难。如果SiO_2含量超过40%，烟化过程会被终止（供风、供煤条件被破坏导致死炉），此时即使打开渣口废渣也不能从炉内顺利放出。这种情况在烟化过程中是不允许出现的，还会延长作业时间、增加劳动强度和粉煤消耗，还会导致大量黏渣被吹入烟道系统，堵塞烟道。侧吹炉吹炼时，渣含SiO_2最大不能超过30%。

　　（3）熔体含CaO量。熔体中适量的CaO有助于提高ZnO、PbO的浓度，加速铅、锌、锗的还原挥发速度：

$$ZnO \cdot SiO_2 + CaO \Longrightarrow CaO \cdot SiO_2 + ZnO$$

$$ZnO + CO \Longrightarrow Zn \uparrow + CO_2$$

但当CaO含量超过18%时，在高温强还原条件下，特别渣含锌降至2%时（吹炼终点前期），会导致FeO被还原成铁，形成炉底结块，并堵塞出渣口，破坏正常的生产作业。所以，熔渣中CaO含量以14%~18%最好，$CaO/SiO_2 \geqslant 0.6$。

　　（4）熔体含铁量。熔体中的FeO含量对ZnO的还原挥发性影响不大。但适当的FeO含量可增加炉渣活性，便于吹炼。

　　f　吹炼时间

　　吹炼时间与装料量、品位、冷热比例和操作人员水平关系很大，最主要的当然是操作人员水平。其次是冷热比例，一般来说，全热料，一个周期为70~100min；30%的冷料，一个周期为90~150min；60%的冷料，一个周期为120~200min；全冷料，一个周期为180~240min。随着装料量、品位增加，吹炼时间会相应延长。

　　g　熔池深度

　　熔池深度一般控制在700~1000mm的范围。熔池深度越深，粉煤利用率也越高，单位消耗越小，但锌的挥发速度相对减小，吹炼时间相对延长。应当指出的是熔池也不宜太深，否则粉煤不能均匀地送入炉内，并使熔渣流态化状态变坏，正常作业遭到破坏；熔池深度太浅，粉煤利用率降低，其消耗大大增加，有部分粉煤会穿透渣层，进入收尘系统而引发安全事故，并且不经济。

h　强化作业措施

强化作业的措施有：

（1）采用预热空气。能提高侧吹炉生产率和金属的挥发速度。然而热风温度太高时，空气的体积增大，相同标准体积的送风速度太高，易造成烟化过程紊乱。

（2）采用富氧空气。强化了生产过程，提高了锌的挥发速度。生产率可以提高了 $7\sim12t/(m^2\cdot d)$，锌的挥发速度升高了 $3\sim7kg/min$。降低了空气消耗，节约了燃料，粉煤率可以降低了 $4\%\sim6\%$。提高锌的回收率，减少渣含锌。

（3）采用天然气。

6.3.4.2　氧化锌—氨酸法烟气脱硫工艺技术

A　氧化锌法烟气脱硫工艺技术

低浓度二氧化硫烟气采用氧化锌吸收—空气直接氧化工艺，是将烟气中的二氧化硫直接用氧化锌溶液充分进行接触，反应生成含亚硫酸锌的溶液后，在湍球吸收塔下方的搅拌循环槽和吸收矿浆汇集槽内布置喷射氧成套装置，利用空气作为氧化剂直接把反应生成的亚硫酸锌氧化成硫酸锌溶液。再将该硫酸锌液矿浆用溶液泵输送到浓密槽进行增稠和固液初步分离，浓密底流泵送锌浸出车间的低酸浸出工序，用作提锌原料。浓密上清液与补充的新水一起作为氧化锌浆化配成吸收介质，循环使用。

氧化锌法脱硫原理如下：在吸收塔内，一定浓度的 ZnO 浆液与烟气中的 SO_2 发生以下主反应：

$$2ZnO+2SO_2+5H_2O =\!=\!= 2ZnSO_3\cdot 5H_2O$$

SO_2 吸收的反应机理可认为：SO_2 首先溶解于水中：

$$SO_2+H_2O =\!=\!= H_2SO_3 =\!=\!= HSO_3^-+H^+$$

$$HSO_3^- =\!=\!= SO_3^{2-}+H^+$$

继而：

$$ZnO+2H^+ =\!=\!= Zn^{2+}+H_2O$$

$$Zn^{2+}+SO_3^{2-} =\!=\!= ZnSO_3$$

或：

$$Zn^{2+}+2HSO_3^- =\!=\!= Zn(HSO_3)_2$$

由于亚硫酸是二元酸，因此，可能生成两种盐，ZnO 在过剩时为中性盐 $ZnSO_3$，在 SO_2 过剩时为酸性盐 $[Zn(HSO_3)_2]$。在吸收过程中，生成的 $ZnSO_3\cdot2.5H_2O$ 的溶度积 $K_s=1.34\times10^{-5}$，主要以固体不溶物形式存在，可通过以下三种方法使 $ZnSO_3\cdot2.5H_2O$ 返回生产工艺流程：

（1）热分解法。$ZnSO_3$ 结晶的热分解是按下列步骤进行的：

$ZnSO_3\cdot2.5H_2O \longrightarrow (120℃) ZnSO_3\cdot H_2O \longrightarrow (200℃) ZnSO_3 \longrightarrow (270℃) ZnO+$ 晶状亚硫酸锌 $\longrightarrow ZnO$

（2）酸分解法：

$$ZnSO_3 + H_2SO_4 =\!=\!= ZnSO_4 + H_2O + SO_2 \uparrow$$

（3）空气氧化法：

$$2ZnSO_3 + O_2 =\!=\!= 2ZnSO_4$$

B 氨酸法烟气脱硫工艺技术

采用二段再脱硫技术是为了执行有些地区对该行业提出的严格环保排放要求。

a 硫铵生产原理

硫铵生产分为脱硫工段和固体硫铵工段。脱硫工段分为净化吸收工序和酸解工序。

（1）脱硫工段。经过氧化锌法脱硫处理的烟气经两级氨法吸收塔吸收，烟气中 SO_2 含量达到国家烟气排放标准，由80m烟囱排空；吸收液送酸解工序处理。

吸收过程：

$$(NH_4)_2SO_3 + H_2O + SO_2 =\!=\!= 2NH_4HSO_3$$
$$2(NH_4)_2SO_3 + H_2O + SO_2 =\!=\!= 2NH_4HSO_3 + (NH_4)_2SO_4$$

再生过程：

$$NH_3 + NH_4HSO_3 =\!=\!= (NH_4)_2SO_3$$

吸收液用过量浓硫酸分解，分解液再进行脱吸，所产出的高浓度 SO_2 气体送至制酸系统制酸；分解液用氨中和后，中和液（硫铵溶液）送至固体硫铵工段制取农用固体硫铵化肥。

分解过程：

$$(NH_4)_2SO_3 + H_2SO_4 =\!=\!= (NH_4)_2SO_4 + SO_2 \uparrow + H_2O$$
$$2NH_4HSO_3 + H_2SO_4 =\!=\!= (NH_4)_2SO_4 + 2SO_2 \uparrow + H_2O$$

中和过程：

$$H_2SO_4 + NH_3 =\!=\!= (NH_4)_2SO_4$$

（2）固体硫铵工段。中和后硫铵母液在结晶器内进行绝热蒸发结晶，即在真空条件下，使加热后较高温度的硫铵循环液闪急蒸发，在闪急除水蒸气的同时，也带出了水分的蒸发潜热与硫铵的结晶热，从而使硫铵结晶器内悬浮液的上升与下降，控制结晶长大条件，以便得到均匀良好的硫铵结晶。

b 生产工艺流程

经过氧化锌法脱硫处理的烟气经两级氨法吸收塔吸收，烟气中的 SO_2 含量达到国家烟气排放标准，由80m烟囱排空；吸收液送酸解工序处理。吸收液用过量的浓硫酸分解，分解液再进行脱吸，所产出的高浓度 SO_2 气体送至制酸系统制酸；分解液用氨中和后，中和液（硫铵溶液）送至贮槽，由贮槽放入母液缓冲槽，与中间槽上清液、离心机分离母液混合后，经硫铵输送泵送至循环管路。硫铵循环管路中的硫铵液经过硫铵加热器时，被饱和蒸汽间接加热，随后进入蒸发结晶器内闪急蒸发和结晶。随着蒸发过程的进行，硫铵液逐渐趋于饱和，进而达到饱和，析出结晶。蒸发过程继续进行，过饱和区不断扩大，结晶悬浮液在结晶器内不断分级、沉降，颗粒较大的晶粒逐渐沉降至中间槽内。在中间槽内结晶悬浮液再度沉降，上清液溢流回母液循环槽，下部含大量结晶的悬浮液放入卧式离心机固液相分离。分离后的湿粒用皮带输送机送入振动流化床机组进行干燥后，称量、包装，送硫铵仓库。

　　c　产品指标

　　产品指标见表 6-51。

表 6-51　产品指标

序号	项目	指标
1	固体硫铵中的 N 含量/%	≥21.0
2	固体硫铵中的 H_2O 含量/%	≤0.3
3	固体硫铵中的游离酸含量/%	≤0.05

6.3.5　2.5m² 侧吹熔炼技术与装备研究

　　云南驰宏锌锗公司采用烟化炉直接处理锌浸出渣的生产工艺，一方面由于烟化炉的周期性作业，含硫烟气量的剧烈波动使烟气处理系统难于实现平衡处理；另一方面，由于不能及时调控，酸度超高时会造成设备的腐蚀。在这种情况下，急需探索一种新型的锌浸出渣处理工艺以解决稳定的工业条件，并显著降低能耗。因此驰宏锌锗公司与中国恩菲联合，在会泽分公司进行了侧吹熔化炉连续处理锌浸出渣的试验工作，以达到出炉烟气量、SO_2 浓度基本稳定，工艺技术和装备应用等方面取得了明显的效果，作为考核试验的主要技术指标——平均床能力已经超过设计指标 25t/($m^2 \cdot$ d)，其中熔化锌浸渣时达到 28.23t/($m^2 \cdot$ d)，熔化氧化铅锌共生矿时达到 30.08t/($m^2 \cdot$ d)。

6.3.5.1　研究思路和目的

　　根据"十一五"国家科技支撑计划重点项目"滇东北铅锌镉多金属资源综合利用关键技术研究"课题申报指南的说明，该项目的主要研究目标是：针对目前国内用回转窑和烟化炉处理锌浸出渣工艺存在的生产能力小、能耗高、烟气 SO_2 浓度波动大和尾气治理困难等问题，研究开发出一种新型侧吹熔炼炉，实现锌渣处理的连续作业和清洁生产。

　　该项目研究的主要内容是：侧吹熔炼工业试验研究，获得基础操作参数和相关技术经济指标，为侧吹炉的设计优化提供依据。

6.3.5.2　设备和方案[4]

　　A　主要设备

　　研究的主要设备为侧吹炉，尺寸为 1.4m×1.8m，炉床面积 2.5m²，图 6-73 所示为侧吹熔化炉总图。

　　侧吹炉炉体本身采用的结构形式为炉壳内衬砖，材质为镁铬砖，熔池采用 450mm 厚的镁铬砖，渣线以上为 300mm 厚的镁铬砖；骨架采用钢结构及顶杆支撑的形式；炉缸部分（渣线以下）采用喷淋冷却。炉顶设有加料口、备用烧嘴孔；柴油燃烧器开炉时烘炉使用；出烟口设在端墙上部，尺寸为 1400mm×700mm，外部接上升烟道；粉煤喷嘴为 5°夹角，风口数量为每侧 7 个，间距为 200mm；在端墙分别设置一个上渣口，一个下渣口。侧吹试验炉技术参数见表 6-52。

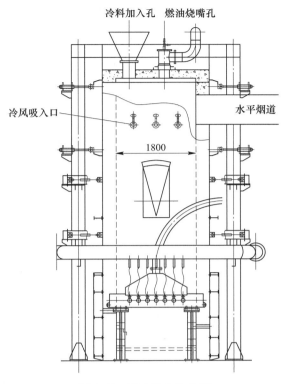

图 6-73 侧吹熔化炉总图

表 6-52 试验炉的规格和设定技术参数

指标名称	数 值
床面积/m²	2.5
炉体净空高度/m	6.9
风口直径/mm	φ40
风口数/个	14
一、二次风量/m³·h⁻¹	约7300
一、二次风压/MPa	0.05~0.08
烟气量/m³·h⁻¹	9659
烟气温度/℃	1200
设计床能力/t·(m²·d)⁻¹	25

B 工艺原理和流程

锌浸渣的侧吹熔炼过程是将粉煤与空气的混合物鼓入侧吹炉内，控制合适的粉煤给入量使其充分燃烧产生大量的热，进而使加入炉内的锌浸渣和熔剂快速完成脱硫和熔化造渣，同时不可避免地有部分铅锌还原挥发，熔渣经贫化后为无害渣。同时过程中保持稳定的锌浸渣处理量以使烟气 SO₂ 浓度平稳，从而有利于尾气中 SO₂ 的治理。

熔化炉试验生产流程为：锌浸渣、熔剂和焦粉分别由行车抓斗吊装入定量给料机料仓，通过皮带输送至侧吹炉加料口，均匀地加入炉内完成熔化和造渣；粉煤经高压一次风送至风煤箱与二次风混合后一同鼓入炉内燃烧，以提供熔化物料所需的热量；产出的熔渣定期排出返回铅厂生产流程使用；烟气经过降温除尘后排空。锌浸渣的侧吹熔炼的生产流程如图 6-74 所示。

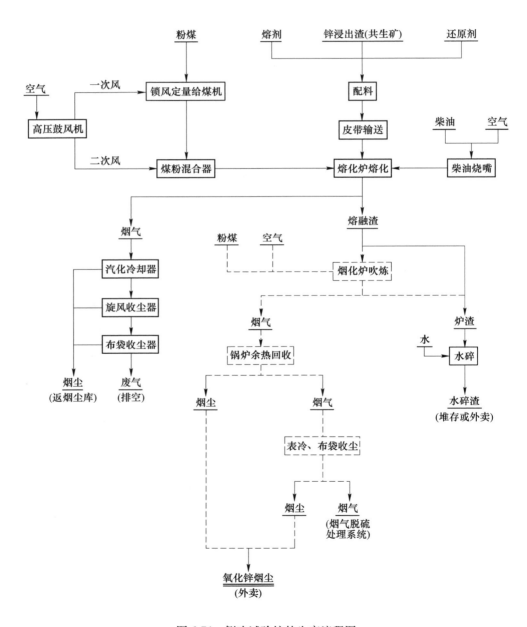

图 6-74　侧吹试验炉的生产流程图

锌浸渣的侧吹熔炼工艺过程应满足下述基本要求：

（1）生产过程必须严格控制粉煤的给入量，使其中的固定碳和挥发分得到完全燃烧，以产生足量的热能，并尽量减少不完全燃烧的煤粉进入收尘系统而带来的安全隐患。

（2）锌浸渣需预处理干燥脱出部分物理含水，以减少入炉物料中的水分蒸发而带走炉内的热量。

（3）锌浸渣的加入必须连续、均匀稳定，以保证一定的物料熔化速度和使烟气中的 SO_2 浓度平稳。

（4）根据 FeO-SiO_2-CaO 三元系控制合理的渣型，并使熔渣中 $SiO_2/CaO \approx 1.5 \sim 2.0$。

C　研究计划

对于锌渣的熔化与烟化而言，关键在于熔化，因为液态锌渣的烟化已经是成熟的工艺技术。驰宏锌锗公司烟化炉曾经开展的锌渣熔化试验证明熔化工艺可行，而问题在于床能力低和能耗高，所以需要通过试验提高床能力和降低能耗。因此本次试验的重点就是锌渣的熔化试验。

研究计划分为两个阶段进行：第一阶段，首先利用水碎渣造熔池，探索侧吹炉的正常运行条件，然后再进行锌浸渣的间断和连续加料熔化试验，确定侧吹炉的生产控制条件；第二阶段，探索稳定提升床能力的控制参数。

6.3.5.3　研究结果

A　第一阶段

a　原燃料成分

原燃料成分见表 6-53 和表 6-54。

表 6-53　原料成分　　　　　　（%）

成分	Pb	Zn	Fe	SiO$_2$	CaO	MgO	Al$_2$O$_3$	S
锌浸渣	7.92	17.70	18.23	4.86	5.51	0.94	3.61	9.91
石灰石			1.02	10.58	43.48	0.50	2.04	
水渣	0.14	1.57	27.66	26.09	13.16	2.81	10.04	

表 6-54　粉煤成分　　　　　　（%）

成分	C	A	V
粉煤	47.23	37.62	15.15
焦粒	58.73	36.29	4.98

b　研究过程

由于侧吹炉冷料开炉没有经验可循，研究决定采用鼓风炉开炉方式进行造熔池，先加入鼓风炉渣，熔池形成炉况正常后再加入锌浸出渣进行试验。前两次开炉分别由于锁风定量给煤机运行不正常，粉煤送不到炉内和风煤比例失衡和进料控制不均衡，导致生产后期熔渣无法放出而死炉。

通过借鉴前两次试验，第三次试验于 2009 年 7 月 4 日开始，本次开炉过程较顺利，连续生产 5 天，基本摸索出侧吹熔化炉的工艺控制条件。第三次试验取得了主要技术参数。相关试验指标见表 6-55。

表 6-55　第一阶段第三次试验指标

指标	时间/h	酸浸渣量/t	耗煤量/t	耗煤率/%	耗焦量/t	耗焦率/%	总风量/m³·h⁻¹	二次风量/m³·h⁻¹
数值	78	69.66	15.57	22.35	6.81	9.78	2600~2800	600~800

注：故障率高，实际用于加料和熔化时间为50h。

c　成功经验

第一阶段试验过程中得到了成功的经验，如下：

（1）通过试验初步摸索出侧吹炉熔化锌浸渣的生产操作过程，但床能力低。

（2）侧吹炉试验所采用的新型设备，如锁风定量给煤机、定量给料机和高压风机等与侧吹炉生产系统具有较好的适应性。

d　存在不足

第一阶段试验过程中的不足与改进内容包括：

（1）炉型结构上需要改进的方面：

1）炉顶加料口处于渣口正上方，加入的冷料容易堆积，导致熔化时间延长、放渣困难；

2）与渣口最近的风口距离渣口达300mm，该部位的物料难以熔化；

3）侧吹炉出口水平烟道与炉墙呈90°直角，该段烟道容易被熔渣堵塞而难以清理；

4）渣口位置决定了炉内保留熔池的高度，渣口的位置还需要摸索确定。

（2）尾气中的二氧化硫浓度由于不具备监测手段而无法测量。

（3）供煤系统频繁出现问题，其设备的稳定性需要进一步改进。

B　第二阶段

a　设备改进与思路调整

在第一阶段的熔化物料试验过程中，侧吹炉及其辅助设施暴露出了不足，使试验所取得的主要技术经济指标未能达到设计指标，经研究改进措施如下：

（1）侧吹炉炉体参数进行调整，具体改进见表6-56。

表 6-56　侧吹炉技术参数修改

项　目	修改前	修改后
单侧风口数/个	7	9
风口总数/个	14	18
风口比/%	0.45	0.58
风口区到炉底距离/mm	840	570
放渣口中心到炉底距离/mm	680	980

（2）为彻底解决烟道积渣，把原来到烟气出口直角烟道拆除，将出烟口移至炉顶，同时升高炉顶。经过修改后，出烟口从侧吹炉东侧移至炉顶，炉顶由原来的钢纤维浇铸料改为水套，并将炉顶升高1.6m，侧吹炉的整体高度由6.9m增加到8.5m，增大炉膛空间。

（3）原加料口处于放渣口上方，加入炉内的冷料容易堆积而使放渣困难，将加料口由原来的距离渣口600mm改为800mm，使加料点靠近炉内中心。

（4）对烟气进行循环水喷淋冷却。在烟气冷却管道的人字管段和高温风机出口后段增加喷淋管网，降低烟气温度，确保进入烟化炉布袋收尘室的烟气温度达到控制要求低于120℃。

试验设备改进后，确定第二阶段的生产试验重点——提升床能率。基本思路为：在侧吹炉开炉生产正常之后，将逐步提高鼓风量和锌渣处理量，摸索出目前生产条件下的侧吹炉的最大床能率，同时进一步确定加料速度、炉内熔渣预留量、耗煤率等指标。

b　研究过程及结果

从11月1日至24日共计开展了两次熔化锌浸渣的生产试验，12月14日至23日和2010年2月4日至8日又开展了两次熔化铅锌共生氧化矿的生产试验。

（1）第一次试验。试验从11月1日至9日，共计208h。试验过程平稳顺利，正常生产时间共计171h，平均床能力19.18t/($m^2 \cdot d$)，最高床能力25t/($m^2 \cdot d$)，主要技术经济指标已经大幅超过装备修改前的几次试验指标，其技术参数汇总见表6-57。

表6-57　第二阶段第一次试验技术参数

炉次	时间/h	锌浸渣量/t	床能力/t·($m^2 \cdot d$)$^{-1}$	耗煤量/t	耗煤率/%	耗焦量/t	耗焦率/%	总风量/$m^3 \cdot h^{-1}$	二次风量/$m^3 \cdot h^{-1}$
一	13	11.15	6.01	4.75	42.6	1.76	15.78	4600~4700	2000~2400
二	48	82.45	14.49	30.10	36.5	8.33	10.10	4500~4800	2300~2500
三	24	46.80	18.72	20.27	43.3	0	0	4500~4800	2300~2500
四	24	52.20	20.88	21.24	40.68	0	0	4700~5280	2400~2750
五	62	172.00	25.08	65.19	37.90	0	0	4900~5580	2500~2770
平均			19.18		38.80		2.76	4500~5580	2300~2770
合计	171	364.60		141.55		10.09			

（2）第二次试验。试验从11月17日至23日，共计160h，正常生产时间共计153.5h，平均床能力28.23t/($m^2 \cdot d$)，最高床能力33.5t/($m^2 \cdot d$)，主要技术经济指标较前次试验有了较大提高，创造了历次熔化锌浸渣试验的最好水平，其技术参数汇总见表6-58。

表6-58　第二阶段第二次试验技术参数

炉次	时间/h	锌浸渣量/t	床能力/t·($m^2 \cdot d$)$^{-1}$	耗煤量/t	耗煤率/%	耗焦量/t	耗焦率/%	总风量/$m^3 \cdot h^{-1}$	二次风量/$m^3 \cdot h^{-1}$
一	19	35.10	17.73	19.11	54.44	1.13	3.21	5180~5680	2680~2800
二	24	59.40	23.76	26.01	43.78	0.99	1.67	5150~5460	2610~2790
三	47.5	148.05	29.92	59.58	40.24	2.12	1.43	5150~5460	2610~2790
四	53.5	187.20	33.59	63.07	33.69	3.33	1.78	4800~5200	2450~2700
五	9.5	21.60	21.83	11.94	55.28	0.41	1.88	4000~4500	2050~2400
平均			28.23		39.82		1.76	5150~5680	2610~2800
合计	153.5	451.35		179.70		7.97			

（3）第三次试验。试验从 12 月 14 日至 23 日，共计 221h，分为两炉：第一炉加入锌浸渣，第二炉加入共生矿。试验原料成分见表 6-59。

表 6-59　第二阶段第三次试验原料成分　　　　　　　　　　（%）

成分	Pb	Zn	Fe	SiO$_2$	CaO	MgO	Al$_2$O$_3$	S
锌浸渣	7.49	16.50	15.49	5.62	5.59	2.01	2.53	11.43
共生矿	7.58	9.97	9.71	6.10	17.12	7.28	2.18	1.59

试验主要摸索系统的稳定运行时间，因此总风量较 11 月试验降低了 $1000 \sim 1500 \mathrm{m}^3/\mathrm{h}$，同时降低锌浸渣和共生矿的处理量，所以炉床能力指标有所下降。第一炉熔化锌浸渣共计生产 166h，平均床能力 $21.21 \mathrm{t}/(\mathrm{m}^2 \cdot \mathrm{d})$；第二炉熔化铅锌共生矿试验共计生产 50h，平均床能力 $20.74 \mathrm{t}/(\mathrm{m}^2 \cdot \mathrm{d})$。通过试验初步确定侧吹炉熔化共生矿的可行性。其技术参数汇总见表 6-60。

表 6-60　第二阶段第三次试验技术参数

炉次	时间 /h	处理量 /t	床能力/t· (m^2·d)$^{-1}$	耗煤量 /t	耗煤率 /%	耗焦量 /t	耗焦率 /%	总风量 /m^3·h^{-1}	二次风量 /m^3·h^{-1}
一	166	366.75	21.21	120	32.7	13.05	3.56	3150~4700	1550~2400
二	50	108.0	20.74	36	33.3	5.38	4.98	3050~4200	1250~2050

（4）第四次试验。为进一步探索侧吹炉用于熔化铅锌氧化共生矿的技术指标，2010 年 2 月开展了侧吹炉的第二阶段第四次试验，从 2 月 4 日至 8 日，共计 98h。过程中于 2 月 4 日加入锌浸渣调整炉况，2 月 5 日至 8 日加入共生矿试验。试验为最大程度摸索熔化共生矿的床能力，控制共生矿的加料速率为 $4000 \sim 5000 \mathrm{kg}/\mathrm{h}$，过程中风量、风压比较稳定，放渣过程熔渣温度高、流动性好。此次试验的平均床能力达到 $30.08 \mathrm{t}/(\mathrm{m}^2 \cdot \mathrm{d})$，充分验证了侧吹炉用于熔化含 CaO、MgO 较高的铅锌氧化共生矿的工艺可行性。其技术参数汇总见表 6-61。

表 6-61　第二阶段第四次试验技术参数

指标	时间 /h	锌浸渣量 /t	床能力/t· (m^2·d)$^{-1}$	耗煤量 /t	耗煤率 /%	耗焦量 /t	耗焦率 /%	总风量 /m^3·h^{-1}	二次风量 /m^3·h^{-1}
数值	65.5	205.2	30.08	68	33.13	10.44	5.09	4850~5300	2450~2750

6.3.5.4　结论

A　试验的成功经验

通过装备修改后的四次试验，充分验证了侧吹炉用于熔化锌浸渣的工艺是可行的，其总结如下：

（1）此阶段的试验取得成功并超过设计床能力，在工艺技术、装备应用和操作流程等方面取得了明显的效果，对侧吹炉处理湿法锌渣的后续试验具有较大的参考价值，具体参数见表 6-62。其中用于熔化锌浸渣的试验对比，在同等投入的条件下，其各项技术指标有了大幅度的提高，平均床能力达到 $28.23 \mathrm{t}/(\mathrm{m}^2 \cdot \mathrm{d})$，并可长时间保持。另外，第二阶段第四次试验在熔化铅锌共生矿时的平均床能力达到30.08t/(m²·d)，同样也验证了侧吹炉用于熔化铅锌共生矿的工艺可行。

表6-62　第二阶段第二次试验熔化锌浸渣的主要技术指标

指标名称		指标值
平均床能力/t·(m²·d)⁻¹		28.23
平均耗煤率/%		36~39
平均耗焦率/%		1.76~2.76
生产时间/h		153.5
最大鼓风强度/m³·(m²·min)⁻¹		35.13
最大总风量/m³·h⁻¹		5270
二次风量/m³·h⁻¹		2700
一次风量/m³·h⁻¹		2570
总风压/kPa		65~75
二次风压/kPa		40~50
物料配比	Fe/SiO₂	1.2:1
	CaO/SiO₂	1:1.6
熔渣温度/℃		>1100
锌浸渣加料速度/t·h⁻¹		4
锌浸渣熔化速度/min·t⁻¹		15
炉内熔渣预留量/mm		400~450
烟尘率/%		29
产渣率/%		71
锌金属直收率/%		94
锌金属挥发率/%		63
铅金属挥发率/%		91
熔渣平均含Zn/%		9.40
熔渣平均含Pb/%		1.21
熔渣平均含S/%		0.57
烟尘平均含Zn/%		35.70
烟尘平均含Pb/%		24.33
烟尘平均含S/%		5.68

（2）通过前后8次试验，侧吹炉共计运行584h，炉缸区的镁铬砖厚度由450mm减少到300mm。

（3）摸索出侧吹炉系统开炉程序和正常生产操作等生产制度。

1）操作控制：一是投料时适当增大给煤量，加完料后减小给煤量、提高温度5~10min后放渣；二是投料期间均匀给煤，在加料结束前5~10min时采取提高煤量、提高温度放渣；放渣需要根据一、二次风压力控制放渣时间和渣量。

2）渣型控制：根据物料成分，控制硅酸度在 0.87~1.0。

3）风量和风压控制：总风量须大于 4500m³/h 和一次风量大于 1800m³/h，在此条件下，控制总风压 60~65kPa、二次风压 40~45kPa。

4）炉壳温度控制：炉壳温度从开炉后，逐步上升至 240℃后基本保持稳定。

（4）试验装备的成功运用情况。

1）定量给料机应用效果：性能稳定，运行平稳；计量准确可靠，操作维护简单。

2）锁风定量给煤机应用效果：与公司内现行烟化炉的中间仓供煤设备相比操作维护简单，可靠性和稳定性需要进一步改进。

3）高压离心鼓风机应用效果：在运行电流 40A、总风量 4000m³/h 以上运行安全平稳，振动值均低于 1.5mm/s。

B　试验存在的问题

随着炉床能力的提高，现在的试验生产流程存在以下问题：

（1）熔池缺少保温措施，每次停炉需要将炉内的熔渣全部放空，导致下次开炉时需要重新造熔池。

（2）试验炉采用人工投料方式开炉，劳动强度较大。

（3）设计的炉身内空高度过低，导致上部烟道容易结渣。

（4）镁铬砖的热膨胀作用导致炉缸区外部炉壳四角自下而上撕裂宽 10~20mm、长约 2m 的裂缝。

（5）热管式蒸汽发生器用于含尘量较大的烟气降温时，存在积灰难以清理的问题，需要重新改进或选择设备。

（6）受现场条件限制，未尝试富氧熔炼试验。富氧熔炼可显著提高床能力，减少煤耗。

6.3.6　13.4m² 侧吹炉产业化技术研究及生产实践

2013 年 1 月，会泽冶炼分公司 13.4m² 侧吹炉建成开始了试生产，侧吹炉热料每年 5.5 万吨，铅锌共生矿和酸浸渣 8.5 万吨，平均冷热料比为 1.55：1，为共同铅锌共生氧化矿和锌浸渣侧吹熔炼提供了产业化生产的基础。

6.3.6.1　侧吹炉操作

侧吹炉操作过程：

（1）吹炼过程中，一、二次风量和风压应保持稳定，采用的风压是：一次风压为 0.050~0.070MPa，二次风压为 0.070~0.085MPa；一次风量为 2800~3200m³/h，二次风量为 4000~4500m³/h。

（2）根据炉内温度和金属还原挥发情况，合理控制给煤量。为了促进锌的还原挥发，缩短吹炼时间，要求整个吹炼过程的大部分时间在高温、强还原气氛条件下进行。空气过剩系数 α 控制在 0.80~0.95 范围内。炉内温度 1000~1250℃。

熔炼过程要能够在上述技术条件下进行。在调整给煤量时应注意：一般先提高温度，给煤量偏小，三次风口温度 1200℃时，开始吹炼，经过 2 个周期再依情况再定是否再提高温度吹炼。

（3）吹炼时间视金属还原挥发情况而定。如果炉内烟气浓度很低，从三次风口能观察到对面三次风口或水套内壁，熔渣中的金属已还原挥发得差不多了，此时应降低给煤量，提高熔渣温度，增加熔渣流动性，并通知渣口岗位放渣，废渣放完后，减小向炉内供煤。

侧吹炉废渣含锌指标的制定，各个厂家是不一样的，驰宏锌锗公司会泽冶炼分公司认为废渣含锌不应低于 2.5%，因为，随着渣含锌的减小，锌的还原挥发速度降低，继续吹炼是不经济的。

（4）侧吹炉放渣。熔炼过程结束时，残留有少量有价金属的废渣，从渣口放出，经水碎后丢弃。

先开冲渣水，待水压正常后再打开渣口放渣。因渣的温度高（1150~1200℃），流动性好，加之炉内压力较大，应防止渣子喷溅伤人；另外，在保证正常水碎和人身安全前提下，应尽可能加大渣流，缩短放渣时间，节约粉煤消耗，放渣 10~25min。

（5）技术条件控制如下：作业温度为 1200~1250℃；每炉作业周期为 70~150min；熔炼+吹炼两段作业一次风/二次风=3：7~4：6；处理冷热料（1.5：1）时，煤率为 36%~40%，处理全冷料时煤率为 55%~65%。

6.3.6.2 侧吹炉水套优化应用

A 侧吹炉冷却水套寿命的影响因素

在实际生产经验的基础上，结合相关理论知识，分别从温差变化、熔渣冲击、金属疲劳等方面进行侧吹炉冷却水套腐蚀机理研究，试图找到影响水套寿命的主要因素，具体分析如下：

（1）冶炼温差变化。侧吹炉的原料为铅鼓风炉还原渣（热料）和锌厂浸出渣（冷料），冷料率达 66% 以上，冷料所占的比例在国内属于最高。侧吹炉在冶炼时，固态渣在高温下逐渐熔融成液态，在高压风的搅动下熔渣在炉内不断翻腾，炉内条件恶劣，水套内壁在吹炼过程中受高温液态渣的冲刷、高压气流的冲击；从放完渣到下炉升温间的温差在 400~500℃ 之间，钢材长期受到热胀冷缩的作用下，其强度极限、屈服极限都会降低，容易产生裂纹变形。

（2）炉内高温、高压冲击。侧吹炉正常生产时，从炉子两侧风口吹入粉煤和空气混合物。由于吹入粉煤和空气混合物的速度达 100m/s 以上，强烈搅动熔融炉渣使炉渣飞溅，传统的框式水套受热壁的外表面上大多未设置保护层，钢板直接与高温熔体接触，不能形成稳定而有效的渣皮保护层，渣皮总是处于形成—脱落—形成—再脱落的循环中，水套内壁长期处于热胀冷缩的不稳定状态下，再加上高温熔体的侵蚀、冲刷，受热面必然会不断减薄、开裂，直到报废。

（3）水套寿命周期影响因素。经理论方面的研究，并结合多年生产经验分析出影响水套使用寿命的主要因素如下：

1）内层板的结构和材料；

2）炉内高温熔渣的物理和化学作用；

3）冶炼温差导致热胀冷缩；

4）冷却水水质、水量和温度；

5）水套的结构利于热量吸收，加重热胀冷缩作用。

（4）侧吹炉水套材质：

1）20G 材质。主要用于制造高压和更高参数的锅炉、低温段过热器和再热器、省煤器及水冷壁等；具有良好抗氧化性能，塑性韧性、焊接性能等冷热加工性能均很好，应用较广。

2）15CrMo 材质。15CrMo 钢是世界各国广泛应用的铬钼珠光体型耐热钢，被应用于高压、超高压、亚临界电站锅炉的过热器、集箱和主蒸汽管道的主要钢种。15CrMo 钢具有良好的焊接性能和加工工艺性能，在 500~580℃ 下具有较高的持久强度及良好的抗氧化性能，其化学成分及力学性能见表 6-63 和表 6-64，比较了 20G 钢的金属性能，15CrMo 钢同样具有较好的金属性能和力学性能，具体数据见表 6-65。

表 6-63　15CrMo 钢的化学成分　　　　　　　　　　　（%）

元素	C	Si	Mn	S	P	Cr	Ni	Mo
含量	0.12~0.18	0.17~0.37	0.40~0.70	≤0.040	≤0.040	0.80~1.10	<0.25	0.40~0.55

表 6-64　15CrMo 钢的力学性能

编号	热处理状态	力学性能					备注
		σ_b/MPa	σ_s/MPa	δ/%	Φ/%	α_k/J·cm^{-2}	
15CrMo	930~960℃ 正火 680~730℃ 回火	≥440	≥225	≥20	—	24℃ ≥49	横向试样 U 形缺口

表 6-65　20G 钢和 15CrMo 钢的部分性能比较

钢材类别	抗拉强度/MPa	屈服点/MPa	伸长率/%
20G	400~540	245	26
15CrMo	440	295	22

3）铜材质。铜水套是一种目前应用最为广泛的新型冷却设备，其导热性好，冷却能力强，不易破损且可以重复使用，在高炉上有良好的使用效果，是一种优异的长寿冷却设备。

铜水套的高导热性能使壁体受热面与炉内形成很大的温差梯度（高达 1350℃），促使熔渣牢牢地粘在水套的受热面，从而形成稳定的渣皮，可以对水套起到很好的保护作用。稳定的渣皮作为水套的保护层，一方面可极大地减缓炉料对壁体的磨损和气流对壁体的冲刷，另一方面渣皮的导热系数很低，约 1.2W/(m·K)，因此稳定的渣皮具有很高的热阻，安装铜水套后，热量损失较钢水套小。

由于铜水套具有良好的导热能力，因此在铜水套热面不仅能形成稳定的渣皮，使水套热疲劳得到抑制；而且在渣皮脱落时，也能够快速地重新生成渣皮。铜水套重新形成渣皮只需约 20~30min，而钢水套挂渣时间长，容易脱落，造成水套温度差异大、易造成熔渣侵蚀、冲刷影响使用寿命。

另外铜具有较高的伸长率，从而使铜水套具有很高的耐热抗震性能。

由于铜水套使用寿命长，不易出现钢水套易发生破损的情况，因此铜水套在生产过程中不用更换，备品备件储备需求量少，可大大降低系统维护费用。

B　侧吹炉铜水套的应用

将两台侧吹炉一层、二层水套和炉底水套上层优化为铜水套（见图 6-75）。铜质水套耐高温、耐腐蚀、锯齿形的水冷壁生产过程中能快速形成"渣皮"（见图 6-76 和图 6-77），因此能有效保护铜水套不受冲刷、腐蚀，延长水套的使用寿命，效果显著；有效控制了因水套壁漏水易引发的生产、安全事故隐患；避免了因多次停炉更换水套造成酸浸渣堆存带来的环保压力影响。

图 6-75　侧吹炉水套优化为铜水套生产现场

图 6-76　未使用铜水套前水套使用情况

图 6-77　铜水套使用后情况

　　通过侧吹炉一层铜水套试验成功应用后，侧吹炉铜水套密封取得显著效果，可以彻底解决钢水套炉体晃动大、使用寿命短、水套缝隙密封难度大、存在大量漏粉煤、影响现场环境的问题。铜水套具有良好的导热能力，能形成稳定的渣皮，使水套热疲劳得到抑制；而且在渣皮脱落时，也能够快速地重新生成渣皮；同时铜水套能有效密封水套缝隙，增强炉体整体稳定性，能有效改善侧吹炉生产现场环境。

　　该项目侧吹炉应用铜水套，将侧吹炉水套寿命由原来的6个月延长至24个月以上。不仅提高了侧吹炉作业率，还提升系统作业制度的匹配性；不会因侧吹炉频繁停炉，影响系统生产组织。

6.3.6.3　侧吹烟化冶炼产物

　　侧吹烟化冶炼产物包括氧化锌烟尘（成分见表6-66）、高温烟气和废渣（成分见表6-67）。烟气回收生产硫酸铵等，废渣可以作为硅酸盐水泥的添加剂。

表6-66　氧化锌烟尘成分实例　　　　　　　　　　　　　（%）

编号	Pb	Zn	Fe	CaO	SiO$_2$	MgO	Al$_2$O$_3$	S
1	19.52	49.86	2.51	3.55	5.68	0.70	1.13	2.04
2	17.99	51.89	2.14	2.49	4.63	0.66	1.08	3.29
3	18.68	52.74	1.82	2.71	5.48	0.86	1.09	2.15
4	16.87	53.62	1.61	2.49	4.90	1.28	1.16	2.30
5	14.90	55.52	2.02	1.65	4.68	0.70	1.13	2.04
6	15.83	54.37	2.41	1.49	4.63	0.66	1.08	2.29
7	16.50	54.21	1.73	1.71	4.48	1.06	1.09	2.15
8	18.09	50.98	2.13	2.49	5.90	1.28	1.16	2.30
9	17.99	51.58	1.82	2.48	5.36	1.30	1.49	2.29
10	15.41	55.00	1.56	1.48	4.36	0.70	1.49	2.28

表6-67　侧吹炉的废渣成分实例　　　　　　　　　　　　　（%）

编号	Pb	Zn	Fe	CaO	SiO$_2$	MgO	Al$_2$O$_3$	S
1	0.12	1.92	20.50	16.65	26.68	3.70	9.13	0.40
2	0.18	1.90	20.41	16.49	26.63	3.66	8.08	0.32
3	0.11	1.61	21.23	15.71	24.48	2.86	7.09	0.35
4	0.16	1.88	22.70	15.49	25.90	4.28	7.16	0.30
5	0.14	1.77	21.06	15.48	27.36	4.30	7.49	0.20
6	0.12	1.22	20.50	16.65	26.68	3.70	8.13	0.34
7	0.10	1.19	20.41	16.49	26.63	3.66	8.08	0.49
8	0.20	2.21	21.23	15.71	24.48	3.86	8.09	0.45
9	0.16	1.58	22.70	15.49	26.90	4.28	8.16	0.40
10	0.14	1.77	21.06	15.48	27.36	4.30	8.49	0.40

6.3.6.4　氧化锌—氨酸法尾气减排

该项目在国内首次产业化应用氧化锌法—氨酸法处理非稳态低浓度 SO_2 烟气的技术，实现了二氧化硫污染物 $100mg/m^3$ 以下排放，有效地减少了二氧化硫的排放量，带来了较好的社会效益和环境效益。

6.3.6.5　13.4m² 侧吹炉产业化主要技术指标

13.4m² 侧吹炉产业化主要技术指标见表 6-68。

表 6-68　13.4m² 侧吹炉产业化主要技术指标统计表（冷热料 1.5∶1）

序号	指标名称		指标值	备注
1	平均床能力/t·(m²·d)⁻¹		25.54	单台炉两段作业
2	耗煤率/%		36~40.87	单台炉两段作业
3	最大鼓风强度/m³·(m²·min)⁻¹		38.21	
4	最大总风量/m³·h⁻¹		5500	
	二次风量/m³·h⁻¹		4500	
	一次风量/m³·h⁻¹		3000	
5	总风压/kPa		80~90	
	二次风压/kPa		70~80	
6	物料配比	Fe/SiO	1.3∶1	
		CaO/SiO₂	1∶1.7	
7	熔渣温度/℃		>1250	
8	炉内熔渣预留量（风口区以上高度）/mm		400~450	
9	烟尘率/%		29	
10	产渣率/%		71	
11	回收率/%	Zn	96	
		Pb	91	
12	铅锌混合渣主元素平均含量/%	Zn	16.40	
		Pb	4.75	
		S	0.57	
13	烟尘主元素平均含量/%	Zn	52.18	
		Pb	16.21	
14	SO₂ 排放/mg·m⁻³		<100	
15	弃渣含锌/%		<2	

6.3.6.6　取得的成果

A　技术经济效果

经过 3 年的生产实践，13.4m^2 侧吹炉产业化生产技术日趋成熟，同时处理铅锌共生氧化矿和锌浸渣的新技术解决了铅锌共生矿和锌浸渣处理难题，物料适应性广，有效提高了金属的回收率，实现浸出渣的无害化处理；单台炉两段作业床能力平均达到 25.54t/(m^2·d)，耗煤率达到 36% ~ 40.87%，氧化锌烟尘锌品位达到 52.98%，铅品位 16.21%，外排 SO_2 浓度不大于 100mg/m^3，废渣含锌小于 2%；侧吹炉不但能处理铅锌共生氧化矿和锌浸渣，还能处理炼镉碱渣、钴渣、锗渣、石膏渣等十几种含锌物料，物料适应性非常广；开发出氧化锌—氨酸法联合脱硫工艺，实现对冶金炉烟气的平稳、高效处理，尾气排放 SO_2 浓度小于 100mg/m^3，优于国家排放标准。

B　环保指标

侧吹熔炼技术处理铅锌共生矿和锌浸渣不仅具有良好的经济效益，还具有良好的环境效益。

（1）外排 SO_2 大幅减少，环境保护效果好。该技术外排烟气 SO_2<100mg/m^3，远远低于国家排放标准（外排 SO_2<400mg/m^3），每年减排 SO_2 达到 784.08t。

（2）技术经济指标好，能耗低品位高。侧吹炉床能力平均达到 25.54t/(m^2·d)，高于烟化炉的平均床能力 20t/(m^2·d)；耗煤率平均达到 40.87%，低于烟化炉的平均 45%左右；氧化锌烟尘锌品位达到 52.98%，高于烟化炉的平均 50%左右；废渣含锌小于 2%，低于烟化炉的平均 2.2%左右；综合能耗（锌耗煤）500kg/t，低于烟化炉的 550kg/t。

（3）应用推广价值高。侧吹熔炼技术各项经济技术指标均处于同行领先水平。该技术和装备的集成创新及成功应用表明了其经济、高效、环保、低耗、高回收率的特性，为国内铅锌冶炼企业提供了一种全新的铅锌共生氧化矿和锌浸渣熔炼工艺和装备，并也可以推广到其他含锌物料的处理。

6.3.6.7　技术创新性及优点

研制出新型立式带炉缸的侧吹炉及侧吹熔炼技术及装备。该方法能解决铅锌共生矿和冶金渣处理难题，可以提高锌的回收率，实现浸出渣的无害化处理，可以生产氧化锌烟尘，从而可以提高企业的经济效益。主要优点有：

（1）热利用率高，能耗低。侧吹炉采用粉煤作为燃料，比焦炭成本低，烟气余热综合回收，热利用率高，能耗低。

（2）炉龄长。研制出新型立式带炉缸的侧吹炉，炉体全部采用铜水套，熔池内衬耐火砖，形成炉缸，炉龄延长 4 倍以上，从一般 6 个月左右，延长到 24 个月左右，其中铜水套推测可用 5~10 年。

（3）原料适应性强。可处理铅锌共生氧化矿和锌浸渣、锗残渣、炼镉碱渣、钴渣、中和渣和石膏渣等各种含锌冶金渣。

（4）锌回收率高。一般烟化炉和回转窑锌回收率一般小于 90%，而侧吹炉锌回收率达到 96%左右。

（5）侧吹炉断面为矩形，下部水套两侧设有多个粉煤喷嘴，可以不间断地向熔体中送入粉煤和空气，来完成熔炼和吹炼作业。侧吹炉放渣时，熔体也保持一定的液面，使生产作业的连续进行。

（6）将锁风定量给煤系统成功应用于侧吹炉。

6.3.7　现有渣处理企业的工艺升级方案

6.3.7.1　我国某铅锌冶炼厂改进前工艺状况

改进前工艺状况如下：

（1）生产能力偏低。2015 年系统年平均作业率为 85.2%，两台炉日处理冷热料合计 600t，已无法满足当前公司快速发展需要，急需对床能力进行提升，同时提高作业率，以提高氧化锌烟尘产出量，保障锌系统烟尘浸出线的需要，提升锌产能。

（2）渣物料及堆存原料多，处理难度大。铅、锌系统每年产出 11 万~12 万吨还原炉熔渣及 12 万吨酸浸渣，富含 Pb、Zn、Ge、Ag 等有价金属，酸浸渣中仍含锌 18%~22%，含铅 3%~5%，含锗 0.03% 左右，含银 160~220g/t，若直接丢弃，其中的有价金属将大量损失，不但影响企业经济效益，而且与国家提倡的循环经济也不相符，造成资源的严重浪费和环境污染影响。因此，如何经济、环保地回收处理酸浸渣中的有价金属成为了当今企业生存和发展必须解决的一大问题，研究其回收方法也就显得很有必要。

（3）给煤系统精度低。原采用的是双级锁风给煤系统，该系统虽然较传统螺旋给煤方式有了很大提升，但生产中仍然存在锁风装置漏风、返煤粉量大、计量输出不精确等问题，影响侧吹熔炼及生产的稳定控制，对后续床能率的提升有着较大的制约。

6.3.7.2　改进方案

通过分析，针对当时状况，决定将现有锁风定量给煤机更换为高压粉煤精确喷吹装置，实现冶炼过程中的精确给煤和给风，提高操作的稳定性和安全性；同时采用新型富氧粉煤喷枪，实现高富氧熔炼，提高炉床能率。

A　不同床能率时的工艺参数

以目前侧吹烟化炉处理锌浸渣通过调节熔化期的富氧浓度控制进锅炉烟气量在 60000m³/h 为基准，分别对炉床能率为 15~40t/(m²·d) 进行了冶金过程模拟计算，在不同床能率条件下，分别对应的压缩风量、工业氧气量、粉煤量等技术参数详见表 6-69。

表 6-69　烟化炉富氧熔炼冶金计算及技术指标

序号	指标	单台炉不同床能率/t·(m²·d)⁻¹					
		15	20	25	30	35	40
1	炉床面积/m²	13.4					
2	酸浸渣处理量（干基）/t·d⁻¹	201	268	335	402	469	536
3	工作制度/h	加料	2	贫化	1.5	放渣	0.5
4	炉数/次·天⁻¹	6					
5	冷料加入速率/t·d⁻¹	13.40	17.87	22.33	26.80	31.27	35.73

序号	指标		单台炉不同床能率/t·(m²·d)⁻¹					
			15	20	25	30	35	40
6	熔化期	粉煤量/t·d⁻¹	4.98	5.98	6.69	7.86	8.45	8.93
		输送风/m³·h⁻¹	995.11	1195.22	1338.26	1572.31	1690.78	1785.59
		富氧浓度/%	24	26	30	30	35	43
		氧气量/m³·h⁻¹	1737.95	2925.07	4753.97	5559.34	7664.65	10035.92
		空气量/m³·h⁻¹	26248.36	27542.34	24146.93	28230.35	22815.24	15456.73
		总鼓风量/m³·h⁻¹	28981.42	31662.63	30239.16	35362.01	32170.67	27278.25
		三次风量/m³·h⁻¹	3876.37	6809.78	9769.07	12687.09	15657.52	18638.68
		再燃烧率/%	70	70	70	70	70	70
		再燃烧后进锅炉烟气量/m³·h⁻¹	38682.45	46042.94	49241.48	59077.68	60483.68	60164.87
		温度/℃	1300	1300	1300	1300	1300	1300
		余热锅炉蒸气量/t·d⁻¹	24.87	29.60	31.66	37.98	38.88	38.68
		锅炉出口烟气量/m³·h⁻¹	43324.35	51568.09	55150.46	66167.00	67741.72	67384.65
		温度/℃	350	350	350	350	350	350
7	贫化期	粉煤量/t·d⁻¹	4.04	4.28	4.52	4.77	5.01	5.03
		输送风/m³·h⁻¹	807.21	856.61	904.82	954.92	1002.63	1006.68
		富氧浓度/%	24	24	24	24	24	24
		氧气量/m³·h⁻¹	1096.90	1158.24	1218.17	1280.35	1339.66	1349.68
		空气量/m³·h⁻¹	16387.48	17299.67	18190.77	19115.49	19997.51	20150.41
		总鼓风量/m³·h⁻¹	18291.60	19314.52	20313.76	21350.76	22339.81	22506.77
		三次风量/m³·h⁻¹	24509.29	26948.37	29331.83	31804.00	34163.49	34346.62
		再燃烧率/%	70	70	70	70	70	70
		再燃烧后进锅炉烟气量/m³·h⁻¹	44125.13	47656.51	51106.80	54686.42	58101.78	58447.79
		温度/℃	1300	1300	1300	1300	1300	1300
		余热锅炉蒸气量/t·d⁻¹	28.37	30.64	32.86	35.16	37.35	37.58
		锅炉出口烟气量/m³·h⁻¹	49420.142	53375.29	57239.61	61248.79	65073.99	65461.53
		温度/℃	350	350	350	350	350	350
8	每炉渣量/t		14	19	24	29	34	40
9	总煤率/%		55.20	47.82	42.12	40.02	36.65	33.44
10	熔化期渣含锌/%		10	10	10	10	10	10
11	贫化渣含锌/%		3.00	3.00	3.00	3.00	3.00	3.50

注：总煤率指冷料熔化加贫化两段熔炼的煤率。

通过表 6-69 可看出，通过提高熔化期的富氧浓度，在提高床能率的同时，煤耗也在逐渐降低，从 55% 降到 33%。可见随着产能的提高，烟尘吨锌的加工成本将明显降低。

B　高富氧粉煤喷枪

传统烟化炉风嘴由于其特有的混合方式，考虑到安全造成富氧浓度无法提高。为实现烟化炉高富氧、长周期操作，中国恩菲提出采用一种新型可抽出式煤粉喷枪（专利号：2016202709534，用于侧吹浸没燃烧熔池冶金炉的喷枪以及具有它的冶金炉），用于彻底解决侧吹烟化炉高富氧和喷枪煤管在线检修更换的问题。

与常规烟化炉煤粉喷枪的不同之处是：该喷枪通过提高助燃气体的入口压力，同时减小助燃气体的通道面积，实现气体压力能向动力能的转变，将气体的压力势能尽可能地转变为气体的动能，提高气体在喷枪头部的喷出速度，以接近声速的速度喷出，增大气体在熔池内的喷入深度，使煤粉的燃烧在远离炉墙的熔池内完成，减少对炉墙的烧损，同时燃烧在熔池内完成，提高了燃料燃烧的热利用率，从而达到提高处理能力的目的。

喷枪计算的基本假设：气体在管道内的流动为绝热流动，气体在管道内的流动为一维流动，气体在管道内流量恒定。

喷枪计算的基本方程：

（1）质量守恒定律——连续性方程：

$$\rho u A = C$$

（2）能量守恒定律——伯努利方程：

$$\frac{k}{k-1}\frac{p}{\rho} + \frac{u^2}{2} = C$$

（3）理想气体状态方程：

$$pV = nRT$$

该种喷枪的主要创新点为：

（1）生产中如果粉煤通道发生堵塞现象，可以从喷枪尾部进行疏通，保证送煤通道的畅通。

（2）在粉煤管道发生摩擦损坏需要更换时，可以不停产进行粉煤管道的更换，与之前需要停产降低熔池深度进行更换相比，提高了作业率，从而可以提高系统的生产能力。

（3）助燃气体压力高，气体喷出速度快，气体喷入熔池深度大，煤粉燃烧远离炉墙，既减少了对炉墙的烧损，又提高了燃料燃烧的热利用率，从而提高系统的处理能力。

6.3.7.3　侧吹烟化炉冶炼渣型选择及分析

侧吹烟化炉通常用来处理液态铅渣还原炉的还原渣，该渣主要含锌、氧化亚铁、氧化钙、二氧化硅以及氧化镁等成分。烟化挥发过程中，直接喷吹粉煤进行吹炼挥发金属锌，一般不加熔剂调整渣型，渣型仍然是以炼铅渣型为主，其中 $Fe/SiO_2 = 0.8 \sim 1.1$，$CaO/SiO_2 = 0.4 \sim 0.6$。

但是当采用侧吹烟化炉处理锌浸渣后，渣型是否仍然沿用炼铅渣型值得推敲。一般生产上锌浸渣的成分中，除了含 20% 左右锌以外，还含造渣成分：Fe 16% ~ 18%、CaO 5% ~ 6%、SiO_2 5% ~ 6%。其中金属锌挥发完成后，烟化渣中的成分主要为 $FeO-CaO-SiO_2$ 三元渣型，并含少量的 MgO 和 Al_2O_3。

在不加熔剂的情况下，锌浸渣中的造渣成分 $Fe/SiO_2 = 2.5 \sim 3$，$CaO/SiO_2 = 0.8 \sim 1$。烟化过程中，喷入的粉煤挥发分会带入少量二氧化硅，根据只处理锌浸渣的冶金计算，不加

熔剂只喷粉煤的条件下，侧吹烟化炉渣型如下：Fe（FeO）37.95%（48.79%）；CaO
11.47%；SiO₂ 19.53%。计算得：Fe/SiO₂ = 1.94，CaO/SiO₂ = 0.56。根据该渣型分析，属于
高铁渣型，换算成 100% 三元渣型后，FeO ≈ 60%，SiO₂ ≈ 25%，CaO ≈ 15%。FeO-SiO₂-CaO
三元相图如图 6-78 所示。

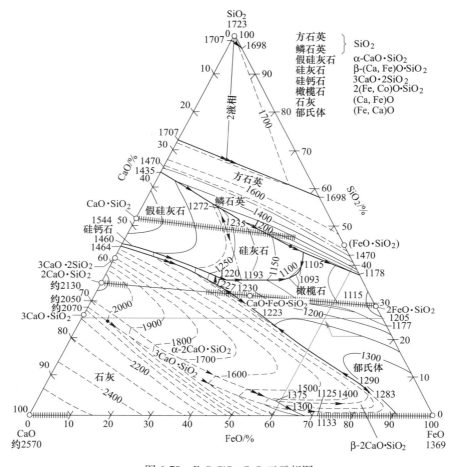

图 6-78　FeO-SiO₂-CaO 三元相图

结合图 6-78 可知，该渣型的熔点大于 1200℃。利用 FactSage 热力学软件进行渣型计
算，得到结果见表 6-70 和表 6-71。

表 6-70　渣熔点理论计算值

序号	氧分压/atm	开始熔化温度/℃	完全熔化温度/℃	FeO/%	Fe₂O₃/%
1	10^{-10}	1107.34	1282.82	54.29	5.94
2	10^{-9}	1125.82	1290.16	51.38	8.98
3	10^{-7}	1151.57	1326.24	43.58	17.10
4	10^{-5}	1169.09	1403.38	35.45	25.58
5	10^{-3}	1138.17	1456.23	24.59	36.89

表 6-71 氧分压 = 10^{-10} atm 时，计算渣黏度

温度/℃	1200	1250	1300	1350	1400	1450	1500
黏度/Pa·s	0.82	0.645	0.515	0.417	0.342	0.284	0.238

但是该渣型存在几点不确定性，由于渣含铁含量较高，渣中铁的活度大，较常规炼铅渣型而言，是否更容易生成金属铁，从节约能耗和降低成本考虑，应该尝试应用高铁渣型，若仍沿用传统的炼铅渣型，处理大量的锌浸渣时，需要配入大量的石英石和石灰石，在增加能耗的同时，也增加了炉渣量，是不经济的。

6.3.8　侧吹连续熔化—侧吹烟化技术的新进展

6.3.8.1　侧吹熔化—侧吹烟化工艺流程

熔池熔炼处理锌浸出渣工艺，关键是在锌浸出渣的熔化方面。在熔炼的过程中，含锌物料中硫酸盐和碳酸盐的分解、水分的蒸发以及各物质的熔化造渣需要吸收大量的热。而在熔化造渣完成后，则是需要较强的还原性气氛使锌、铅尽可能地还原挥发进入气相中，此时消耗的热量仅需要维持还原挥发过程的热平衡即可。

侧吹熔化炉熔化—侧吹烟化炉烟化工艺及装置由中国恩菲发明（专利号：ZL 200510200331.0），工业化由中国恩菲和云南驰宏锌锗公司共同完成。

6.3.8.2　工艺原理

酸浸渣主要是由铁酸锌、氧化锌、硫酸铅、铁钒等组成；而氧化矿主要由氧化锌、氧化铅、氧化铁、碳酸钙等组成。

天然气及煤的燃烧反应产生的热量保证了熔池的温度。

$$CH_4 + 2O_2(g) = CO_2(g) + 2H_2O(g)$$
$$C + O_2(g) = CO_2(g)$$

反应产生的 CO 保证了熔池区域的还原性气氛，保证了铅锌等金属的还原挥发。

$$C + CO_2(g) = 2CO(g)$$

含锌渣熔池熔炼的主要反应过程需吸收大量的反应热。反应式如下：

$$ZnO \cdot Fe_2O_3 + SiO_2 + CO(g) = ZnO + 2FeO \cdot SiO_2(l) + CO_2(g)$$
$$ZnSO_4 = ZnO + SO_2(g) + 1/2O_2(g)$$
$$ZnO + CO(g) = Zn(g) + CO_2(g)$$
$$PbSO_4 = PbO + SO_2(g) + 1/2O_2(g)$$
$$PbO + CO(g) = Pb(g) + CO_2(g)$$
$$CaCO_3 = CaO + CO_2(g)$$
$$H_2O(l) = H_2O(g)$$

熔池中也有放热反应：

$$ZnS + 3/2O_2(g) = ZnO + SO_2(g)$$
$$ZnO \cdot SiO_2 + CaO = ZnO + CaO \cdot SiO_2(l)$$
$$PbS + 3/2O_2(g) = PbO + SO_2(g)$$

$$SiO_2 + CaO = CaO \cdot SiO_2(1)$$

但这些反应物质在浸出渣中含量较少,因此对整个热平衡影响较小。另外锌浸出渣中还含有其他化合物,其熔化分解同样需要吸收大量的热。

因此,为了保证铅锌的还原挥发,必须保证熔炼的还原性气氛以及熔池温度。含锌渣还原挥发的过程主要为升温熔化分解和还原挥发两个步骤,而整个过程主要的热消耗是在熔化分解上。因此将含锌渣的整个熔炼过程分成侧吹炉熔化和侧吹烟化炉烟化两个阶段操作。侧吹炉熔化采用富氧,风煤比为 0.9~1.0,天然气和煤燃烧提供热量的同时保持炉内弱还原性气氛。烟化阶段全处理热熔渣,其主要热消耗来自铅锌还原挥发吸热以及炉子的热损失,侧吹烟化炉采用普通空气进行烟化即可。

6.3.8.3　工艺流程

酸浸渣和氧化矿通过侧吹烟化炉上料皮带倒运至炉前,通过移动给料皮带加入侧吹熔化炉内。由于氧化矿含钙较高,因此考虑配入石英石来降低渣熔点,形成低熔点的 FeO-SiO_2-CaO 三元系渣型。

侧吹熔化炉采用连续进料、间断放渣的工作制度。所有物料通过移动皮带加入炉内,侧部喷枪喷入燃料(粉煤或天然气)提供熔化所需热量。熔池温度约 1200℃,炉内控制弱还原性气氛,尽量保证燃料在熔池燃烧,提高燃料的热利用率。少量锌以及部分铅挥发进入烟尘,而且熔化阶段 F、Cl、As 可开路大部分至烟气中。

侧吹熔化炉吹炼产出的烟气经余热锅炉回收余热后,送电收尘器收尘。余热锅炉和电收尘器收下的烟尘通过气力输送机埋刮板输送,和现有侧吹还原炉的烟尘合并送 ISA 炉熔炼。收尘后含 SO_2 较高的烟气送制酸系统处理后达标排放。

侧吹熔化炉渣通过溜槽流入侧吹烟化炉,进行烟化挥发操作回收铅锌。

产出的烟气经余热锅炉回收余热、表面冷却器及布袋收尘器收尘,收下的氧化锌烟尘送湿法浸出。产出的炉渣控制含锌约 2.5%,含铅约 0.4%。

每小时渣液面升高 0.35m,每 2~3h 放一次渣。

为保障侧吹熔化炉的使用寿命,实现方便操作、安全稳定生产,炉型结构的设计具有如下特点:

(1)锌浸渣及氧化矿的熔化属于吸热过程,需要大量的外部热量补充进来。侧吹喷枪可以将燃料及富氧直接送入渣熔体,大大提高了热利用率,最大限度减少燃料在熔池上方空间的燃烧。

(2)侧吹喷枪的流量、压力可以调节,使熔体温度保持平稳;对熔体的搅动相对较小,烟尘率小;确保入炉气流压力波动不给炉寿造成不利影响。

(3)根据锌浸渣这种硫酸盐性质的物料具有不含金属的特性,以及渣熔化操作的氧化性工艺控制条件,可以安全地使用铜质水套材料。

(4)炉体结构形式采用竖直型。

(5)竖直炉壁采用铜水套组装而成,铜水套内侧带有齿形槽。铜水套具有极高的冷却效果,生产过程中在铜水套表面形成挂渣,既能维持熔体的温度,也能对铜水套形成保护。

(6)铜水套外部利用可调节拉杆与结构梁和钢立柱对炉体形成支撑。

(7)炉体外部设有钢立柱,钢立柱通过横梁连接成整体以保证刚性。

（8）炉底根据入炉原料含铅实际状况需要，可采用水套炉底，也可设计成由多层耐火材料砌筑带炉缸的炉底等两种结构形式。

（9）炉基础采用型钢组合形式，坐落于钢筋混凝土底座之上，既有强度，也便于炉底通风。

6.3.9　锌浸出渣处理工程设计实例

我国某厂项目设计规模为年处理为锌浸出渣 14 万吨。

6.3.9.1　原料、辅料及燃料

A　浸出渣

处理浸出渣组成见表 6-72，浸出渣干燥前含水 25%~30%，干燥后含水约 12%。

表 6-72　浸出渣组成（干基）　　（%）

成分	Zn	Pb	Fe	Cu	S	Cd	As	Sb
质量分数	4.60	5.50	15.57	0.22	7.88	0.04	0.06	0.03
成分	SiO$_2$	CaO	Al$_2$O$_3$	Ag	F	Cl	其他	合计
质量分数	14.68	1.27	0	0.02	0.01	0.01	50.10	100.00

B　块煤

SSC 炉及烟化炉处理锌浸出渣，采用粉煤作为燃料并兼作还原剂。粉煤由块煤制取，块煤粒度要求 0~30mm，由汽车运输入厂。块煤消耗 65336t/a。块煤干基成分见表 6-73，块煤灰分化学成分见表 6-74。块煤低发热值：$Q = 22MJ/kg$。

表 6-73　块煤干基成分　　（%）

成分	固定 C	挥发分	灰分	水分
质量分数	52.0	18.0	20.0	10.0

表 6-74　块煤灰分化学成分　　（%）

成分	Fe	SiO$_2$	CaO
质量分数	13.0	43.0	12.0

6.3.9.2　产品方案

锌浸出渣通过侧吹炉熔化以及烟化炉烟化后，渣中的铅、锌、银等有价金属挥发进入烟气中，通过余热锅炉降温、收尘器净化后，得到含铅、锌、银较高的熔化炉烟尘和烟化炉烟尘作为产品外卖，同时副产烟化炉炉渣外卖。烟尘和炉渣产量如下：

（1）熔化炉烟尘：12278.7t/a，含 Zn 10.50%，Pb 31.38%，Ag 1140g/t。

（2）烟化炉烟尘：9799.8t/a，含 Zn 33.47%，Pb 37.19%，Ag 1195g/t。

（3）烟化炉炉渣：105888t/a。

6.3.9.3　工艺过程

A　配料

来自过滤干燥厂房的干燥后锌浸出渣，通过皮带转运至配料仓内储存。现有渣场堆存

的干锌浸出渣以及外购的熔剂和块煤物料通过汽车转运至配料仓内储存。同时，烟化炉水碎渣通过胶带输送机转运至配料仓内地面储存。该配料仓具备锌浸出渣及其他物料的储运、配料功能，为后续渣处理工艺提供物料准备。

配料仓各物料存料时间约 15 天，内设有抓斗桥式起重机，抓斗起重机将各种物料加到上料仓。锌浸出渣上料仓下部设有圆盘给料机，圆盘给料机的电机为调速电机，通过调整圆盘给料机的速度及圆盘给料闸门，调整其给料量。再通过计量胶带输送机计量，通过胶带输送机转运卸到熔化炉和烟化炉车间料仓。

B　SSC 炉熔化—烟化炉烟化

锌浸出渣、熔剂从配料仓通过胶带输送机转运到移动皮带机，通过该皮带机均匀加到 SSC 炉内，熔化炉规格为 $13m^2$。采用 50% 富氧空气，喷入的粉煤补热，控制炉内温度约为 1200℃，同时控制空气过剩系数约为 0.9，炉内为弱还原性气氛，尽量让煤充分燃烧，提高燃料热利用率。锌浸出渣高温环境下熔化分解，硫进入烟气，少量锌、铅及铅的化合物挥发进入烟气，Fe、SiO_2、CaO 等杂质进行造渣。随着物料的加入，炉内渣层厚度不断升高。待炉内熔渣到一定厚度，再通过溜槽自流进入烟化炉进行烟化。SSC 炉约 2h 放一次渣。

烟化炉周期操作，2h 一炉。烟化炉仅喷入粉煤及空气，控制空气过剩系数为 0.6~0.7，保持炉内较强的还原性气氛，同时控制炉内温度约为 1250℃，充分保证铅锌的还原挥发。最终控制弃渣含锌小于 2%，含铅小于 0.3%。弃渣水碎后通过胶带输送机转运至锌浸出渣配料仓储存。

SSC 炉以及烟化炉产生的含尘烟气，经余热锅炉回收余热，收尘器收尘后送脱硫；收集的氧化锌烟尘即为本项目的产品，打包外卖。

C　烟气余热利用

a　SSC 炉余热回收

SSC 炉后设置的余热锅炉用于冷却 SSC 炉产出的高温烟气，充分回收烟气中的热量，部分回收烟气中的金属烟尘，为后续的收尘和烟气制酸系统创造条件。SSC 炉余热锅炉主要技术参数：锅炉蒸发量为 10.7t/h，蒸汽压力为 3.2MPa，蒸汽温度为 400℃（过热蒸汽），给水温度为 104℃；排烟温度为 350℃±20℃。

b　烟化炉余热回收

烟化炉后设置的余热锅炉用于冷却烟化炉产出的高温烟气，充分回收烟气中的热量，部分回收烟气中的金属烟尘，为后续的收尘和烟气制酸系统创造条件。锅炉蒸发量为 18.6t/h，蒸汽压力为 3.2MPa，蒸汽温度为 400℃，给水温度为 104℃，排烟温度为 350℃±20℃。

D　烟气收尘

a　SSC 炉烟气收尘

SSC 炉产生的烟气先经过余热锅炉降温并收下部分烟尘后直接进入电收尘器对高含尘烟气进行净化，净化后的烟气通过高温风机送脱硫系统。收尘器得到的氧化锌烟尘，通过罐车拉走外卖，同时配有吨袋包装机包装，考虑打包堆存。高温风机配置在电收尘器的出口方向，使收尘系统在负压下操作，并改善操作条件。为减少系统漏风，收尘系统采用密封较好的排灰设备和烟气管路阀门。为防止设备和管路的腐蚀，电收尘器、高温风机及烟气管路都采用外保温方式。

收尘工艺如下：SSC炉→余热锅炉→电收尘器→高温风机→脱硫。

SSC炉选用40m²五电场电收尘器1台。净化后的烟气通过高温排烟机送脱硫车间处理，电收尘收下的烟尘打包堆存。

b 烟化炉烟气收尘

烟化炉产生的烟气先经余热锅炉冷却到350℃，再经冷却烟道进一步冷却至200℃的同时沉降下部分粗粒烟尘及未燃尽的烟尘后，再进入布袋收尘器净化，防止烟尘烧损滤袋，净化后的烟气用风机送脱硫系统。收尘器得到的氧化锌烟尘，通过罐车拉走外卖，同时配有吨袋包装机包装，考虑打包堆存。风机配置在收尘器的出口方向，以使收尘系统在负压下操作。为防止设备和管路的腐蚀，布袋收尘器、风机及管路都实施外保温。

收尘工艺如下：烟化炉→余热锅炉→冷却烟道→布袋收尘器→风机→脱硫。

烟化炉选用600m²冷却烟道1台、3200m²脉冲布袋收尘器1台。净化后的烟气通过高温排烟机送脱硫车间处理。

E 烟气制酸系统

SSC炉熔化—烟化炉烟化渣处理工艺产生的烟气，采用先洗涤后吸附解吸脱硫（离子液脱硫）工艺，产出高浓度的SO_2气体，送现有硫酸系统生产硫酸。脱硫处理后的烟气能保证达标排放。

SSC炉熔化—烟化炉烟化渣处理工艺产生的烟气经过接力风机送至高效洗涤器洗涤除去大部分的尘，接着进入洗涤塔再次洗涤除尘。由于烟气含水较多，为保证离子液脱硫系统的正常运行，在洗涤塔循环酸管道上设置冷却器，移除系统多余的热量，降低烟气出口温度，保证烟气出口较低的含水量，并且在洗涤塔顶部设置电除雾器，除去烟气中的酸雾，使得后续脱硫系统能够更加稳定运行。

净化后的烟气从脱硫塔下部的吸收区进入，与从脱硫塔中部喷淋下来的含"离子液"的溶液（贫液）逆流接触。烟气向上进入吸收塔上部气液分离区，回收烟气中夹带的溶液。烟气从吸收塔上部排出，经尾气烟囱排空。

吸收了SO_2的离子液称为富液，从吸收塔吸收区底部出来的吸收液经富液泵打入贫富液换热器升温至100℃，进入再生塔再生。从再生塔底部流出的贫离子液温度为105℃，进入贫富液换热器、贫液换热器换热降温至45℃，经贫液泵大部分进入吸收塔中部继续循环利用，小部分送溶液净化装置，以除去溶液中的热稳定性盐。

贫富液换热器中的富液与从再生塔底部再沸器出来的SO_2气体和水蒸气逆向接触，加热富液，解吸出SO_2气体。从再沸器出来的气液混合物在再生塔底部分离，液体（贫液）从底部出口流出，进入贫富液换热器，加热富液，冷却贫液；SO_2气体和水蒸气向上流动，从再生塔顶部出来后进入再生气冷却器降温到约40℃，然后进入再生气分离器进行气液分离，分离出的高浓度SO_2气体作为制酸原料进入制酸系统，解吸后的SO_2气体可以同时送至厂区内的109m²和152m²锌焙烧配套的烟气制酸系统，具备切换功能。

由再生气分离器分离出来的液体经回流泵增压后返回再生塔。再沸器所需热源由低压蒸汽提供，从附近的综合管网引至界区内，蒸汽冷凝水经收集后返回综合管网。

离子液的净化系统主要包括对含尘离子液的过滤处理、离子交换除盐处理以及冷冻除盐处理。吸收系统的含尘浆液定期排至浆液槽，经浆液泵送至压滤机压滤后，清液返回地下槽，由地下槽泵打回吸收系统使用。定期外排部分贫液冷却器换热后的贫液至脱盐槽、脱钠槽，在脱盐槽中通过离子交换除去离子液中的硫酸盐，脱盐系统所需的脱盐水由综合管网引至界区内，脱盐后的离子液返回吸收塔下部，脱盐污水去高效洗涤器；根据离子液中的钠离子含量，定期使用冷冻除盐系统，经过冷冻水换热的离子液中会有硫酸钠结晶析出，利用浆液处理用的压滤机进行固液分离。

SSC 炉熔化—烟化炉烟化渣处理工艺进入烟气处理装置烟气量为 68964m³/h，SO_2 浓度为 1.334%，含尘 90mg/m³。以 SO_2 形式存在的总硫量为 9502.98t/a，脱硫效率不小于 99%，回收硫量 9417.45t/a。产生的再生气量约为 924.85m³/h，SO_2 浓度约为 99%。尾气排放量为 60546m³/h（干基），SO_2 浓度为不大于 400mg/m³，尾气的污染物排放浓度低于《铅、锌工业污染物排放标准》（GB 25466—2010）的规定。

6.3.9.4　主要技术经济指标

SSC 炉—烟化炉处理锌浸出渣主要技术经济指标见表 6-75。

表 6-75　主要技术经济指标

序号	指标名称	数　据	备　注
SSC 炉熔化			
1	SSC 炉/m²	13	
2	SSC 炉数量/台	1	
3	工作时间/d	310	
4	年处理锌浸出渣（干基）/t	140000	
5	年产消耗粉煤/t	37244.26	
6	年产消耗石灰石/t	12581	
7	年产消耗氧气/m³	3.54×10⁷	88% O₂
8	年产氧化锌烟尘量/t	12278.71	
	氧化锌烟尘含 Zn/%	10.50	
	氧化锌烟尘含 Pb/%	31.38	
烟化炉烟化			
1	烟化炉/m²	10	
2	烟化炉数量/台	1	
3	工作时间/d	310	
4	年处理熔化渣/t	111291.12	
5	年产消耗粉煤/t	20251.14	
6	年产氧化锌烟尘量/t	9799.76	
	氧化锌烟尘含 Zn/%	33.47	
	氧化锌烟尘含 Pb/%	37.19	
7	年产渣量/t	105888	
	渣含锌/%	1.8	
	渣含铅/%	0.2	

烟气脱硫主要技术经济指标见表 6-76。

表 6-76 烟气脱硫主要技术经济指标

序号	项 目		数 量	备 注
1	进烟气处理装置烟气量/m³·h⁻¹		68964	
	SO₂ 平均浓度/%		1.334	
	含尘/mg·m⁻³		90	
2	烟气中总的硫量/t·a⁻¹		9696.92	
	以 SO₂ 形式存在的硫量/t·a⁻¹		9502.98	
3	SO₂ 的脱除率/%		不小于 99	
4	再生气/m³·h⁻¹		924.85	折 100% H₂SO₄ 量为 29683t/a
	再生气 SO₂ 浓度/%		约 99	
5	尾气排放量/m³·h⁻¹		60546	干基
	尾气 SO₂ 排放浓度/mg·m⁻³		≤400	平均
6	回收以 SO₂ 形式存在的硫量/t·a⁻¹		9417.45	
7	工作制度	h/d	24	
		d/a	310	

6.4　SSC 技术在粉煤灰挥发提锗中的应用

6.4.1　锗的资源及地球化学性质

锗是典型的分散元素，从原始地幔（$1.13 \times 10^{-6} \sim 1.31 \times 10^{-6}$）到大洋地壳（$1.4 \times 10^{-6} \sim 1.6 \times 10^{-6}$），锗的丰度几乎没有明显变化。在自然界中，锗主要呈分散状态分布于其他元素组成的矿物中，通常被视为多金属矿床的伴生组分，形成独立矿物的几率很低。

锗的地球化学性质决定了锗常与煤矿、铜矿、铅锌矿、铁矿共生。表 6-77 给出了我国锗保有储量在各矿中分布。

表 6-77 我国锗保有储量在各矿中分布

矿物	煤矿	铜矿	铅锌矿	铁矿	其他
分布/%	17.0	11.34	69.30	2.30	0.06

国内主要是从铅锌矿和煤矿中提锗。铅锌矿中锗的提取主要是从锌渣中提取，工艺先进可靠。而从煤矿中提取锗目前尚无经济高效的提取方法。

6.4.2　锗的提取工艺简介

锗赋存于各种矿物和岩石中。锗含量高的矿物很少，这就决定了锗的提取过程较长。提取锗的原料主要有：

（1）各种金属冶炼过程中的富集物，如各种含锗烟尘、炉渣等；

（2）含锗煤燃烧的各种产物，如烟尘、煤烟灰、焦炭等；

（3）锗加工过程中的各种废料。

在锗的提取过程中面临着多方面的困难。一是必须与主产品的生产工艺相适应；二是如何从大量低品位的物料中经济高效提取产品；三是提取工艺必须满足环境保护的要求，不能造成二次污染。

    锗的提取可分为四个阶段：一是在其他金属提取过程中的富集，二是锗精矿的制备，三是锗的提取冶金，四是锗的物理冶金。由于含锗原料的多样性，预富集是千差万别的。富锗原料的进一步富集，也有很多种方法。而从锗精矿中提取锗的工艺，几乎是相同的，即氯化蒸馏—水解，得到二氧化锗，再进一步按照需要加工。

    煤烟灰是锗煤在旋涡熔炼发电时产生的，含锗品位大约 0.3%～0.5%。得到的锗烟灰送至湿法提取系统得到高纯氧化锗产品，工艺路线是氯化浸出—蒸馏提纯—水解制备二氧化锗。湿法路线是国内外锗提取的主流工艺，湿法流程的产品成本高低主要受制于原料中锗的品位，品位越高，单位产品试剂消耗越少，生产成本也会降低，如何提高原料中锗含量是影响企业经济效益的关键因素。锗煤发电流程和湿法提出流程都是成熟、可靠的工艺，技术改进空间不大，针对锗煤发电产出的锗烟灰二次挥发富集在不影响两套系统运转的同时，可以提高锗的富集倍数，改善烟灰中锗品位。

6.4.3　锗的挥发原理分析

6.4.3.1　锗煤灰中锗形态研究

    为研究煤烟灰中所有矿物组成，对锗尘进行了 XRD 分析，扫描角度为 10°～80°。由于其中碳含量较高，而锗含量较低，为了便于分析，在进行 XRD 分析之前，在 550℃ 下进行了除碳处理，处理后的 XRD 分析结果如图 6-79 所示。

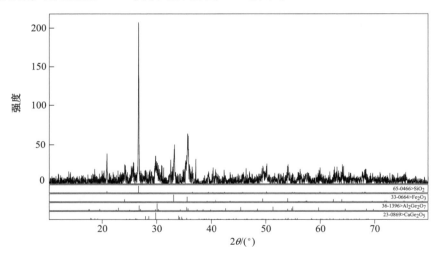

图 6-79　煤烟灰 XRD 图谱

    由图 6-79 可以看出，锗尘中含有 SiO_2、Fe_2O_3，这与矿相检测结果一致。除了 SiO_2、Fe_2O_3 外，锗尘中还含有一定量的复合氧化物，其中锗以锗酸盐的形式存在。

6.4.3.2　锗氧化物挥发性能

    锗的重要氧化物有一氧化锗和二氧化锗。图 6-80 给出了锗化合物的饱和蒸气压与温度的关系曲线。从图 6-80 中可以看出，二氧化锗为难挥发性氧化物，当温度高于 1400℃ 时，二氧化锗挥发速率加快。一氧化锗为易挥发氧化物，在 1000℃ 左右时就达到 1atm （1atm = 101.325kPa）。

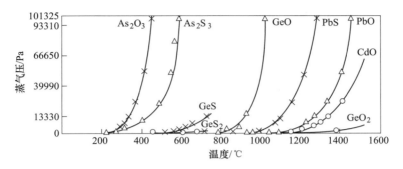

图 6-80　锗化合物饱和蒸气压图

图 6-81 所示为二氧化锗分别在空气中和还原性气氛中的挥发速率对比图。二氧化锗 在空气中的挥发性能很差，而在还原性气氛中挥发性显著提高，这是因为二氧化锗被还原 为蒸气压较大的一氧化锗所致。发生的化学反应为：

$$GeO_2 + CO \Longrightarrow GeO + CO_2$$

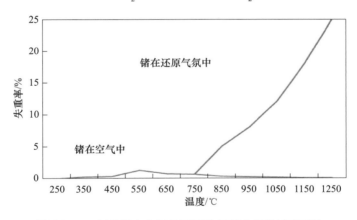

图 6-81　二氧化锗在空气和还原性气氛中挥发速率对比

因此，可以通过在创造还原性气氛，将二氧化锗还原为易挥发的一氧化锗，使锗富集 于二次烟尘中，达到富集锗的目的。

6.4.3.3　Ge-O-C 的热力学分析

化学热力学为研究冶金过程提供了重要的工具，在研究冶金过程时，人们首先想知道 在给定条件下冶金反应能否自发向预期方向进行，吉布斯自由能的变化可作为恒温、恒压 过程自发与反应平衡的判据，其计算公式为：

$$\Delta G^{\ominus} = \Delta H - T\Delta S$$

使用 HSC 可以从数据库中查到各物质的热力学数据，根据公式即可算出不同反应在 不同温度下的 $\Delta G^{\ominus}$，可以绘制 $\Delta G^{\ominus}$-T 图，并由 $\Delta G^{\ominus} = -RT\ln K$ 算出反应平衡常数，从而判断反应发生的可能性及趋势。

分析可知锗煤灰成分，Ge-O-C 气固化学反应体系中可能的固体反应物有 C、GeO_2、GeS_2、Ge，可能的气体反应物有 O_2、CO、CO_2、GeO、GeS、COS。各类固体与气体物质组成的所有可能的气固化学反应如下：

$$2C + O_2(g) \Longrightarrow 2CO(g)$$

$$C + CO_2(g) \Longrightarrow 2CO(g)$$

$$GeO_2 + CO(g) \Longrightarrow GeO(g) + CO_2(g)$$

$$2GeO_2 + C \Longrightarrow 2GeO(g) + CO_2(g)$$

$$GeO_2 + 2CO(g) \Longrightarrow Ge + 2CO_2(g)$$

$$GeS_2 + CO \Longrightarrow GeS + COS(g)$$

因为气固化学反应的目的是为了得到 GeO 和 GeS，使锗以气体的形态挥发出来，从而富集到烟灰中，达到可以直接回收的品位。所以要尽量避免还原气氛过强，使 GeO_2 被直接还原为金属锗，残留在煤渣中，不能被回收利用。

采用 HSC 软件，对所有的反应物的分子和对应的反应产物的分子分别进行计算，得到不同反应温度下各分子和反应的热力学参数（如焓 ΔH 和吉布斯自由能 ΔG），然后根据化学反应方程式和计算关系式：

$$\Delta H^{\ominus} = \Delta H_{产物} - \Delta H_{反应物}$$

$$\Delta G^{\ominus} = \Delta G_{产物} - \Delta G_{反应物}$$

$$\ln K = -\Delta G^{\ominus} / (RT)$$

计算出不同反应体系的反应热力学变化值，包括反应焓变 $\Delta H^{\ominus}$，吉布斯反应自由能变化值 $\Delta G^{\ominus}$ 以及由其算出的化学反应平衡常数 K。计算结果如图 6-82、图 6-83 和表 6-78 所示。

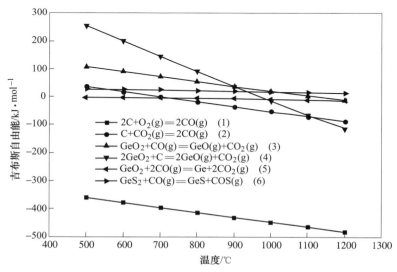

图 6-82　反应吉布斯自由能 $\Delta G^{\ominus}$ 随温度的变化

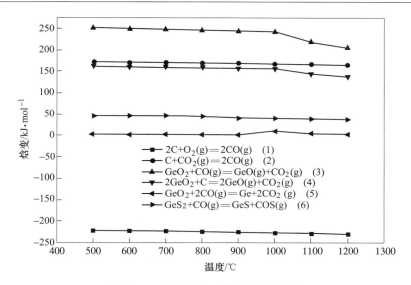

图 6-83 反应焓变 $\Delta H^{\ominus}$ 随温度的变化

表 6-78 反应平衡常数 K 随温度的变化值

反应方程式	温 度							
	500℃	600℃	700℃	800℃	900℃	1000℃	1100℃	1200℃
$2C+O_2(g)=2CO(g)$	2.18×10^{24}	4.17×10^{22}	1.77×10^{21}	1.34×10^{20}	1.55×10^{19}	2.5×10^{18}	5.21×10^{17}	1.33×10^{17}
$C+CO_2(g)=2CO(g)$	0.004	0.089	1.002	7.131	35.972	139.52	440.790	1183.135
$GeO_2+CO(g)=GeO(g)+CO_2(g)$	4.67×10^{-8}	4.05×10^{-6}	1.37×10^{-4}	0.0023	0.0243	0.1721	0.82499	2.84018
$2GeO_2+C=2GeO(g)+CO_2(g)$	9.0×10^{-18}	1.45×10^{-12}	1.87×10^{-8}	3.92×10^{-5}	0.021	4.1332	300.003	9543.935
$GeO_2+2CO(g)=Ge+2CO_2(g)$	1.22291	1.42	1.59	1.726	1.837	2.3096	2.82019	3.00182
$GeS_2+CO(g)=GeS+COS(g)$	2.54×10^{-5}	7.7×10^{-4}	0.011	0.100	0.547	2.095	6.4303	16.57

　　从图 6-82 中可以看出体系中不同气体和固体反应物组成的气固化学反应的 $\Delta G^{\ominus}$ 的变化趋势相同，都是随着温度增加，反应的吉布斯自由能减少，也就是反应发生的可能性变大。从图 6-82 中还可以看出，反应（1）的吉布斯自由能在实验温度范围内都是小于零的，所以反应（1）在所做条件的实验中，都是可以发生的，体系始终有 CO 生成，反应始终处在还原性气氛下。反应（2）在温度大于 700℃ 左右时的 $\Delta G^{\ominus}$ 开始变为负，反应开始发生，所以体系一直处在 CO 可以生成的条件下，为还原性气氛。温度大于 1100℃ 时，反应（3）开始进行，温度大于 900℃ 时，反应（4）开始进行，这时有 GeO 开始生成。整个反应过程中反应（5）的 $\Delta G^{\ominus}$ 都是在零左右，所以反应（5）的 $\Delta G^{\ominus}$ 随温度变化不大。反应（6）的 $\Delta G^{\ominus}$ 始终大于零，所以反应（7）比较难发生。

　　从图 6-83 中可以看出，反应（1）的 $\Delta H^{\ominus}$ 小于零，其余都大于零，所以除反应（1）为放热反应，其余均为吸热反应，升高温度有助于反应的发生。

从表 6-79 中可以看出，在实验设定温度内，反应（1）的平衡常数的数量级为 20 左右，反应极易发生，随着温度的升高，反应（2）和反应（4）的平衡常数有明显增加，反应速度加快，GeO 生成的速度变快，所以升高温度，有利于 GeO 的生成。其余反应的平衡常数变化不大，反应速率没有很大提高。

综上所述，为使锗最大限度地在烟灰中富集，达到可以直接回收利用的目的，应控制温度条件，尽量使反应（2）和反应（3）发生。温度大于 900℃时，反应（3）的 $\Delta G^{\ominus}$ 大于零，反应开始发生，平衡常数明显增加，反应速度加快。理论上生成的 GeO 主要是通过反应（3）得到的。

6.4.3.4　锗挥发富集装备选择

目前锗的富集方法有回转窑挥发法、电炉挥发法和侧吹烟化挥发法。

A　回转窑挥发法

回转窑设备自身特点要求窑内反应时间不宜超过 4h，在 1050~1250℃条件下，锗的最高挥发率仅能达到 60%。分析原因可能是回转窑挥发过程为固固反应模型，锗的挥发速度受到低价锗的扩散控制，反应动力学条件不充分。另外，回转窑内温度场为梯度场，中间温度高，两头温度低，物料从进入到排出，可能发生晶型转变，由可溶性氧化锗转变为不可溶性氧化锗。

B　电炉挥发法

电炉挥发提锗工艺在 1300~1450℃的条件下，煤将锗还原为低价氧化物而挥发，锗的挥发率可以达到 90% 以上。但是挥发时间较长，约为 8~10h，能耗较高，生产效率较低。分析原因如下：（1）反应动力学不充分，锗在熔池内扩散速度是整个还原挥发过程的关键；（2）渣的流动性、黏度对电炉静置挥发影响很大，渣型配制是关键；（3）熔池深度也会增加反应时间，电炉锗挥发时间需要 36h。电炉能耗大，生产成本高。电炉示意图如图 6-84 所示。

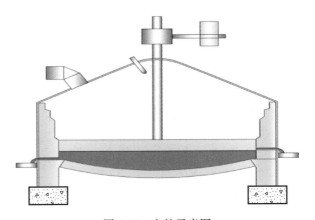

图 6-84　电炉示意图

C　侧吹烟化挥发法

目前国内烟化炉主要用于处理铅锌矿，云南驰宏锌锗公司是国内侧吹挥发熔炼法提锗的技术应用者。从单一处理鼓风炉铅锌熔渣，发展到同时配加 30% 左右的富锌氧化矿、铁闪锌矿和湿法炼锌产出的各种锌渣，产量不断增加，可有效处理含铅、锌、锗金属的复杂原料。目前驰宏锌锗公司锌烟化炉还原熔炼富集锗，锗回收率达到 96%~97%，熔炼渣中锗能够降低到 40g/t 以下。

对比三种锗的富集方法，借鉴驰宏锌锗公司烟化富集锗的经验，采用侧吹烟化炉挥发富集锗可能较为合适。原因是：（1）渣流动性好，熔池搅拌强烈，锗挥发效率高；（2）

粉煤作为燃料，成本较低；（3）不需要单炉操作，可实现连续化生产，处理能力大。

6.4.4 煤烟灰侧吹工艺中试试验

6.4.4.1 试验原料

试验原料含锗煤灰，主要成分见表6-79。

表6-79 锗煤灰化学成分 （%）

组分	Fe	SiO$_2$	CaO	Al$_2$O$_3$	MgO	Ge	As	C	其他	总计
含量	11.89	46.04	15.76	17.27	3.63	0.40	0.81	2.75	1.45	100

锗煤灰SiO$_2$含量为46.04%，CaO含量为15.76%，为典型的酸性渣。为满足烟化炉对熔炼渣的成分要求，锗煤灰中需配加熟石灰和铁矿石。熟石灰及铁矿石成分见表6-80和表6-81。后期试验以铁红作为铁相来源，铁红成分见表6-82。

表6-80 熟石灰成分 （%）

组分	Fe	SiO$_2$	CaO	其他	总计
含量	0.27	1.44	48.82	49.47	100

表6-81 铁矿石的化学成分 （%）

组分	Fe	SiO$_2$	CaO	Al$_2$O$_3$	MgO	其他	总计
含量	42.4	19.51	0	3.63	0.67	33.79	100

表6-82 铁红化学成分 （%）

组分	Fe	SiO$_2$	CaO	Al$_2$O$_3$	MgO	其他	总计
含量	64.93	—	—	—	—	35.07	100

试验所用还原剂为粉煤或块煤，其成分列于表6-83。

表6-83 还原煤化学成分 （%）

组分	C	Fe	SiO$_2$	CaO	其他	总计
含量	90	0.8	1.5	0.4	7.3	100

6.4.4.2 混合配料理论分析

根据探索性试验结果，锗烟灰初始熔点大约为1550~1600℃，温度较高，很难在工业化生产中实现稳定运行。根据锌冶炼生产实际应用情况分析，烟化炉工业生产实际温度应控制在1150~1250℃，通过混合配料，调节渣型实现熔点的降低，来满足生产的需要。

分析FeO-SiO$_2$-CaO三元渣系状态图（见图6-85）可知，在状态图中部靠近2FeO·SiO$_2$的一个四边形区域内组成的炉渣熔点在1200℃左右；锗煤灰还原熔炼渣的成分宜控制在此区域内。

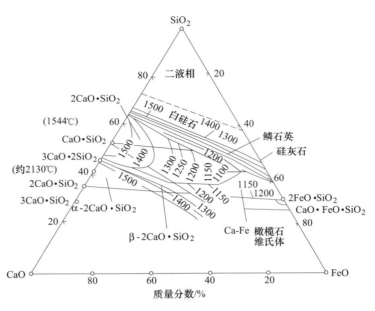

图 6-85   FeO-SiO₂-CaO 三元渣系状态图

由 FeO-SiO₂-CaO 三元系在不同温度下的等黏度曲线图（见图 6-86）可知，在 CaO/SiO₂ = 0.5~1.0，FeO/SiO₂ = 0.5~0.8 之间的黏度最低，当 CaO/SiO₂ 值固定，增加 FeO 含量有利于降低炉渣黏度。

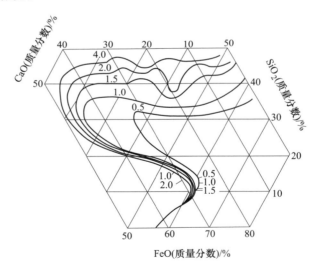

图 6-86   FeO-SiO₂-CaO 三元系在不同温度下的等黏度曲线图

因此，在配料计算时应提高渣中 CaO 和 FeO 含量，使渣具有较小的黏度和适当的酸碱度，且熔点控制在 1200℃ 左右。

经理论计算与小型试验验证，试验渣型选择铁硅比 Fe/SiO₂ = 0.8，钙硅比 CaO/SiO₂ = 0.6。

6.4.4.3　中试试验装备

中试试验设备主要包括圆盘制粒机、烘干设备、粉煤喷吹装置、定量给料机和电弧炉成套设备，如图 6-87 所示。

(a) 　　　　　　　　　　　　　　　　　　(b)

(c) 　　　　　　　　　　　　　　　　　　(d)

图 6-87　主要试验设备

（a）定量给料机、电弧炉成套设备；（b）烘干设备；
（c）粉煤喷吹装置；（d）圆盘制粒机

（1）圆盘制粒机（用于物料制粒）。主要技术参数如下：圆盘直径为 500mm，圆盘高度为 100mm。

（2）粉煤喷吹装置（用于粉煤喷吹还原）。粉煤首先储存在粉煤仓内，然后用正压气力连续喷吹至熔池内；粉煤连续喷吹。主要技术参数见表 6-84。

表 6-84　粉煤喷吹设备参数

物料参数	
将粉煤仓的粉煤喷至炉膛入口	
粉煤仓的布置	一座粉煤仓下设一个出口
喷吹距离（水平段+垂直段＝总长）	50m
喷枪出口背压（不包括喷吹管道阻力）	—
每套系统喷吹出力/kg·h^{-1}	设计工况：50~250
系统喷吹精度	±2%

续表 6-84

物料参数		
仓泵的数量及型号	一套 24/8/200×20W	
泵的工作容积/m³	0.68	
泵体设计压力/MPa	0.7	
喷吹管道外径和壁厚/mm	外径	壁厚
	40	80
喷吹管道推荐规格	GB 8163—87	
管道法兰型式	平头对接法兰	
喷吹管线弯头规格	最小弯曲半径不小于 10 倍管道直径	
公用工程		
喷吹用气要求	压缩空气 1.0m³/min 连续供气 压力不小于 0.45MPa 压力露点：-10℃，含油量小于 5×10⁻⁶	
控制用气要求	压缩氮气 0.1m³/min 连续供气 压力不小于 0.6MPa 压力露点：-10℃，含油量小于 5×10⁻⁶	
供电要求	24V 直流电供电磁阀箱 380V 交流电供 MCC 柜	

（3）定量给料机（用于电炉上料）。主要技术参数如下：定量控制精度要优于 0.5%；输送量范围为 100~600kg/h；皮带宽度为 400mm。

（4）电弧炉（用于物料的熔化）。主要技术参数见表 6-85。

表 6-85　电弧炉主要技术参数

项目	参数	项目	参数
单相变压器容量/kW	120	冷却方式	油浸自冷
输入电压/V	380	输入电流/A	315
额定输出电流/A	1600	阻抗电压/%	8
输出电压/V	55/65/75/85/120，5 档	电极直径/mm	75
椭圆形炉体尺寸（长轴×短轴×高度）/mm×mm×mm	1240×1040×1330	电极行程/mm	1200
炉膛尺寸（长轴×短轴×高度）/mm×mm×mm	430×330×900	氧枪外径/mm	90

6.4.4.4　试验过程

由于能源条件和资金的限制，试验采用电弧炉熔化物料，喷吹搅拌的方式模拟烟化炉内锗挥发状态，并设置布袋收尘器收集锗烟尘，化验分析锗烟尘中锗含量，确定锗的富集比。整个试验过程如图 6-88 所示，操作步骤如下：

（1）校核定料给料机给料精度，将物料总体称重后加入料仓内；

（2）在炉内加入部分焦炭，通过电流和电压控制逐步提高炉内温度，完成电弧炉的烘炉工作；

（3）加入 10~20kg 物料，让炉内逐步形成熔池，为后续连续加料做好准备；

（4）观察电弧炉内弧光以及电流、电压情况，连续加入物料，控制加料速度 1~2kg/min，每隔 5min 观察炉内熔体状况，避免炉内结成硬壳；

（5）熔池温度检测，当炉内形成熔池后，每隔 10~15min 检测一次温度，控制熔化物料阶段温度低于 1350℃，还原阶段温度低于 1300℃；

（6）熔池深度检测，将钎子插入熔体内，快速提出，根据钎子结渣情况判断熔池深度，试验控制熔池深度 350~400mm 之间；

（7）物料全部熔化后，将顶部喷枪插入熔池内，插入深度距离炉底 50~100mm，喷吹粉煤或氮气，搅动熔池，促进锗挥发；

（8）加入还原煤，观察熔池变化，根据渣的流动性适当调节还原剂量，防止泡沫渣出现；

（9）物料熔化时间大约 3~4h，喷吹还原时间大约 1~2h；

（10）喷吹还原结束后，提起喷枪，烧穿渣口，将熔渣放入托盘内冷却；

（11）收集布袋中烟尘化验分析，称取渣重然后取样分析。

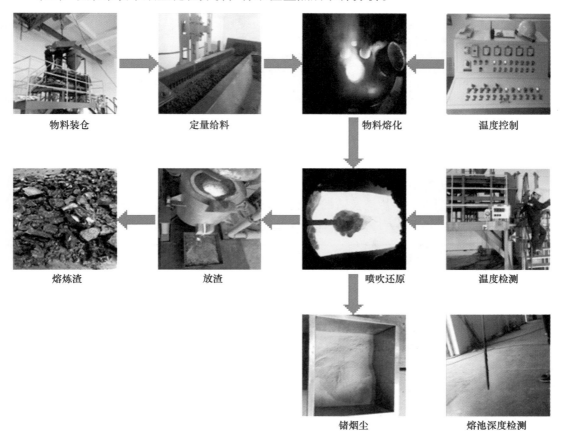

图 6-88　试验过程照片

6.4.4.5　试验结果分析

试验共开展了 8 炉扩大试验研究（见表 6-86），1 号、2 号炉主要是验证试验设备的可靠性，探索和调节工艺控制参数。3 号、4 号、5 号炉是进一步验证试验的可靠性，确认烟尘中锗富集倍数。6 号、7 号、8 号炉是扩大试验研究，查找工艺可能存在的问题，为后续工业化设计提供借鉴。其中 1 号、2 号、3 号、4 号炉配比采用的是铁矿石，由于无法继续采购到铁矿石，后采用铁红代替铁矿石进行混料配比。

表 6-86　试验控制参数

名称	1 号	2 号	3 号	4 号
起弧焦炭/kg	5.705	3	3	3
投入原料/kg	126.94	173.07	142.43	151.61
试验温度/℃	1250~1350	1350~1450	1150~1250	1150~1250
喷吹压力/MPa	0.1	微弱	微弱	微弱
物料熔化时间/h	3.5	3.0	3.3	3.5
喷吹时间/h	5min	1.5	2.5	0.5
块煤加入量/kg	—	4	5	5
名称	5 号	6 号	7 号	8 号
起弧焦炭/kg	3	5	2	3
投入原料/kg	111.91	139.82	144.62	148.53
试验温度/℃	1150~1250	1150~1250	1150~1250	1150~1250
喷吹压力/MPa	微弱	微弱	微弱	微弱
物料熔化时间/h	3.15	3.6	2.0	2.25
喷吹时间/h	1.5	1	2	1.5
块煤加入量/kg	5	2	7	5

8 次扩大试验研究中熔炼渣及锗烟尘化验分析结果列于表 6-87 和表 6-88。

表 6-87　8 炉熔炼渣化验分析结果

编号	炉/kg	成分/%					
		Fe	SiO_2	CaO	Al_2O_3	As	Ge
1 号	80	14.6	32.99	15.26	13.17	0.02	0.02
2 号	132	20.2	—	15.12	13.09	0.0615	0.06
3 号	93.64	12.9	—	16.38	14.64	0.01	0.005
4 号	85	21.2	—	16.52	14.02	<0.01	0.0067
5 号	78.8	13	—	21.56	14.09	<0.01	0.0066
6 号	93.92	15.8	—	19.18	13.09	0.0112	0.0257
7 号	93.8	8.17	—	21.98	13.79	<0.01	<0.0025
8 号	88.6	8.02	—	23.1	14.71	<0.01	0.0058

表 6-88　8 炉锗烟尘化验分析结果

编号	成分/%					
	Fe	SiO$_2$	CaO	Al$_2$O$_3$	As	Ge
1 号	19.1	20.93	5.726	5.38	10.3	2.16
2 号	9.37	—	3.56	4.21	15.5	4.19
3 号	9.46	—	3.96	4.63	13	4.24
4 号	14	—	4.89	4.78	16.6	6.13
5 号	5.82	—	6.12	6.21	9.35	3.59
6 号	9.3	—	5.1	4.53	11.6	4.33
7 号	6.82	—	6.21	5.23	12.1	3.95
8 号	5.85	—	6.01	5.16	10.7	3.44
1 号、2 号、3 号混合尘	10.4		3.54	3.93	14.4	4.32
6 号、7 号、8 号混合尘	6.64	—	5.92	5.08	11.6	3.57

A　锗直接挥发率分析

根据二次锗尘中 Ge 含量以及收尘量，计算锗烟灰中 Ge 的回收率。8 次试验共收集到 3 批次混合烟尘，1 号、2 号、3 号炉混合烟尘量 5.5kg，Ge 平均含量 4.32%；4 号、5 号炉混合烟尘量 5.27kg，Ge 平均含量 3.59%；6 号、7 号、8 号炉混合烟尘量 5.9kg，Ge 平均含量 3.57%。三批次混合烟尘直接回收率依次为 26.18%、33.03%、20.6%。单独看三组直接回收率很低。分析原因如下：（1）收尘装置漏风严重，收尘器为内滤式收尘器，风机为普通离心风机，位于收尘器前端，系统处于正压操作。烟气温度超过 120℃时，风机漏风明显，部分烟气进入到车间。（2）随着试验时间加长，大量烟尘黏结在收尘袋上，形成厚厚的料层，阻力增大，导致收尘效率降低。4 号、5 号炉直收率 33.03%，1 号、2 号、3 号炉由于中间经过布袋捶打，不是连续试验，直收率 26.18%；6 号、7 号、8 号炉为连续试验研究，直收率最低。

B　锗间接计算挥发率分析

根据熔炼渣中锗含量间接计算锗的回收率，具体见表 6-89。

表 6-89　锗间接回收率　　　　　　　　　　　　　　　　　　（%）

项目	1 号	2 号	3 号	4 号	5 号	6 号	7 号	8 号
Ge 挥发率	92.71	79.59	98.34	98.10	98.07	92.15	99.33	98.58
As 挥发率	96.00	88.88	98.36	99.90	99.90	98.39	99.90	99.90

从表 6-89 中可以看出，锗挥发率很高，除 1 号、2 号、6 号炉以外，锗挥发率高于 98%。2 号炉挥发率不到 80%，主要是由于喷枪插入熔池过深导致喷枪熔断，整个过程是电炉静态挥发，动力学条件不充分。1 号炉由于采用粉煤喷吹，熔池搅拌剧烈，喷吹 5min 即停止，挥发时间不足。但是同时也可以看出，熔池剧烈搅拌可以大大缩短挥发时间，仅 5min 喷吹锗挥发率就达到 92.71%。6 号炉主要是加入还原煤量过低，仅加入 2kg，除部分

燃烧外，还没有将锗全部还原为低价态。但是从整个间接挥发率计算结果单一指标来看，试验达到了预期目的。

C　锗尘含锗品位分析

通过 8 炉试验化验结果来看，尤其是两批次混合锗尘化验结果来看，扩大试验锗品位为 4% 左右（见图 6-89），相比较锗烟灰含锗，大约富集 10 倍。

同时观察连续三炉试验烟尘含锗品位可以发现，Ge 在烟尘中逐渐降低。分析原因是：通过渣含锗分析，锗已基本进入烟尘中，但是随着收尘系统能力下降，导致气态锗冷凝过程中因为颗粒过细，优先泄漏至空气中，而硅、铁等颗粒粗大则在收尘器富集，导致品位逐渐贫化。在工业生产中由于系统密闭性能好，不存在这个问题。

D　挥发时间、喷吹强度、还原剂量与锗挥发率关系

（1）温度因素。烟化炉要求反应温度不高于 1250℃，扩大试验通过原料配比调节物料熔化温度维持在 1150~1250℃ 之间，通过试验效果来看，渣流动性好，达到预期效果。

（2）喷吹挥发时间因素。喷吹时间与挥发率关系曲线如图 6-90 所示。从 8 炉试验物料熔化情况来看，基本需要 3~3.5h 才能将熔池彻底熔化，物料熔化不是试验关注的重点，还原挥发时间对工程设计具有参考意义。根据挥发时间来看，0.5h 挥发时间，锗挥发率就达到 98% 以上，随着时间延长，锗挥发率没有明显变化。1h 时出现锗挥发率下降主要是还原剂不足导致，且根据 1 号、2 号炉情况，1 号强搅拌 5min，锗挥发率就达到92% 以上，2 号炉挥发时间 1.5h，没有搅拌挥发，只是熔池表面保护，锗挥发率不到80%。从这些数据可以看出，喷吹挥发时间不是主要影响因素。

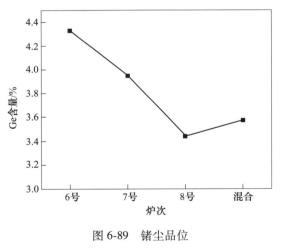

图 6-89　锗尘品位

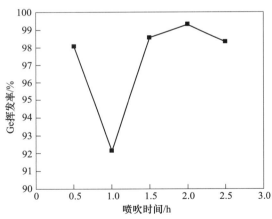

图 6-90　喷吹时间与挥发率关系曲线

（3）喷吹强度因素。从 8 次扩大试验效果来看，尤其是 1 号、2 号、4 号炉情况看，不考虑还原剂的影响因素，强搅拌可以大大提高锗挥发效率。2 号炉不搅拌，锗挥发率不到 80%；4 号炉氮气鼓动搅拌，0.5h 锗挥发率达到 98%；1 号炉粉煤喷吹强烈搅拌，5min锗挥发率达到 92%。这从侧面进一步印证烟化炉比电炉更具备优势。

（4）还原剂因素。扩大试验原计划采用粉煤喷吹进行还原，由于搅拌剧烈，熔池飞溅，存在安全隐患，因此改为块煤还原，氮气搅拌的方式模拟粉煤喷吹。从动力学角度看，熔池搅动效果类似，从反应热力学看，粉煤直接喷入熔体，快速扩散，反应迅速，效

果更好。

加入块煤将 GeO_2 还原为低价锗，在还原过程中，也将 Fe_2O_3 还原为 FeO。从 Fe_2O_3 变为 FeO 过程中，也会生成 Fe_3O_4，导致渣黏度升高，存在泡沫渣的安全隐患。块煤加入不足，而且由于燃烧，铁等还原消耗了块煤等因素可能导致锗还原不彻底，降低锗挥发率，渣含锗偏高。因此，控制还原剂加入量是关键影响因素。

6 号炉块煤加入量 2kg，渣含锗 0.0257%，锗挥发率 92.15%，3 号炉块煤加入量 5kg，锗挥发率 98.34%，4 号、5 号、8 号炉块煤加入量 5kg，锗挥发率大于 98%。按照加入比率（块煤量和原料量比值）与锗挥发率关系分析还原剂加入量：

$$块煤比率 = \frac{块煤量}{原料量} \times 100\%$$

根据块煤比率与锗挥发关系曲线图（见图 6-91）可以看出，当块煤加入比率超过 3.3% 时，锗挥发率达到 98% 以上，为了更好地将锗还原挥发，块煤加入量占比 3.3% 比较合适。在将来工程化设计中，不但考虑还原剂消耗，还应考虑粉煤作为燃料的消耗。

综上，锗挥发与喷吹时间、喷吹强度、还原剂及温度因素等综合情况相关。在强烈的熔池搅拌及适宜的还原气氛条件下，炉温控制在 1150~1250℃ 之间，挥发时间约 1h，熔炼渣中锗可降低至约 0.0067%，锗挥发率可达到 98% 以上。

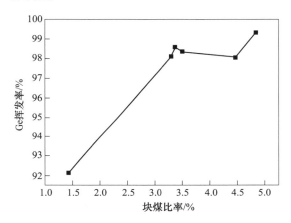

图 6-91　块煤比率与挥发率关系曲线

E　尘率分析

尘率指标（烟尘/渣×100%）直接影响烟尘中锗的品位，对工程设计具有借鉴意义：

尘率 =（锗煤灰含锗量 - 熔炼渣含锗量)/(尘含锗品位 × 贫化渣量）× 100%

试验收尘装置漏风严重，烟尘直收率低。通过收集到的烟尘直接计算尘率误差较大。研究通过物料平衡间接计算烟尘质量，同时考虑熔炼渣在炉底结壳损失，计算结果列于表 6-90。

表 6-90　8 炉试验尘率　　　　　　　　　　（%）

编号	1 号	2 号	3 号	1 号、2 号、3 号平均	4 号	5 号	6 号	7 号	8 号	6 号、7 号、8 号平均
尘率	12.61	4.79	6.34	5.58	5.66	9.45	5.43	7.35	9.85	7.78

由表 6-90 分析可知，1 号试验尘率较高，可能是因为电炉炉膛体积较小，熔池搅动过于剧烈，使烟尘率升高。2~8 号试验尘率在 4.79%~9.85% 之间波动；1 号、2 号、3 号平均尘率为 5.58%，6 号、7 号、8 号平均尘率为 7.78%。试验尘率与加料操作及氮气喷吹强度相关；平均尘率指标较为准确，在将来烟化炉挥发设计中，尘率按 5.58%~7.78% 考虑。

6.4.5　侧吹挥发富集锗的工程设计

6.4.5.1　侧吹工艺关键参数选定

采用混合制粒—烟化挥发—锗尘收集工艺富集锗煤灰中的锗，工艺技术可行。中试试验采用电炉挥发—氮气喷吹模拟烟化炉熔池熔炼过程，获取主要结论及参数如下：

（1）烟化挥发工艺适宜的熔炼渣型为 $CaO/SiO_2 = 0.5 \sim 1.0$，$FeO/SiO_2 = 0.5 \sim 0.8$。

（2）物料熔化温度不超过 1300℃，烟化挥发温度为 1150~1250℃。

（3）锗挥发时间与熔池搅拌强度有关，在微弱的氮气喷吹压力下，挥发时间 1h，熔炼渣中锗含量约 0.0067%。

（4）还原剂为块煤，不考虑作为燃料的消耗，还原剂占原料量比率 2.5%~3%，可以将锗还原为低价锗。

（5）通过渣含锗间接计算锗回收率达到 98% 以上，通过烟尘直接计算锗回收率不到 35%，风机、收尘装置等漏风是直收率低的主要因素。

（6）试验收集锗尘中锗品位 4% 左右，锗富集比达到 10 倍左右。

（7）通过物料平衡计算，扩大试验尘率在 5.58%~7.78% 之间。

中试试验过程为在电炉中利用电极加热促使物料熔化，顶部喷枪插入熔池内部喷吹氮气，强化锗的挥发，试验过程为间断过程。烟化炉工业生产过程使用粉煤作为燃料促使物料熔化；喷枪从烟化炉侧部插入熔池，喷枪内气体介质为压缩空气；生产过程为连续过程。扩大试验尚不能完全模拟烟化炉工业生产情况，还需结合现有烟化炉工业生产的具体参数进行设计。

熔炼渣含锗指标与熔炼周期及操作工经验关系很大。从电炉挥发—氮气喷吹模拟烟化炉连续试验结果来看，加料熔化、喷吹还原过程时间约 3.75~4h，渣含锗可降低至约 0.0067%，试验熔炼周期与试验加料操作关系很大，驰宏锌锗公司烟化炉熔炼周期 3h，熔炼渣含锗 0.004%~0.01%。结合驰宏锌锗公司的生产经验，试验熔炼周期选定 3h，其中加料熔化过程 2h，贫化挥发及放渣 1h；渣含锗与操作工经验关系很大，渣含锗按约 0.01% 考虑。

烟尘含锗指标与原料含锗、尘率相关。锗煤灰中易挥发元素为锗和砷，其他元素如铁铝硅钙等均为难挥发元素；烟化挥发后锗和砷在烟尘中富集，烟尘含锗和砷较高。从扩大试验结果看，扩大试验尘率在 5.58%~7.78% 之间；烟尘中含锗约 4%，部分锗可能从收尘口逸出，使锗尘中锗含量降低；结合扩大试验，试验尘率约按（尘/渣×100%）6% 考虑，熔炼渣含锗 0.01%，经初步计算，烟化炉锗尘含锗 5.47%，锗回收率 96.93%。

综合以上分析，烟尘按照锗品位 5.5% 模型进行设计，熔炼渣含锗在 0.0104% 左右，烟化挥发锗直接回收率 96.8%。

综合中试试验情况及驰宏锌锗公司现有烟化炉运转情况，锗煤灰侧吹挥发富集提锗工业化生产主要设计参数如下：锗尘中锗含量为 5.5%；熔炼渣含锗约 0.01%；烟化挥发周期为 3h，其中加料及熔化时间为 2h，烟化挥发及放渣时间为 1h；烟尘中锗直接回收率 96.8% 以上；熔炼渣渣型 $Ca/SiO_2 = 0.5$，$Fe/SiO_2 = 0.75$；熔炼温度为 1250℃。

6.4.5.2 煤烟灰侧吹富集提锗工业化生产工艺流程

煤烟灰侧吹富集提锗工业化生产工艺流程如图 6-92 所示。锗煤灰熔炼所需原料包括铁矿石、熟石灰、锗煤灰经混料制球后，经皮带机输送至侧吹炉内。锗煤灰还原熔炼所需粉煤通过气力输送至侧吹炉，熔池内形成熔池搅拌，创造锗挥发条件。高价锗在还原性气氛中被还原为低价易挥发锗氧化物，经余热回收后进行锗尘收集。烟气经脱硫后达标排放。熔炼结束后，熔炼渣经侧部放渣口排出。

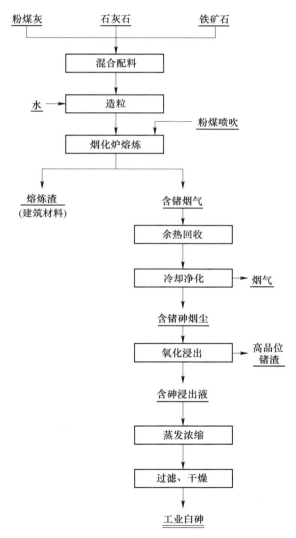

图 6-92 煤烟灰侧吹挥发提锗工业化生产流程

6.4.5.3 侧吹富集提锗工艺技术经济指标

侧吹挥发富集提锗工艺技术经济指标列于表 6-91 中。

表 6-91　侧吹富集提锗工艺（熔炼工段）技术经济指标

序号	指标名称	数值
1	年工作时间/d	300
2	烟化炉规格/m^2	2.5
3	烟化炉数量/台	1
4	床能率/$t \cdot (m^2 \cdot d)^{-1}$	30
5	锗煤灰/$t \cdot a^{-1}$	8000
6	石灰石消耗/$t \cdot a^{-1}$	3121.36
7	粉煤消耗/$t \cdot a^{-1}$	8813.48
8	铁焙砂消耗/$t \cdot a^{-1}$	2827.79
9	贫化期锗尘量/$t \cdot a^{-1}$	403.12
10	贫化期锗尘含锗/%	5.5
11	熔化期锗尘量/$t \cdot a^{-1}$	390.13
12	熔化期锗尘含锗/%	5.5
13	贫化渣/$t \cdot a^{-1}$	13445.09
14	贫化渣含锗/%	0.01
15	总锗尘量/$t \cdot a^{-1}$	793.25
16	总锗尘含锗/%	5.5
17	锗挥发率/%	96.8

参 考 文 献

[1] 张云良. 侧吹还原炉喷枪耐火砖侵蚀分析与对策 [J]. 中国有色冶金, 2018, 1 (47)：37~39.

[2] 许良, 霍佳梅. 再生铅回收绿色冶金 [J]. 蓄电池, 2017, 54 (6)：266~270.

[3] 秦赢. 再生铅冶炼烟气中硫资源的回收利用 [J]. 硫酸工业, 2017 (10)：1~6.

[4] 庄福礼, 陈学刚, 俞兵等. 锌浸渣的侧吹熔炼技术与装备研究 [J]. 中国有色冶金, 2013, 42 (6)：5~10.

7 鼓泡法——富氧侧吹技术在硫化铜精矿冶炼中的应用

鼓泡法——富氧侧吹技术（简称富氧侧吹熔炼技术）起源于苏联的瓦纽科夫工艺。1949 年苏联瓦纽科夫教授发明瓦纽科夫工艺；1977 年 20m² 炉子在诺里尔斯克实现工业化；1985 年哈萨克斯坦巴尔喀什厂建成 35m² 炉子成功投产；1995 年，中乌拉尔厂一座改进型的瓦纽科夫炉投产。目前，俄罗斯至少有 3 家工厂 6 座瓦纽科夫炉在运行。2000 年以来，我国逐步掌握该技术，并做出改进，已用于炼铅（氧化、还原）、炼铜、炼镍等方面。其突出优点是：熔炼强度高，床能力达到 $50 \sim 80t/(m^2 \cdot d)$；炉子寿命长，达到 $3 \sim 5$ 年；渣含铜低，铜锍品位为 45% 时，渣含铜 0.6% 以下，铜锍品位为 74% 时，渣含铜小于 2%；富氧浓度高（$60\% \sim 85\%$）；炉体固定、密封好、环保。

7.1 富氧侧吹熔炼工艺

7.1.1 熔炼原理

精矿、熔剂及燃料等通过炉顶加料口加入强烈搅拌的熔体中。富氧空气通过炉内两侧的一次风口鼓入渣层，一次风口位置低于熔池液面 $300 \sim 500mm$。鼓入的富氧空气将熔体强烈搅拌，使得此区域的全部熔体进行紊流运动，促使加入的物料迅速而又均匀地分布在熔体中，熔体与炉料之间，熔体与鼓入的气体之间实现了良好的传质传热过程。炉子上部的熔体成为炉渣-铜锍乳化相，包含 $90\% \sim 95\%$（体积分数）的炉渣和 $5\% \sim 10\%$（体积分数）硫化物和金属微粒。由于这一区域的强烈搅拌，金属或硫化物互相碰撞合并，一旦达到动力学稳定条件（即微粒长大到 $0.5 \sim 5mm$），即可从上层鼓泡区迅速落入下层底相。炉子下部的熔体在重力作用下分为炉渣层与铜锍层，炉渣与铜锍通过隔墙进入虹吸池，炉渣溢流排出，铜锍在压力作用下通过虹吸道排出。

7.1.2 工艺流程

富氧侧吹熔炼工艺的典型流程如图 7-1 所示。

对于来源不同的各种铜精矿，通过不同的运输方式（火车、汽车、管式皮带等）运至精矿仓，并按其种类的不同分格储存；渣选矿产出的渣精矿通过泵运输渣浆或汽车运输至矿仓储存；熔剂（石英石、石灰石）和燃料（焦炭、无烟煤）等外购辅料大多通过自卸汽车运输至精矿仓；烟尘、冷铜锍、吹炼渣、精炼渣等返料送精矿仓储存。

配料后的混合物料通过炉前皮带均匀加入炉内；熔炼所需要的空气和氧气分别由鼓风机和制氧站供给，根据氧料比和设定的富氧浓度将空气和工业氧气按比例混合后，由位于炉身两侧的一次风口鼓入，剧烈搅拌熔池；熔炼过程产出的单质硫和 CO 在炉体内燃烧不充分，需补充二次风使其完全燃烧以减少对后续系统的影响。混合炉料进入熔池后迅速完成加热、脱水、分解、熔化等过程，并完成氧化、造锍和造渣等一系列物理和化学过程，

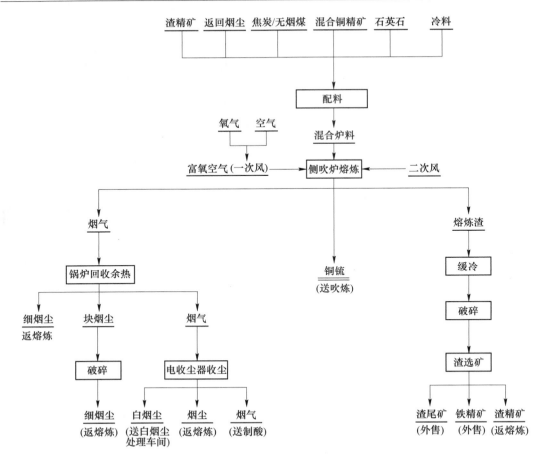

图 7-1　富氧侧吹熔炼工艺典型流程图

产出铜锍和熔炼渣。铜锍和炉渣因密度的不同在熔池内分层，铜锍通过虹吸的方式排出后送沉降电炉或直接送吹炼工段；熔炼渣通过渣池溢流排放，熔炼渣的处理方式有多种，可以送沉降电炉，可以送火法贫化后产弃渣，也可以送渣缓冷场缓冷、破碎后经渣选矿工段产渣精矿和弃渣。

侧吹炉熔炼产出的烟气由炉口排出后进入余热锅炉冷却，并回收其中的余热，锅炉产出的蒸汽可用于厂区动力、发电和其他系统（电解、冬季采暖等）供热；降温后的烟气进入电收尘器除尘，净化后的烟气送制酸系统生产硫酸。锅炉尘块度较大，可送至精矿仓破碎；电收尘器收集的烟尘送精矿仓配料；产出的白烟尘（Pb、Zn、As 含量高的烟尘）应综合回收或送相关单位处理。

7.1.3　原料、燃料和熔剂

7.1.3.1　原料

富氧侧吹炉处理的原料主要为铜精矿（包括标准铜精矿、铜镍精矿、含铜、金的黄铁矿精矿、铜块矿等），也可以处理渣精矿、返料等其他含铜物料。

富氧侧吹熔炼工艺熔炼强度大，脱硫率高，易于控制，对精矿适应性广，对其成分无特殊要求。为了使熔炼过程有足够的化学反应热产生，Fe 和 S 的总量宜占精矿总量的50%以上，另外精矿中的其他杂质元素含量也不要过高：

（1）熔炼过程中，Pb 和 Zn 将大部分挥发进入烟气，含量过高时会使烟尘易黏结造成劳动条件恶化。

（2）若原料含 As 太高，随烟气到达制酸系统时会引起触媒中毒。

（3）原料含 As、Sb、Bi 过高时会影响阴极铜的质量，同时增加净液系统的负担。

企业可以根据自身情况，从精矿来源、精矿价格、处理成本等多角度权衡考虑确定精矿主要成分。

7.1.3.2 燃料

富氧侧吹熔炼过程中通常需要加入焦炭或无烟煤，既起到还原渣中 Fe_3O_4，防止泡沫渣产生的作用，又起到维持热平衡的作用。铜精矿中 Fe 和 S 的含量对于燃料消耗量影响较大。

开炉或保温过程中侧吹炉的燃料选择范围很广，可以使用气体燃料（主要是天然气），也可以使用液体燃料（如柴油、重油、煤焦油等），可根据地区供应条件和价格来决定。

7.1.3.3 熔剂

富氧侧吹熔炼渣以硅渣为主，Fe/SiO_2 范围较大，可根据各厂实际操作情况在 1.2~2.0 之间波动。加入的熔剂以石英石为主，粒度要求为 5~20mm，可从市场采购后运至精矿仓储存。

7.1.3.4 炉料的粒度和水分

富氧侧吹熔炼工艺对炉料的粒度和含水要求不严，与闪速熔炼相比，这是包括侧吹熔炼工艺在内的熔池熔炼的优点之一。

对炉料粒度和水分的要求，主要取决于熔炼过程的特性，也由储存、配料、输送和给料等系统能稳定运行的条件来决定。大多采用富氧侧吹熔炼工艺的工厂控制精矿含水小于10%，控制熔剂粒度不大于 20mm，固体燃料一般为 5~25mm，返料粒度不大于 100mm。

7.1.4 熔炼产物

富氧侧吹熔炼的产物主要包括铜锍、熔炼渣、烟气及烟尘。

7.1.4.1 铜锍

富氧侧吹熔炼过程中，改变氧料比（"定氧调料"或"定料调氧"）可以产出指定品位的铜锍。侧吹熔炼产出的铜锍品位一般控制在 50%~75% 范围内，各冶炼厂可根据自身情况（如吹炼工艺、熔炼渣处理等）确定合理的铜锍品位。铜锍温度可控制在 1200~1250℃。

当加料量不变时，铜锍品位降低，铜锍量增加，渣量和熔剂加入量减少，吹炼工序压力大；铜锍品位提高，铜锍量减少，渣量和熔剂加入量增大，吹炼工序压力小。

另外，提高铜锍品位可以提高侧吹炉的脱硫率，得到更多的化学反应热，可以降低燃料消耗。通过提高富氧浓度来提高铜锍品位时，可使烟气量减少，烟气处理系统费用下降。

7.1.4.2　熔炼渣

A　熔炼渣性质

富氧侧吹熔炼渣以硅渣为主，Fe/SiO_2比值范围较大，可根据各厂实际操作情况在1.2~2.0之间波动。根据铜锍品位的不同，熔炼渣含铜可控制在0.5%~2.0%，当铜锍品位不高于72%时，渣含铜可控制在1.5%以下。熔炼渣操作温度一般控制在1250~1320℃。

B　熔炼渣中Fe_3O_4的控制

生产中一般控制渣含Fe_3O_4在6%~15%范围。保持渣中Fe_3O_4在比较低的水平，既可以降低渣含Cu，又可以避免在炉底析出Fe_3O_4，造成炉底黏结堵塞虹吸通道，且能减少泡沫渣现象的发生率。

控制渣中Fe_3O_4含量的办法是正确控制渣中Fe/SiO_2比，并保持一定的氧料比，以免炉渣过氧化，另外加入炉内的焦炭（或无烟煤）也可起到部分还原的作用。

有经验的操作工可以根据熔池面的搅动情况，喷溅物的状况判断炉渣是否过氧化，若出现了过氧化的状况，可以通过临时加煤的办法处理。

C　熔炼渣贫化

虽然侧吹熔炼渣含Cu相对较低，但仍需要进一步回收，现大多采用炉渣缓冷、破碎、渣选矿的处理工艺，渣含Cu可降至0.25%，甚至更低。

7.1.5　余热回收

侧吹炉出口烟气温度一般在1200℃以上，为了冷却烟气并回收余热，应设置余热锅炉。余热锅炉炉墙均采用膜式水冷壁结构，由锅炉钢管和扁钢焊制而成，使锅炉具有良好的气密性。现余热锅炉大多采用强制循环，主要由上升烟道、下降烟道和水平烟道组成。

余热锅炉上升烟道、下降烟道和水平烟道前部为辐射室，烟气流过辐射室换热被冷却到700~750℃，辐射室中烟气流速较低，这有利于烟尘沉降。水平烟道后部为对流区，布置有凝渣管屏和若干组对流管束。凝渣管屏和对流管束均由锅炉钢管弯制，采用顺列布置，烟气通过对流区降温到约350℃后进入收尘系统。

余热锅炉产出的蒸汽可用于厂区动力、发电和其他系统（电解、冬季采暖等）供热。

7.1.6　烟气收尘

余热锅炉出口烟气需进一步经电收尘器净化后才能送制酸系统处理。收尘系统工作的好坏取决于烟气中单体硫是否烧尽，如烟气中含有单质硫，会使烟尘在高温下软化并黏结；另若烟气中含有一定量的CO，也存在爆炸的隐患。因此必须要在侧吹炉内鼓入二次风将单质硫和CO完全燃烧。

目前电收尘器经过多年经验的积累和改进，其收尘效率已达到99%，且漏风率小于5%，气流分布均匀。侧吹炉烟气用电收尘器现多采用双通道形式。

7.1.7 烟气制酸

熔炼烟气经过余热回收、降温、收尘后送制酸。吸收国内铜冶炼厂硫酸多年的生产实践经验，现有制酸系统大多采用的流程为：净化采用绝热蒸发、稀酸洗涤流程；转化采用"3+1"两次转化，Ⅲ、Ⅰ—Ⅳ、Ⅱ换热流程；干吸采用一级干燥、两级吸收、泵后冷却、泵后串酸流程。

具体工艺流程为：一级高效洗涤器—气体冷却塔—二级高效洗涤器—一级电除雾器—二级电除雾器—干燥塔—二氧化硫风机——次转化—一吸塔—二次转化—二吸塔—尾气脱硫—除尘—尾气烟囱。

7.2 富氧侧吹熔炼过程作业

7.2.1 配料与上料

侧吹炉熔炼需要加入炉内的物料主要包括铜精矿、渣精矿、石英石、焦炭（或无烟煤）、返料及烟尘等，为了保证熔炼过程的稳定正常进行，各种物料必须经精细配料后方可加入炉内。

配料作业视情况在精矿仓或配料厂房或炉前进行。铜精矿、渣精矿、石英石、焦炭（或无烟煤）、返料等通过抓斗桥式起重机给料到各自的配料仓，后通过定量给料机进行仓式配料，烟尘可通过称重螺旋给料机定量配料。

完成配料作业的混合炉料可以通过胶带输送机直接送至炉前皮带加入炉内，也可以在炉前设置料仓，经定量给料机计量后再由炉前皮带加入炉内。

侧吹炉前应设置应急煤仓和硫黄仓，并设置定量给料机，当生产中出现泡沫渣事故时，可通过改变渣型或还原 Fe_3O_4 快速做出应对措施。

7.2.2 供风与供氧

侧吹炉送风系统主要包括一次风和二次风。

7.2.2.1 一次风

一次风是通过位于炉体两侧的一次风口鼓入的，与熔池直接参与反应的工艺风，其压力（炉前）为 110~130kPa，一般为富氧空气，由空气和工业氧气混合而成，富氧浓度一般为 60%~85%。空气由鼓风机供给，工业氧气由制氧站供给。

炉体两侧的风口数量较多，正常生产时开风的风口约占总数的 40%~70%，当需要更换送风风口时，进行"栓风眼""打风眼"操作即可，生产灵活，作业率高。"对开"风口操作时，熔池搅动强烈，宜在渣液面高时采用；"错开"喷枪操作时，熔池搅动放缓，可在渣液面下降时采用。

另外，送风系统应当设置事故用风，当出现突然断电等事故时，保证 60~150s 的送风，操作工在此期间完成"栓风眼"作业，不致熔体倒流堵死风口。

7.2.2.2 二次风

二次风的主要作用是将熔炼过程产出的单质硫和 CO 在炉体内完全燃烧，以避免其对后续系统的影响。

二次风压力控制在 10~30kPa 即可，可以从布置在炉墙上端的侧部二次风口鼓入，也可以从布置在炉顶出烟口内侧的二次风口鼓入；后者的主要优势是单体硫和 CO 的燃烧更充分，同时在出烟口前形成一道"风幕"，降低烟尘率。

为了保证单质硫和 CO 的充分燃烧，并降低出烟口的烟尘黏结，二次风设计时可以考虑富氧空气。二次风的来源较为灵活，可以直接鼓风，也可以将部分环集烟气作为二次风，既满足二次燃烧的要求，又减小了环集烟气脱硫系统的压力。

7.2.3 铜锍与炉渣的排放

富氧侧吹熔炼的生产过程应保持一定的铜锍面和渣面，侧吹炉通过位于炉体端部的虹吸池排放铜锍和炉渣，铜锍面和渣面通过虹吸池的溢流堰高度来控制。铜锍和炉渣的溢流堰设置（尤其注意两者高差）应充分考虑各种极端情况，保证生产顺利进行。

7.2.3.1 铜锍的排放

铜锍虹吸池设置在侧吹炉端部，通过隔墙与熔池隔开，熔炼产出的铜锍通过隔墙下部的通道流入虹吸池，通过熔池内铜锍和熔炼渣的压力使铜锍虹吸连续排放。

铜锍虹吸池是整个侧吹炉热量最小，热量传输最弱的区域，易出现熔体冻结的现象，因此在生产中需注意以下几点：

（1）铜锍温度应不低于 1200℃，若吹炼为连续吹炼工艺，则宜控制在 1230℃以上；

（2）铜锍虹吸池必须设置保温手段（燃烧器等）；

（3）铜锍流槽须做好密封和保温工作；

（4）开炉期间尤其要注意提温，防止粘死堵塞；

（5）探讨减少铜锍虹吸池面积，甚至取消的可能性；

（6）虹吸池设置备用口或铜锍流槽设分支，以备后续系统故障时不影响侧吹炉的正常生产；

（7）铜锍流槽长度尽可能缩短，减少流槽清理工作量。

7.2.3.2 炉渣的排放

渣虹吸池设置在侧吹炉端部（与铜锍虹吸池两端或同一端布置），通过隔墙与熔池隔开，熔炼渣通过隔墙下部流入虹吸池后溢流连续排放。

侧吹熔炼过程较易出现泡沫渣现象，渣虹吸池面积大，不产生热量，其在生产中应注意以下几点：

（1）炉渣温度应不低于 1250℃，为保证铜锍温度可控制在 1300℃左右；

（2）渣虹吸池须设置保温手段（燃烧器或电极等）；

（3）渣流槽采用铜水套结构，长度尽量减短，从而减少流槽清理工作量；

（4）开炉期间或生产过程中操作不当时可能会产生黏渣，可以考虑在渣虹吸池设置事故口；

（5）熔炼渣是连续溢流排出，现在接渣作业大多采用渣包为间断作业，可以考虑设置转动流槽以保证炉渣连续排放，并减轻操作工劳动强度。

7.2.4　车间环境控制

侧吹熔炼处理物料种类较多，粒度一般很细，运输中转环节多，扬尘点多，需设置通风除尘进行处理。侧吹炉周围各作业区域会有烟气逸出，应设置环境集烟系统，并对环集烟气进行脱硫处理。

7.2.4.1　通风除尘设施

扬尘点的位置大多位于物料倒运处，一般需在胶带输送机等相关设备落料点处设置烟罩，每点风量 $2000 \sim 4000 m^3/h$，需要对设备进行整体密闭的，封闭罩较大，风量可取 $15000 \sim 25000 m^3/h$，视实际情况确定。

除尘烟气经除尘器净化达标后排空，收下的烟尘可返回上料皮带直接入炉。

7.2.4.2　环境集烟

侧吹炉周围环境集烟的设置主要集中在渣放出口及其接收处、铜锍放出口及其接收处，集烟罩应根据具体配置合理设置，在保证烟罩和管道不与厂房内其他设施碰撞的前提下，既保证烟气不会逸出，又尽量减少环保烟气量（$15000 \sim 25000 m^3/h$，或者更少）。渣排放区域环集烟气 SO_2 浓度 $500 \sim 1500 mg/m^3$，可与厂房内其他环集烟气（吹炼、精炼环集烟气）一并送脱硫处理达标后排空，铜锍排放区域环集烟气 SO_2 浓度 $1000 \sim 3000 mg/m^3$，可作为二次风补入侧吹炉或者送脱硫。

7.3　富氧侧吹熔炼过程控制

富氧侧吹熔炼工艺需要对生产过程进行全面的检测及控制，以实现生产的稳定运行，并降低劳动强度，在现代化冶炼厂中自动控制系统的稳定性和先进性越来越重要。

本小节主要从参数检测和工艺参数控制方面进行阐述。

7.3.1　参数检测

对于生产过程中的一般工艺参数进行检测，以便于生产操作及管理；对于生产过程中的重要工艺参数设置必要的自动调节系统实现自动控制；对于可能引起生产事故或人身伤害的工艺参数，将其限定在安全的范围内并设置越限报警，确保生产安全。

7.3.1.1　检测范围

富氧侧吹熔炼工艺需要检测的区域主要包括以下系统：

（1）火法冶炼系统：侧吹熔炼主体、精矿仓（含配料）、鼓风机及空压机房。

（2）侧吹余热锅炉系统：余热锅炉本体、化学水处理。

（3）烟气收尘：主要包括电收尘器、风机和电动阀门等。

（4）烟气制酸：净化、干吸、转化、SO_2 风机。

（5）制氧站。

完整的侧吹炉熔炼工艺还包括循环水系统、余热发电站、渣选矿系统等辅助系统，在此不进行阐述。

7.3.1.2　检测内容

A　火法冶炼系统

火法冶炼系统主要包括侧吹熔炼主体、精矿仓（含配料）、鼓风机及空压机房，主要的检测及调节回路如下：

（1）侧吹熔炼主体：富氧侧吹熔炼的核心。

1）一次风系统富氧空气总管温度、压力、流量检测及控制；

2）一次风系统工业氧气支管和压缩空气支管温度、压力、流量检测及控制；

3）二次风系统富氧空气总管温度、压力、流量检测及控制；

4）二次风系统工业氧气支管和压缩空气支管温度、压力、流量检测及控制；

5）炉体温度、压力检测（多个检测点）；

6）熔炼渣、铜锍温度检测；

7）余热锅炉入口烟气温度、压力检测；

8）开炉及保温系统中各烧嘴燃料及助燃风流量检测及控制；

9）应急料仓的料位检测、报警，以及应急煤的自动配料；

10）炉体冷却水总管及支管流量、温度、压力检测，并设相应报警。

（2）精矿仓（含配料）：为侧吹炉完成物料储存和配料、上料工作。

1）铜精矿、渣精矿、吹炼渣、精炼渣、石英石、焦炭（或无烟煤）、返料料仓的料位检测及报警；

2）配料区域设置自动配料系统，分别实现铜精矿、渣精矿、吹炼渣、精炼渣、石英石、焦炭（或无烟煤）、返料、烟尘等物料的自动配料。

（3）鼓风机及空压机房：为侧吹熔炼一次风提供空气，为全厂提供压缩空气和仪表用风。

1）鼓风机及空压机出口空气流量、压力检测及流量调节；

2）鼓风机及空压机的休风系统也设在本车间内，与熔炼主厂房内的供风系统连锁。

B　侧吹余热锅炉系统

侧吹余热锅炉系统主体是余热锅炉本体，主要检测及调节回路如下：

（1）余热锅炉进口、上升烟道顶部、出口烟气温度检测；

（2）锅炉出口烟气压力检测；

（3）锅炉给水流量检测；

（4）锅炉给水总管的温度、压力检测；

（5）循环泵出口循环水总管温度、流量检测；

（6）循环泵出入口总管压力检测；

（7）循环泵入口管过滤器差压检测；

（8）锅筒压力、水位检测及控制；

（9）锅炉出口蒸汽流量检测；

（10）主蒸汽管道压力、超压放空检测及控制；

（11）加药泵出口压力检测。

C　烟气收尘

烟气收尘系统主要包括电收尘器、高温风机和阀门等，主要的检测及调节回路如下：

（1）电收尘器入口及出口烟气的温度、压力、流量及其含尘量的检测；

（2）高温风机出口烟气的温度、压力、流量及其含尘量的检测；

（3）高温风机出口烟气成分的检测，主要是 O_2、SO_2 和 CO；

（4）高温风机区域设置 SO_2 浓度探测器，并设报警器。

D　烟气制酸

制酸系统包括净化工段、干吸工段、转化工段、二氧化硫鼓风机房、酸库、制酸尾气脱硫、废酸处理工段、转化锅炉及硫酸综合楼。制酸系统相对成熟，检测及调节回路较多，在此不详细阐述。

E　制氧站

制氧站主要为全厂提供工业氧气和氮气，主要检测及调节回路如下：

（1）冷却水总管、空气总管、氧气总管、氮气总管流量检测；

（2）空压机、增压机、氧压机、预冷系统冷却水流量检测；

（3）冷却水总管、压缩空气总管、空气总管、氧气总管、氮气总管压力检测；

（4）充瓶间设置环境中氧气浓度检测。

7.3.2　富氧侧吹熔炼工艺的参数控制

7.3.2.1　主要控制参数

富氧侧吹熔炼过程主要控制 4 个工艺参数（目标参数），即铜锍品位、炉渣 Fe/SiO_2 比值（渣型）、炉温和熔体液面，其他参数为次要因素。各主要控制参数详见表 7-1。

表 7-1　富氧侧吹熔炼工艺的主要控制参数

参　　数		参考值
铜锍品位（Cu）/%		50~75
炉渣 Fe/SiO_2 比值		1.2~2.0
炉温/℃	铜锍	1180~1260
	炉渣	1250~1350
熔体液面/mm	铜锍面高度	600~900
	渣层高度	1700~2300

7.3.2.2　铜锍品位的控制

富氧侧吹熔炼产出的铜锍品位范围广（50%~75%），各厂可根据吹炼工艺的需求等因素确定。铜锍品位是富氧侧吹熔炼生产过程控制的中心，主要通过调整工艺风（一次风）氧量来实现。

A　工艺风计算

工艺风，也称"一次风"，一般为富氧空气，通过位于侧吹炉两侧的喷枪送入炉内，直接与熔体接触并发生反应。工艺风的控制是富氧侧吹熔炼工艺的关键环节。

（1）工艺风量计算。工艺风量氧平衡表达式为：

工艺风量×富氧浓度×氧利用系数=加入精矿量×精矿需氧量+燃料量×燃料需氧量+

铜锍（炉内熔体）品位变化的需氧量

精矿需氧量是指在特定铜锍品位要求下，精矿氧化需要的氧气量。生产实际中，主要计算铁和硫元素的耗氧量，没有考虑铅、锌和镍等杂质的氧化，且假设炉料中的铜全部转变为铜锍，烟尘量和其他损失也未计入，虽然这样的简化不够准确，但对从宏观上控制一个大的工业熔炼炉的需要而言，其精度已足够了。

富氧侧吹熔炼过程中一般会加入焦炭等燃料，既起到维持热平衡的作用，又起到还原渣中 Fe_3O_4 的作用。燃料耗氧量可根据其发挥作用的不同分别计算求和。

实际生产过程中，当铜锍品位调整的时候，除了计算上述两部分耗氧量外，还需考虑炉内现存铜锍所需的耗氧量。简单来说，当铜锍品位提高时，现存铜锍需要补充氧气（可通过减少投料量的方式实现）；当铜锍品位降低时，现有铜锍需要"释放"氧气（可通过增大投料量的方式实现）。

（2）工艺风富氧浓度计算。为提高熔炼强度，侧吹熔炼多采用高富氧浓度操作。工艺风富氧浓度的计算一般由热平衡计算得出，可达85%。

B　铜锍品位

实际的富氧侧吹熔炼过程，影响因素繁多，经常出现实际分析的铜锍品位和设定标准值之间产生偏差的现象，此时应根据实际情况进行有针对性的控制。

一般情况下，应保持风量、燃料量和熔剂量等参数的稳定，仅调节精矿的加料速度（必要时适当改变各种物料配比）来控制铜锍品位（"定氧调料"）。只有在比较特殊的情况下，才采用多因素同时调整的方法。

当实际铜锍品位偏高时，说明实际鼓入氧气量偏多，可提高精矿加入速度（即提高精矿加入量）校正；当实际铜锍品位偏低时，说明实际鼓入氧气量偏少，可降低精矿加入速度（即减少精矿加入量）校正。具体校正操作，可先根据实际偏差进行理论计算，后根据经验判断，最终确定方案。随着在线智能控制系统的发展，该工作完全可由计算机实现，且更加快速、准确。

7.3.2.3　炉渣渣型的控制

炉渣渣型的控制即为 Fe/SiO_2 比值的控制，主要通过调整熔剂（一般为石英石）的加入量来实现。

侧吹熔炼渣中 Fe/SiO_2 比值范围较广（1.2~2.0），各厂可根据实际情况确定。需要注意的是，Fe/SiO_2 比越低，即渣中 SiO_2 越高，渣中 Fe_3O_4 发生率越低，生产越安全，但需配入的熔剂量多，能耗大；Fe/SiO_2 比越高，即渣中 SiO_2 越低，渣中 Fe_3O_4 发生率越高，生产过程中更易出现泡沫渣现象，需实时关注炉内变化，但其配入的熔剂量少，能耗小。

需要说明的是，精矿中含有部分 SiO_2，石英石中一般也含铁，熔剂的加入量需先进行理论物料计算，计算出熔剂需要量，然后针对实际渣型的偏差再进行相应调整。

7.3.2.4　炉温的控制

反应炉炉温是侧吹熔炼生产控制的最重要参数之一。炉温过高，炉缸耐火材料本身的强度下降，熔体对炉衬的冲刷、腐蚀加重，并增加能耗；炉温过低，铜锍的过热度低，黏度增加，流动性差，流槽清理工作量大，操作十分困难，同样炉渣的排放也存在类似的问题。在保持操作稳定和铜锍、炉渣能顺利排放的情况下，侧吹炉炉渣温度可控制在 1250~1350℃，铜锍温度可控制在 1180~1260℃。

炉渣和铜锍温度可通过安装在放出口附近的红外测温仪实时监测，并直接传送到 DCS 系统。生产过程中，应定期用快速热电偶进行校正，防止偏差。

采取如下的措施调控炉温：冷料率随炉温升高而增加，反之则减少；高硫精矿比例随炉温升高而减少，反之则增加；燃料加入量随炉温升高而减少，反之则增加，同时调整氧量；富氧浓度随炉温升高而降低，反之则增加。这些措施中，以调节冷料量最为简单、快捷、有效，后几种调控牵扯的控制因素较多，应尽量少用。在调节顺序上，因各厂的操作经验不尽相同而不同。

7.3.2.5　熔体液面的控制

侧吹炉熔炼过程中，炉渣通过溢流的方式排放，铜锍通过虹吸的方式排放，可实现连续加料，连续排放，炉内各液面保持稳定。

铜锍层高度一般控制在 600~900mm。低锍面（铜锍层高度不低于 600mm）主要是为了防止炉渣进入铜锍虹吸井；高锍面（铜锍层高度不高于 900mm）可以防止铜锍与铜水套接触造成侵蚀，避免跑铜。渣层高度一般控制在 1700~2300mm，渣层高度过低易造成氧利用率低，过高熔池搅动受限，影响反应强度。

液面高度需要定时或根据实际需求由人工用钢钎插入测量，测量位置可以在渣虹吸井或炉顶进料口处。

7.4　富氧侧吹熔炼工艺的物料平衡与热平衡

熔炼工艺的物料平衡和热平衡是设计的基础，也是指导生产的基础。

7.4.1　物料平衡

富氧侧吹熔炼的冶金计算与其他熔炼工艺的冶金计算一样，有两种方式：一种是将冶金计算过程演变为数学模型，再编制出程序，输入计算机中完成十分繁杂的计算任务，该方法的特点是一旦程序确定，计算便十分快捷，适合用在工程设计和生产过程控制上；另一种是根据冶金原理和国内外生产厂家实践资料归纳、整理，逐一计算，该方法的特点是工艺性强，针对特定条件，计算相对要准确些，便于过程分析，但计算工作浩繁。

7.4.1.1　混合铜精矿成分分析

我国铜冶炼企业精矿自给率低，大多需要外购，根据库存或按合同即将进厂的铜精矿，计算出将要处理的混合铜精矿化学成分，表 7-2 为某厂典型铜精矿成分。

表 7-2　某厂典型混合铜精矿成分　　　　　　　　（%）

元素	Cu	Fe	S	Zn	Pb	As	SiO$_2$	CaO
含量	24.0	29.0	30.0	1.3	1.0	0.3	10.5	1.6

混合铜精矿的物相组成，是根据各种精矿的矿物组成来计算的。一般情况下，只根据单一的精矿中铜和铁的矿物组成特点来编制出铜精矿的物相组成，因此也称做铜精矿的合理组成。某厂典型混合铜精矿的合理组成见表7-3。

表 7-3　某厂典型混合铜精矿的合理组成　　　　　　　　（%）

组分	Cu	Fe	S	Zn	Pb	As	SiO$_2$	CaO	其他	合计
CuFeS$_2$	24.0	21.1	24.2							69.3
Cu$_2$S	0.0		0.0							0.0
FeS$_2$		0.4	0.5							0.9
FeS		7.5	4.3							11.8
ZnS			0.6	1.3						1.9
PbS			0.2		1.0					1.2
As$_2$S$_3$			0.2			0.3				0.5
SiO$_2$							10.5			10.5
CaO								1.6	1.3	2.9
其他									1.0	1.0
合计	24.0	29.0	30.0	1.3	1.0	0.3	10.5	1.6	2.3	100.0

7.4.1.2　配料加入

加入侧吹炉的混合炉料，除了主要的铜精矿外，还有熔剂、燃料、各种返料等。

（1）熔剂。侧吹炉造渣过程中用的主要熔剂为石英石，各厂可根据周边供应情况采购，石英石含 SiO$_2$ 应不小于85%。

（2）燃料。侧吹熔炼生产过程中加入的燃料可以使用焦炭、粒煤、无烟煤等，需要注意的是，使用无烟煤时应尽量控制其挥发分的含量不高于12%。上述固体燃料既起到补热的作用，又起到还原渣中 Fe$_3$O$_4$ 的作用。侧吹炉开炉、保温过程中可以使用柴油、重油、煤焦油、天然气等常见燃料。

（3）渣精矿。采用渣选矿贫化熔炼渣的企业会产出渣精矿，渣精矿可以用汽车运至精矿仓配料，也可以将压滤机布置在精矿仓，浆液用泵输送至精矿仓后再进行压滤作业。

（4）烟尘。侧吹熔炼过程的烟尘率小于2.5%，余热锅炉和电收尘器前端电场收下的烟尘含铜等有价金属含量高，需返回侧吹炉以提高回收率。电收尘器末端电场收下的烟尘一般含铅、锌、砷等较高，一般单独处理，或送有资质的企业处理。

（5）冷料。熔炼生产过程中产生的含铜冷料，包括包子壳、流槽壳、吹炼渣、精炼渣等，经冷却破碎后参与配料。冷料的加入对于提高系统的回收率，以及调整炉温炉况都有直接、明显的作用。

7.4.1.3　产出

侧吹熔炼的产出物主要是铜锍、熔炼渣、烟气及烟尘。铜锍是熔炼过程的目标产物，也是控制的重点。熔炼渣型的控制是维持炉况的核心，渣含铜也是工艺的重要指标。烟气及烟尘是后续余热锅炉、收尘系统和制酸系统的基础。

7.4.1.4　物料平衡表

某厂物料平衡（计算）详见表7-4。

表 7-4　某厂物料平衡表（计算）

名称	物料量/t·d⁻¹	Cu /%	Cu /(t·d)	Fe /%	Fe /(t·d)	S /%	S /(t·d)	Zn /%	Zn /(t·d)	Pb /%	Pb /(t·d)	As /%	As /(t·d)	SiO₂ /%	SiO₂ /(t·d)	CaO /%	CaO /(t·d)
加入																	
铜精矿	2727.27	24.00	654.55	29.00	790.91	30.00	818.18	1.30	35.45	1.00	27.27	0.30	8.18	10.50	286.36	2.10	57.27
渣精矿	147.87	22.00	32.53	30.00	44.36	6.46	9.55	0.18	0.27	0.34	0.51	0.02	0.03	15.44	22.83		
吹炼渣	136.71	14.00	19.14	36.94	50.50	0.03	0.05	4.12	5.63	5.28	7.21	0.05	0.06	0.40	0.55	14.78	20.20
石英石	267.35			0.48	1.28									91.50	244.63		
熔炼返尘	36.06	16.52	5.96	19.33	6.97	7.33	2.64	4.33	1.56	11.06	3.99	1.69	0.61	8.12	2.93	1.93	0.70
吹炼返尘	12.16	24.06	2.93	17.48	2.13	7.97	0.97	2.34	0.28	9.73	1.18	0.57	0.07	0.27	0.03	9.06	1.10
精炼渣	4.35	35.00	1.52	0.18	0.01			3.59	0.16	16.32	0.71	1.33	0.06				
黑铜粉	1.03	50.00	0.52			0.97	0.43					6.75	0.07				
块煤	44.47			0.83	0.37									4.52	2.01	0.67	0.30
加入小计			717.14		896.53		831.82		43.35		40.87		9.09		559.34		79.57
产出																	
铜锍	957.27	70.00	670.09	5.57	53.36	21.02	201.21	0.67	6.43	1.27	12.16	0.09	0.84				
熔炼渣	1937.11	1.90	36.81	43.06	834.16	0.54	10.47	1.68	32.55	0.64	12.30	0.10	1.88	28.71	556.10	4.06	78.73
熔炼 WHB 返尘	23.25	19.85	4.61	22.49	5.23	6.47	1.50	3.73	0.87	7.03	1.63	1.37	0.32	9.72	2.26	2.15	0.50
熔炼 ESP 返尘	12.81	10.47	1.34	13.61	1.74	8.90	1.14	5.42	0.69	18.38	2.35	2.29	0.29	5.22	0.67	1.53	0.20
熔炼 ESP 开路尘	31.02	2.93	0.91	5.49	1.70	9.68	3.00	8.83	2.74	39.37	12.21	3.73	1.16	0.94	0.29	0.43	0.13
制酸烟气	2893.61		0.02		0.03	21.18	612.74		0.03	0.01	0.15	0.16	4.60		0.01		
环保烟气	1.44					50.05	0.72										
熔炼冷料	2.89	70.00	2.02	5.57	0.16	21.02	0.61	0.67	0.02	1.27	0.04	0.09					
有组织排放			0.03		0.03		0.03										
无组织排放			1.31		0.10		0.39		0.01		0.02				0.01		
产出小计			717.14		896.53		831.82		43.35		40.87		9.09		559.34		79.57

7.4.2　热平衡

侧吹熔炼过程中主要的热源为精矿中铁和硫的氧化放热、造渣热和燃料燃烧产生的热量；热支出主要是各产出物（铜锍、炉渣、烟气及烟尘）的显热，此外，侧吹炉铜水套用量大，冷却水带走的热量也稍多。

某厂侧吹炉热平衡（计算，基于25℃）详见表7-5。

表7-5　某厂侧吹炉热平衡表

热收入				热支出			
序号	名称	热值/MJ·h^{-1}	占比/%	序号	名称	热值/MJ·h^{-1}	占比/%
1	投入物显热	73	0.02	1	铜锍显热	32870	8.94
2	化学反应热	367788	99.98	2	炉渣显热	122840	33.39
				3	烟气/烟尘显热	156501	42.54
				4	炉体散热	55650	15.13
总计		367861	100	总计		367861	100

注：表中精矿的分解热、铁和硫的氧化放热、造渣热、燃料燃烧热等所有涉及化学反应的热量均统计为化学反应热。

7.5　富氧侧吹熔炼工艺的应用及其主要生产技术指标

7.5.1　富氧侧吹熔炼工艺的应用

近十年来，富氧侧吹熔炼工艺在中国得到了迅速的推广和应用，目前已经投产和在建项目详见表7-6。

表7-6　中国采用富氧侧吹工艺处理硫化矿企业概况

序号	企业简称	工艺	年产规模/万吨	状态
1	烟台国润铜业有限公司	侧吹熔炼+多枪顶吹吹炼	10	已投产
2	烟台国兴铜业有限公司	侧吹熔炼+多枪顶吹吹炼	18	在建
3	赤峰云铜有色金属有限公司	侧吹熔炼+侧吹熔炼+多枪顶吹吹炼	15	已投产
4	赤峰云铜有色金属有限公司（搬迁）	侧吹熔炼+多枪顶吹吹炼	40	在建
5	黑龙江紫金铜业有限公司	侧吹熔炼+底吹熔炼	10	在建
6	浙江富冶和鼎铜业有限公司	侧吹熔炼+PS转炉吹炼	25	已投产
7	广西南国铜业有限公司	侧吹熔炼+多枪顶吹吹炼	30	已投产
8	赤峰金剑铜业（搬迁）	侧吹熔炼+PS转炉吹炼	26（一期）+14（二期）	在建
9	赤峰富邦铜业有限责任公司	侧吹熔炼+PS转炉吹炼	约6	已投产
10	池州冠华黄金冶炼有限公司	侧吹熔炼+PS转炉吹炼	10	已投产
11	新疆吐鲁番	侧吹熔炼	10	已投产
12	新疆喀拉通克铜镍矿（镍）	侧吹熔炼+PS转炉吹炼	8	已投产
13	山东恒邦冶炼股份有限公司	侧吹熔炼+PS转炉吹炼	10	已投产

7.5.2　富氧侧吹熔炼工艺的主要生产技术指标

富氧侧吹熔炼工艺的主要生产技术指标详见表 7-7。

表 7-7　富氧侧吹熔炼工艺主要生产技术指标

序号	名称	某厂设计值	范围	备注
1	混合铜精矿/t·h^{-1}	114		
2	石英石/t·h^{-1}	11.1		
3	焦炭/块煤（率)/%	2.0	1.5~5.0	相对铜精矿
4	冷料/t·h^{-1}	6.0		
5	工艺风量/m^3·h^{-1}	38000		
	富氧浓度/%	65	60~85	
6	铜锍品位/%	70	50~75	
7	炉渣 Fe/SiO$_2$	1.5	1.0~2.0	
	炉渣含铜/%	1.5	0.4~2.5	与铜锍品位相关
8	烟气量/m^3·h^{-1}	68000		
	烟气 SO$_2$ 浓度/%	26.5		
9	侧吹炉规格/m^2	42		

8 侧吹浸没燃烧技术的应用展望

8.1 SSC 在工业电镀污泥以及协同处置电子垃圾无害化、资源化处置领域的应用展望

8.1.1 工业电镀污泥和电子垃圾概述

8.1.1.1 工业电镀污泥及其处理方法

A 工业电镀污泥的产生

随着时代的发展，我国经济一直持续高速增长，全球制造业与加工业的中心正在向我国转移，其中电镀产品和电子产品（见图 8-1~图 8-4）的加工在该过程中占有重要地位。

图 8-1 轮毂

图 8-2 镀件

图 8-3 电脑电路板

图 8-4 手机电路板

我国电镀加工基地主要集中在广东珠江三角洲地区（据不完全统计达 6000 多家）和浙江的温州地区（约 2300 多家）。全国总共现有 15000 余家电镀加工厂，5000 多条生产线和 2.5 亿~3 亿平方米电镀面积生产能力，行业职工总数超过 50 万人。电镀行业年产值约为 100 亿元人民币。33.8% 的电镀企业分布在机器制造工业，20.2% 在轻工业，5%~10% 在电子工业，其余主要分布在航空、航天及仪器仪表工业。我国电镀加工行业中涉及最广的是镀锌、镀铜、镀镍、镀铬，其中镀锌占 45%~50%，镀铜、镍、铬占 30%，氧化铝和阳极化膜占 15%，电子产品镀铅、锡、金约占 5%。

电镀行业中，少数合资企业或正规专业化企业拥有国际先进水平的设备和设施，但是大多数中小企业仍在使用许多过时的技术和设备，大量的生产线为半机械化半自动化控制，一些甚至为手工操作，因此电镀行业的污染状况严重。据估计，电镀行业每年排放大量的污染物，包括 4 亿吨含重金属废水（见图 8-5）、5 万吨固体废物和 3 千万立方米酸性气体。目前 70%~80% 的电镀厂建立了污染控制设施，然而大部分处理设施已经过期而不能正常运转（城市中只有 50% 的设施能运转，农村地区设施运转率更低，只有 25%）。而大多数乡镇电镀企业则几乎没有采取任何污染控制措施。电镀工业产生污染物中废水量大、成分复杂、重金属含量高、COD 高，因此电镀废水的处理成为电镀工业绿色循环可持续性发展的制约。

图 8-5　工业电镀废水

目前，国内工业电镀厂产生的废水基本为各种电镀废液和电解槽液，这部分废水一般采用化学法处理，加入各种氧化剂、还原剂、中和剂及絮凝剂等化学药品，将电镀废水中的各种重金属离子转化为相应的氢氧化物等不溶物并沉淀固化去除，得到固体废料即称为电镀污泥（见图 8-6）。电镀污泥是电镀行业废水处理的"终态物"。通过化学沉淀法产生的电镀污泥化学组分复杂，主要含有铬、铁、镍、铜、锌、铅等重金属氧化物、氢氧化物及不可溶性盐类。这类物质具有易积累、不稳定、易流失等特点，若不加以妥善处理，任意堆放，其直接后果是污泥中的铜、镍、锌、铬等这些重金属在雨水淋溶作用下，将沿着污泥→土壤→农作物→人体的路径迁移，并可能引起地表水、土壤、地下水的次生污染。若是长期生活在这种环境，就相当于慢性毒药一般，危及生物链，将引起严重的环境污染，所以电镀污泥的处理也越来越受到重视。

图 8-6　工业电镀污泥

虽然电镀污泥本身含有有害物质，但对其采用适当方式处理后，原来的有害物质将转化为有用物质，仍然可以继续利用，变废为宝。

B　工业电镀污泥的处理方法

由于各电镀厂家的生产工艺及处理工艺不同，电镀企业在初步处理电镀废液和电解槽液等电镀废水时会添加不同种类的化学药剂，如处理含氰废水（主要为氰化镀铜、镀镉、镀银、镀合金等）需投加氧化剂，可选用次氯酸钠、漂白粉、漂白精、液氯等；处理含铬废水投加还原剂，可选用亚硫酸氢钠、水合肼、硫酸亚铁等；处理镀锌（碱性锌酸盐镀锌）废水可投加混凝剂；处理酸、碱废水投加中和药剂等，使电镀废水中的重金属离子发生化学反应生成不溶物，然后用沉淀、气浮、过滤等固液分离措施将金属氧化物、氢氧化物等不溶物从废水中分离出来，使废水得到净化达到排放标准。但是产生的不溶物统称为电镀污泥，其不可降解，也无热值，具有易积累、不稳定、易流失等特点。

在我国《国家危险废物名录》（2016 年 8 月 1 日实施）所列出的 50 类危险废物中，电镀污泥占了其中七大类，分别为 HW17、HW21、HW22、HW23、HW26、HW33、HW46。一般新处理产生的电镀污泥含水率很高，达到 75% ~ 80%，而铬、铁、镍、铜及锌的含量一般在 0.5% ~ 3%（以氧化物计），石膏（硫酸钙）含量为 8% ~ 10%，其他水溶性盐类及杂质含量为 5% 左右。若不加以妥善贮存、处置，其后果是各类有害重金属通过雨水淋溶作用、污泥水分挥发粉状扬散至大气等造成生物重金属富集以及引起地表水、土壤、地下水污染，严重破坏环境。

电镀污泥分为两大类：分质污泥和混合污泥。分质污泥是指将电镀废水分别处理而形成的污泥；混合污泥是指将不同种类的电镀废水混合在一起进行处理而形成的污泥。无论哪种形式的电镀污泥都以实现综合利用价值与资源回收为目的，通常采取以下处理方式：

（1）固化方法。水泥固化法是通过水泥固化废水中的重金属离子，重金属离子被固定在其晶格之中，从而达到防治污染的目的。这种方法具有工艺简单、成本低、原材料易得等特点。螯合固化是采用螯合剂螯合主要污染重金属，使得废水的pH值达到掩埋标准范围。螯合后的产物稳定，在环境pH值改变的情况下，也能长期稳定存在，大大降低了二次污染的潜在威胁。因此经过稳定固化处理后的含有重金属电镀污泥最终可送到危险废弃物填埋场进行填埋。

（2）制砖工艺。由于电镀污泥做砖的危害性仍不确定，大部分电镀重金属污泥处置的砖瓦厂均被叫停。

（3）火法工艺。火法回收是一种比较传统的方法。电镀污泥在火法熔炼前要经过烘干、富集等预处理，有时会添加含有目标金属的精矿以及其他原料以增加污泥中的金属含量，提高熔炼效率。熔炼以铜为主的污泥时需控制炉温在1300℃以上，熔出的金属称为"黑铜"（含有金属铜、铅、锌、镍、铁等杂质以及部分金属硫化物）；熔炼以镍为主的污泥时控制炉温在1455℃以上，熔出金属称为"粗镍"，当含有硫化物时则会形成"冰镍"。熔炼的炉渣可以进行安全填埋或用来生产水泥。熔炼过程中产生的烟气夹带有重金属和二氧化硫，需进行处理达标后排放。

（4）湿法工艺。采用湿法处理电镀污泥时，通常先将污泥进行浸出，将污泥中的金属化合物转变成金属离子或者络合离子，最终以金属单质或者金属盐的形式回收。湿法回收重金属的最关键步骤是对电镀污泥中的重金属进行选择性溶出，这也是决定金属回收率及其回收效益的关键所在。一般根据电镀污泥的成分和性质不同，污泥的浸出分为酸浸和氨浸两种工艺。

8.1.1.2　电子垃圾及其处理方法

A　电子垃圾的产生

随着中国经济的飞速发展，高速的信息化建设使得人们越来越多地使用各类电子产品，并且随着各类电子产品朝着小型化、集成化、复杂化、轻量化、多功能、高可靠的方向发展，电子产品更新换代的速度也越来越快。被淘汰的电子产品无法直接回收再次利用，因而产生了电子废弃物即电子垃圾，如图8-7所示。

电子废弃物种类繁多，大致可分为两类：一类是所含材料比较简单，对环境危害较轻的废旧电子产品，如电冰箱、洗衣机、空调机等家用电器以及医疗、科研电器等，这类产品的拆解和处理相对比较简单；另一类是所含材料比较复杂，对环境危害比较大的废旧电子产品，如电脑、电视机、手机等，这类电子产品中的显像管含铅，电子元件中含砷、汞和其他有害物质，原材料含砷、镉、铅以及其他生物累积性的有毒物质等。

近年来，联合国曾针对180个国家和地区进行电子垃圾持有量的调查，调查结果显示中国坐拥1000万吨电子垃圾，位居全球电子垃圾拥有量国家中前三名。例如，全球每年销售超过12亿部手机，而中国手机销售量则超过4亿部。到2020年，预计中国将产生1

图 8-7　电子垃圾

亿吨电子垃圾，小到手机、电脑电池，大到电视、空调等所有应用电子产品领域的淘汰废旧电子产品。并且据公开资料显示，中国每年电子产品报废量还在以每年 5%～10% 的速度增长。

电子垃圾大部分为被淘汰的家用电器、电脑、手机等，这些垃圾中含有大量有害有毒的物质，如电路板上的铅和镉，显示器中阴极射线管中的氧化铅和镉，纯平型显示器中的汞，电脑电池中的镉，电容和转换器中的多氯联苯（PCBs），电路板中的溴化阻燃物，还有基板的 PVC 塑料。这些有害有毒物质对人体以及环境都有着不同程度的伤害和污染。无机汞在微生物的作用下会转变为甲基汞，通过食物链的富集进入人体严重破坏神经系统，重者会引起死亡。铅会破坏人的神经、血液系统以及肾脏，影响幼儿大脑的发育。铬化合物（特别是六价铬）会破坏人体的 DNA，引致哮喘等疾病。因此，低水平的直接填埋电子垃圾，会导致其中的重金属渗入土壤，并进入河流和地下水，将会对当地土壤和地下水造成污染，直接或间接地对当地的居民及其他生物造成伤害。而不适当的焚烧使得电子垃圾中的多氯联苯（PCBs）、溴化阻燃物和 PVC 塑料在燃烧过程中释放出大量的有害气体，如剧毒的二噁英、呋喃、多氯联苯类等致癌物质，对自然环境和人体造成危害，如图 8-8 所示。

虽然电子垃圾含有很多有害物质，但是电子垃圾中所蕴含的金属，如铜、锡、铝、镍、铅、铬等贱金属，金、银、铂、钯等贵金属以及稀有金属，特别是贵金属的品位是天然矿藏的几十倍甚至几百倍，有研究分析结果显示，1t 随意搜集的电子线路板中，可以分离出 143kg 铜、0.5kg 黄金、40.8kg 铁、29.5kg 铅、2.0kg 锡、18.1kg 镍、10.0kg 锑。因此处理电子垃圾的回收成本一般低于自然矿床，回收的价值引起众多投资者的关注，在电子产品高保有量、高报废量的背景下，科学地、环保地处置各类电子垃圾并将其资源化将成为很有发展前途的产业。我国电子垃圾的循环资源利用起步较晚，但是发展较快。循环

图 8-8　采用粗放式工艺处理电子垃圾的恶劣环境

资源利用需要依靠技术创新，规模化生产，使得经济效益、社会效益和环境效益协调统一。

B　电子垃圾的处理方法

电子垃圾含有大量重金属等污染物，其中重金属主要为铅、镉等，这些重金属等有害物质对人体以及环境都有着不同程度的损害和污染。虽然电子垃圾中含有大量的重金属等有害物质，同样也是因为电子垃圾中含有这些重金属，因此可从这些电子垃圾中回收塑料、铁、铝、铜等金属，从而进行二次利用。

截至 2015 年，获得环保部门技术资质认证的电子垃圾拆解处理企业已达 106 家，然而，因前期建设投入高、处理成本高，同时电子垃圾回收渠道有限、回收数量匮乏，导致无法开工生产，部分企业处于亏损的尴尬境地。而在暴利驱使下，拆解和提炼电子垃圾的地下产业迅速膨胀，电子垃圾加工小作坊遍地开花，而具有资质的正规企业"吃不饱"，众多处理生产线长期闲置。

废旧电路板是电子垃圾中成分最为复杂、体量最大、处理最困难的一类废弃产品。日常生活中能见到的电子设备几乎都有电路板，如计算器、电脑、通信电子设备、军用武器系统等，只要有集成电路等电子元器件，它们之间的电气连接就要用到电路板。废旧电路板主要来源于淘汰的电子产品、印刷电路板生产过程中产生的边角料和不合格品，是玻璃纤维强化树脂和多种金属的复合物。废旧电路板中金属含量约占 25%~35%，主要成分为铜，此外按线路板的不同，还含有锡、镍、铁等金属及贵金属。废旧电路板内有机物的主要成分为环氧树脂。

大部分的电子垃圾的归宿主要有以下两个途径：

（1）元器件拆解再利用。部分电子垃圾的元器件拆解后进入再利用市场，比如 Memory 等元器件被拆解后重新进入元器件二级市场，许多山寨机之所以便宜，是因为采用了二手的元器件。

（2）提炼重金属及贵金属。从电子垃圾中提炼重金属是回收的最终环节。该过程中由于塑料成分燃烧产生的二噁英是一种毒性极强的特殊有机化合物，主要包括多氯二苯对位二噁英（PCDDs）和多氯二苯并呋喃（PCDFs），由于氯原子取代的位置和数量不同，共有 210 种异构体，其复杂性及毒性，使得人们闻之色变。在处理电子垃圾过程中，二噁英的生成机理通常有以下两种：

1）电子垃圾的不完全燃烧。由于燃烧不充分生成不完全燃烧产物（PIC），而垃圾中所含的有机氯和部分无机氯将以 HCl 的形式释放，部分 HCl 会转化为 Cl 和 Cl_2，作为氯源又可以氯化 PIC。燃烧过程中，不完全燃烧产物的氧化反应和氯化反应是竞争反应，当氯化反应更易发生时，PIC 生成氯代的 PIC，然后通过聚合反应生成 PCDD/Fs。通常认为 PIC 主要包括脂肪族或烯烃、炔烃类化合物通过氯化生成氯苯，然后氯苯转化为多氯联苯，在燃烧区域内，反应生成 PCDFs，部分 PCDFs 通过进一步反应会生成 PCDDs。

2）燃烧后二噁英的再生成。燃烧后二噁英再生成通常有两种方式。第一种方式被称之为"从头合成"，即飞灰中的大分子碳（所谓的残碳）同有机或无机氯在低温下（250～350℃）经如 Cu、Fe 等过渡金属或其氧化物等具有催化性的成分催化生成 PCDD/Fs。第二种方式为"前驱物合成"，即在 200～500℃ 内，在 $CuCl_2$、$FeCl_3$ 等催化剂作用下，不完全燃烧和飞灰表面的非均相催化反应可形成如多氯联苯和氯酚等多种有机前驱物，再由这些前驱物生成 PCDD/Fs。

采用焚烧电子垃圾的工艺时，为控制二噁英的生成，通常采取以下手段：

1）优化燃烧过程。一般认为只要满足燃烧温度保持在 850℃ 以上，二次燃烧区形成充分湍流，在高温区停留时间大于 2s 这三个原则，就可以认为燃烧完全。一般而言，结构上满足三条原则，燃烧就会完全，相应地会从焚烧区减少不完全燃烧生成的二噁英前驱物和二噁英。

2）添加抑制剂。二噁英的抑制剂主要有三类：S 及含 S 化合物、氮化物、碱性化合物。在上述三类抑制剂中，一般认为 S 及含 S 化合物对二噁英的抑制能力要高于另两类化合物。硫抑制技术主要通过消耗气氛中的 Cl_2，与飞灰中金属催化剂反应降低催化剂活性，磺化酚类前驱物这三种途径来控制二噁英的生成。

3）烟气快速冷却。避免低温异相催化反应。

4）采用满足防止二噁英生成的 "3T"（即维持炉内高温（temperature）；延长气体在高温区的停留时间（time）；加强炉内气流湍动，促进空气与烟气的扩散、混合（turbulence））原则的反应容器。

因此，一般采用特定的反应容器在高温下处理电子垃圾，并同时添加硫化剂抑制二噁英的产生。

8.1.2　侧吹浸没燃烧熔炼技术无害化、资源化处置方法

含铜污泥处理的传统工艺为压块—鼓风炉还原熔炼的工艺。该工艺流程长，劳动强度大、自动化程度低、存在硫无法回收、环保差、能耗高、难处理等问题导致经济性环保性难以持续。无论从经济方面还是环保方面分析急需改进生产工艺。

随着侧吹浸没燃烧熔炼技术（SSC）的不断拓展应用和技术的成熟，结合该工艺具有的独特优势：环保好、能耗低、安全性好、自动化程度高、寿命长等特点。与其他技术相比具有明显的技术优势。因此，该种工艺在处理工业废料上应有更广泛的应用。

8.1.2.1　SSC 处理原理

A　氧化熔炼

预处理后的电子垃圾与硫化剂一起加入侧吹熔炼炉中处理。电子垃圾主要由金属、玻璃纤维、塑料等组成。电子垃圾中的固态金属和玻璃纤维在侧吹熔炼炉内 1250℃ 的热环境

下快速熔化，同时侧吹熔炼炉两侧的喷枪喷入燃料和富氧空气，其中燃料燃烧以及电子垃圾中的塑料成分燃烧产生的烟气为加入的物料提供熔化的热源，富氧空气与加入的硫化剂发生氧化反应。其中电子垃圾中的灰分和玻璃纤维以及硫化剂中的杂质与加入的熔剂发生造渣反应。由于密度的差别，熔融态金属、金属硫化物和熔炼渣下沉至炉缸后分层。

SSC 工艺氧化过程发生的主要反应如下：

$$Me(s) = Me(l)$$
$$2Me(l) + O_2 = 2MeO(l)$$
$$MeO + FeS = MeS + FeO$$
$$MeS(s) + O_2 = Me(l) + SO_2 \uparrow$$
$$2Fe + O_2 = 2FeO$$
$$6FeO + O_2 = 2Fe_3O_4$$
$$3Fe_3O_4 + MeS = 9FeO + MeO + SO_2 \uparrow$$
$$2C + O_2 = 2CO$$
$$C + O_2 = CO_2$$
$$2CO + O_2 = 2CO_2$$
$$CaO + SiO_2 = CaO \cdot SiO_2$$
$$MgO + SiO_2 = MgO \cdot SiO_2$$
$$2FeO + SiO_2 = 2FeO \cdot SiO_2$$
$$(Me: Cu、Pb、Zn、Ni、Cr、Cd)$$

侧吹浸没燃烧熔池熔炼技术（SSC）采用的喷枪高速向熔池渣层中喷入燃料和富氧空气，激烈搅动熔体中的渣层，并通过喷入熔体的燃料燃烧直接向熔体补热，如图 8-9 所示。

侧吹熔炼炉炉膛温度一般保持在 1200~1250℃，熔融状态的金属以及金属硫化物的混合物和熔炼渣因为不同的物料密度分层后定期分别从渣放出口和黑铜放出口排放进入下一个工序处理。SSC 侧吹熔炼炉产生的烟气经烟气降温净化系统处理。

侧吹熔炼炉炉膛温度远远高于垃圾焚烧行业要求的 850℃，因此在此温度范围内，电子垃圾中的塑料等有机物质被充分燃烧。同时在侧吹炉上部炉膛内补充进入的二次风的残留氧气以及烟气能充分搅拌混合增强湍流度；并且熔炼炉配置的余热锅炉一般上升段较高，能够延长气体在高温区的停留时间。另外添加金属硫化物后与喷枪送入的富氧空气反应生成 SO_2 气体进入气相，因此烟气中 SO_2 浓度较高，也能有效地抑制二噁英的生成，有利于环境保护。生成的 SO_2 主要是因为发生了以下反应：

$$Cl_2 + SO_2 + H_2O \rightleftharpoons 2HCl + SO_3$$

因此，当 SO_2 存在的情况下，将 Cl_2 转化为 HCl，减少了对二噁英的生成起作用的氯源 Cl_2，从而抑制了二噁英的生成。

烟气中二噁英的生成反应需要 CuO 等催化剂的催化作用。但当 SO_2 存在的情况下，将 CuO 转化为 $CuSO_4$，侧吹氧化熔炼过程中添加的煤，将 CuO 转化为 Cu，使得二噁英生成反应的催化剂 CuO 转变为 $CuSO_4$ 和 Cu，降低了 CuO 的催化活性，从而减少了二噁英的生成。

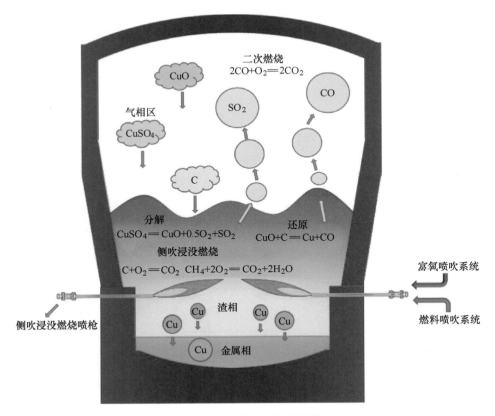

图 8-9　SSC 炉 Cu 技术原理

$$CuO+SO_2+1/2O_2 \Longrightarrow CuSO_4$$
$$CuO+C \Longrightarrow Cu+CO$$

　　有人研究表明 S/Cl 比达到 0.38 时，对二噁英的抑制效果就可达到 80%，当 S/Cl 比增加至 0.68 时，对二噁英的抑制效果可以超过 95%。采用富氧侧吹熔炼炉处理出口处烟气含 SO_2 浓度可达到 10% ~ 22%，S/Cl 比值远大于 1，可以预见二噁英的生成概率极低。

　　因此，采用 SSC 技术处理电子垃圾，从理论上讲二噁英的聚合反应很难发生，所以产生的烟气中的二噁英浓度非常低。

　　B　还原熔炼

　　工业电镀污泥主要由金属氧化物、硫酸盐、氯化物等盐类物质组成。一般采用碳基物质对工业电镀污泥中的物质进行还原熔炼。干燥脱水富集后的工业电镀污泥在 SSC 侧吹炉内 1250℃ 的热环境下快速熔化分解，熔剂和碳基还原剂从炉顶加料口加入，同时侧吹喷枪喷入燃料和富氧空气，其中喷枪喷入的燃料燃烧的烟气为加入的物料提供熔化的热源，加入的碳基还原剂将金属氧化物还原为金属。电镀污泥中其他杂质与加入的熔剂发生造渣反应。由于密度的差别，熔融态金属、金属硫化物和渣下沉至炉缸后分层，定期通过各自的排放口排放进入下一个工序处理。

　　SSC 侧吹炉还原过程中发生的主要反应如下：

$$MeSO_4(s) \Longrightarrow MeO(l) + SO_2 \uparrow + 1/2O_2$$
$$MeO(l) + C \Longrightarrow Me(l) + CO \uparrow$$
$$Me(l) + SO_2 + C \Longrightarrow MeS(l) + CO_2$$
$$6FeO + O_2 \Longrightarrow 2Fe_3O_4$$
$$2C + O_2 \Longrightarrow 2CO$$
$$C + O_2 \Longrightarrow CO_2$$
$$2CO + O_2 \Longrightarrow 2CO_2$$
$$CaO + SiO_2 \Longrightarrow CaO \cdot SiO_2$$
$$MgO + SiO_2 \Longrightarrow MgO \cdot SiO_2$$
$$3Fe_3O_4 + MeS \Longrightarrow 9FeO + MeO + SO_2$$
$$Fe_3O_4 + C + 3SiO_2 \Longrightarrow 3(FeO \cdot SiO_2) + CO$$
$$2FeO + SiO_2 \Longrightarrow 2FeO \cdot SiO_2$$
$$(Me: Cu、Pb、Zn、Ni、Cr、Cd)$$

C 处理线路板的渣型理论研究

炉渣渣型是熔炼环节能否顺利进行的关键控制因素，一般适合工业生产的渣型组成应当满足熔点低、流动性好、黏度低、渣和金属易分离、渣中有价金属溶解度低等多个条件。废电路板火法熔炼过程的渣系组成为 $FeO-SiO_2-Al_2O_3$ 渣系。

针对 $FeO-SiO_2-Al_2O_3$ 渣系，渣中 Al_2O_3 含量一般为 15% 左右，主要考察渣的黏度、熔点等因素，研究内容包括以下几方面：

（1）Al_2O_3 含量为 15% 时，Fe/SiO_2 对炉渣熔点、黏度在温度为 1200~1500℃ 下的影响规律；

（2）氧分压（$p_{O_2} = 10^{-10} \sim 10^{-1}$ atm，1atm = 101325Pa）不同时，炉渣的成分组成（渣中 FeO 部分转变为 Fe_2O_3）、熔点和黏度；

（3）在一定 Fe/SiO_2 比值和氧分压条件下，考察 Al_2O_3 含量（质量分数）对炉渣成分、熔点和黏度的影响。

研究内容主要包括：

（1）考察渣系 Fe/SiO_2 比值。不同 Fe/SiO_2 比值的 $FeO-SiO_2-Al_2O_3$ 渣系成分见表 8-1。

表 8-1 不同 Fe/SiO_2 比值的渣系成分

Fe/SiO_2 比值	$Al_2O_3/\%$	$SiO_2/\%$	$FeO/\%$	$Fe/\%$
0.5	15	51.74	33.26	25.87
0.8	15	41.90	43.10	33.52
1.1	15	35.21	49.79	38.73
1.4	15	30.36	54.64	42.50
1.7	15	26.68	58.32	45.36
2	15	23.80	61.20	47.60

进行 FactSage 计算时，选择 Equilib 模块（选择 FactPS、FToxid、FTmisc 数据库）进行计算（不考察氧分压）。计算可得固相线温度（开始熔化温度）、液相线温度（完全熔化温度）和黏度见表 8-2。

表 8-2　不同 Fe/SiO_2 比值条件下炉渣熔点及黏度值（FactSage）

Fe/SiO_2 比值	开始熔化 温度/℃	完全熔化 温度/℃	不同温度下的黏度/Pa·s						
			1200℃	1250℃	1300℃	1350℃	1400℃	1450℃	1500℃
0.5	1105.78	1366.42	21.48	16.09	12.47	10.02	6.769	4.290	2.815
0.8	1105.78	1150.63	4.310	2.716	1.779	1.205	0.841	0.602	0.441
1.1	1105.39	1115.2	0.986	0.686	0.490	0.359	0.269	0.205	0.159
1.4	1105.39	1117.77	0.420	0.308	0.230	0.176	0.137	0.108	0.087
1.7	1105.39	1142.91	0.246	0.186	0.143	0.112	0.089	0.072	0.059
2	1105.39	1160.83	0.171	0.132	0.103	0.082	0.066	0.054	0.045

Fe/SiO_2 比值与渣熔点和黏度的关系如图 8-10 和图 8-11 所示。

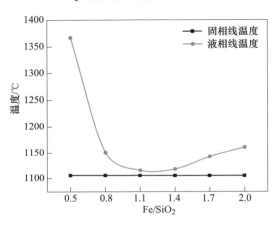

图 8-10　Fe/SiO_2 比值与渣熔点关系曲线

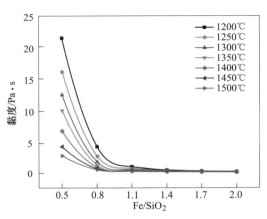

图 8-11　Fe/SiO_2 比值与渣黏度关系曲线

由图 8-10 和图 8-11 可知，$Fe/SiO_2 = 1.1$ 附近，渣的熔点和黏度均较低。在选择冶炼渣型时，应当控制炉渣的 $Fe/SiO_2 = 1.1$，此时炉渣熔点较低，黏度也较小，易于熔化分离。可以保证炉渣在 1200~1300℃ 条件下具有良好的流动性，满足正常的冶炼需求。

（2）考察氧分压。氧分压考察范围为 $p_{O_2} = 10^{-10} \sim 10^{-1} atm$（1atm = 101325Pa），分别考察不同 Fe/SiO_2 比值条件下氧分压的影响作用。

1）$Fe/SiO_2 = 0.5$ 时，不同氧分压条件下渣成分及熔点、黏度值见表 8-3 和表 8-4。

表 8-3　不同氧分压条件下渣成分及熔点（$Fe/SiO_2 = 0.5$）

氧分压/atm	Fe_2O_3/%	Fe^{3+}/Fe^{2+} 比值	开始熔化温度/℃	完全熔化温度/℃
10^{-10}	0.10	0.003	1096.84	1367.72
10^{-9}	0.18	0.005	1087.54	1368.72
10^{-8}	0.31	0.009	1066.39	1370.46
10^{-7}	0.55	0.015	1107.39	1373.44
10^{-6}	0.94	0.026	1147.67	1378.47

氧分压/atm	Fe$_2$O$_3$/%	Fe^{3+}/Fe^{2+}比值	开始熔化温度/℃	完全熔化温度/℃
10^{-5}	1.60	0.045	1184.69	1386.71
10^{-4}	2.67	0.078	1225.56	1399.78
10^{-3}	4.34	0.134	1268.48	1419.72
10^{-2}	6.87	0.230	1309.57	1448.71
10^{-1}	10.42	0.398	1347.24	1487.51

表 8-4　不同氧分压条件下渣黏度值（Fe/SiO$_2$=0.5）

氧分压/atm	不同温度下的黏度/Pa·s						
	1200℃	1250℃	1300℃	1350℃	1400℃	1450℃	1500℃
10^{-10}	21.12	15.94	12.41	9.99	6.80	4.30	2.82
10^{-9}	20.83	15.81	12.35	9.96	6.82	4.31	2.83
10^{-8}	20.30	15.58	12.25	9.92	6.86	4.33	2.84
10^{-7}	19.28	15.15	12.06	9.83	6.93	4.37	2.85
10^{-6}	17.22	14.29	11.69	9.66	7.06	4.42	2.88
10^{-5}	12.99	12.47	10.91	9.31	7.28	4.52	2.93
10^{-4}	—	8.65	9.15	8.55	7.67	4.70	3.01
10^{-3}	—	—	5.57	6.69	6.86	5.00	3.16
10^{-2}	—	—	—	3.42	4.75	5.51	3.41
10^{-1}	—	—	—	1.62	2.04	3.17	3.78

注：温度高于固相线温度时，渣呈凝固状态，无黏度值。

氧分压与渣成分、熔点、黏度的关系如图 8-12～图 8-14 所示。

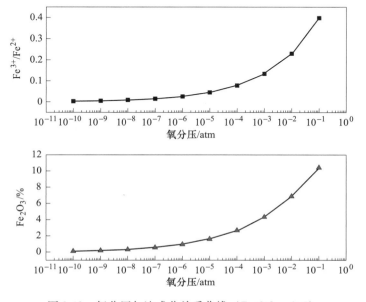

图 8-12　氧分压与渣成分关系曲线（Fe/SiO$_2$=0.5）

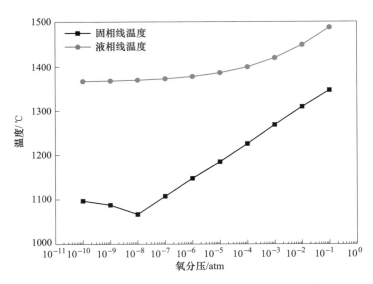

图 8-13　氧分压与渣熔点关系曲线（$Fe/SiO_2 = 0.5$）

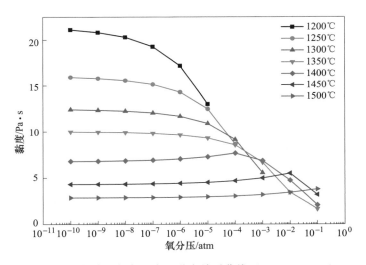

图 8-14　氧分压与各温度下黏度关系曲线（$Fe/SiO_2 = 0.5$）

　　由图 8-14 可以看出，Fe/SiO_2 比值较低的渣是典型酸性渣，固相线与液相线远离，氧分压增强会使渣中硅酸盐离子作用减弱，可以降低渣黏度。

　　2）$Fe/SiO_2 = 0.8$ 时，不同氧分压条件下渣成分及熔点、黏度值见表 8-5 和表 8-6。

表 8-5　不同氧分压条件下渣成分及熔点（$Fe/SiO_2 = 0.8$）

氧分压/atm	Fe_2O_3/%	Fe^{3+}/Fe^{2+} 比值	开始熔化温度/℃	完全熔化温度/℃
10^{-10}	1.01	0.022	1096.84	1153.07
10^{-9}	1.73	0.038	1087.54	1154.65
10^{-8}	2.75	0.061	1066.39	1165.91

氧分压/atm	Fe$_2$O$_3$/%	Fe^{3+}/Fe^{2+} 比值	开始熔化温度/℃	完全熔化温度/℃
10^{-7}	4.07	0.093	1107.39	1187.43
10^{-6}	5.82	0.139	1147.67	1215.39
10^{-5}	8.06	0.204	1184.69	1250.39
10^{-4}	10.84	0.297	1225.56	1292.56
10^{-3}	14.12	0.427	1268.48	1341.31
10^{-2}	17.82	0.610	1309.57	1395.31
10^{-1}	21.77	0.868	1347.24	1452.70

表 8-6　不同氧分压条件下渣黏度值（Fe/SiO$_2$=0.8）

氧分压/atm	不同温度下的黏度/Pa·s						
	1200℃	1250℃	1300℃	1350℃	1400℃	1450℃	1500℃
10^{-10}	6.17	3.54	2.10	1.27	0.85	0.61	0.44
10^{-9}	6.38	3.62	2.13	1.29	0.85	0.61	0.45
10^{-8}	6.74	3.76	2.19	1.31	0.86	0.61	0.45
10^{-7}	7.39	4.01	2.29	1.36	0.88	0.62	0.45
10^{-6}	7.18	4.46	2.47	1.43	0.91	0.64	0.46
10^{-5}	4.97	5.28	2.80	1.57	0.95	0.66	0.48
10^{-4}	—	3.29	3.44	1.82	1.02	0.70	0.50
10^{-3}	—	—	2.10	2.32	1.22	0.76	0.53
10^{-2}	—	—	—	1.31	1.63	0.84	0.58
10^{-1}	—	—	—	0.89	0.83	1.11	0.64

注：温度高于固相线温度时，渣呈凝固状态，无黏度值。

氧分压与渣成分、熔点、黏度的关系如图 8-15～图 8-17 所示。

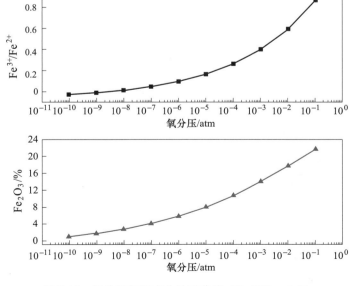

图 8-15　氧分压与渣成分关系曲线（Fe/SiO$_2$=0.8）

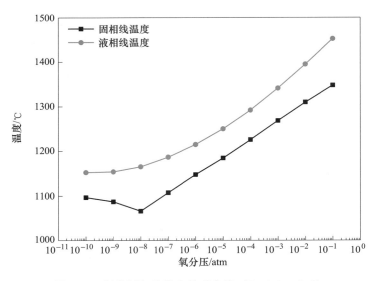

图 8-16　氧分压与渣熔点关系曲线（Fe/SiO$_2$ = 0.8）

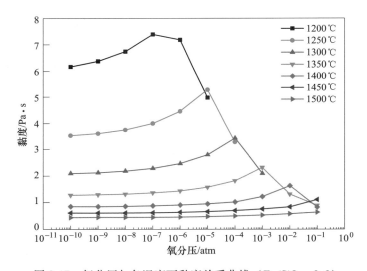

图 8-17　氧分压与各温度下黏度关系曲线（Fe/SiO$_2$ = 0.8）

3）Fe/SiO$_2$ = 1.1 时，不同氧分压条件下渣成分及熔点、黏度值见表 8-7 和表 8-8。

表 8-7　不同氧分压条件下渣成分及熔点（Fe/SiO$_2$ = 1.1）

氧分压/atm	Fe$_2$O$_3$/%	Fe^{3+}/Fe^{2+} 比值	开始熔化温度/℃	完全熔化温度/℃
10^{-10}	2.33	0.044	1089.45	1126.59
10^{-9}	3.70	0.072	1066.36	1132.55
10^{-8}	5.74	0.116	1066.39	1140.74
10^{-7}	8.71	0.189	1107.39	1151.69
10^{-6}	12.94	0.310	1147.67	1165.76

续表8-7

氧分压/atm	Fe_2O_3/%	Fe^{3+}/Fe^{2+}比值	开始熔化温度/℃	完全熔化温度/℃
10^{-5}	18.03	0.497	1184.69	1187.88
10^{-4}	21.10	0.638	1225.55	1240.52
10^{-3}	24.40	0.825	1268.48	1296.31
10^{-2}	27.85	1.074	1309.57	1345.53
10^{-1}	31.39	1.414	1347.24	1414.24

表8-8　不同氧分压条件下渣黏度值（$Fe/SiO_2 = 1.1$）

氧分压/atm	不同温度下的黏度/Pa·s						
	1200℃	1250℃	1300℃	1350℃	1400℃	1450℃	1500℃
10^{-10}	1.027	0.705	0.500	0.365	0.272	0.207	0.161
10^{-9}	1.054	0.718	0.508	0.369	0.274	0.209	0.161
10^{-8}	1.100	0.741	0.519	0.376	0.279	0.211	0.163
10^{-7}	1.174	0.776	0.539	0.386	0.284	0.215	0.166
10^{-6}	1.341	0.865	0.569	0.402	0.295	0.221	0.170
10^{-5}	1.710	1.078	0.616	0.428	0.309	0.230	0.176
10^{-4}	—	—	0.676	0.463	0.329	0.242	0.183
10^{-3}	—	—	0.872	0.504	0.356	0.259	0.193
10^{-2}	—	—	—	0.601	0.379	0.277	0.206
10^{-1}	—	—	—	0.348	0.396	0.289	0.216

注：温度高于固相线温度时，渣呈凝固状态，无黏度值。

氧分压与渣成分、熔点、黏度的关系如图8-18~图8-20所示。

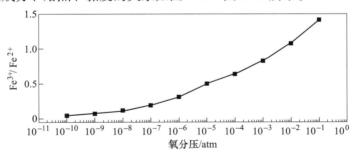

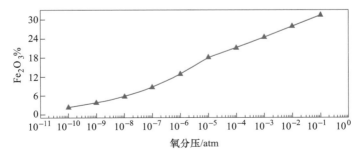

图8-18　氧分压与渣成分关系曲线（$Fe/SiO_2 = 1.1$）

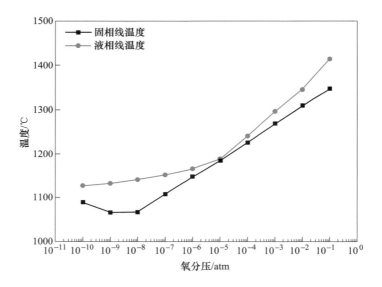

图 8-19　氧分压与渣熔点关系曲线（$Fe/SiO_2 = 1.1$）

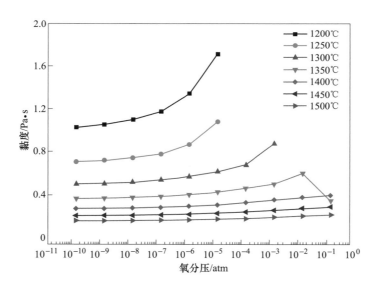

图 8-20　氧分压与各温度下黏度关系曲线（$Fe/SiO_2 = 1.1$）

由图 8-18~图 8-20 可以看出，在 $Fe/SiO_2 = 1.1$ 时，氧分压对炉渣黏度和熔点具有显著的影响。氧分压低于 10^{-5} atm 就可以使得炉渣的熔点和黏度均较低。在正常冶炼过程中，氧分压依据气体喷吹条件确定（氧燃比），一般燃烧过程中主要气相为 CO_2 和 CO，当 CO_2 含量为 90% 以下时，氧分压低于 10^{-8} atm，可以满足氧分压要求。

4）$Fe/SiO_2 = 1.4$ 时，不同氧分压条件下渣成分及熔点、黏度值见表 8-9 和表 8-10。

表 8-9 不同氧分压条件下渣成分及熔点 （Fe/SiO$_2$ = 1.4）

氧分压/atm	Fe$_2$O$_3$/%	Fe^{3+}/Fe^{2+}比值	开始熔化温度/℃	完全熔化温度/℃
10^{-10}	4.05	0.072	1089.45	1114.40
10^{-9}	6.33	0.117	1066.36	1116.35
10^{-8}	9.35	0.184	1066.39	1125.16
10^{-7}	13.00	0.277	1107.39	1142.84
10^{-6}	17.72	0.423	1147.67	1162.49
10^{-5}	22.19	0.597	1184.69	1195.98
10^{-4}	26.57	0.817	1225.56	1236.50
10^{-3}	31.18	1.128	1268.48	1277.65
10^{-2}	36.00	1.598	1309.57	1316.07
10^{-1}	39.61	2.118	1347.24	1367.70

表 8-10 不同氧分压条件下渣黏度值 （Fe/SiO$_2$ = 1.4）

氧分压/atm	不同温度下的黏度/Pa·s						
	1200℃	1250℃	1300℃	1350℃	1400℃	1450℃	1500℃
10^{-10}	0.436	0.316	0.236	0.179	0.139	0.110	0.268
10^{-9}	0.446	0.322	0.238	0.181	0.141	0.110	0.088
10^{-8}	0.461	0.330	0.244	0.184	0.143	0.112	0.090
10^{-7}	0.483	0.342	0.251	0.188	0.145	0.114	0.090
10^{-6}	0.517	0.361	0.261	0.194	0.148	0.117	0.092
10^{-5}	0.558	0.385	0.275	0.203	0.154	0.119	0.095
10^{-4}	—	0.408	0.291	0.214	0.161	0.124	0.097
10^{-3}	—	—	0.305	0.225	0.168	0.129	0.101
10^{-2}	—	—	—	0.229	0.174	0.135	0.105
10^{-1}	—	—	—	0.283	0.172	0.135	0.107

注：温度高于固相线温度时，渣呈凝固状态，无黏度值。

氧分压与渣成分、熔点、黏度的关系如图 8-21～图 8-23 所示。

1500℃时，在较低氧分压条件下还原性较强，会有金属铁存在，金属铁析出后改变了炉渣成分，因此黏度值会有突变。

5) Fe/SiO$_2$ = 1.7 时，不同氧分压条件下渣成分及熔点、黏度值见表 8-11 和表 8-12。

表 8-11 不同氧分压条件下渣成分及熔点 （Fe/SiO$_2$ = 1.7）

氧分压/atm	Fe$_2$O$_3$/%	Fe^{3+}/Fe^{2+}比值	开始熔化温度/℃	完全熔化温度/℃
10^{-10}	4.71	0.079	1089.45	1145.60
10^{-9}	7.18	0.126	1066.36	1147.72
10^{-8}	10.59	0.198	1066.39	1152.20
10^{-7}	15.04	0.308	1107.39	1160.79

续表 8-11

氧分压/atm	Fe₂O₃/%	Fe³⁺/Fe²⁺ 比值	开始熔化温度/℃	完全熔化温度/℃
10^{-6}	20.40	0.473	1147.67	1175.14
10^{-5}	24.59	0.637	1184.69	1212.53
10^{-4}	29.33	0.874	1225.56	1249.73
10^{-3}	34.40	1.221	1268.48	1286.15
10^{-2}	39.37	1.720	1309.57	1322.85
10^{-1}	44.05	2.461	1347.24	1358.19

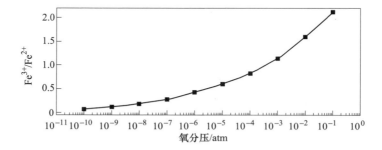

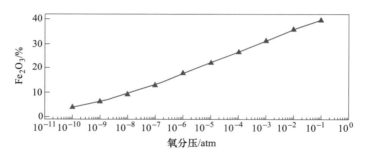

图 8-21　氧分压与渣成分关系曲线（Fe/SiO₂ = 1.4）

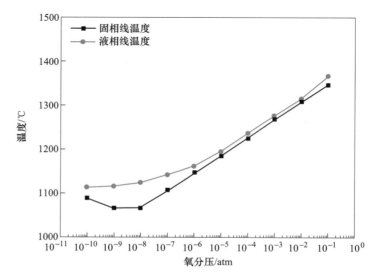

图 8-22　氧分压与渣熔点关系曲线（Fe/SiO₂ = 1.4）

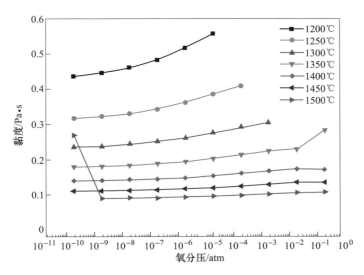

图 8-23　氧分压与各温度下黏度关系曲线（$Fe/SiO_2 = 1.4$）

表 8-12　不同氧分压条件下渣黏度值（$Fe/SiO_2 = 1.7$）

氧分压/atm	不同温度下的黏度/Pa·s						
	1200℃	1250℃	1300℃	1350℃	1400℃	1450℃	1500℃
10^{-10}	0.252	0.189	0.145	0.114	0.091	0.079	0.269
10^{-9}	0.256	0.191	0.146	0.114	0.091	0.073	0.060
10^{-8}	0.263	0.195	0.149	0.116	0.092	0.075	0.060
10^{-7}	0.272	0.201	0.152	0.119	0.093	0.075	0.062
10^{-6}	0.284	0.208	0.156	0.121	0.095	0.077	0.062
10^{-5}	0.352	0.216	0.162	0.124	0.097	0.078	0.064
10^{-4}	—	0.223	0.167	0.128	0.100	0.080	0.065
10^{-3}	—	—	0.171	0.132	0.102	0.082	0.066
10^{-2}	—	—		0.132	0.104	0.083	0.067
10^{-1}	—	—		0.311	0.103	0.082	0.068

注：温度高于固相线温度时，渣呈凝固状态，无黏度值。

氧分压与渣成分、熔点、黏度的关系如图 8-24～图 8-26 所示。

6）$Fe/SiO_2 = 2.0$ 时，不同氧分压条件下渣成分及熔点、黏度值见表 8-13 和表 8-14。

表 8-13　不同氧分压条件下渣成分及熔点（$Fe/SiO_2 = 2.0$）

氧分压/atm	Fe_2O_3/%	Fe^{3+}/Fe^{2+} 比值	开始熔化温度/℃	完全熔化温度/℃
10^{-10}	5.37	0.086	1018.31	1166.74
10^{-9}	8.01	0.135	1047.09	1169.95
10^{-8}	11.55	0.208	1066.39	1175.32
10^{-7}	16.08	0.316	1107.39	1184.12

氧分压/atm	Fe₂O₃/%	Fe³⁺/Fe²⁺ 比值	开始熔化温度/℃	完全熔化温度/℃
10^{-6}	21.52	0.478	1147.67	1197.32
10^{-5}	26.52	0.668	1184.69	1226.15
10^{-4}	31.25	0.902	1225.56	1263.71
10^{-3}	36.32	1.244	1268.48	1300.46
10^{-2}	41.49	1.751	1309.57	1335.51
10^{-1}	46.46	2.527	1347.24	1367.66

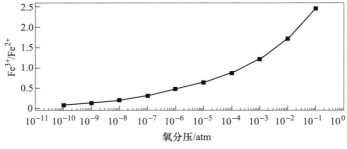

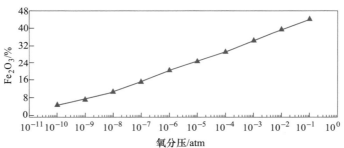

图 8-24　氧分压与渣成分关系曲线 （Fe/SiO₂ = 1.7）

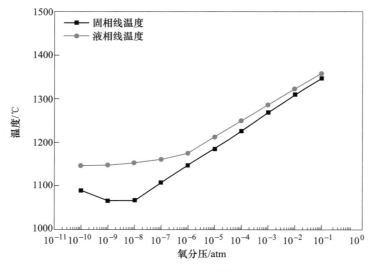

图 8-25　氧分压与渣熔点关系曲线 （Fe/SiO₂ = 1.7）

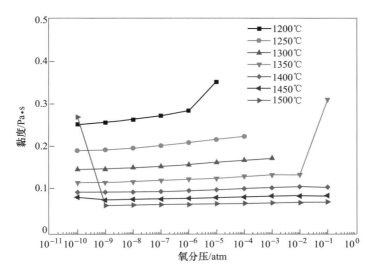

图 8-26 氧分压与各温度下黏度关系曲线 （Fe/SiO₂ = 1.7）

表 8-14 不同氧分压条件下渣黏度值 （Fe/SiO₂ = 2.0）

氧分压/atm	不同温度下的黏度/Pa·s						
	1200℃	1250℃	1300℃	1350℃	1400℃	1450℃	1500℃
10^{-10}	0.174	0.134	0.105	0.084	0.068	0.082	0.270
10^{-9}	0.176	0.135	0.105	0.084	0.068	0.056	0.046
10^{-8}	0.178	0.136	0.106	0.084	0.068	0.056	0.046
10^{-7}	0.182	0.138	0.108	0.086	0.069	0.057	0.046
10^{-6}	0.186	0.141	0.110	0.087	0.070	0.057	0.047
10^{-5}	0.319	0.145	0.112	0.088	0.071	0.058	0.048
10^{-4}	—	0.173	0.114	0.090	0.072	0.058	0.048
10^{-3}	—	—	0.114	0.090	0.073	0.059	0.049
10^{-2}	—	—	—	0.090	0.073	0.059	0.049
10^{-1}	—	—	—	0.413	0.071	0.059	0.049

注：温度高于固相线温度时，渣呈凝固状态，无黏度值。

氧分压与渣成分、熔点、黏度的关系如图 8-27~图 8-29 所示。

本阶段主要考察 Fe/SiO₂ = 1.1 时，氧分压对炉渣黏度和熔点的影响规律，其他条件下的 Fe/SiO₂ 仅作为规律研究的参考。初步认为，正常冶炼气氛条件下 （CO₂ 含量低于 90%），炉渣的流动性和熔点都能满足正常的冶炼要求。

此外，可以在前期稍微增加氧分压 （提高燃烧效率），在冶炼后期控制气氛条件氧分压不超过 10^{-5} atm 即可。

（3）考察 Al_2O_3 含量。选择 Fe/SiO₂ = 1.1，$P_{O_2} = 10^{-5}$ atm 条件下考察 Al_2O_3 对炉渣性质的影响规律，初始渣成分、炉渣成分及熔点、渣黏度见表 8-15~表 8-17。

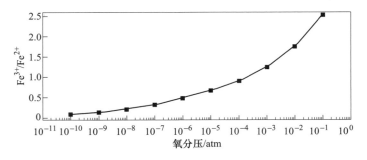

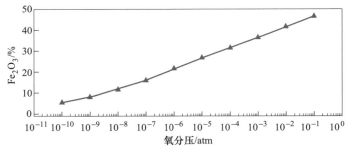

图 8-27　氧分压与渣成分关系曲线（Fe/SiO$_2$ = 2.0）

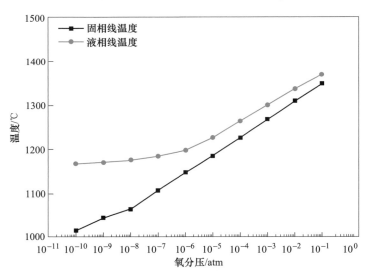

图 8-28　氧分压与渣熔点关系曲线（Fe/SiO$_2$ = 2.0）

表 8-15　不同 Al$_2$O$_3$ 含量（质量分数）条件下初始渣成分

Al$_2$O$_3$/%	SiO$_2$/%	FeO/%	Fe/%
5	39.35	55.65	43.28
7.5	38.31	54.19	42.14
10	37.28	52.72	41.01
12.5	36.24	51.26	39.87
15	35.21	49.79	38.73

Al$_2$O$_3$/%	SiO$_2$/%	FeO/%	Fe/%
17.5	34.17	48.33	37.59
20	33.14	46.86	36.45
22.5	32.10	45.40	35.31
25	31.07	43.93	34.17

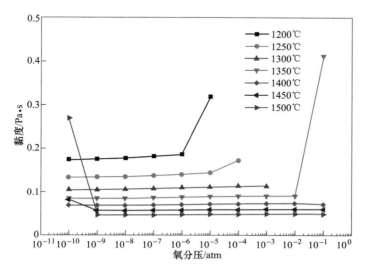

图 8-29　氧分压与各温度下黏度关系曲线（Fe/SiO$_2$=2.0）

表 8-16　不同 Al$_2$O$_3$含量（质量分数）条件下渣成分及熔点

Al$_2$O$_3$/%	Fe$_2$O$_3$/%	Fe^{3+}/Fe^{2+} 比值	开始熔化温度/℃	完全熔化温度/℃
5	10.20	0.165	1184.69	1346.14
7.5	12.40	0.206	1184.69	1299.04
10	14.52	0.248	1184.69	1257.75
12.5	16.53	0.290	1184.69	1220.99
15	18.39	0.332	1184.69	1187.71
17.5	16.48	0.307	1184.69	1195.59
20	13.67	0.263	1184.69	1221.15
22.5	10.22	0.203	1186.30	1272.56
25	7.83	0.160	1186.30	1324.94

表 8-17　不同 Al$_2$O$_3$含量（质量分数）条件下渣黏度值

Al$_2$O$_3$/%	不同温度下的黏度/Pa·s						
	1200℃	1250℃	1300℃	1350℃	1400℃	1450℃	1500℃
5	0.185	0.215	0.248	0.256	0.185	0.140	0.109
7.5	0.311	0.370	0.410	0.284	0.207	0.156	0.120

Al$_2$O$_3$/%	不同温度下的黏度/Pa·s						
	1200℃	1250℃	1300℃	1350℃	1400℃	1450℃	1500℃
10	0.540	0.643	0.462	0.322	0.235	0.176	0.135
12.5	0.955	0.794	0.528	0.369	0.268	0.201	0.154
15	1.428	0.909	0.607	0.424	0.306	0.229	0.174
17.5	1.609	1.033	0.693	0.483	0.348	0.257	0.196
20	2.618	1.167	0.784	0.545	0.391	0.289	0.219
22.5	4.022	1.285	0.880	0.612	0.439	0.322	0.243
25	4.968	1.385	0.966	0.681	0.488	0.358	0.269

Al$_2$O$_3$含量（质量分数）与渣成分、熔点、黏度的关系如图 8-30~图 8-33 所示。

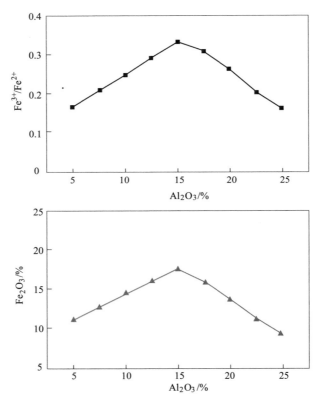

图 8-30 Al$_2$O$_3$含量（质量分数）与渣成分关系曲线

炉渣中 Al$_2$O$_3$的含量在 15%时，炉渣熔点较低，此时相同条件下渣氧化性也能达到峰值，对于抑制渣中 Fe 的还原有利。但炉渣的黏度是随着 Al$_2$O$_3$的含量增加而增加，当渣含 15%的 Al$_2$O$_3$时，炉渣黏度也较低（1300℃，小于 1.0Pa·s），可以满足正常的冶炼需求。

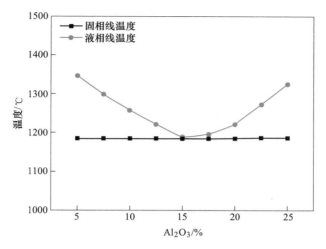

图 8-31 Al$_2$O$_3$含量（质量分数）与渣熔点关系曲线

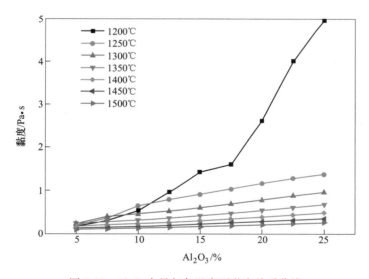

图 8-32 Al$_2$O$_3$含量与各温度下黏度关系曲线

综上所述，废电路板火法熔炼回收工艺中炉渣的模拟计算得出以下结论：

（1）当 Fe/SiO$_2$=1.1 时，炉渣的黏度和熔点均较低，是熔炼过程理想的渣型参数。

（2）实际冶炼条件下的气氛条件（10^{-8}atm），可以满足炉渣性能要求，氧分压不超过 10^{-5}atm 即可保证炉渣具有较低的黏度和熔点。

（3）炉渣中 Al$_2$O$_3$含量为 15% 时，可以满足冶炼所需的要求，同时 15% 的 Al$_2$O$_3$，对于抑制炉渣中铁元素的还原也是最有利的。

因此通过软件模拟计算，初步确定电路板火法熔炼炉渣渣型选择的参数为 Fe/SiO$_2$= 1.1，氧分压不高于 10^{-5}atm（一般燃烧气氛氧分压 10^{-8}atm 可以满足该条件），渣中 Al$_2$O$_3$含量约为 15%。

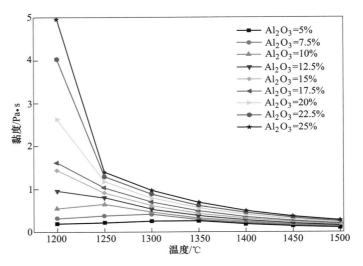

图 8-33　温度与黏度关系曲线

8.1.2.2　处理电镀污泥工艺流程

A　工业电镀污泥 SSC 工艺处理流程

工业电镀污泥 SSC 工艺处理流程如图 8-34 所示。

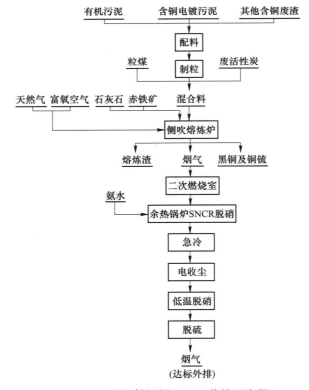

图 8-34　工业电镀污泥 SSC 工艺处理流程

工业电镀污泥含水量较大，一般在 75%～80% 范围内，在进行 SSC 还原熔炼前需要进行干燥烧结脱除水分。脱除水分后的工业电镀污泥在配料厂房与熔剂、还原剂等混合后经上料胶带输送机倒运至 SSC 熔炼炉顶中间料仓，再通过料仓下的定量给料机和胶带运输机连续地加入 SSC 侧吹熔炼炉内进行熔炼处理。电镀污泥中的金属氧化物被还原成为金属，污泥中其他杂质与加入的石英石和石灰石造渣，最终产出黑铜和熔炼渣。侧吹熔炼炉产生的黑铜进入下一个工序处理；熔炼渣经溜槽排放至渣包，经渣包车送至渣缓冷场缓冷后进入下一个工序处理。SSC 侧吹熔炼炉产生的烟气经余热锅炉降温和骤冷收砷后送脱硫系统处理，收下的烟尘返回配料系统。

侧吹熔炼炉炉膛熔池区及烟道区域侧墙上设有二次风孔，鼓入空气，燃料燃烧以及还原反应生成的而未燃尽的 CO 在气相区完全燃烧。为避免烟气温度过高，在炉膛和烟道墙上设有较多的二次风口，适量鼓入空气，控制上升烟道出口烟气含氧 8%，烟气温度约 1300℃。烟气经过后续的处理系统处理后达标排放。

B　电子垃圾 SSC 工艺处理流程

电子垃圾 SSC 工艺处理流程如图 8-35 所示。

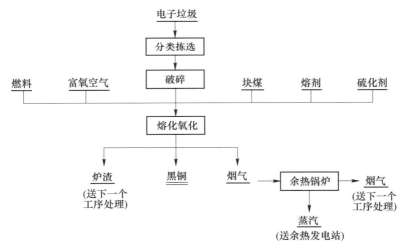

图 8-35　电子垃圾 SSC 工艺处理流程

电子垃圾种类繁多形状各异，因此在进入熔炼工段前一般需要进行预处理。预处理一般采用分类拣选和基板破碎两个工序。经分类拣选和破碎后的电子垃圾在配料厂房内与熔剂、煤、硫化剂等物料混合后经熔炼上料胶带运输机倒运至侧吹熔炼炉炉顶中间料仓，混合物料经料仓下的定量给料机定量计量后通过炉顶设置的移动胶带运输机从炉顶加料口连续地加入侧吹熔炼炉内。同时从加料口鼓入助燃风，电子垃圾中的塑料等易燃的物质在 1250℃ 的炉膛空间中燃烧；电子垃圾中的金属和玻璃纤维以及硫化剂熔化后落入炉膛下部熔池。熔池区域的两侧炉墙上设有喷枪，喷枪设在渣线以下，富氧空气及天然气经喷枪送入熔池，燃料的燃烧给熔池补热，富氧空气与硫化剂进行氧化熔炼反应，气体的高速喷入，使熔池剧烈搅动，加速熔池中传质传热过程，使得物料快速熔化、熔炼反应快速进行。电子垃圾经熔化熔炼过程后生成渣及黑铜，渣和黑铜根据炉内控制的液面高度，定期地从渣口和铜口排放。

炉膛熔池区及烟道区域侧墙上设有二次风孔，鼓入空气，燃烧未燃尽的 CO 以及挥发的部分有机物。电子垃圾中的塑料以及有机物含有较高的热值，燃烧过程中释放部分热量，并且加上炉膛上部的 CO 的再次燃烧释放的热量，因此该炉内热负荷很高。为避免烟气温度过高，在炉膛和烟道墙上设有较多的二次风口，适量鼓入空气，控制余热锅炉入口烟气含氧 8%，温度约 1300℃。

8.1.2.3 SSC 的操作及控制指标

SSC 炉操作控制指标见表 8-18。

表 8-18 SSC 炉操作控制指标

序号	指标名称	氧化熔炼	还原熔炼	备注
1	熔炼炉规格/m^2	20	20	
2	熔炼炉数量/台	1	1	
3	年有效工作时间/h	7200~7500		
4	熔炼富氧浓度/%	21~80		
5	天然气消耗/$m^3 \cdot t^{-1}$	—		
6	黑铜含 Cu/%	80~90		
7	熔炼渣含 Cu/%	<0.8		
8	熔炼烟气含 SO_2/%	1~10		

随着电镀产品和电子产品的广泛应用，电子垃圾和工业电镀污泥潜在的环境污染问题也已经充分暴露出来，因此对于该两种工业废物的资源化环保化回收利用尤为重要。电子垃圾和工业电镀污泥的循环利用发展趋势有利于大力推行我国自主研发的清洁生产工艺，充分利用再生资源，减少废物产生和排放，开展资源综合利用，最大程度实现废物资源化和再生资源回收利用，真正走出一条适合我国国情的对环境友好的循环经济发展之路。

8.2 侧吹炉处理硫化锑精矿的应用展望

8.2.1 目前锑冶炼行业现状

目前，锑冶炼现有工艺落后，含锑矿物主要有脆硫铅锑矿和锑精矿。现阶段，对于处理单一的锑精矿采用的主要工艺为鼓风炉挥发熔炼工艺；而脆硫铅锑矿主要冶炼工艺为沸腾焙烧—烧结—鼓风炉还原熔炼工艺，主要分布在广西河池等地。但随着当前环保的日益严格、职工劳动条件的改善需求以及技术的进步，逐渐暴露出了原有传统工艺的一些不足之处，主要问题有：工人劳动强度大、工作条件差、铅锑分离困难，铅锑在冶金过程中反复循环，辅料消耗大、成本高、回收率低，低浓度二氧化硫和氧化砷烟气直接排放污染环境，治理难度大。

为解决传统冶炼工艺存在的许多问题，有关单位做了大量的研究工作，特别是随着近年来氧气底吹、富氧侧吹等先进熔池熔炼工艺在铅冶炼上得到了成功应用，已有不少锑冶炼企业尝试直接采用铅冶炼行业的熔池熔炼工艺用于脆硫铅锑矿和锑精矿的冶炼。相关的锑冶炼厂进行了富氧侧吹炉处理锑精矿和底吹炉处理锑精矿的半工业试验研究，但均未取得理想结果，目前未见成功工业化的报道。对于锑冶炼和脆硫铅锑矿冶炼企业来说，目前还没有能直接应用于生产的锑冶炼新工艺。当前直接套用氧气底吹熔炼—侧吹液态渣直接还原—烟化挥发炼铅工艺来进行锑精矿或脆硫铅锑矿进行工艺改造还有许多技术难关有待攻克，需开展新工艺新装置的研发工作，直接套用现有熔池熔炼工艺，具有较大风险。

中国恩菲结合自身六十多年来在火法冶炼领域的技术积累和工程实践，提出两种可行的侧吹浸没燃烧熔炼技术（SSC）处理锑精矿工艺路线，分别是复合喷吹氧化熔炼—熔融还原直接炼锑工艺和侧吹浸没燃烧挥发工艺。

8.2.2 复合喷吹氧化熔炼—熔融还原直接炼锑工艺

复合喷吹氧化熔炼—熔融还原直接炼锑新工艺（发明专利"锑精矿的冶炼方法"已授权，专利号 CN201610665922.3）。该工艺主要分为：熔炼前物料处理、氧化熔炼、液态高锑渣熔融还原，工艺流程如图 8-36 所示。

（1）熔炼前物料处理。锑精矿（含水 10%~20%）送入干燥窑进行初步脱水，将含水量降为 8%~10%，改善其物料的输送性能。将干燥后锑精矿送入蒸汽干燥机中进行深度干燥，含水 0.5% 以下，干燥后的锑精矿送球磨，粒度 150μm（100 目）以下。蒸汽干燥机热源蒸汽取自锑精矿氧化熔炼炉余热锅炉蒸汽发电后的低压蒸汽，同时蒸汽干燥所产生的尾气是空气和水蒸气，有利于环境保护，避免环境污染。而且尾气量小，温度低，采用布袋收尘器处理即可。

（2）锑精矿氧化熔炼。经过深度干燥的锑精矿通过气体输送，送入熔炼车间锑精矿接收仓。通过串罐式喷吹装置喷出，经分配器平均分配后给若干只复合锑精矿喷枪。富氧空气、锑精矿经炉体两侧浸没喷枪鼓入熔池中，锑精矿颗粒和空气泡在熔渣中呈高度弥散状。由于鼓入熔池的气体给高温熔体输入强大的搅拌功率，使熔池强烈搅动，强化了气-液-固之间的传质传热过程，加速了锑精矿的氧化脱硫反应。熔剂通过炉顶的冷料口直接加入到熔炼炉内。控制炉内空气过剩系数 $\alpha = 0.95 \sim 1.05$，锑精矿中 FeS_2 首先被氧化成 FeO 与 SiO_2 反应造渣，而精矿中的 Sb_2S_3 由于其较大的蒸气压，为避免其大量挥发到气相中。锑精矿直接喷入炉内渣层的底部。采用厚渣层操作，渣层厚度考虑 1.5~2.0m。这样锑精矿中的 Sb_2S_3 喷入渣层后，与喷枪喷入的氧能有充足反应的时间进行氧化熔炼反应。

高锑渣达到一定深度后，通过热渣溜槽进入液态锑渣熔融还原炉。氧化熔炼产生的少量锑冰铜定期排放。

氧化熔炼炉产生的高温烟气在炉体上部及上升烟道漏风，将烟气中少量的 CO、Sb_2S_3 二次燃烧后，高温烟气经余热锅炉回收余热，所产蒸汽送余热发电后低压蒸汽送干燥系统。经余热锅炉冷却后的烟气通过电收尘器处理后，烟气送制酸，烟尘返还原炉。

（3）液态高锑渣还原熔炼。来自复合氧化熔炼炉的高锑渣通过还原炉热渣进口进入还原炉，浸没于熔池的侧吹喷枪喷入天然气和锑氧烟尘，还原炉内发生锑氧的还原熔炼反应，含锑低于 1% 以下的还原渣放出水碎，而液态锑通过虹吸出锑口排出，浇铸成锭后外卖，或液态金属锑通过热锑溜槽直接流入锑白炉进行吹炼。

复合喷吹氧化熔炼—熔融还原工艺的优点有：

（1）炉体密封性好、加料口无外逸烟气，操作环境好。

（2）冶炼装置紧密衔接，系统中倒运、循环的锑粉量小。

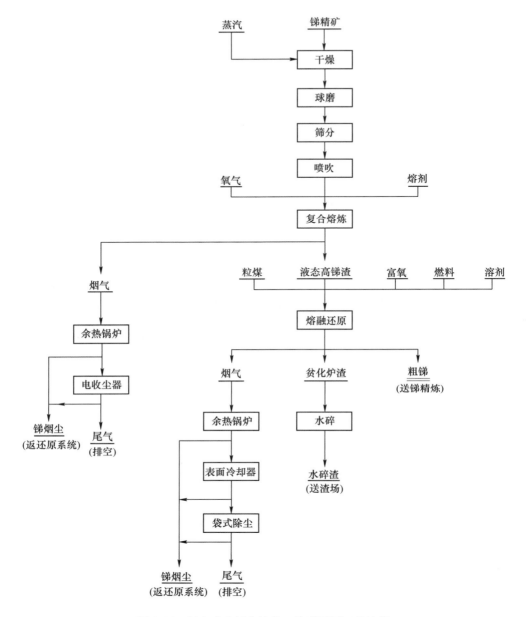

图 8-36 复合喷吹氧化熔炼—熔融还原工艺流程

（3）综合回收率高，渣含锑低于 1%，锑回收率高。

（4）生产成本低，床能率高。可采用廉价的粉煤作为燃料和还原剂，矿粉喷吹强化熔池熔炼的采用。

（5）采用富氧熔炼，烟气二氧化硫浓度高，可直接制取硫酸，硫回收率可达 97% 以上，彻底解决传统鼓风炉炼锑低浓度二氧化硫对环境污染的问题。

（6）工艺、装置成熟度、可靠度高。熔炼炉和还原炉均为当前已经成功工业生产的炉型，核心装置矿粉喷枪已经进行工业试验，工艺风险小。

8.2.3 侧吹浸没燃烧氧化挥发工艺

锑精矿侧吹浸没燃烧氧化挥发（SSC）工艺流程如图 8-37 所示。

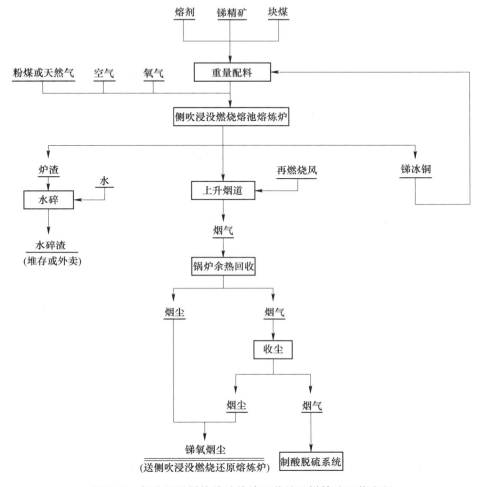

图 8-37 侧吹浸没燃烧熔池熔炼工艺处理锑精矿工艺流程

锑精矿性质特殊，进行熔炼时锑精矿中大量硫化锑挥发进入烟气，挥发过程中需要补充大量的热量，为补充熔池内部挥发时所需要的大量热量，采用侧吹浸没燃烧方式，利用侧吹喷枪将燃料和氧气直接喷入炉子熔池内部，维持炉内熔体热平衡。

部分直接挥发进入烟气，经过火柜中氧化燃烧形成锑氧烟尘进行回收；落入熔池中的物料一部分造渣，一部分锑、铁与硫形成锑冰铜相。实际熔池中形成两相：上层为渣层，下层为锑冰铜层。由于锑冰铜熔点较高，若熔池内部补热不足则容易在炉缸底部形成炉结，影响正常操作。同时由于锑精矿中硫化锑大部分挥发进入气相，熔池氧料比控制至关重要。

SSC 炉可快速有效地调节炉内熔池中锑冰铜的温度，避免风口区和炉缸区炉结的生成。侧吹浸没燃烧熔池炉墙镶嵌长寿命耐火砖层，避免了锑冰铜对铜水套侵蚀的风险；设计中考虑了严格控制四氧化三铁的生成，防止泡沫渣、喷炉等不利炉况的发生。

因此，基于以上锑精矿挥发熔池熔炼的特殊性质，采用侧吹浸没燃烧熔池熔炼工艺处理锑精矿可实现锑、硫的高回收率，同时工程投资也较低，工业化成熟度较高，该技术具有非常广阔的发展前景。

8.3　粗锡 SSC 还原熔炼

8.3.1　锡冶炼现状

锡是人类最早发现并运用的金属之一，中国是最早生产和使用锡的文明古国之一，也是目前锡产量最大的国家。全球锡资源的分布较为集中，中国、印度尼西亚、巴西、玻利维亚和缅甸五国即垄断了全球锡储量的 72%，中国锡资源储量全球占比达 23%，产量上中国、印度尼西亚、缅甸是最大的精矿生产国。全球贸易格局稳定，精锡生产商集中度高。全球前十大精锡厂商垄断了世界精锡产量超六成。2016 年，云南锡业集团产量全球居首，并与云南乘风有色金属股份有限公司、广西华锡股份有限公司、个旧矿冶公司共同垄断全球精锡产量近 34%。中国、美国、日本三国全球精锡消费占比最高，中国锡精矿基本不出口，锡锭"自给+少量进口"，其他主要锡消费国锡精矿和精炼锡基本依赖进口。其中印度尼西亚和缅甸是全球最大的两个出口国。2017 年中国消费精锡约 16 万吨，全球锡消费约 35.5 万吨，精锡产量和消费量基本持平。

目前，国外的锡精矿的还原熔炼以电炉和顶吹炉为主。在长期的生产实践中，中国锡冶金技术取得了长足的进展，特别是在锡的精炼和低锡物料的回收利用上，研究开发出了一批具有世界先进水平的新工艺、新设备。近年来，通过引进、消化和自主创新，在锡的还原熔炼方面也取得了显著进步，实现了锡精矿富氧还原熔炼，并取得了许多新的突破。目前，中国的锡冶金已经形成了系统、完善、先进的工艺技术和装备，锡冶炼整体技术水平引领和代表了世界先进水平。

8.3.2　粗锡还原熔炼技术

8.3.2.1　工艺原理

粗锡还原熔炼的原料是锡精矿，主要是锡的氧化物，要想从中获得金属锡，都必须经过还原熔炼，主要还原剂为炭原料。锡以及铅、锑等的金属氧化物经还原生成粗锡；精矿中铁的高价氧化物三氧化二铁还原成低价氧化亚铁，并与精矿中的脉石成分（如 Al_2O_3、CaO、MgO、SO_2 等）、固体燃料中的灰分、配入的熔剂生成以氧化亚铁、二氧化硅为主体的炉渣。

粗锡冶炼主要反应方程式如下：

$$C + O_2 == CO_2$$
$$2C + O_2 == 2CO$$
$$C + CO_2 == 2CO$$
$$2CO + O_2 == 2CO_2$$
$$SnO_2 + 2CO == Sn + 2CO_2$$

$$SnO_2 + 2C \rightleftharpoons Sn + 2CO$$

其中 $C+O_2 \rightleftharpoons CO_2$ 是炭的完全燃烧反应，$2C+O_2 \rightleftharpoons 2CO$ 是炭的不完全燃烧反应，$2CO+O_2 \rightleftharpoons 2CO_2$ 是 CO 的燃烧反应，这 3 个反应主要为物料熔化以及还原反应提供热量，保证了熔池的温度。$2C+O_2 \rightleftharpoons 2CO$、$C+CO_2 \rightleftharpoons 2CO$ 两个反应均生成还原剂 CO，保证了熔池内还原反应的顺利进行。

$C+CO_2 \rightleftharpoons 2CO$、$SnO_2+2CO \rightleftharpoons Sn+2CO_2$ 两个反应为粗锡冶炼的主要反应，原料中的 SnO_2 被气态 CO 还原生产液态金属 Sn 和气态 CO_2，而 CO_2 又被固定炭还原，产生的 CO 又用于 SnO_2 的还原。所以只要炉料中加入过量还原剂，理论上可以保证 SnO_2 的完全还原。

造渣反应如下：

$$Fe_2O_3 + CO \rightleftharpoons 2FeO + CO_2$$
$$CaO + SiO_2 \rightleftharpoons CaO \cdot SiO_2$$
$$2FeO + SiO_2 \rightleftharpoons 2FeO \cdot SiO_2$$

Fe_2O_3 还原成 FeO，然后和 SiO_2 生成低熔点的 $2FeO \cdot SiO_2$；CaO 和 SiO_2 生成低熔点的 $CaO \cdot SiO_2$，并保证了渣的流动性。

由上述反应可以看出，粗锡还原熔炼的核心是还原和炼渣。首先，为了使氧化锡还原成金属锡，必须在精矿中配入一定量的还原剂，工业上通常使用的炭质还原剂有无烟煤和焦炭。

其次，还原熔炼是在高温下进行的，熔融的粗锡与渣根据密度不同而分离。因此，渣型很关键。为提高锡的直收率，还原熔炼时产出的炉渣应具有黏度小、密度小、流动性好、熔点适当等特点。因此，应根据精矿的脉石成分、使用燃料和还原剂的质量优劣等，配入适量的熔剂。工业上通常使用的熔剂有石英和石灰石（或石灰）。

另外，要实现还原和炼渣，则需要将物料熔化，需补充足够的热量。因此对于粗锡还原熔炼，热量的补充是前提条件。实际生产中对于不同的炉窑可通过煤、煤气、天然气、油、电等多种方式实现补热。

8.3.2.2 工艺及设备

锡冶炼工艺一般包括原料的炼前处理、粗锡冶炼以及锡渣的烟化。由于熔炼前处理以及锡渣烟化都是简单、成熟可靠的工艺，因此锡冶炼最重要的在于粗锡的冶炼。几经发展，粗锡冶炼技术在近代取得了巨大进步，炼锡设备也由原始竖炉逐步发展为反射炉、鼓风炉、电炉、转炉（也称短窑）、卡尔多炉和奥斯麦特炉等。目前，反射炉由于能耗高，生产环境差，烟气含硫浓度低等原因，属于濒临淘汰的工艺。另外由于能耗高等原因，世界上仅有极少数国家采用鼓风炉、转炉和卡尔多炉。目前国内的大中型的锡冶炼厂主要采用的是电炉和奥斯麦特炉进行粗锡的冶炼。其中奥斯麦特炉该引进技术，适合万吨级以上的粗锡冶炼，国内云锡公司（年产 6 万吨锡）和华锡公司（年产 2 万吨锡）均采用该技术进行粗锡冶炼。

A 电炉

熔炼锡精矿的电炉属于矿热电炉的一种——电弧电阻炉。电流是通过直接插入熔渣（有时为固体炉料）的电极供入熔池，依靠电极与熔渣接触处产生电弧及电流通过炉料和熔渣发热进行还原熔炼。炼锡电炉具有如下特点：

（1）在有效电阻（电弧、电阻）的作用下，熔池中电能直接转变为热能，因而容易获得高而集中的炉温。高温集中于电极区，炉温可达 1450~1600℃，因而适合于熔炼高熔点的炉料。

（2）炼锡电炉基本上是密封的，炉内可保持较高浓度的一氧化碳气氛，还原性气氛强，因此电炉一般只适合于处理低铁锡精矿。较好的密封，减少了空气漏入炉内，烟气量少。相应地锡的挥发损失少，烟气带走热量也少，因此烟气降温系统及收尘设备投资低。

（3）锡精矿电炉熔炼相比传统反射炉具有床能力高、锡直收率高（熔炼富锡焙砂时可达90%）、热效率高、渣含锡低（5%左右）等特点。但和熔池熔炼相比，床能力仍然太低，不适合万吨级以上规模的粗锡冶炼。而且粗锡冶炼电耗较高，生产 1t 粗锡光电炉本身耗电约 2000kW·h。

B　奥斯麦特炉

奥斯麦特技术也称为顶吹浸没喷枪熔炼技术。顶吹浸没喷枪熔炼技术是在 20 世纪 70 代初，由澳大利亚联邦科学与工业研究组织（CSIRO）在 Floyd 博士领导下，为处理低品位锡精矿和复杂含锡物料而开发的。

顶吹浸没喷枪熔炼技术是一种典型的喷吹熔池熔炼技术，其基本过程是将一根经过特殊设计的喷枪，由炉顶插入固定垂直放置的圆筒形炉膛内的熔体之中，空气或富氧空气和燃料（可以是粉煤、天然气或油）从喷枪末端直接喷入熔体中，在炉内形成剧烈翻腾的熔池，经过加水混捏成团或块状的炉料可由炉顶加料口直接投入炉内熔池。还原熔炼过程周期性进行，通常将其分成熔炼、还原两个阶段。熔炼阶段连续投料和还原剂，控制渣含锡15%左右；还原阶段仅投还原剂，将渣含锡由 15% 降至 5% 以下。最终得到含锡 5% 以下的富锡渣送烟化炉进一步回收锡。

奥斯麦特技术先进性主要表现在以下几个方面：

（1）熔炼效率高、熔炼强度大。空气和粉煤（燃料）由喷枪直接喷入熔体中，在炉内形成一个剧烈翻腾的熔池，极大地改善了反应的传热和传质过程，加快了反应速度和热利用率有极高的熔炼强度。奥斯麦特炉采用富氧后单位熔炼面积的处理量（炉床指数）是反射炉的 15~20 倍、电炉的 5~8 倍。

（2）处理物料的适应性强。由于奥斯麦特技术的核心是有一个翻腾的熔池，只要控制好适当的渣型，选好熔点和酸碱度，对处理的物料就有较强的适应性。

（3）热利用率高。由喷枪喷入熔池的燃料直接同熔体接触，直接在熔体表面或内部燃烧，热利用率高。而且采用富氧后，烟气量小，烟气带走热少。

（4）自动化程度高。基本实现过程计算机控制，操作机械化程度高，可大幅度减少操作人员，提高劳动生产率。

（5）占地面积小。由于生产效率高，一座奥斯麦特炉就可以完成多座其他炉子的熔炼任务。炉子主体仅占地数十平方米，占地较小。

目前应用最多的粗锡冶炼技术为电炉和奥斯麦特炉。电炉适用于小规模粗锡冶炼，奥斯麦特炉适用于万吨级以上规模的粗锡冶炼。奥斯麦特炉在粗锡冶炼上是先进的锡强化熔炼技术，在大规模的粗锡冶炼上，相比反射炉、电炉技术具有较大优势。但由于需要从国外引进该技术，其引进费用较高，投资高，包括引进费用在内单套粗锡冶炼系统投资在 1 亿元以上。另外，由于奥斯麦特炉喷枪插入熔池，寿命较短，而且目前富氧浓度只能达到

35%以内，远低于其他熔池熔炼炉的富氧浓度。

目前国内侧吹浸没燃烧熔池熔炼炉（SSC 炉）在高铅渣还原、铅膏及废铅杂料的还原熔炼等方面有成功且广泛的应用。奥斯麦特炉是靠喷枪从炉顶插入熔池补热和供风，而 SSC 炉是通过侧部喷枪浸没在熔池补热和供风。而物料的投入均是从炉顶加入，其补热方式和加料方式基本一致，从冶炼原理上看两者是没有大的区别。

因此，SSC 炉不管从炉型的成熟度还是冶炼原理上看，用于粗锡冶炼是完全可行的。

8.3.3 SSC 炉还原熔炼

8.3.3.1 工艺流程

锡精矿经沸腾焙烧脱砷、脱硫后得到锡焙砂，并和还原剂、熔剂以及返料等经计量配料后，送入圆筒制粒机进行制粒。制粒后的炉料用胶带输送机送入 SSC 炉内还原熔炼。

还原熔炼过程周期性进行，分成熔炼、还原两个阶段，每炉约 4h。熔炼阶段，需 2~3h，该阶段连续投入锡精矿、还原剂、熔剂，控制弱还原性气氛，熔炼结束后渣含锡 15% 左右。还原阶段，需 0.5~1h，该阶段仅投入还原剂，控制强还原性气氛，渣含锡由 15% 降至 5% 左右。还原过程得到含锡 5% 左右的锡渣直接送烟化炉处理进一步回收锡。

SSC 炉产出粗锡、锡渣和含尘烟气。粗锡进入凝析锅凝析将液体粗锡降温，铁因溶解度减少而成固体析出，以降低粗锡中的含铁量。凝析后的粗锡送至精炼车间进行精炼。

SSC 炉产出的锡渣通过流槽直接流入烟化炉进行硫化烟化处理，得到含锡小于 0.3% 弃渣和锡烟尘，锡烟尘经焙烧后返回配料。烟化炉可搭配处理锡中矿等低锡物料。

SSC 炉产出的含尘烟气经余热锅炉回收余热，产出蒸汽。烟气经表面冷却器进一步降温，经布袋收尘器收尘，收下烟尘经焙烧返回配料，收尘后的烟气送脱硫。SSC 炉粗锡冶炼的工艺流程如图 8-38 所示。

8.3.3.2 SSC 炉及配套设备

SSC 炉粗锡冶炼系统从原料准备到产出粗锡以及烟气达标排放，主要包含熔炼前处理系统、熔炼系统、烟气处理系统三大部分。

（1）熔炼前处理系统。对于含较高 As、S 的锡精矿，如直接进行熔炼，会造成熔炼烟尘率高，锡直收率低，而且产出的粗锡品质差。而粗锡在精炼过程中产生大量的返回浮渣（如硬头、离析渣、锅渣、炭渣等）和烟尘，使大量的锡在流程中反复循环，降低熔炼炉的实际处理能力。返回品的多次循环产出及处理既增加了加工成本，也增大了处理过程锡的损失，使锡总回收率大幅度下降，严重影响整体经济效益。因此，这类锡精矿需要进行熔炼前处理。

锡精矿熔炼前处理系统包括流态化焙烧工序。锡精矿通过流态化焙烧使焙砂中 As 和 S 的含量均低于 0.8%。焙烧炉烟气通过骤冷收砷，得到白砷，砷得到开路。收砷后的烟气则送烟气脱硫处理。

（2）熔炼系统。锡精矿经熔炼前处理后，得到锡焙砂和还原煤、石英石、石灰石一起进行储存和配料。其中还原煤的加入量以 SnO_2 完全还原的需要添加。另外，由于锡精矿通常含 Fe 较高，通常需要配成 $FeO\text{-}SiO_2\text{-}CaO$ 三元渣型，因此，石英石、石灰石根据渣型需要进行添加。

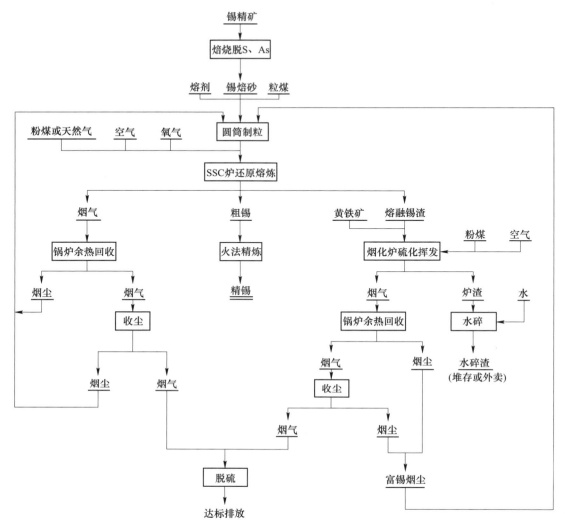

图 8-38　SSC 炉粗锡冶炼工艺流程

　　为降低 SSC 炉的烟尘率，配完料后的混合料先进圆筒制粒机进行混合制粒，制粒后通过移动皮带加入炉内。SSC 炉配有熔池渣位探测装置以及炉前供风、供氧、供燃料的阀站。锡精矿经 SSC 炉还原熔炼产出粗锡，粗锡进炉前的受锡锅，除去表面浮渣后送火法精炼。SSC 炉出口烟气温度为 1200℃ 左右，因此配套由余热锅炉和表面冷却器进行烟气降温，然后接布袋收尘器收尘，收尘后的烟气送脱硫系统。余热锅炉产出的蒸汽可考虑配套余热发电。

　　SSC 炉产出含锡 5% 左右的锡渣通过溜槽流入烟化炉。烟化炉出口烟气温度同样在1200℃ 左右，因此配套由余热锅炉和表面冷却器进行烟气降温，然后接布袋收尘器收尘，收尘后的烟气送脱硫系统。余热锅炉产出的蒸汽可考虑配套余热发电。烟化炉产出的含锡小于 0.3% 弃渣则进行水碎，并配套渣水自动分离装置。

　　SSC 炉和烟化炉需配套循环水系统、粉煤准备系统、供风系统以及氧气站。

（3）烟气处理系统。SSC 炉粗锡冶炼系统需脱硫处理的烟气包括流态化焙烧炉烟气、SSC 炉烟气以及烟化炉烟气。根据冶金计算，三股烟气合并后的 SO_2 的平均浓度在 1%~2% 之间。

目前行业对于低浓度 SO_2 烟气处理工艺主要有石灰石/石膏法、钠法、氨法、离子液等。随着环保越发严格，石灰石/石膏法、钠法、氨法等脱硫工艺的脱硫产物销路有限，需考虑脱硫产物的堆存以及二次污染的问题。而离子液脱硫工艺，产物是 SO_2，没有其他副产物，规模小的话可考虑制成液体 SO_2 外卖，规模大的话可考虑生产硫酸。因此，烟气脱硫可采用离子液脱硫工艺。

8.3.3.3 主要技术经济指标

结合目前 SSC 炉在铅膏以及含铅杂料的处理上的实践数据，按照 2 万吨规模锡产能，根据上述工艺流程，进行冶金计算，主要技术经济指标见表 8-19。

表 8-19 主要技术经济指标

序号	指标名称		数据	备注
	流态化焙烧脱硫			
1	流态化焙烧炉/m²		10	
2	流态化焙烧炉数量/台		1	
3	工作时间/d		310	
4	年处理锡精矿量/t		40000	Sn 52%，干基
5	煤率/%		5	
6	脱硫率/%		90	
7	脱砷率/%		80	
8	焙砂量/t		38500	
	SSC 炉还原熔炼			
1	侧出炉面积/m²		8	
2	数量/台		1	
3	工作时间/d		310	
	每天生产/炉		6	
4	处理物料	焙烧炉焙砂/t·a⁻¹	38500	
		烟化尘/t·a⁻¹	3500	
5	熔炼富氧浓度/%		40	
	吨锡耗氧/m³		300	
6	煤粉率/%		18	相对于焙砂
7	还原煤率/%		12	相对于焙砂
8	石英石率/%		2.0	
9	石灰石率/%		5.0	

序号	指标名称		数据	备注
10	年产粗锡/t		22000	送火法精炼
	粗锡含 Sn/%		97.0	
11	锡渣/t·a^{-1}		19000	送烟化
	炉渣含 Sn/%		5	
烟化炉炼渣				
1	烟化炉面积/m^2		4	
2	数量/台		1	
3	工作时间/d		310	
	每天生产/炉		6	
4	处理物料	SSC 炉渣/t·a^{-1}	19000	Sn 5%
		锡中矿/t·a^{-1}	10000	Sn 8%
5	年产氧化锡烟尘/t		3500	返回 SSC 炉熔炼
6	弃渣/t·a^{-1}		26000	Sn 0.3%
7	煤粉率/%		25	
8	黄铁矿率/%		9	

8.3.3.4　SSC 炉粗锡冶炼工艺与其他工艺对比

锡冶炼工艺的核心在于锡精矿的还原熔炼,目前国内锡精矿的还原熔炼主要有反射炉、电炉、奥斯麦特炉等。其中反射炉工艺由于能耗高以及操作环境差,是濒临淘汰的工艺;电炉能耗高,对精矿含铁有要求,而且单一炉型产量有限,也属于逐渐被替代的工艺。奥斯麦特炉炼锡是目前世界上较为先进的锡精矿还原熔炼工艺。下面针对奥斯麦特炉工艺和 SSC 炉工艺进行比较。

A　工艺过程比较

SSC 炉工艺与奥斯麦特炉工艺两者处理的原料、工艺过程及烟气处理类似。两者对原料的适应性强,均可处理高铁、低铁原料以及返回烟尘等;工艺过程方面,两者均为物料经配料后加入炉内进行熔炼,熔炼过程均包含还原熔炼和强还原熔炼过程,补热可用粉煤或者燃气,还原剂用少量粒煤,且均采用富氧熔炼。两者产生烟气均经余热锅炉回收余热、收尘系统收尘后送尾气脱硫系统。

奥斯麦特炉工艺与 SSC 炉工艺最大区别在于供风(包括空气、氧气和煤粉)方式不同。

奥斯麦特炉用风是由炉顶上方插入的活动喷枪提供。奥斯麦特炉喷枪为多套筒式,包括中心管输送煤粉,此外还有输送空气、氧气和套筒风多层,富氧浓度一般控制在 30% 左右。喷枪上部设有专门的提升装置,活动的喷枪通过软管与供煤粉、空气、氧气和套筒风的管道连接。为满足喷枪的提升,需要建很高的厂房和提升装置。优点是喷枪提升灵活,便于更换;缺点是喷枪直接插入熔渣层寿命短,一般不到 3 天就得更换,更换相当频繁,劳动强度较大。

SSC炉的燃料及富氧空气是通过炉子侧墙上的固定风口喷入的，结构简单，便于连接，厂房相对较低。而且富氧浓度可高达60%，远高于奥斯麦特炉的30%，因此处理相同物料时，SSC炉烟气量小，燃料率低。由于烟气量的减少，后续的余热锅炉、收尘、制酸脱硫系统也比奥斯麦特炉小，因此烟气处理系统的投资将小于奥斯麦特炉。另外SSC炉是从侧面鼓风以及喷入煤粉，喷枪安装在水冷侧壁内，并未深入熔体，喷枪寿命长。实践证明喷枪寿命已超过5个月，远高于奥斯麦特炉的喷枪寿命。因此SSC炉的劳动强度低，有效作业时间将大于奥斯麦特炉。

B 投资比较

从投资上比较，年产2万吨锡规模SSC炉面积为8m²，SSC炉车间投资约7000万元，而年产2万吨锡的奥斯麦特炉规格为φ3.4m，此奥斯麦特炉车间总投资（含专利费、设计费等）约11000万元。由此可见，按照年产2万吨锡规模进行对比，SSC炉炼锡的投资比奥斯麦特炉炼锡少4000万元，大大低于奥斯麦特炉。

C 主要技术经济指标

按照年产2万吨锡规模进行测算，对奥斯麦特炉和SSC炉进行技术经济指标比较，具体对比见表8-20。

表 8-20 奥斯麦特炉和SSC炉进行技术经济指标比较

序号	指标名称	SSC炉	奥斯麦特炉
1	炉子规格	8m²	φ3.4m
2	数量/台	1	1
3	工作时间/d	310	310
4	每天生产/炉	6	4
5	熔炼富氧浓度/%	40~60	21~30
6	耗氧气/m³·t⁻¹	250~350	150~200
7	耗煤/kg·t⁻¹	600~700	800~900
8	烟气量/m³·h⁻¹	3000~4000	5000~6000
9	投资/元·t⁻¹	约3500	约5500

通过表8-20可看出，SSC炉富氧浓度高，熔炼强度大，能耗低，烟气量小，配套的烟气降温收尘及脱硫系统小，且投资低。SSC炉为自主知识产权技术，免去了高额的技术引进费用和服务费用，可打破国外技术对大规模粗锡冶炼的垄断。

8.3.4 SSC炉粗锡冶炼展望

目前，国内锡冶炼技术在熔炼前处理、粗锡精炼等技术已经走在了世界的前列，而在粗锡的强化熔池熔炼技术方面仍未取得突破，粗锡冶炼工艺仍然首先考虑奥斯麦特炉工艺。但是，随着目前国内的侧吹浸没燃烧熔池熔炼技术飞速发展，目前已经成功应用于高铅渣还原熔炼、铅膏及含铅废料的还原熔炼上面。SSC炉处理熔融高铅渣、铅膏及含铅废料的机理和处理氧化锡矿的机理一样，均是通过喷枪喷入燃料和鼓入富氧空气来提供热量并在炉内提供还原性气氛,通过还原炉料中的氧化物来回收有价金属。经测算,SSC炉处理锡精矿在生产成本、投资方面均优于奥斯麦特炉。

SSC炉在粗锡冶炼上的应用前景广阔,其成功应用必将打破国外在粗锡强化熔池熔炼技术上的垄断局面,也将使中国的锡冶炼水平整体达到世界领先水平。

8.4　侧吹浸没燃烧技术处理红土镍矿技术

8.4.1　红土矿现有处理工艺概述

含镍红土矿是由含镍橄榄岩在热带或亚热带地区经长期风化淋滤变质而成的。由于风化淋滤,矿床一般形成几层,顶部是一层崩积层(铁帽),含镍较低;中间层是褐铁矿层,含铁多、硅镁少,镍低、钴较高,一般采用湿法工艺回收金属;底层是混有脉石的腐殖土层(包括硅镁性镍矿),含硅镁高、低铁,镍较高、钴较低,一般采用火法工艺处理。不同类型红土矿成分及冶炼工艺见表8-21。

表 8-21　不同类型红土矿成分及冶炼工艺　　　　　　　　　　　(%)

红土矿类型		Ni	Co	Fe	MgO	SiO$_2$	Cr$_2$O$_3$	传统工艺
褐铁矿型		0.8~1.5	0.1~0.2	40~50	0.5~5	10~30	2~5	湿法
硅镁镍矿型	低镁	1.5~2.0	0.02~0.1	25~40	5~15	10~30	1~2	湿法或火法
	高镁	1.5~3.0	0.02~0.1	15~25	15~35	30~50	1~2	火法

8.4.1.1　湿法工艺流程

目前,较成熟的湿法工艺流程有:Caron流程和HPAL(high pressure acid leach)流程。

Caron流程处理褐铁矿或褐铁矿和腐殖土的混合矿,矿石先干燥,再还原,矿石中的镍在700℃时选择性还原成金属镍(钴和一部分铁被一起还原),还原的金属镍经过氨浸回收。

Caron流程的缺点有:矿石处理采用干燥、还原、焙烧等工序,消耗能量大;回收金属采用湿法工艺,消耗多种化学试剂;镍和钴的回收率比火法流程和HPAL流程低。

HPAL流程主要处理褐铁矿和一部分绿脱石或蒙脱石。加压酸浸一般在衬钛的高压釜中进行,浸出温度为170~245℃,通过液固分离、镍钴分离,生产电镍、氧化镍或镍冠,有些工厂生产中间产品如硫化镍或氢氧化镍。

HPAL流程处理的红土矿要求含铝低、含镁低,通常含镁小于4%,含镁越高,酸耗越高。

8.4.1.2　火法工艺流程

世界镍矿资源分布中,红土镍矿约占55%,硫化物型镍矿约占28%,海底铁锰结核中的镍占17%。据美国地质调查局2015年数据,世界镍储量近8100万吨,主要分布于澳大

利亚、新喀里多尼亚、巴西、俄罗斯、古巴、印度尼西亚、南非和菲律宾等国家，如图
8-39所示。其中，大约有60%是红土镍矿，40%是硫化镍矿。红土矿储镍量约占镍总储量
的70%，而且红土矿产镍量的70%是采用火法工艺流程回收的。

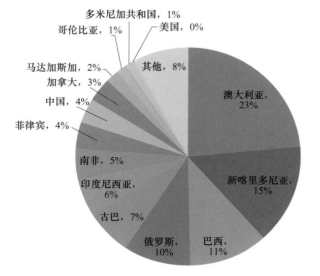

国家或地区	储量/万吨
澳大利亚	1900
新喀里多尼亚	1200
巴西	910
俄罗斯	790
古巴	550
印度尼西亚	450
南非	370
菲律宾	310
中国	300
加拿大	290
马达加斯加	160
哥伦比亚	110
多米尼加共和国	94
美国	16
其他	650
合计	8100

图 8-39　全球及主要国家（地区）镍储量

（资料来源：US Geological Survey，Mineral Commodity Summaries 2015）

A　RKEF 工艺

RKEF工艺最早由美国 Elkem 公司开发并应用于工业生产，目前是国内外大型镍铁冶
炼首选工艺。该工艺的特点是单位产品综合能耗低、装备成熟、产能大。中国恩菲是我国
最早引进、吸收、改进，并将该工艺应用于国内镍铁冶炼生产，目前设计 72000kW 电炉
已经在由中国有色集团投资的缅甸达贡山项目中投产。

该工艺主要分为几个工序：干燥、焙烧—预还原、电炉熔炼、精炼等，工艺流程如图
8-40 所示。

（1）干燥。采用回转干燥窑，主要脱出矿石中的部分自由水。

（2）焙烧—预还原。采用回转窑，主要是脱出矿石中剩余的自由水和结晶水，预热矿
石，选择性还原部分镍和铁。

（3）电炉熔炼。还原金属镍和部分铁，将渣和镍铁分开，生产粗镍铁。

（4）精炼。一般采用钢包精炼，脱出粗镍铁中的杂质如：硫、磷等，满足市场要求。

RKEF工艺缺点：无法回收镍矿中的钴，对钴含量较高的氧化镍矿并不适用。由于工
艺能耗高，从经济角度上考虑，适宜于处理镍含量大于 2%、钴含量小于 0.05% 的矿石，
且要求当地要有充沛的电力或燃料供应。

B　瓦纽科夫冶炼工艺

瓦纽科夫冶炼工艺始于苏联时期，由莫斯科国立钢铁合金学院 Vanyukov 教授所领导
的课题组开发出的熔融冶炼工艺。1968 年，在诺里尔斯克建成一座 3m² 试验炉进行铜镍
精矿冶炼镍锍试验。1985 年开始，熔炼—还原双室瓦纽科夫炉建成并进行包括铜矿、黄铁

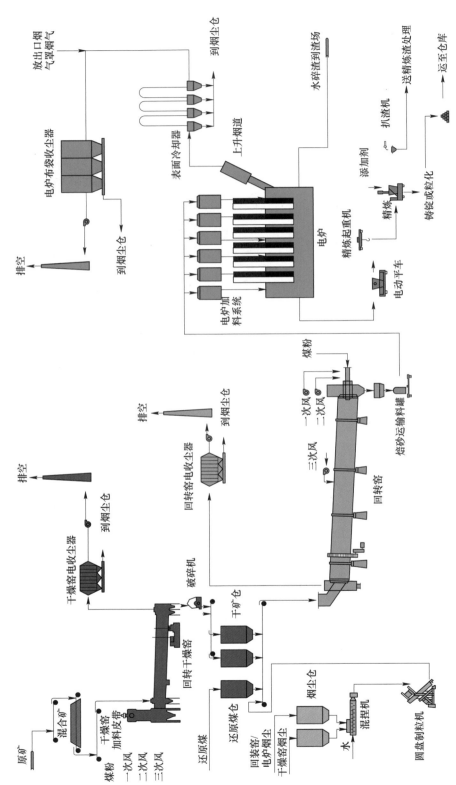

图 8-40　RKEF 工艺流程

矿等在内的冶炼试验研究工作。在随后的时间里，由于苏联解体等原因，相关研究工作暂停了将近 10 年时间。俄罗斯南乌拉尔镍联合公司于 2004 年开展瓦纽科夫炉冶炼红土镍矿生产镍铁的工业试验工作。试验中使用双室瓦纽科夫炉，实现最长连续运行周期为 3 个月，各项生产参数和指标均能保持在稳定状态。图 8-41 所示为双室瓦纽科夫炉体及工艺流程示意图。

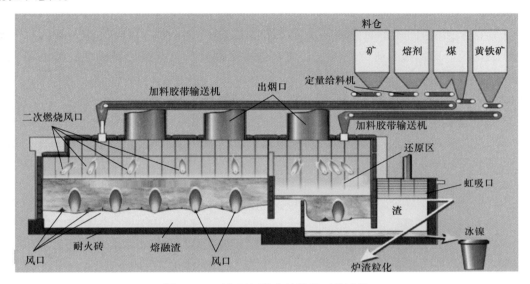

图 8-41 双室瓦纽科夫炉体及工艺流程

C NST 工艺

由于红土镍矿物料中细粒级镍的品位高，在 RKEF 工艺流程中，采用干燥回转窑和焙烧回转窑处理物料，烟尘率高，烟尘含镍较高，采用遮弧交流电炉熔炼，这种电炉不易直接处理粉料，因此烟尘需要单独处理，增加了生产成本。为了克服上述缺点，国外公司开发了一种新的工艺流程称作 NST 技术（nickel smelting technology），该工艺流程借鉴水泥窑外分解的技术，将物料磨细，然后进行闪速干燥、闪速焙烧、在流态化炉中进行预还原，直流电炉熔炼焙烧料，精炼。

该工艺流程的优点：减少了固定投资、节省了操作成本、减少了物料停留时间、提高了产品质量、解决了烟尘问题、降低了动力消耗。

目前，鹰桥公司在新喀里多尼亚的 Koniambo 冶炼厂采用此工艺，项目于 2004 年完成了可行性研究，规模为年产含镍 6 万吨的镍铁，该项目包括 390MW 的电站及供电线路、冶炼厂、采矿和港口、道路等其他设施。

D 回转窑直接还原镍铁工艺

回转窑直接还原镍铁工艺（又称大江山工艺），最初为德国 Krupp-Renn 直接还原炼铁工艺移植转化而来，日本大江山冶炼厂早在 20 世纪 30 年代开始利用回转窑直接还原工艺生产镍铁。

其主要工艺过程为：原矿经干燥、破碎、筛分处理后与熔剂、还原剂按比例混合制团，团矿经干燥和高温还原焙烧，生成海绵状的镍铁合金，合金与渣的混合物经水淬冷却、破碎、筛分、磁选或重选等处理，得到粗镍铁粒。

工艺特点：回转窑自身熔炼即可产出炉料级镍铁，不需要精炼过程，产出的粒度在 1~20mm 范围的镍铁粒易于处理且对矿石的适应性广。

目前，大江山冶炼厂设置 5 条回转窑生产线，年产金属镍量为 1.3 万吨。该工艺主要特点是直接利用还原煤和燃料煤生产镍铁，适合于在电力供应紧张或电力基础薄弱的国家和地区使用。

大江山工艺历时 80 年的发展经历，仅在日本大江山冶炼厂（Ohiyama Smelter）有生产性实践应用。国内很多研究机构和企业都进行了回转窑直接还原镍铁的试验和研究工作，仍未突破给料方式复杂、回转窑结圈、处理量低、难以规模化等问题。

E　转底炉工艺

转底炉直接还原工艺主体设备源自轧钢用的环形加热炉，虽然最初的目的只是用于处理钢铁工业产生的粉尘及废弃物，但很快就有美国、德国、日本等国将其转而开发应用于铁矿石的直接还原。

转底炉工艺对原料、燃料和还原剂的要求比较灵活，工艺简单，设备易于制造。因而投资少、成本低，但不足之处是生产规模小。在国内外转底炉直接还原炼铁工艺的发展过程中，随着时间的推移，出现了 Fastmet、Inmetco、Comet 以及最新的 ITmk3 和 CHARP 等典型的转底炉直接还原炼铁工艺。目前，国内神雾科技集团股份有限公司利用转底炉进行红土镍矿直接还原—磁选工艺生产镍铁，但尚无工业化应用的实践报道。

F　小高炉冶炼工艺

小高炉处理红土矿工艺是最早出现的红土镍矿冶炼镍铁的技术。采用高炉法生产镍合金工艺流程是：湿红土镍矿—生石灰拌矿干燥—配料烧结—破碎筛分—高炉熔炼—浇铸—镍铁，这是中国采用小高炉冶炼工艺生产镍铁的主流工艺路线。根据原料的情况，对原料进行处理，然后利用烧结机的混料和配料设备，向红土镍矿中加入还原剂和熔剂，并混合均匀。混合后的物料经过烧结后，得到含镍烧结矿。烧结矿送到高炉料场，经过筛分后加入高炉。

但随着焦炭价位回归合理，镍价下跌和新环保法实施，目前高炉炼镍铁厂大部分已经停产。高炉冶炼镍铁技术属于淘汰技术，主要原因是：

（1）原料适应性差，高炉无法大型化。适用高铁低镁红土镍矿，当红土矿含镍 1.5%，含铁 35% 时可得到含镍约 4% 的低镍铁。如果用低铁高镁矿，高炉渣量大，黏度大炉况顺行难以保证。

（2）环境污染大。除了传统的高炉污染因素，如烟尘、烟气以外，为了提高炉渣的流动性和减少炉身结瘤，需要向炉料中配入萤石（CaF_2），但造成氟化物的污染。

（3）能源消耗高，且需要焦炭。高炉产生的高炉煤气和余热没有得到有效回收利用，且污染环境。

（4）产品不经过精炼，杂质含量高，不符合国际镍产品贸易标准。

目前国内处理硅镁型镍矿生产镍铁的高炉通常均从炼铁高炉改造而来，最大炉容不超过 $600m^3$，难以实现大规模化的生产规模，属于淘汰工艺。2007 年 8 月 28 日，我国明令禁止高炉冶炼生产低品位含镍生铁。现已逐渐向国外如印度尼西亚等国转移产能，2015 年

8月，由中国总承包的印度尼西亚最大的 $80m^3$ 高炉投产。

8.4.2　富氧侧吹煤粉熔融还原技术的提出

提出富氧侧吹煤粉熔融还原技术主要基于三个因素：

（1）镍价低迷，企业运营困难。2015 年上半年以来，镍价已下跌 20%，价格维持在 82000~83000 元/t，我国镍铁行业正处于去库存、去产能、竞争格局重塑期，整个行业在洗牌重组。

当前国内镍铁厂开工情况较为低迷，总体产能释放率在 30%~45% 之间。低品位镍铁生产量很小，主要开工企业集中在 10%~15% 镍铁的生产上。今年低镍高铁红土矿市场优势薄弱，处理工艺主要为小高炉，需焦炭和烧结，导致高炉镍铁成本高。

采用高炉法工艺的钢厂多已暂停采购低镍高铁红土矿，对低镍高铁红土矿需求不足，压价采购严重，该种矿价格接近红土矿矿山的成本，说明高炉法处理低品位红土矿从加工成本和原料成本已无压缩空间，单一的小高炉镍铁厂将面临淘汰。

中高品位红土矿方面：近来更多国外低价格的镍铁进入国内，对国内镍铁市场形成冲击，下游镍铁价格难以回暖，导致电炉工艺处理红土矿，电耗高，成本高，镍铁厂出现开工率低，运行困难。

2015 年 1~6 月，中国高镍铁产量 207 万吨，前 10 家高镍铁厂产量占比 58%，前 20 家高镍铁厂产量占比 77%，前 30 家高镍铁厂产量占比 87%，第 31~71 名的镍铁厂未来半年至一年内，将面临大面积淘汰。

2015 年 1~6 月，中国低镍铁产量 247.3 万吨，月均产量 41.2 万吨。2015 年 6 月底，中国正常生产的低镍铁厂家 21 家，冶炼产能 61.1 万吨，月均产能利用率 66.6%。低镍铁冶炼产能集中在镍铁-不锈钢一体化企业，总产能在 39.2 万吨/月，产能稳定在 35.5 万吨/月左右，占总产量的 80% 左右。

（2）原料来源渠道不稳，品位逐渐降低。红土矿品位普遍较低、共伴生组分多的特点，镍矿资源综合开发水平不高直接导致了我国镍矿资源对外依存度的不断攀升。2015 年 1~6 月，中国从菲律宾进口红土矿逐月提高，累计报关量达到 1512.85 万湿吨，仅 6 月，中国从菲律宾进口红土矿就达到 457.9 万吨。把镍行业发展的希望寄托在国外的镍矿资源上并非长久之计。近年来，由于多种原因，菲律宾和印度尼西亚开始限制镍矿资源的出口。这直接导致了镍矿石的涨价，对中国的镍行业无疑是一个重创，也对中国如何提高红土矿冶炼工艺水平、降低生产成本、提高其综合开发利用水平提出了更高的要求。

随着红土矿的品位逐渐降低，特别是对于含镍 1% 以下的红土矿。采用传统火法工艺处理，高炉法由于需要焦炭，操作环境差，特别是对于高镁低铁的红土矿，炉况顺行有难度，规模难以扩大；电炉法由于能源结构限制，需耗费大量的电能。由于处理单位红土矿电耗维持不变，若处理低品位红土矿，吨镍成本急剧增加，导致生产不经济。而采用湿法工艺加压酸浸出，虽然可以处理低品位 1% 镍红土矿，但该工艺由于投资大，对设备要求高、流程长，对原料含镁有要求，造成运营费用和生产成本较高。

（3）现有红土矿工艺建设局限性大。当前电炉工艺、小高炉工艺和回转窑工艺由于各自工艺的缺点，有不同的局限性。尤其是在印度尼西亚、菲律宾等国缺电、缺焦以及缺乏废渣堆场，电炉工艺需电厂配套，投资高，孤岛电网运行有一定技术难度；小高炉工艺成本高、环境差，对矿石要求高，高品位镍铁难以规模化；回转窑有技术瓶颈，目前无法工业化，且单套设备生产能力有限，难以规模化生产。

基于上述三个原因，为解决当前处理红土矿特别是低品位红土矿成本高，电力依赖性高、环境差、难以规模化生产等问题，必须采用技术更加先进、加工成本低，环境友好的新型红土矿冶炼工艺来处理。

在这种情况下，根据已有侧吹浸没燃烧熔池熔炼技术（SSC）在有色金属工业的生产实践，提出富氧侧吹煤粉熔融还原红土矿的新型冶炼工艺。

新工艺主要特点：

（1）镍直接加工成本低；

（2）原料和燃料来源广泛，原料成本低，燃料和还原剂使用廉价烟煤或褐煤；

（3）与传统工艺比，投资省，环境友好，冶炼废物为无害渣。

8.4.3　富氧侧吹粉煤熔融还原红土矿技术

采用新技术后，不仅红土矿资源和低廉的煤炭资源充得到充分利用，而且余热发电又反过来补充了生产用电。富氧粉煤侧吹还原红土矿工艺能利用不同品位红土矿，具有运行成本低、可有效降低生产成本和生产能耗等优点。

8.4.3.1　工艺过程

富氧粉煤侧吹还原技术是以多通道侧吹喷枪以亚声速向熔池内喷入富氧空气和燃料（天然气、发生炉煤气、粉煤）以激烈搅动熔体和直接燃烧向熔体补热为特征，SSC 炉系统为一个近似理想的系统 。该工艺特别适应于不发热物料的处理，尤其是红土镍矿的处理。

干燥脱水后的红土矿作为原料与熔剂、还原剂经自动配料系统，直接从富氧粉煤侧吹还原炉顶部的装料溜槽加入熔融还原炉，熔池中温度高达 1500~1600℃，被剧烈搅动的熔融渣，吞没了进入熔池的混合料，并使其迅速熔化。粉煤和富氧空气通过侧吹粉煤喷枪以亚声速喷入炉内的熔融渣中，在渣层内部燃烧补热。还原煤从炉顶加料口加入还原金属。炉膛上空经较高的一排二次风口鼓入助燃空气，对产生的一氧化碳进行二次燃烧。

熔池剧烈的鼓泡和液态渣的翻滚，产生了巨大的反应界面，铁和镍氧化物被加热、熔化和还原，还原生成镍铁水沉降分离，进入喷枪口以下的静止渣层，在重力的作用下，渣铁开始分离。从而在炉缸的上部形成了一层基本不含铁的渣层，镍铁水则沉积在炉子底部，当到一定量后从铁口放出。矿石中的脉石（SiO_2、MgO、Al_2O_3、CaO 等）熔化后，生成具有良好性能的液态炉渣，从排放渣口放出。

富氧粉煤侧吹还原炉的烟气经二次燃烧后，温度一般在 1500~1650℃ 之间，经余热锅炉冷却后，蒸汽送余热发电进行二次能源回收利用，冷却后的烟气经收尘系统除尘，送尾气脱硫，脱硫后排空。

8.4.3.2　技术特点

富氧侧吹粉煤熔融还原红土矿技术特点如下：

（1）原料来源广泛、物料制备简单。可处理不同类型的红土矿，无论低铁高镁或高铁低镁均可。由于采用侧吹熔池熔炼工艺，炉内的熔池为冶炼不同物料提供良好运行稳定性；当原料成分不同时，仅需要适当调整氧气量和煤粉量，同时加入少量熔剂保持熔池内渣型的稳定便可保证生产顺行。原料备料简单，块矿和粉矿均能使用。由于红土矿难以浮选，为原生矿，其含有 20%~35% 的游离水和结合水。采用富氧侧吹粉煤熔融还原红土矿，仅需进行初步干燥至含水 10%（或蒸汽深度干燥至含水 0.3%），直接加入侧吹炉中进行熔化还原熔炼，省去了传统工艺烧结、预还原等工序。

（2）作业率高、安全性好。年作业时间可达 300~330 天。富氧侧吹煤粉熔融还原炉墙为双层结构形式，从内到外为耐火砖、铜水套。耐火材料起隔热作用，减少炉子的热损失。而外层铜水套在炉墙上形成了一个冷却强度很大的冷却层，使得炉墙耐火材料始终在低温下工作。铜水套和内衬砖的结构有利于冷却和挂渣，大大延长了炉子寿命。

喷枪喷入的燃料和氧气的相对量的调节，有效控制参与冶炼反应的氧气的氧势，熔池内部氧化和还原氛围可控，严格控制四氧化三铁的生成，防止泡沫渣、喷炉等不利炉况的发生。

（3）炉内还原度可控、镍铁分离好、运行成本低。侧吹工艺炉渣含 FeO 控制在 5%~20% 之间，炉内熔池处于适宜的还原强度。有利于镍和铁的选择还原。如原料为低镁高铁型，渣中含 FeO 含量高以后，渣系主要为铁橄榄石渣型，该渣型温度低，需配料中添加菱镁矿将渣系转化为 $FeO-MgO-SiO_2$ 三元系，提高炉渣温度到 1500~1550℃，以实现镍铁的选择性还原，有利于得到高品位的镍铁。

新工艺中采用的设备，除了侧吹炉和侧吹喷枪已在有色行业应用外，余热锅炉、收尘系统、尾气脱硫、氧气站以及余热发电都是常规设备，造价比其他工艺设备低廉；维修及操作费用低，侧吹炉为固定式炉，不转动，维修简单而便宜。

（4）氧气浓度高、热利用率高。富氧侧吹粉煤熔融还原工艺核心部件为侧吹喷枪。侧吹喷枪可喷吹高富氧浓度富氧空气和粉煤。富氧浓度达 70%~90%，冶炼废气量小，烟气热损失小。通过侧吹喷枪直接向熔体内部补热。燃料直接在熔体内燃烧，放出热量全部被熔体吸收，加热速度快，热量利用率高，可以快速有效调节熔池温度。

新工艺处理红土矿产生的高温烟气中含 30%~35% 的一氧化碳，在余热锅炉上升烟道鼓入氧气或空气进行强还原性烟气的二次燃烧，二次燃烧率可达 95% 以上（该工艺已在有色冶炼高锌铅渣烟化炉上成功应用），产生的热量通过余热锅炉回收，产生的蒸汽可进行发电和送到其他蒸汽用点，余热得到充分利用。

（5）镍铁有害元素含量少。由于其独特的熔池熔炼原理，镍铁合金中的有害杂质较高炉和电炉工艺杂质含量少。主要表现在：

1）镍铁中不含硅。采用高炉工艺和电炉工艺处理红土矿得到的粗镍铁合金中，硅含量一般为 2%~4.5%，而采用新型富氧侧吹粉煤熔融还原技术，由于其属于熔池熔炼，温度控制在 1450~1550℃，炉渣中 FeO 含量通常控制在 5%~20%，SiO_2 会迅速与 FeO 造渣，因此新工艺生产的镍铁水基本上不含硅。

不锈钢厂可以利用新工艺生产的镍铁中不含硅这一特点进行低硅铁水操作，可减少渣量，并降低造渣剂的消耗量。

2）脱磷能力强。富氧侧吹粉煤熔融还原技术脱磷能力强，因此可适当放宽原料含磷的限制，拓宽原料来源和降低成本。

红土矿、还原煤以及辅料中的磷在熔炼过程中，侧吹粉煤喷枪将煤粉喷入高铁渣熔池中，原料少量的磷被碳还原成单质 P_4 挥发进入烟气，剩余磷绝大部分进入渣中，镍铁基本不含磷。主要反应如下：

$$2(CaO)_3 \cdot P_2O_5 + 3SiO_2 + 10C = P_4 + 3(CaO)_2 \cdot SiO_2 + 10CO$$

但高炉法处理红土矿无法使用高磷原料，因为其采用料柱熔炼，还原得到的单质 P_4 蒸气在上升过程中被海绵铁吸收，最后又进入镍铁，磷几乎 100% 进入粗镍铁中。电炉法处理红土矿也由于类似原因，磷大部分进入粗镍铁合金中，无法使用高磷原料。

3）粗镍铁含硫量低。富氧侧吹粉煤熔融还原技术具有比高炉还原强的脱硫能力。在侧吹炉内，煤在熔池中高温分解时，挥发分中的大部分硫直接进入烟气，而只有很少一部分进入铁液。红土矿原料中的硫在熔炼时进入炉渣。另外，由于新工艺为侧吹熔池熔炼，炉中熔渣被强烈搅拌，铁滴和熔渣得以充分混合，加强了渣铁间的脱硫效果。因此进入渣铁的硫，大部分被熔渣所吸收。因此，进入镍铁中的硫大为减少，有利于不锈钢厂铁水脱硫处理，减少脱硫带来的额外费用。

（6）能源结构合理，燃料适应性强。与传统烧结矿—高炉熔炼工艺相比，富氧侧吹煤粉熔融还原工艺处理红土矿新工艺特征在于：不需使用焦炭或焦煤，可使用广泛的煤种，有利于环保和降低成本。必要时也可用天然气或其他燃料来代替煤粉。新工艺特别适合在基础设施薄弱、电力供应缺乏的国家地区建厂，不受能源结构限制。

（7）炉内氧势控制灵活。可以通过调节氧气量和加煤量来灵活调节炉内熔池氧化还原氛围，红土矿中镍和铁，可通过添加还原煤、调整渣型来实现镍和铁两种元素的选择性还原。

（8）环境友好。省去了传统高炉工艺处理红土矿所必需的烧结或球团等造块工序，大大降低了有害物质的排放，环境友好。

8.4.3.3　工程案例

从侧吹浸没燃烧熔池熔炼的长期性、稳定性以及获得经济指标的先进性等方面考察，其大规模工业化条件已经成熟，再加上投资的节约性及配置的紧凑性，采用富氧侧吹粉煤熔融还原工艺处理红土矿前景是乐观的，该技术将是传统红土矿工艺升级改造的首选技术。

现以建设一座年处理 50 万吨红土矿（干基）规模工厂，选取典型红土矿（干矿含镍1.8%）为例，简要介绍其产品规模、原辅材料及工艺流程、设施配备、投资估算及主要经济评价指标。

A　生产规模

年产镍铁规模为 50 万吨；品位为 16%。

B　原料、燃料及辅助材料

以高品位红土矿为原料，燃料为粉煤和块煤。辅助材料主要为石灰石。年需要红土矿50 万吨（干基），其主要成分见表 8-22。

表 8-22 红土镍矿（干基）成分 （%）

元素	Ni	Co	S	Cr	Fe	SiO₂	Al₂O₃	MgO	CaO	P
含量	1.80	0.04	0.08	0.25	16.00	39.90	1.80	20.00	1.50	0.008

红土镍矿含自由水 33%，结晶水 10%，矿石粒度不大于 100mm。

还原煤与煤粉均采用同一种褐煤，其主要成分见表 8-23。

表 8-23 褐煤成分

成分	灰分	挥发分	固定碳	C	H	S	N	P	结晶水	$Q_{低}$/MJ·kg⁻¹
含量/%	5.6	28.64	39.36	53.2	2.24	0.4	3.9	0.01	6.4	18.96

C 主要技术经济指标

红土矿主要技术指标见表 8-24。

表 8-24 含 Ni 1.8%红土矿主要技术指标

序号	指标名称		数值	备注
1	红土矿量/t·a⁻¹		500000	干基
2	原料成分/%	Ni	1.80	
		Fe	16	
		Mg	12.06	
3	作业时间/d		300	
4	回收率/%	Ni	94.12	
		Fe	52	
5	镍铁品位/%		16.26	
	镍铁产量/t·a⁻¹		52111.50	
6	富氧浓度/%		70	
7	年产渣量/t·a⁻¹		370308	
	渣含 Fe/%		10	
	渣含 Ni/%		0.07	
8	余热锅炉产蒸汽/t·h⁻¹		60	
	年产蒸汽/t		432000	
	折余热发电/kW·h·a⁻¹		64800000	150kW·h/t 蒸汽
9	主要消耗	煤率/%	44	干基
		年耗煤/t	220000	干基
		氧气量/m³·h⁻¹	14951.94	
		压缩空气量/m³·h⁻¹	8921.57	

D 与其他火法冶炼工艺加工成本对比

成本对比，采用相同原料和价格体系进行了计算成本对比，结果见表 8-25。

表 8-25　含 Ni 1.8%红土矿不同工艺处理成本对比

序号	项目		侧吹工艺	电炉工艺	高炉工艺
1	生产消耗	电耗/kW·h·t^{-1}	115.20	550.00	160.00
		矿石/t·t^{-1}	1.49	1.49	1.49
		压缩空气/m^3·t^{-1}	128.47	0.00	0.00
		氧气/m^3·t^{-1}	215.31	0.00	0.00
		无烟煤/t·t^{-1}		0.10	0.26
		褐煤/t·t^{-1}	0.44	0.19	0.19
		石灰石/t·t^{-1}			0.31
		萤石/t·t^{-1}			0.01
		焦炭/t·t^{-1}			0.36
		余热发电/kW·h·t^{-1}	(129.60)		
2	单价	电价/元·(kW·h)$^{-1}$	0.50	0.50	0.50
		矿石/元·t^{-1}	465.00	465.00	465.00
		压缩空气/元·m^{-3}	0.15	0.15	0.15
		氧气/元·m^{-3}	0.40	0.40	0.40
		无烟煤/元·t^{-1}		500.00	500.00
		褐煤/元·t^{-1}	400.00	400.00	400.00
		发电煤/元·t^{-1}		400.00	
		焦炭/元·t^{-1}			1100.00
		石灰石/元·t^{-1}			300.00
		萤石/元·t^{-1}			1200.00
3	生产指标/元·t^{-1}	电耗	57.60	275	80.00
		矿石	692.85	692.85	692.85
		压缩空气	19.27	0.00	0.00
		氧气	86.12	50.51	0.00
		褐煤	176.00	77.53	76.66
		无烟煤		50.51	128.66
		焦炭			397.77
		石灰石			94.12
		萤石			11.44
		余热发电	(64.80)		
4	红土矿直接生产成本/元·t^{-1}		967.04	1095.89	1481.49
5	折合吨镍成本/元·t^{-1}		53724.65	60882.87	82305.27

　　通过表 8-25 可看出，同一红土矿采用侧吹工艺，与其他电炉和高炉工艺相比，成本确实有较大优势。侧吹工艺成本低主要原因有：仅使用廉价的褐煤或烟煤；采用高富氧操作，烟气带走热量大为减少；冶炼工艺为熔池熔炼工艺，反应速率快，床能率高。

　　结合新工艺的成本优势，又对传统上使用湿法工艺处理的含镍 1%的低品位红土矿进行了成本核算，核算结果令人鼓舞。根据核算结果，其吨镍直接加工成本约 58698.37 元，相较传统工艺电炉法和高炉法具有较大的成本优势。同时也给我们提供了一种新的认知，采用新工艺可经济的处理 1% 的红土镍矿，改变了传统上认为的红土矿含镍低于 1.4% 火法处理工艺成本高，适宜采用湿法流程的固有观念，为含镍低于 1.4% 以下的低品位红土矿的经济的处理提供了先进的火法冶炼工艺。

E 工艺流程

富氧煤粉侧吹还原红土矿的工艺流程如图 8-42 所示。

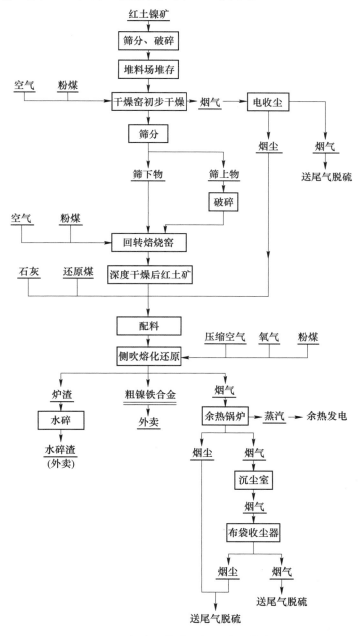

图 8-42 侧吹工艺处理红土矿工艺流程

红土矿原矿含水约 33%，红土矿先进以粉煤为燃料的干燥窑进行初步脱水，将含水降为 15% 以下。经过破碎筛分，将干燥后的红土矿加入回转焙烧窑中进行深度干燥焙烧。

经过焙烧后的红土矿通过侧吹炉炉顶加料口进入炉内。还原渣通过铜水套隔板溢流到渣分离区。

侧吹炉烟气经过炉体上部以及余热锅炉上升烟道的二次燃烧，烟气温度上升到 1500℃。烟气余热通过余热锅炉吸收，产生蒸汽送余热发电。

锅炉出口烟气约 350℃，烟气直接进布袋收尘后送尾气脱硫系统。

工艺特点：

（1）采用粉煤和煤，成本低；

（2）烟气利用余热锅炉回收余热，特别是二次燃烧热，得到的蒸汽可用作发电或其他生产用途；

（3）镍铁品位控制灵活。

F　工程设施及主要设备

富氧煤粉侧吹还原红土矿需配备的主要生产设施由以下部分组成：原料仓及煤仓；干燥车间、焙烧车间、侧吹熔炼厂房、尾气脱硫及烟囱；环保通风系统、煤粉制备、余热发电、化学水处理、循环水泵房及空压机站。

主要设备有：（1）富氧侧吹煤粉还原炉：$50m^2$；（2）余热锅炉：60t/h（蒸发量），$p = 4.4MPa$；（3）氧气站：深冷、15000m^3/h，$p = 0.6MPa$。

G　工程直接投资估算

工程直接投资估算见表 8-26。

表 8-26　工程直接投资

序号	车间子项	工程总造价/万元	备注
1	侧吹熔炼车间 （包括熔炼、锅炉和收尘）	12000	冶金炉：4000 万元 锅炉：2000 万元
2	氧气站	7000	
3	粉煤制备车间	1000	
4	尾气脱硫	700	
5	柴油间	100	
6	精矿仓及转运站	2000	
7	干燥车间（包括收尘）	3500	
8	焙烧车间	4500	
9	余热发电	2500	
10	循环水泵房	600	
11	化学水处理	300	
12	总计	34200	3.42 亿元

8.4.4 渣型选择

根据红土镍矿分类，主要分为褐铁矿型和硅镁镍矿型两种。

（1）褐铁矿类型组成特点是：含 Fe 较高，一般为 40% ~ 50%；MgO 0 ~ 5%，SiO_2 10% ~ 30%。

（2）硅镁镍矿型组成特点是：含 Fe 较低，一般为 15% ~ 30%；MgO 15% ~ 35%，SiO_2 10% ~ 30%。

冶炼的本质其实就是在炼渣，渣型的好坏直接决定了工艺的好坏。关于熔池熔炼方法冶炼红土矿的渣型未见任何专利或文献报道。由镍铁冶炼原理可知，冶炼红土矿过程中，追求的最佳工艺条件是实现镍最高还原率和铁最低还原率，即尽可能得到高品位的镍铁合金。

采用富氧熔融还原工艺后，由于该法属于熔池熔炼，通过改变炉内的还原氛围可实现镍铁的选择性还原。由于金属镍的熔点为 1450℃，冶炼熔渣温度必须在该温度以上。

根据上述原则，提出红土矿熔池熔炼工艺处理红土镍矿的冶炼渣型如下：

（1）对于褐铁矿类型红土镍矿。该类型红土矿石中，主要成分为 55%FeO，5%MgO，19%SiO_2。

1）若产品要求制备高品位镍铁，要求铁的还原率较低（50% ~ 60%），则造成渣中含 FeO 较高约 30%，渣系主要为 FeO-SiO_2 铁橄榄石渣，该渣型温度低，无法实现镍铁的熔池熔炼。因此为提高渣温，提出一种褐铁矿型红土矿制备高品位镍铁的工艺配料方法。配料添加白云石或菱镁矿将渣系转化为 FeO-MgO-SiO_2 三元系，提高渣温度到 1500 ~ 1550℃，以实现镍铁的选择性还原，有利于得到高品位的镍铁。典型的渣型为：FeO 20% ~ 30%，MgO 20% ~ 30%，SiO_2 约 40%。

2）若产品要求制备低品位镍铁，铁和镍的还原率高达 95% 以上，炉渣中主要成分为 SiO_2 和少量的 MgO，在熔池熔炼条件下，配料添加石灰石将渣系转化为 CaO-MgO-SiO_2 三元系，提高渣温度到 1450 ~ 1500℃，以实现铁的充分还原，得到较高铁回收率。典型的渣型为：CaO 40%，MgO 10%，SiO_2 33%，Al_2O_3 < 15%。

（2）对于硅镁镍矿型类型红土镍矿。该类型红土矿石中，主要成分为两种：一种为低镁型，另一种为高镁型。硅镁镍矿通常含镍较高，一般在 1.4% 以上，通常制取高品位镍铁，因此应控制工艺条件为镍最高还原率和铁最低还原率。

对于上述两种硅镁镍矿类型的红土镍矿，主要控制 MgO/SiO_2 = 0.5 ~ 0.75，FeO 10% ~ 25%。通过配料添加白云石或菱镁矿将炉渣组成转化为 FeO-MgO-SiO_2 三元渣系，控制渣温于 1500 ~ 1550℃，以实现镍铁的选择性还原。

由于电炉采用电极加热，因此其特别适应高熔点渣型，允许使用高镁渣型，熔点可达 1600℃ 以上。

采用高炉炼红土镍矿则对渣型要求较高，由于红土矿主要成分为低铁、低钙，高镁高硅的特殊性，特别是 MgO 含量较高而 CaO 含量较低，造渣制度难以参照现代高炉炼铁工艺的造渣制度，否则渣量将过大，能耗将非常高，同时改变了高炉内部熔融态渣和铁水的体积比，造成渣层过厚，热量难以传到炉缸下部，引起液态镍铁温度低不易流出。因此根据渣型特点，很好解释了为何高炉仅能适应高铁低镁类型红土镍矿。

对高炉来讲，其液态渣一旦落入熔池便无法还原，同时意味着 Fe/Ni 比值无法调整，而采用侧吹熔池熔炼工艺处理红土镍矿则不会出现该问题。

侧吹炉属于熔池熔炼工艺，通过喷枪浸没于液态渣层中，对渣层进行搅拌。通过调整还原煤加入量，可方便的调整炉渣中铁的还原率，镍铁品位可灵活调节。同时由于侧吹炉可通过堰口高度灵活调节金属层和渣层的厚度，对渣和镍铁金属量比有宽泛的适应性，因此可根据红土矿含镁高低，在电炉渣型的基础上，适当添加 CaO 来调整渣型，维持炉渣温度在 1450~1550℃之间。

8.4.5　SSC 技术应用前景展望

从侧吹浸没燃烧熔池熔炼工艺（SSC 技术）在有色金属成功的工业生产实践以及技术经济指标的先进性等方面考察，富氧侧吹煤粉熔融还原工艺具有工厂建设投资省、金属回收率高、产品成本低、资源综合利用水平高、综合能耗低、作业环境优良等优点。

该技术不仅可以处理红土矿，而且可以处理其他含铁矿物和原料。主要可扩展应用在以下几个方面：

（1）铜渣处理，用于制备含铜不锈钢的铁铜合金原料。

（2）含铬原料的处理，与红土矿搭配制备特种不锈钢原料。

（3）其他不发热的含铁、镍、铬等二次固废的高温火法熔融处理和有价金属的回收。

⑨ 智能优化控制系统在侧吹冶炼领域的应用

9.1 概述

9.1.1 智能工厂发展的背景

在当前全球工业 4.0 技术背景下，有色冶炼智能工厂的发展普及是未来有色冶炼行业技术升级转型的重点发展方向之一。有色金属工业"十三五"规划中明确指出，在铜、铝、铅、锌等冶炼以及铜、铝等深加工领域，实施智能工厂的集成创新与试点示范，促进企业提升在优化工艺、节能减排、质量控制与溯源、安全生产等方面的智能化水平，预计到 2020 年，冶炼及加工领域智能工厂普及率达到 30% 以上。

在有色冶炼智能工厂发展布局中，生产智能化是有色冶炼智能工厂建设的重点，而基于生产实践的智能优化控制又是生产智能化的核心。因此，开发实施基于冶炼生产工艺的在线智能优化控制系统，将是传统有色冶炼工厂向有色智能工厂转型过程中不可或缺的重要环节。

9.1.2 当前有色冶炼生产过程控制所面临的主要问题

当前有色冶炼生产企业对生产控制主要是通过分布式控制系统（distributed control system，DCS）来实现的，即通过人工设定方式，在 DCS 系统操作站上设定好各个工艺操作参数的数值，由 DCS 系统控制相应的设备（阀门、给料装置等）并执行参数设定。从底层硬件控制和执行上来说，目前有色冶炼行业普遍采用的这种 DCS 控制系统历经多年的发展，技术上可以保证对设备的精确控制和执行。但是，仍然有很多有色冶炼生产企业面临工况波动大的问题，不仅影响下一道工序的生产，而且会影响冶金炉窑等设备的正常使用寿命，给生产带来许多不稳定因素。引起这一问题的原因是多方面的，除了硬件设备的可靠性因素外，还有一个主要原因是面对有色冶炼高温、多相、连续反应过程，生产上对工艺控制参数的调整和输入通常仅依靠个人经验进行设定，粗放调整，受限于个人经验水平以及冶炼过程监控的滞后性，给冶炼生产带来不可控因素。

9.1.3 在线智能优化控制系统稳定侧吹炉生产的作用

现代强化熔炼技术的瞬时性和连续性，势必对工艺控制系统提出更高的要求。国内江铜贵冶、金隆铜业等闪速炼铜生产企业采用日本"东予"冶金数学模型对闪速炉的生产进行过程控制，Ausmelt 顶吹炼铜技术也开发了相应的 PCS 系统（process control system）指导 Ausmelt 冶炼生产过程控制，日本三菱公司开发出与之配套的三菱工艺运行支持系统（mitsubishi process operation support system，MIOSS）对三菱连续炼铜工艺生产过程进行间接控制和指导。

在线智能优化控制系统是基于侧吹熔炼工艺原理和冶金反应过程开发的实用冶金智能优化控制平台，其核心作用是通过建立侧吹熔炼冶金数学模型，基于冶金热力学数据库、反馈控制算法以及仪表检测数据，自动计算出各种冶炼工况条件下的工艺操作参数并经操作人员确认后，将工艺控制参数通过 OPC 接口传递给 DCS 系统进行硬件的终端控制，实现冶炼过程的连续、稳定生产。

在线智能优化控制系统以常规 DCS 系统为基础，同时和常规 DCS 系统相比，在线智能优化控制系统能实现常规 DCS 系统不具备的冶金数学模型计算与调整生产参数功能，两者对比见表 9-1。

表 9-1　智能优化控制系统与常规 DCS 系统差别

对比项	智能优化控制系统	常规 DCS 系统
基础 DCS 控制硬件	有	有
侧吹熔炼冶金数学模型	有	无
冶金热力学数据库	有	无
工艺控制参数的确定	计算机数模自动计算	依靠人工计算或凭经验
对入炉物料的响应速度	实时匹配，快速准确	滞后
对 DCS 系统硬件的控制模式	自动/手动	手动
是否具备动态协同控制条件	具备	不具备

对于侧吹炉来说，采用在线智能优化控制系统对冶炼过程优化和控制将对侧吹炉的生产运营带来积极作用，以矿铜冶炼为例，其作用主要在于：

（1）稳定侧吹炉生产工况。侧吹炉经常要处理成分不同的各种铜精矿以及其他入炉物料，如果仅依靠人工经验对工艺控制参数进行计算和修正，容易使得工艺操作参数无法及时准确地匹配炉料的变化，导致侧吹炉出现铜锍、炉渣成分不稳定或炉温异常等现象。轻则影响后续工序的正常生产和设备正常使用寿命，重则出现停炉甚至系统性停产等严重事故。侧吹熔炼在线智能优化控制系统就是要解决侧吹炉生产面临的实际困难，该系统通过内置的在线冶金数模和热力学数据库，能准确快速地分析计算出不同炉料和工艺条件下的操作参数，并自动地将计算结果传输给 DCS 控制系统实现侧吹炉的智能控制，为侧吹熔炼生产系统的稳定和安全运营提供重要技术保障。

（2）强化侧吹炉安全生产，提高作业率。在线优化控制系统根据原料特征动态匹配氧料比等重要工艺参数，降低出现过吹、熔池过热影响炉寿等安全事故风险，在稳定生产的同时，也将降低设备寿命的非正常损耗和侧吹炉维护成本，减少大修和小修的周期，提高作业率。

（3）为生产优化创造先决条件。在线智能优化控制系统可以在离线状态下作为工程师站，对侧吹炉要处理的各种原料以及各种工况条件进行操作条件的模拟演算，并能通过内置的数据库查询和分析功能，对生产大数据进行挖掘分析，为冶金工程师不断地对工艺优化创造具体条件。

9.2　在线智能优化控制系统组成

从系统架构上来看，在线智能优化控制系统由五个子系统构成，如图 9-1 所示。

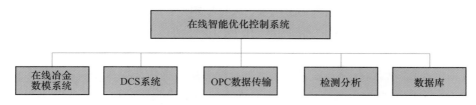

图 9-1 在线智能优化控制系统框架图

在线智能优化控制系统构成如下：

（1）在线冶金数学模型子系统。该子系统是整个智能工艺优化控制系统的核心，它基于侧吹熔炼冶金原理和过程反应机理建立一套数学模型，该子系统包括一个拥有 20000 多条化合物热力学数据的数据库，可以进行物料平衡、能量平衡以及多相平衡计算，同时内置一套反馈控制算法，当目标控制参数发生偏离时可快速进行修正，如图 9-2 所示。

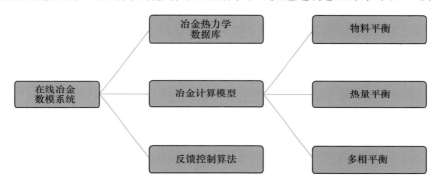

图 9-2 在线冶金数模系统框架图

（2）DCS 子系统。DCS 子系统是整个系统的重要基础，负责终端硬件（仪表、阀门、定量给料机等）的集中控制与信号反馈。

（3）检测分析子系统。该子系统包括精矿、铜锍、炉渣等物料的成分以及熔体温度等的检测，成分的检测主要通过荧光分析仪的 TCP/IP 数据端口传输到系统的数据库，并作为反馈值提供给在线冶金数学模型子系统进行跟踪和反馈修正，同时也提供给现场操作人员，便于对工艺过程状态进行判断和操作。

（4）OPC 数据传输子系统。OPC 数据传输子系统是连接冶金数学模型子系统和 DCS 子系统之间的纽带，通过 OPC 传输协议为两个子系统的变量建立起一对一的映射关系，实现两个子系统之间的通信。

（5）过程数据库子系统。数据库储存了在线智能优化控制系统运行过程中所有的中间变量及数据，为系统的正常运行以及后续工艺的不断优化提供数据服务支持。

9.3 在线智能优化控制系统的控制逻辑

在线智能优化控制系统的控制策略与逻辑始终围绕侧吹熔炼工艺原理与过程本身，根据生产实际情况和工艺特点采用相应的控制策略。

侧吹炉处理的铜精矿原料来源多，同一批料使用的时间不长，原料成分易发生变化。侧吹熔炼采用的控制策略可以是固定一次风量，根据氧料比，调整炉料的加入量（定氧调料）；也可以是固定投料量，根据不同的精矿品位和工艺条件动态调整一次风量（定料调氧）。侧吹炉以铜锍品位、渣中 Fe/SiO_2 比值、熔炼操作温度这三大参数作为侧吹熔炼过程的控制目标，通过调整入氧料比、石英石量以及煤量（或冷料量）保障三大目标参数的稳定。

在线冶金数学模型子系统作为在线智能优化控制系统的核心模块，其内部的冶金过程控制模型采用经典的 FF 冶金数学前馈—反馈控制逻辑。前馈计算模块基于侧吹熔炼反应过程，在冶金热力学数据库的支持下，根据工艺控制目标，采用三大平衡体系（物料平衡、能量平衡、多相平衡）计算出主要控制参数，这些参数再通过 DCS 系统进行操作。反馈计算模块是指通过间断检测反馈，将实际测量值与目标值进行对比，当二者出现偏差时，系统将自动触发反馈控制模式，通过反馈控制算法重新调整工艺控制变量，实现动态反馈过程。

侧吹熔炼炉控制逻辑如下（以下为定氧调料模式，也可采用定料调氧模式）：

（1）在系统中输入原辅燃料等物料的成分信息，设定好一次风量、氧气浓度及三大目标参数值（铜锍品位、渣中 Fe/SiO_2 比值、炉渣温度）；

（2）前馈计算模块启动，自动计算出熔炼过程需要的理论炉料量、石英石量、煤量等主要操作参数；

（3）主要操作参数通过窗口显示给现场工艺操作人员，经确认后，通过 OPC 服务器传递给 DCS 系统，由 DCS 系统控制硬件仪表和设备；

（4）检测分析子系统分析出当前的铜锍品位、渣中 Fe/SiO_2 比值以及炉渣温度，与目标值进行对比，若偏差超出允许范围，系统自动触发反馈计算，将修正量和前馈输出值进行运算，得到修正后的主要操作参数，并经操作人员确认后，通过 OPC 传输子系统将计算后的主要操作参数传递给 DCS 进行终端控制。

侧吹熔炼"前馈—反馈"控制逻辑图如图 9-3 所示。

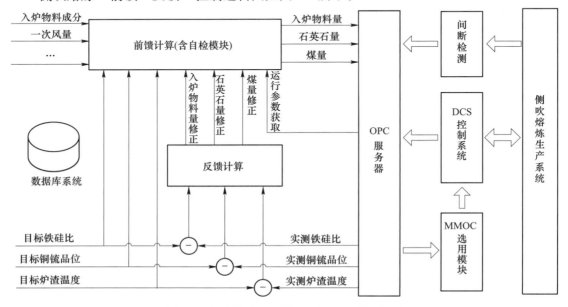

图 9-3　侧吹熔炼"前馈—反馈"控制逻辑图

9.4 在线智能优化控制系统的开发

9.4.1 建模方法

对侧吹熔炼过程建立物料平衡、热量平衡、多相平衡三大平衡方程，用数学建模方法分别描述如下：

（1）物料平衡方程：

$$\sum_m \sum_{c=\mathrm{Var}} E_{c,e} \cdot X_{m,c}^{\mathrm{in}} + \sum_{m=\mathrm{Var}} \sum_{c=\mathrm{Con}} E_{c,e} \cdot C_{m,c}^{\mathrm{in}} \cdot X_m^{\mathrm{in}} + \sum_{m=\mathrm{Con}} \sum_{c=\mathrm{Con}} E_{c,e} \cdot C_{m,c}^{\mathrm{in}} \cdot M_m^{\mathrm{in}} -$$

$$\sum_m \sum_{c=\mathrm{Var}} E_{c,e} \cdot X_{m,c}^{\mathrm{out}} - \sum_{m=\mathrm{Var}} \sum_{c=\mathrm{Con}} E_{c,e} \cdot C_{m,c} \cdot X_m^{\mathrm{out}} - \sum_{m=\mathrm{Con}} \sum_{c=\mathrm{Con}} E_{c,c} \cdot C_{m,c} \cdot M_m^{\mathrm{out}} = 0$$

（2）热量平衡方程：

$$\sum_i \Delta H_{298,Ai} + \sum_i \int_{298}^{T_i} C_{p_{Ai}} \mathrm{d}T = \sum_j \Delta H_{298,Bj} + \sum_j \int_{298}^{T} C_{p_{Bj}} \mathrm{d}T + Q_{\mathrm{Loss}}$$

（3）多相平衡方程：

$$G = \sum_{p=1}^{p} \sum_{c=1}^{C_p} N_{pc} \left[G_{pc}^{\ominus} + RT\ln(\gamma_{pc}\chi_{pc}) \right]$$

联立方程，采用高斯法求解多元一次线性方程组 $Ax = b$：

$$\begin{cases} a_{11}x_1 + a_{12}x_2 + \cdots + a_{1n}x_n = b_1 = a_{1,n+1} \\ a_{21}x_1 + a_{22}x_2 + \cdots + a_{2n}x_n = b_2 = a_{2,n+1} \\ \qquad\qquad\qquad \vdots \\ a_{n1}x_1 + a_{n2}x_2 + \cdots + a_{nn}x_n = b_n = a_{n,n+1} \end{cases}$$

对方程组进行初等行变换，将非奇异矩阵 A 逐步消元化为上三解阵：

$$\begin{pmatrix} a_{11} & a_{12} & \cdots & a_{1n} & b_1 \\ a_{21} & a_{22} & \cdots & a_{2n} & b_2 \\ \vdots & \vdots & \ddots & \vdots & \vdots \\ a_{n1} & a_{n2} & \cdots & a_{nn} & b_n \end{pmatrix} \rightarrow \begin{pmatrix} a_{11}^{(1)} & a_{12}^{(1)} & a_{13}^{(1)} & \cdots & a_{1n}^{(1)} & b_1^{(1)} \\ 0 & a_{22}^{(2)} & a_{23}^{(2)} & \cdots & a_{2n}^{(2)} & b_2^{(2)} \\ 0 & 0 & a_{33}^{(3)} & \cdots & a_{3n}^{(3)} & b_3^{(3)} \\ \vdots & \vdots & \vdots & \ddots & \vdots & \vdots \\ 0 & 0 & 0 & \cdots & a_{nn}^{(n)} & b_n^{(n)} \end{pmatrix}$$

回代求解，逐步代入计算可得方程组的解：

$$\begin{cases} x_n = a_{n,n+1}^{(n)} / a_{nn}^{(n)} \\ x_i = a_{i,n+1}^{(i)} - \sum_{j=k+1}^{n} a_{n,n+1}^{(n)} x_j / a_{ii}^{(i)} \qquad (i = n-1, n-2, \cdots, 1) \end{cases}$$

9.4.2 建模及开发工具

建模方式主要有以下三种：

（1）采用第三方软件。侧吹熔炼前馈计算模型可采用当前成熟的第三方软件如 MET-CAL、METSIM 等完成建模，这些第三方软件具有完善的化合物热力学数据库，而且建模方法在行业内得到公认，可靠性较高，但灵活性受一定约束，对于一些有特定功能需求的开发项目而言，有时需要牺牲一定的周期时效才能在新发布版本上实现功能。

（2）采用高级编程语言。以侧吹熔炼冶金建模原理为基础，在热力学数据支持下，可采用高级编程语言进行建模和开发。自主编程开发具有应用灵活的特点，但是需要更多的开发资源（人力、时间）。

（3）采用"第三方软件+扩展编程"。采用此种方式可充分利用第三方软件成熟可靠的建模优势，避免完全自主开发的资源消耗过大，同时又能利用第三方软件提供的接口，根据项目的实际需求采用高级编程语言进行功能扩展开发，保证应用的灵活性，降低后期维护成本。

编程开发可采用 C#、Java、C++等面向对象编程语言，数据库可采用甲骨文 Oracle、微软 SQL Server 等商业数据库软件，也可采用 MySQL 等开源数据库软件。

9.5　在线智能优化控制系统的功能及界面

在线智能优化控制系统的界面如图 9-4 所示。

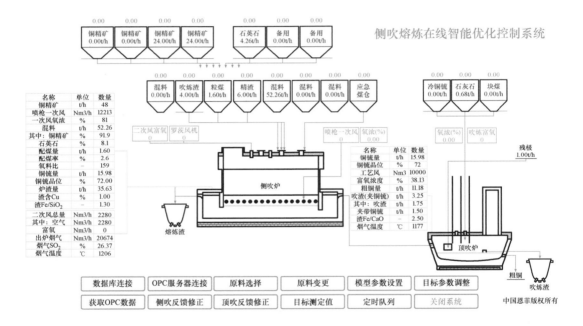

图 9-4　在线智能优化控制系统的界面

侧吹熔炼在线优化控制系统主要目标及实现功能包括：（1）物料成分输入；（2）数模参数设定和变更；（3）目标参数反馈修正；（4）OPC 数据通信；（5）检测输入；（6）数据库架构存储；（7）数据查询及权限管理。

9.5.1　物料成分输入

物料成分输入模块是最前端的输入单元，通过该模块输入各种入炉物料的物相组成，这些物料包括精矿、熔剂、返料等。

在没有物相化验条件的情况下，需要将物料的元素组成按照合理的物相进行推定，即在参与热平衡计算之前，将物料由元素输入状态转变成化合物输入状态，原料成分输入界面如图 9-5 所示。

物料成分输入及仓号选择表

可选物料列表

物料名称	物料类型	Cu	Fe	S	Pb	Zn	SiO2	CaO	MgO	Al2O3	水分	比例(%)
铜精矿1	铜精矿	22.00	28.00	31.00	0.30	0.80	8.00	1.00	0.50	0.00	8.00	0
铜精矿2	铜精矿	23.00	27.00	30.00	0.50	0.80	6.00	1.20	0.30	0.00	9.00	0
铜精矿3	铜精矿	21.10	27.55	31.19	0.04	0.71	13.08	0.76	0.63	0.00	7.50	50
铜精矿4	铜精矿	25.76	28.82	20.38	0.48	1.99	11.66	1.67	1.64	0.80	9.00	50
石英石	石英石		0.50				95.00	1.00	1.00	0.50	3.00	
石灰石	石灰石		0.20				1.50	48.00			2.00	
顶吹渣	顶吹渣	10.00	40.00		0.30	1.00	2.50	16.00	0.10	0.50	1.00	
冷冰铜	冷冰铜	68.00	7.00	21.00	0.10	0.05					0.00	
侧吹冷料	侧吹冷料	35.00	20.00	15.00	1.00	3.00	6.00	2.00	1.00	1.00	0.00	
渣精矿	渣精矿	25.00	32.68	5.00	0.30	0.00	23.74	2.41	1.62	0.00	10.00	
精炼渣	精炼渣	22.33	17.16	0.00	0.00		23.15	4.49	3.12	0.00	2.00	

更新物料　　退出

图 9-5　物料成分输入界面

物料成分通过界面输入之后，会先存储在数据库中以供调用，如图 9-6 所示。在模型计算前通过物相推定及检查程序，根据各个物料的不同性质对物料的化合物组成进行推定和检查。

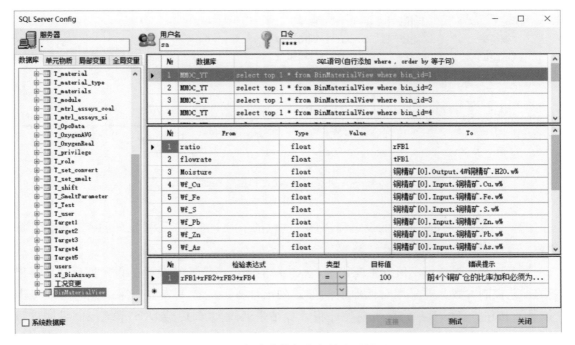

图 9-6　原料成分数据库存储配置界面

当处于在线模式时，需要对各个料仓的下料量进行控制，这样就需要将每个料仓的物料在系统中进行设定，以便在通过 OPC 写入时不至于将数据写错。另外，当现场的料仓物料发生变更时，也需要对料仓所记载物料重新进行设定。当库存的铜精矿有多种时，也可以通过原料输入界面设定各种精矿的配料比例（一次配料）。

9.5.2　数模参数设定和变更

数模参数的设定和变更主要有以下两类：

（1）目标参数的设定和调整。包括侧吹熔炼铜锍品位、渣 Fe/SiO_2 比值、炉渣温度三大目标参数，以及设定的下料量（定量调氧模式）或一次风量（定氧调料模式），另外，需要单独处理的冷料量也可以在此设置。该模块在原料变更或者目标参数需要调整时从系统界面调用，模块界面如图 9-7 所示。

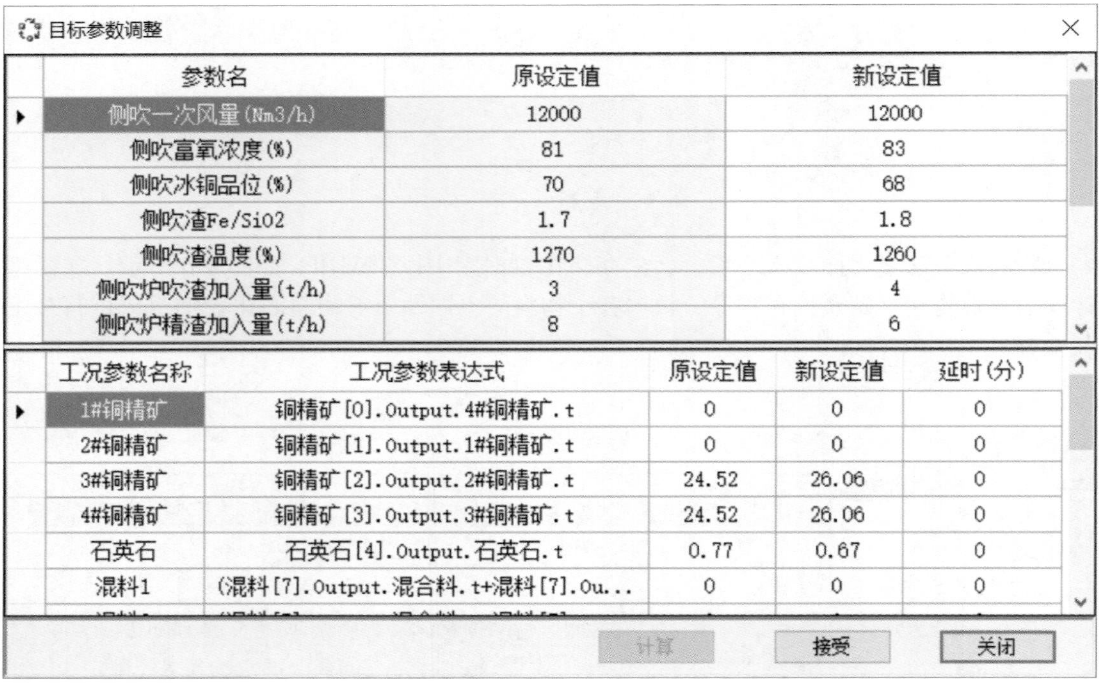

图 9-7　目标参数设定和调整界面

（2）冶金数模计算参数的设定和调整。这包括了除上述目标参数以外的所有模型计算参数。模块界面如图 9-8 所示。

当上述两类参数设定值发生变化时，点击"计算"按钮会根据新的设定值重新计算出新的工艺控制参数，并采用对比原值的形式列出计算后的控制参数结果，此时可以点击"接受"按钮，新的参数将存入模型并将计算结果通过 OPC 传给 DCS 系统控制具体皮带秤、阀门等终端硬件，否则可以直接关闭。

序号	参数名称	参数取值	最小取值	最大取值	参数代号
5	喷枪漏风率（%）	2.00	0.00	5.00	SP_LF
6	熔炼氧效率（%）	99.00	97.00	100.00	SP_OxyEf
7	炉顶漏风（Nm3/h）	3000.00	2000.00	4000.00	SP_InAir
8	出炉烟气中残O2比例（%）	3.00	2.00	5.00	SP_OxyInOffgas
9	熔炼单体硫熔池燃烧比例（%）	80.00	50.00	100.00	SP_S2ComInBath
10	熔池烟气CO2/CO比值	2.00	1.00	4.00	SP_CO2fCO
11	熔炼铜锍和炉渣温度差（℃）	20.00	10.00	50.00	SP_DTm23
12	熔炼铜锍中O元素含量（%）	0.50	0.10	1.00	SP_MatOxy
13	熔炼铜锍中其它元素含量（%）	1.00	0.50	1.50	SP_MatRes
14	熔炼渣中S元素含量（%）	0.70	0.50	2.00	SP_SlagSul
15	熔炼渣中总Cu元素含量（%）	1.00	0.50	1.50	SP_SlagCu_Total
16	熔炼渣中以Cu2O形式溶解的Cu元素含量（%）	0.10	0.05	0.15	SP_SlagCu_Cu2O
17	熔炼渣中总Fe3O4含量（%）	10.00	5.00	15.00	SP_SlagFe3O4
18	二次风氧气（Nm3/h）	0.00	0.00	2000.00	SP_ShdEnAir
19	熔炼出炉烟尘率（%），相对入炉混合物料量。	1.50	1.00	2.00	SP_DustRatio
20	侧吹炉熔池区域水套循环水量（t/h）	600.00	300.00	1000.00	SP_BATH_Water
21	侧吹炉熔池区域水套循环水温升（℃）	4.00	3.00	8.00	SP_BATH_WaterDT
22	侧吹炉熔池区热平衡补偿（MJ/h）	2300.00	1000.00	3000.00	SP_BATH_HeatLoss
23	侧吹炉气相区水套循环水量（t/h）	600.00	300.00	1000.00	SP_GC_Water
24	侧吹炉气相区水套循环水温升（℃）	4.00	3.00	8.00	SP_GC_WaterDT
25	侧吹炉气相区热平衡补偿（MJ/h）	3040.00	2000.00	5000.00	SP_GC_HeatLoss

图 9-8　冶金数模计算参数设定界面

9.5.3　目标参数反馈修正

　　侧吹熔炼在线优化控制系统采用"前馈—反馈"的控制逻辑，反馈机制是采用设定的时间间隔频率检查侧吹熔炼三大目标参数，当出现偏差时，启动反馈修正模块，自动计算出调整后的工艺控制参数，并将修正结果呈现给工程师，经确认后可直接传送给终端硬件。

　　目标参数反馈修正模块如图 9-9 和图 9-10 所示。

9.5.4　OPC 数据通信

　　OPC 数据通信模块是在线智能优化控制系统与 DCS 系统连接的纽带，与 DCS 系统的数据读写都需要通过 OPC 服务器来实现，OPC 服务器一般由 DCS 厂家配套提供，在 OPC 服务器上需要定义好各个点的数据标签并命名，在线智能优化控制系统内部变量与 OPC 标签建立一对一的映射关系，侧吹熔炼典型的 OPC 通信端点映射见表 9-2。

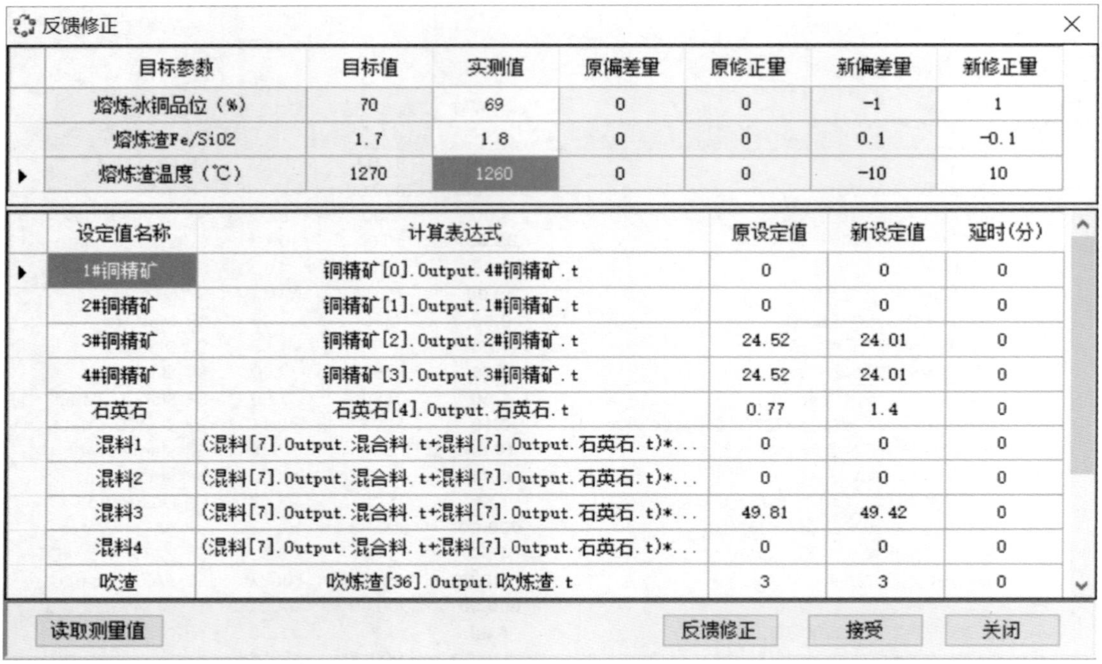

反馈修正						×
目标参数	目标值	实测值	原偏差量	原修正量	新偏差量	新修正量
熔炼冰铜品位（%）	70	69	0	0	-1	1
熔炼渣Fe/SiO2	1.7	1.8	0	0	0.1	-0.1
熔炼渣温度（℃）	1270	1260	0	0	-10	10

设定值名称	计算表达式	原设定值	新设定值	延时（分）
1#铜精矿	铜精矿[0].Output.4#铜精矿.t	0	0	0
2#铜精矿	铜精矿[1].Output.1#铜精矿.t	0	0	0
3#铜精矿	铜精矿[2].Output.2#铜精矿.t	24.52	24.01	0
4#铜精矿	铜精矿[3].Output.3#铜精矿.t	24.52	24.01	0
石英石	石英石[4].Output.石英石.t	0.77	1.4	0
混料1	(混料[7].Output.混合料.t+混料[7].Output.石英石.t)*…	0	0	0
混料2	(混料[7].Output.混合料.t+混料[7].Output.石英石.t)*…	0	0	0
混料3	(混料[7].Output.混合料.t+混料[7].Output.石英石.t)*…	49.81	49.42	0
混料4	(混料[7].Output.混合料.t+混料[7].Output.石英石.t)*…	0	0	0
吹渣	吹炼渣[36].Output.吹炼渣.t	3	3	0

　　读取测量值　　　　　　　　　　　　　　反馈修正　　接受　　关闭

图 9-9　冶金数模计算参数设定界面

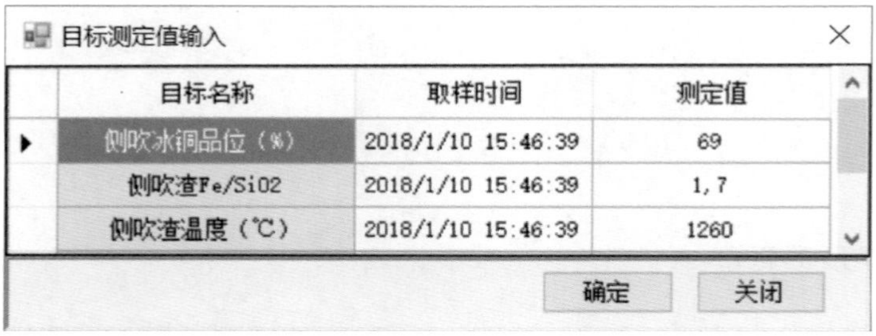

目标测定值输入		×
目标名称	取样时间	测定值
侧吹冰铜品位（%）	2018/1/10 15:46:39	69
侧吹渣Fe/SiO2	2018/1/10 15:46:39	1.7
侧吹渣温度（℃）	2018/1/10 15:46:39	1260

　　　　　　　　　　　确定　　关闭

图 9-10　目标测定值界面

表 9-2　在线智能控制系统与 DCS 系统数据通信对接表

说明	物料/介质	数据类型	单位	类型	读写	OPC 标签名称
1 号定量给料机下料量	铜精矿	质量	t/h	SV	写入	OPC_S_W_FD01_SV
				PV	读取	OPC_S_W_FD01_SM
				PV	读取	OPC_S_W_FD01_PV
2 号定量给料机下料量	铜精矿	质量	t/h	SV	写入	OPC_S_W_FD02_SV
				PV	读取	OPC_S_W_FD02_SM
				PV	读取	OPC_S_W_FD02_PV

说明	物料/介质	数据类型	单位	类型	读写	OPC 标签名称
3 号定量给料机下料量	铜精矿	质量	t/h	SV	写入	OPC_S_W_FD03_SV
				PV	读取	OPC_S_W_FD03_SM
				PV	读取	OPC_S_W_FD03_PV
4 号定量给料机下料量	铜精矿	质量	t/h	SV	写入	OPC_S_W_FD04_SV
				PV	读取	OPC_S_W_FD04_SM
				PV	读取	OPC_S_W_FD04_PV
5 号定量给料机下料量	石英石	质量	t/h	SV	写入	OPC_S_W_FD05_SV
				PV	读取	OPC_S_W_FD05_SM
				PV	读取	OPC_S_W_FD05_PV
6 号定量给料机下料量	备用	质量	t/h	SV	写入	OPC_S_W_FD06_SV
				PV	读取	OPC_S_W_FD06_SM
				PV	读取	OPC_S_W_FD06_PV
7 号定量给料机下料量	备用	质量	t/h	SV	写入	OPC_S_W_FD07_SV
				PV	读取	OPC_S_W_FD07_SM
				PV	读取	OPC_S_W_FD07_PV
8 号定量给料机下料量	混合炉料	质量	t/h	SV	写入	OPC_S_W_FD08_SV
				PV	读取	OPC_S_W_FD08_SM
				PV	读取	OPC_S_W_FD08_PV
9 号定量给料机下料量	混合炉料	质量	t/h	SV	写入	OPC_S_W_FD09_SV
				PV	读取	OPC_S_W_FD09_SM
				PV	读取	OPC_S_W_FD09_PV
10 号定量给料机下料量	混合炉料	质量	t/h	SV	写入	OPC_S_W_FD10_SV
				PV	读取	OPC_S_W_FD10_SM
				PV	读取	OPC_S_W_FD10_PV
11 号定量给料机下料量	吹炼渣	质量	t/h	SV	写入	OPC_S_W_FD11_SV
				PV	读取	OPC_S_W_FD11_SM
				PV	读取	OPC_S_W_FD11_PV
12 号定量给料机下料量	粒煤	质量	t/h	SV	写入	OPC_S_W_FD12_SV
				PV	读取	OPC_S_W_FD12_SM
				PV	读取	OPC_S_W_FD12_PV
13 号定量给料机下料量	冷料	质量	t/h	SV	写入	OPC_S_W_FD13_SV
				PV	读取	OPC_S_W_FD13_SM
				PV	读取	OPC_S_W_FD13_PV
14 号定量给料机下料量	混合炉料	质量	t/h	SV	写入	OPC_S_W_FD14_SV
				PV	读取	OPC_S_W_FD14_SM
				PV	读取	OPC_S_W_FD14_PV

说明	物料/介质	数据类型	单位	类型	读写	OPC 标签名称
侧吹炉一次风总管氧气浓度	富氧空气	浓度	%	PV	读取	OPC_S_C_LceAir_PV
				SV	写入	OPC_S_C_LceAir_SV
侧吹炉一次风总管流量	富氧空气	流量	m³/h	PV	读取	OPC_S_F_LceAir_PV
				SV	写入	OPC_S_F_LceAir_SV
侧吹炉一次风总管压力	富氧空气	压力	MPa	PV	读取	OPC_S_P_LceAir_PV
侧吹炉二次风混氧管道流量	富氧空气	流量	m³/h	PV	读取	OPC_S_F_2BusO2_PV
				SV	写入	OPC_S_F_2BusO2_SV
侧吹炉二次风混氧管道压力	富氧空气	压力	MPa	PV	读取	OPC_S_P_2BusO2_PV
侧吹炉二次风空气管道流量	空气	流量	m³/h	PV	读取	OPC_S_F_2BusAir_PV
侧吹炉二次风总管压力	富氧空气	压力	MPa	PV	读取	OPC_S_P_2LceAir_PV
侧吹炉铜锍排放温度	铜锍	温度	℃	PV	读取	OPC_S_T_Matte_PV
侧吹炉炉渣排放温度	熔炼渣	温度	℃	PV	读取	OPC_S_T_Slag_PV
侧吹炉炉膛压力		压力	Pa	PV	读取	OPC_S_P_SFI_01
侧吹炉炉膛温度		温度	℃	PV	读取	OPC_S_T_SFI_01
侧吹炉烟道温度		温度	℃	PV	读取	OPC_S_T_SFI_02

OPC 服务器配置模块如图 9-11 和图 9-12 所示，当输入远程 OPC 服务器主机地址以及 OPC 服务器名称，可将服务器上的标签全部枚举并与数模变量对应。另外，需要对 DCS 系统数据进行快照并存入数据库以便对数据进行统计和分析。

图 9-11　目标测定值界面

9.5.5　检测输入

检测输入主要内容包括：

（1）成分的输入。主要包括原料、熔剂、中间产品（铜锍、炉渣）、返料的成分输入。成分的分析主要依靠荧光分析，为了荧光分析结果的及时性，开发专门的基于 TCP/IP 协议的应用程序，荧光分析完成后结果可立即送入本系统并存入数据库中，荧光分析远程数据传输的配置如图 9-13 和图 9-14 所示。

（2）温度的输入。主要是铜锍温度和炉渣温度的检测输入，通过一次性热电偶进行测量。

9.5.6　数据库架构存储

数据库是按照数据结构来组织、存储和管理数据的建立在计算机存储设备上的仓库。对于侧吹熔炼在线智能优化控制系统来说，数据库作为数据存储的底层架构，为系统的运算、中间数据转存等提供了必不可少的基础服务，因此合理的数据库结构设计对于系统来说同样重要。

图 9-12 远程 OPC 服务器配置界面

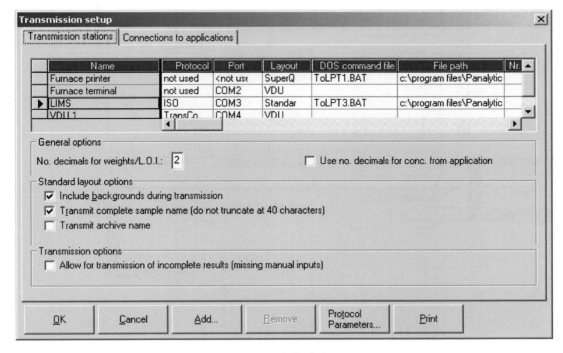

图 9-13 荧光分析仪传输站设置界面 1

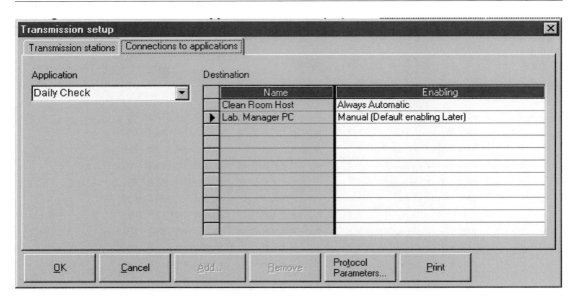

图 9-14　荧光分析仪传输站设置界面 2

在数据库结构设计中，除了标准的数据表结构外，还将充分利用多表查询以及视图等多种方式构建数据库存储框架，如图 9-15~图 9-17 所示。

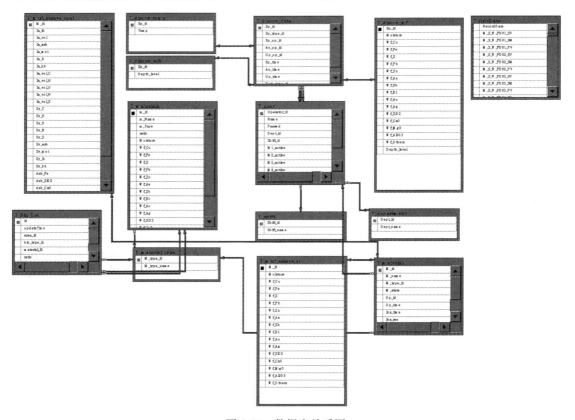

图 9-15　数据库关系图

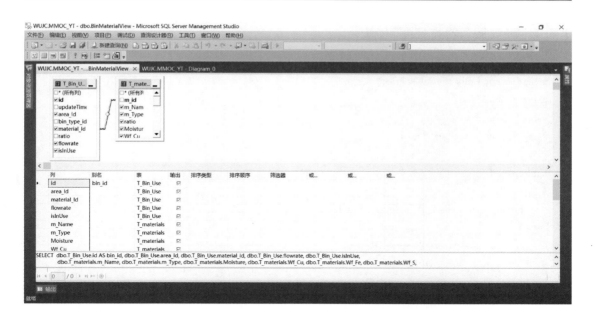

图 9-16 数据库试图设计

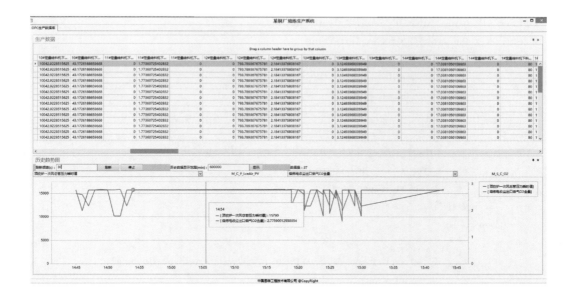

图 9-17 数据存储与查询

9.6 软件部分源码

扩展编程部分采用微软 Visual Studio 开发平台 C#编程语言开发，后台数据库采用 SQL Server，以下为部分软件源码。

9.6.1　OPC 服务器数据通信模块

```
using System;
using System. Collections. Generic;
using System. Linq;
using System. Text;
using System. Threading. Tasks;
……
namespace OPCReader
{
    public partial class OPCReader: Window
    {
        private string OPCServerIP;
        private string OPCServer;
        private string DatabaseIP;
        private OpcDaServer server;
……
        //连接 OPC 服务器
        private bool ConnOpcServer( )
        {
OPCServerIP = this. txtboxOPCServerIP. Text. Trim( );
OPCServer = this. txtboxOPCServer. Text. Trim( );
DatabaseIP = this. txtboxDBServerIP. Text. Trim( );
            if ( OPCServerIP = = " "  ‖ OPCServer = = " " )
                return false;
            try
            {
                Uri url = UrlBuilder. Build( OPCServer, OPCServerIP);
                server = new OpcDaServer( url);
                if ( server. IsConnected)
server. Disconnect( );
server. Connect( );

                if ( server. GetStatus( ). ServerState = = OpcDaServerState. Running)
                    return true;
                else
                    return true;
            }
            catch ( Exception ex)
            {
MessageBox. Show( " \n" + "错误提示:" + ex. Message, "OPC 服务器连接错误!" );
                return false;
            }
```

```
            }
//获取 OPC 标签节点
        private void BrowseElement(IOpcDaBrowser browser, OPCElementopcElement, OpcDaElementFilter
filter = null, string itemId = null, OpcDaPropertiesQueryopcDaPropertiesQuery = null)
            {
OpcDaBrowseElement[ ] elements = browser. GetElements(itemId, filter, opcDaPropertiesQuery);
            foreach (OpcDaBrowseElement element in elements)
                {
OPCElementopcElementChild = new OPCElement( );
opcElementChild. HasChildren = element. HasChildren;
opcElementChild. IsHint = element. IsHint;
opcElementChild. IsItem = element. IsItem;
opcElementChild. ItemId = element. ItemId;
opcElementChild. ItemProperties = element. ItemProperties;
opcElementChild. Name = element. Name;

BrowseElement(browser, opcElementChild, filter, opcElementChild. ItemId, opcDaPropertiesQuery);
opcElement. OPCChildElements. Add(opcElementChild);
                }
            }


        private void BrowseChildren(TreeView tree, IOpcDaBrowser browser, string itemId = null, Tree-
ViewItemparentTreeViewItem = null)
            {
OpcDaBrowseElement[ ] elements = browser. GetElements(itemId);
            foreach (OpcDaBrowseElement element in elements)
                {
                    if ( ! element. HasChildren)
                        continue;
TreeViewItemtvItem = new TreeViewItem( );
tvItem. IsExpanded = true;
tvItem. Header = element. Name;
                    if (parentTreeViewItem == null)
tree. Items. Add(tvItem);
                    else
parentTreeViewItem. Items. Add(tvItem);
BrowseChildren(tree, browser, element. ItemId, tvItem);
                }
            }
        }

//OPC 元素类
    public class OPCElement
```

```
        }
            public bool HasChildren{ get; set; }
            public bool IsHint{ get; set; }
            public bool IsItem{ get; set; }
            public string ItemId{ get; set; }
            public OpcDaItemPropertiesItemProperties{ get; set; }
            public string Name { get; set; }
             private ObservableCollection<OPCElement>OPCChildElementsValue = new ObservableCollection
<OPCElement>( );
            public ObservableCollection<OPCElement>OPCChildElements
            {
                get
                { return OPCChildElementsValue; }
                set
                { OPCChildElementsValue = value; }
            }
        }
```

9.6.2 模型与数据库交互

```
    using System;
    using System. Threading;
    using System. IO;
    using System. Diagnostics;
    ……
    namespace UserDll
    {
        public delegate void SetVarMethod( string[ ] VarName, string[ ] VarValue);  //全局变量赋值
        public delegate void SetTagMethod( string[ ] TagName, double[ ] TagValue);   //写 OPC 标签
        public delegate bool StartFlowCalMethod( );  //启动全流程计算
        public delegate bool StartUnitCalMethod( intUnitNum);  //启动指定单元计算
        public delegate double CalucateExpMethod( string Exp);  //计算全局表达式的值
        public delegate bool LoadUnitFileMethod( string Exp, intUnitNum);  //装入单元文件
        public delegate string GetUnitNameMethod( intUnitNum);  //取单元名称
        public struct MetCalMethods
        {
            public SetVarMethodSetVar;
            public SetTagMethodSetTag;
            public StartFlowCalMethodStartFlowCal;
            public StartUnitCalMethodStartUnitCal;
            public CalucateExpMethodCalucateExp;
            public LoadUnitFileMethodLoad_UnitFile;
            public GetUnitNameMethodGet_UnitName;
        }
    }
```

```
        public class ClassUserDll
        {
            public static MetCalMethodsMetCal;
            public static string connString;
            public static SqlConnectionsqlConn;


//从模型中读取变量值
private static bool GetVarValueFromMetcal(string paraTableName)
{
    try
    {
sqlConn. Open();
        string updateString = "Select parameter,value from " + paraTableName;
SqlDataAdaptersqlDA = new SqlDataAdapter(updateString,sqlConn);
DataSet ds = new DataSet();
sqlDA. Fill(ds);
DataTabledt = ds. Tables[0];
SqlCommandupdateCommand = new SqlCommand();
        for (inti = 0; i<dt. Rows. Count; i++)
        {
            string varName = dt. Rows[i][0]. ToString();
            double mValue = MetCal. CalucateExp(varName);
updateCommand. CommandText = "update " + paraTableName + " set value=@ Value where parameter=@
Parameter";
updateCommand. Parameters. Clear();
updateCommand. Parameters. Add("@ Parameter", SqlDbType. NVarChar, 50);
updateCommand. Parameters. Add("@ Value", SqlDbType. Float);
updateCommand. Parameters["@ Parameter"]. Value = dt. Rows[i][0]. ToString();
updateCommand. Parameters["@ Value"]. Value = MetCal. CalucateExp(varName);
updateCommand. Connection = sqlConn;
updateCommand. ExecuteNonQuery();
        }
sqlConn. Close();
        return true;
    }
    catch (Exception e)
    {
MessageBox. Show(e. Message. ToString());
        return false;
    }
}
```

```
//将数据库中变量写入模型
private static bool SaveParameters2Metcal( string paraTableName)
{
        try
        {
sqlConn. Open( );
            string CmdString = "Select parameter,value from " + paraTableName;
SqlCommandsqlCmd = new SqlCommand( CmdString, sqlConn);
SqlDataAdaptersqlDA = new SqlDataAdapter( CmdString, sqlConn);
DataSet ds = new DataSet( );            sqlDA. Fill( ds);
vardt = ds. Tables[0];
ArrayListvarNameList = new ArrayList( );
ArrayListvarValueList = new ArrayList( );
            if ( dt ! = null)
            {
                for ( inti = 0; i<dt. Rows. Count; i++)
                {
varNameList. Add( dt. Rows[i][ "parameter"]. ToString( ));
varValueList. Add( dt. Rows[i][ "value"]. ToString( ));
                }
sqlConn. Close( );
string[ ] varName = ( string[ ] )varNameList. ToArray( typeof( String));
string[ ] varValue = ( string[ ] )varValueList. ToArray( typeof( String));
MetCal. SetVar( varName, varValue);
            }
            return true;
        }
        catch
        {
MessageBox. Show( string. Format( "数据库表{0}写入全局变量失败!", paraTableName));
            return false;
        }
    }
}
......
```

9.7　机器学习算法在侧吹熔炼智能控制系统上的应用

　　机器学习属于人工智能的一个分支,其所面对的对象是海量的数据。机器学习最基本的做法是使用算法来解析数据并从中学习,然后对真实世界中的事件做出决策和预测。与传统的为解决特定任务、硬编码的软件程序不同,机器学习是用大量的数据来"训练",通过各种算法从数据中学习如何完成任务。

　　机器学习直接来源于早期的人工智能领域,传统的算法包括决策树、聚类、贝叶斯分类、支持向量机、EM、Adaboost 等。从学习方法上来分,机器学习算法可以分为监督学习（如分类问题）、无监督学习（如聚类问题）、半监督学习、集成学习、深度学习和强化学习。

对于采用侧吹熔炼进行生产的流程型制造企业来说，每天根据不同的工况要产生大量的生产数据，而在这些数据中，大量有价值的信息（比如工艺参数之间的内在关系等）被数据这层外衣掩盖而变得难以被发现。通过机理模型或者经验模型可以在一定程度和范围内描述冶炼生产过程中的变量之间的关系，但有时这种描述本身就存在不确定性或者有限性，给机理模型的运用造成困难，而采用机器学习算法的黑箱模型却能较好地弥补机理模型运用中的一些天然缺陷和困难，通过大量的实际冶炼生产数据进行训练后，变量之间的耦合性变得不再模糊而具有可描述性，这种数据挖掘后的可描述性关系对于机理模型来说将是很好的补充，它能不断增强模型的自学习、自适应能力，为冶炼生产过程的稳定提供强有力的技术支撑。

目前深度学习算法在离线型制造业中的应用越来越广泛，对于有色冶炼生产这样的流程型制造业来说，深度学习仍然具有很高的应用价值，深度学习模型如图 9-18 所示。深度学习主要采用的多层神经网络模型，区别于一般的机器学习算法，深度学习能自动学习特征，也就是说不用人工定义特征，算法能够自动学习特征。这一点应用于实践的意义在于，相对于有色冶炼生产处理不同炉料、不同操作条件的各种工况而言，都可以认为具有特征，而这种特征的变化正是深度学习善于捕捉的，和机理模型配合可以相得益彰，具有广泛的行业应用前景。

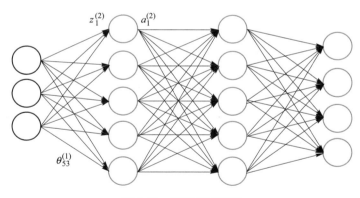

图 9-18　深度学习模型